日本史研究叢刊 33

古墳と池溝の歴史地理学的研究

川内眷三 著

和泉書院

目次

序章　研究の目的と課題……一
1．歴史地理学への接近……一
2．目的と方法……七
第一章　河内大塚山古墳の研究動向と周辺域古墳群の復原……一五
第一節　はじめに……一五
第二節　河内大塚山古墳の概要と研究経緯……一六
1．古墳の規模・形態の概要……一六
2．阿保親王墓説の展開……二〇
3．雄略陵説の展開……二一
4．後円部露呈「ごぼ石」の見解……二三
5．後期古墳説の展開……二六
6．未完成説から安閑未完陵説への展開……二八
第三節　河内大塚山古墳周辺域の古墳群……三三

1．反正山古墳跡の復原……三三
2．立部古墳群跡・一津屋古墳跡・川ノ上古墳跡の発掘……三七
(a)立部古墳群跡……三七
(b)一津屋古墳群跡と川ノ上古墳跡……三七
3．村絵図にみる古墳跡の確証……三九
4．小字地名からの推定……四二
(a)三宅、別所、上田、阿保、西大塚……四二
(b)西川、丹下、東大塚……五二
(c)南島泉、島泉……五七
第四節　周辺域古墳群の位置づけ……六〇
1．土地条件からの検討……六〇
2．既往研究への提起……六六
3．世界文化遺産登録へ向けての提起……七〇
(a)地域学からみた河内大塚山古墳の価値観……七〇
(b)古墳保全と周濠池の関連……七二
(c)水利システムと古墳の維持・保全……七三
第五節　今後の課題（まとめに代えて）……七五
第二章　近世初期の依網池の復原と水利機能……八七

第一節　はじめに……八七
第二節　依網池周辺の土地条件と開発……九六
第三節　依網池の復原と確定……一〇三
1．池岸線と堤線の確定……一〇三
2．「依羅池古図」の精測性……一一〇
3．規模と水深……一一一
4．現況景観との比定……一一四
第四節　依網池の集水範囲と取水……一二〇
1．集水と取水……一二〇
2．狭山池用水との関係……一二一
第五節　依網池の灌漑区域……一二七
1．苅田村の灌漑特質……一二七
2．庭井村の灌漑特質……一三〇
3．前堀村の灌漑特質……一三二
4．我孫子村の灌漑特質……一三三
5．杉本村の灌漑特質……一三六
6．灌漑範囲と余水の流下……一三九
第六節　まとめ……一四一

第三章　我孫子村絵図にみる依網池水利の特殊性……一五五
第一節　はじめに……一五五
第二節　「我孫子村絵図」の作成背景……一五七
1．作成年代と背景……一五七
2．依網池池中の描写……一六四
第三節　「我孫子村絵図」にみる水利事情……一六五
1．水かき口と日損水損場……一六五
2．我孫子村小池の開削と導水経路……一六六
3．池中集水井路の設置と狭山池慶長期大改修事業……一六八
4．池中埋積の経緯……一六九
第四節　「我孫子村絵図」にみる水利空間の変貌……一七一
第五節　古代依網池への展望（まとめに代えて）……一七三
第四章　復原研究にみる古代依網池の開削……一八五
第一節　はじめに……一八五
第二節　依網池開削の経緯……一九〇
1．弥生遺跡の立地と河内平野の土地開発……一九〇
2．土地条件からの検討……一九五

3．史料からの検討……二〇三
(a)仁徳期の池溝開削と依網屯倉……二〇四
(b)狭山池の築造と推古期の池溝開削……二〇六
(c)行基の狭山池改修と依網池周辺の行基集団……二一一
4．既発表論文に対しての提起……二一八
第三節　依網池と狭山池の関連（重源との関わりを中心に）……二三〇
第四節　依網池と難波大道……二三五
第五節　今後の課題（まとめに代えて）……二三九
第五章　一九世紀初頭狭山池水下絵図にみる水利空間と溜池環境の考察……二四一
第一節　はじめに……二四一
第二節　検討絵図について……二四六
1．絵図記載の水懸かり村落と導水井路……二四七
(a)西川筋……二四七
(b)東川筋……二五七
2．絵図作成年代と作成目的……二五九
第三節　絵図にみる水利空間の展開……二六三
1．水利空間の類型化と特質……二六四
2．垂直的・統一的水利空間の変遷……二六六

第四節　絵図記載の水利施設の現況……二七〇
1．西川筋の井堰と導水井路……二七〇
2．東川筋の分水堰と導水井路……二七二
3．溜込池……二七三
第五節　現況比定の意義と課題（まとめに代えて）……二七九
第六章　古墳周濠の土地条件と集水機能
—大仙陵池への狭山池用水の導水をめぐって—……二八九
第一節　はじめに……二八九
第二節　古墳周濠の土地条件……二九一
1．百舌鳥古墳群と大山古墳の立地……二九一
2．古墳周濠と溜池の土地条件……二九六
3．古墳周濠池の集水機能……二九七
第三節　大仙陵池の集水とその導水経路……三〇〇
1．大仙陵池の集水機能……三〇〇
2．狭山池からの導水企図と実現……三〇二
(a)轟池の築造と導水……三〇二
(b)近世末～明治初期の導水……三〇四
3．狭山池用水の導水経路の復原……三〇五
(a)「狭山除川並大仙陵掛溝絵図」の作成背景……三〇五

(b)比定図にみる導水経路と集水事情……二〇九
第四節　大仙陵池浄化への期待と課題……二一二
1．導水経路周辺の環境変化……二一二
2．大仙陵池水質浄化の施策とその構図……二一三
3．大仙陵池水質浄化への提起と課題……二一七
第五節　まとめ……二一九
第七章　大山古墳墳丘部崩形にみる尾張衆黒鍬者の関わりからの検討……二二九
―誉田御廟山古墳墳丘部崩形との関連性をふまえて―
第一節　はじめに……二二九
1．先行研究……二二九
(a)巨大古墳未完成説と城塞築造説……二二九
(b)外的営力による自然崩壊説……二二四
2．各説に対する疑念と位置づけ……二二五
(a)未完成説について……二二五
(b)城塞築造説について……二二六
(c)外的営力による自然崩壊説について……二二七
3．動機と研究方法……二二七
第二節　墳丘部地滑り面の検証……二二九
1．誉田御廟山古墳墳丘部地滑り面……二二九

2．大山古墳墳丘部地滑り面……二四〇
第三節　周濠池の水利機能からの提起……二四一
1．誉田御廟山古墳周濠池の集水と甲斐谷……二四一
2．大仙陵池の集水と尾張谷……二四二
第四節　尾張衆黒鍬者の動向……二四五
1．尾張知多郡の黒鍬稼ぎ……二四五
2．大仙陵池と尾張衆黒鍬者……二四六
3．周辺地域での尾張衆黒鍬者と土木技術の伝播……二四八
第五節　尾張衆黒鍬者と尾張谷の相関の課題……二五〇
第六節　他、課題（まとめに代えて）……二五二
第八章　和気清麻呂の河内川導水開削経路の復原とその検証……二六三
第一節　はじめに……二六三
1．河内川導水の記事……二六三
2．『摂津志』・『摂津名所図会大成』の記述と初期の見解……二六七
3．主要先行研究……二七二
(a)藤岡謙二郎の見解……二七二
(b)服部昌之の見解……二七二
(c)栄原永遠男の見解……二七三

(d)直木孝次郎の見解……三七七
(e)亀田隆之の見解……三七七
4．動機と研究方法……三八二
第二節 各種地形図による比定……三八四
第三節 比定復原図とその検証……三八八
第四節 鼬川経路の検証……三九四
第五節 八世紀河内川の流路とその背景……四〇〇
第六節 八・九世紀の河内平野低地部の治水と水利……四〇三
第七節 まとめ……四〇六
あとがき……四一七
索 引……左一
(a)人名……左一
(b)古墳・池溝・井堰・遺跡名……左三
(c)河川・丘陵・地形関連名……左九
(d)地名……左一〇
(e)他事項名……左一四
図表・写真一覧……左一九

序　章　研究の目的と課題

1．歴史地理学への接近

筆者は、一九八〇年代初頭より大阪府中・南部を対象として、灌漑用溜池（以下、溜池）の潰廃に興味を抱いて、フィールドワークをふまえ各種資料の蒐集をおこなってきた。大阪府を中心とする大都市近郊での農業構造の変化との関連で、溜池の潰廃が地域にいかなる影響を及ぼしたのか、溜池環境の側面から地域環境問題に立脚して分析することとなった(1)。池溝の開削によって、土地の開発と密接に結びついてきた背景がとらえられるため、現存する日本最古の池とされる狭山池をはじめ、各種水利機能の分析が付随し、歴史地理学的研究に傾注していくこととなる。

現状の地域景観をみつめるなかで、関連の史資料を探索して課題を析出してきたため、現地での実証的な研究が優先され、当初より歴史地理学の学説や理論的経緯を意識して取り組むことはなかった。漸次、歴史地理学的研究の資料を引用する機会が増加していったのである。こういったなかで基本資料の一つとして、吉田東伍の『大日本地名辞書』と接することとなる。吉田は能楽史、社会経済史の分野に精通し、明治二八年（一八九五）に起稿し、刊行まで一三年間にわたって執筆・編纂した『大日本地名辞書』全八巻一一冊は、不朽の大著として今に永続されている。その内容は全国に及んで、地名の語源だけでなく寺社・古墳・遺跡などの位置・起源について、古典籍の資料によりながら従来のとらえ方に批判を加え、絵図や文献史料の検証を重視した考証史学的方法によって自説を記したもので、郷土・地域史研究の分野に大きい影響を与えてきた。筆者は、『同書第二巻上方編』より関係の事象を抽出し、随所に吉田の見解を紹介し、先行研究の一つとして援用することとなった(2)。

現地に脚を踏み入れて地域の特色をとらえていった過程のなかで、史資料考証の分析が付随してくる。吉田の研究方法は、史料考証を基軸にして歴史地誌的要素をとらえたものであり、それとは逆に現地調査を重視する方法が、筆者の意識のなかに醸成されていったといえる。地形図をもとにして読図を重ねて現地踏査をふまえることによって、文献の渉猟と同時に土地の景観のなかに埋没した歴史事象を探索することが可能となる。地域のなかに消えた歴史事象（遺跡を含む）に焦点をあて、現在に蘇えらせることによって、その歴史的価値観を増幅させることができるというスタンスが育まれていったのである。筆者がフィールドワークを通して会得したことは、どのような事象も歴史というフィルターを通して存在し、それが形を変えながらも地域空間のなかに現在も脈々と生き続けているということであった。

こういった営みのなかで、吉田らとともに歴史地理学界の草創期を支えた喜田貞吉の業績と接することになる。喜田は歴史地理学にとどまらず、古代史、考古学、民族学、部落史にわたって広範囲に及んで研究した歴史学界の重鎮である。歴史地理学の研究視座については、「或いは歴史上の諸現象を、主として地理に即して説明することをも、其の一部として取り扱う場合もあり得るが、併しそれはむしろ歴史の一部であって、地理を以て歴史資料の一として取り扱ったものと謂わなければならぬ。例えば戦争の経過を描出した沿革地図の作成の如きは歴史上の地理を説明するものであるが、それを以て直ちに歴史地理学の本体であるとは謂われない。……歴史地理学は地理学の一部として、史学と相俟って、人類の地球の表面に演じた文化の跡を辿るべき学問といってよいであろう」とし、地理学の範疇にあたるという見方を立てている(3)。歴史地理学を地理学の研究分野のなかに位置づけた嚆矢が喜田であり、近代歴史地理学の確立に大きな役割を果たしてきた。筆者がフィールドワークを通して会得した歴史地理に関しての意識が、喜田によって既に歴史地理学草創期の段階で主張されていたのである。しかし、喜田のこういった歴史地理学の定義づけとは逆に、その研究内容は歴史分析が先行するものであり、必ずしも地理学を基軸とした歴史地理学の方法論の確立までには高められていなかった(4)。内容的には依然として、歴史研究の補助学としての歴史地理の範疇に終始していたといえる。

筆者の地域研究が進むにつれ、若干の歴史地理学の学説や理論にふれる機会が多くなり、京都帝国大学地理学教室を中心とする京都学派と呼ばれる先人達の活躍を知ることとなった。明治四〇年（一九〇七）に京都帝国大学史学科に史学地理学講座が開設され小川琢治とともに着任したのが石橋五郎である。石橋は、時代的変遷史的に地理をみるという立場を鮮明にし、地人相関を基調とする人文地理学こそ地理学の本質であるとし、そのなかで歴史的要因が重要な役割を占めることを論じ、これが小川の『支那歴史地理研究』とともに、同教室の伝統的基盤の一つとなっている(5)。さらに考古資料によって先史時代の時の断面を復原した小牧実繁(6)、戦前から戦後の昭和期にかけて研究を集大成させた米倉二郎、藤岡謙二郎らへと続く。米倉は、現代の歴史地理学研究の先駆けとなる農村計画としての古代条里制の村落景観の復原研究をすすめ(7)、藤岡は、先史集落論をはじめ古墳、古道、港津、国府、中・近世城下町、新田開発など広範に及んで景観変遷の研究を重ね、歴史地理学の方向性とその学問体系を系統的に位置づけている(8)。なかでも藤岡の「がんらい私は歴史地理学の中でも机上の方法論的議論――計量的処理を含む――や、古文書、古地図等の解釈のみを楽しむ理論派でなくて、現地における脚での実証を楽しむ景観論学派である。されぱとて、もとより地表の可視的な景観を旅行者のごとく見たまま楽しむだけではなく、景観構成の内容分析やその現代的意義を考え、その中に理論を組立てることにより、地理学の応用的な学問性を求める方向に努力して来ている」という見解(9)に歴史地理学の本来の姿を知ることとなり、現地踏査を重視して現景観から、さまざまな空間認識を意識して思考していく魅力に、惹かれていくことになったのである。

併せて、上記の京都学派の歴史地理学の流れとは異なるものの、戦中から戦後期にかけて京都大学人文科学研究所に籍を置いて、地域史資料の探索とともに、近世農業水利慣行を解明した喜多村俊夫の業績をあげておかねばならない(10)。史的分析に比重を置きながらも、喜多村の研究姿勢には歴史地理学の意識が貫かれており、フィールドワークを重視して在野の史資料を探索し、それを生かした緻密な灌漑水利の実証的研究を確立し、筆者の池溝研究において、大きな影響を受けることとなった。

一九五〇年代以降より藤岡の指導を受けた多くの門下生が育ち、その活躍によって現代歴史地理学の完熟期を迎える。そのなかで大きな業績を残したのが足利健亮と金田章裕である。足利の研究は、古代律令国家の土地計画の景観復原に取り組み、恭仁京をはじめとする都城計画や、大和や伊勢、近江、摂河泉、備前に敷設された古道など、過去のさまざまな時点で形成された景観の経緯を、現代の一部に組み込まれた景観の残像から、そのプロセスを解明する(11)。足利の研究対象地域の一つに摂河泉の古道がとらえられており、条里地割の立地と古道との相互関連をふまえた、古代の計画直線古道の分析方法に惹きつけられていった。

金田は、日本の律令期の土地計画を特徴づけた都城・条里の方格プランに着目する。条里プランとの関連のなかで土地区画・土地利用形態、土地開発、集落形態に及んで日本の伝統的な村落景観の成立プロセスの検討をおこなう(12)。これをもとに中世村落が立地した微地形の土地条件(13)、さらに条里プランの表現法としての荘園絵図をはじめとする各種古絵図の解題(14)をすすめ、これらの景観復原によって土地利用形態のプロセスを分析する。金田の研究は、ただ単なる時の断面の景観変遷の解明にとどまらず、時の断面と時の断面の間のプロセスやその要因に注目し、復原された時の断面の空間組織・構造への接近による位置づけが指摘されている(15)。

根幹の流れは京都学派の一つになるのであろうか、人間活動の場所としての地形環境に着目し、自然地理的手法による方法論を確立して展開された、立命館大学文学部地理学科での歴史地理学の研究にふれておかねばならない。[16]その代表的な研究者として谷岡武雄と日下雅義の業績があげられる。谷岡は、フランス地理学について精通し、国内外でのさまざまな研究の経緯をふまえ、歴史地理学を地理学における歴史的方法としてとらえ、これが景観（地域）復原と景観発達（変遷）史とを主たる内容とすること、いずれの分析も現在から出発して、最後には再び現在に戻らねばならないとし、現実の諸問題と対峙し地域の整備に応用される歴史地理学の役割を強調している。[17]谷岡の景観の復原研究では、古地図・古記録類の検討、地名の解釈、遺物・遺跡の考古学的調査など、直接に過去の時代に達する方法と、地形図・地籍図・空中写真の利用などにより現景観の分析から出発して、次第に古い時代に遡及していく間接的方法があることにふれ、[18]さらに地形環境の分析を重視している。[19]この地形環境からの検討をより一層具現化したのが日下である。その研究姿勢は、地形環境と人間活動の相互関係の解明を基軸に置いたもので、各時代の地形環境と人為による地形改変の背景を分類し、その変遷プロセスを追求する。[20]ことに微地形の分類によって、さまざまな課題を地形環境のなかに析出し、的確な検証の手法を講じている。筆者は、フィールドワークを通して研究課題を探索してきたため、日下の地形環境復原の手法に大きな影響を受け、爾来、地形分類（土地条件）による分析方法を基本の一つに据えるようになった。

喜田らが中心となって、明治三二年（一八九九）に日本歴史地理研究会（後の日本歴史地理学会）が組織され、研究誌「歴史地理」が発刊されている。この研究会は、歴史学者によって組織され、歴史地理学を歴史学の補助として、史実に関する地名考証の考察に比重が置かれていたとみなされる。喜田が指摘したように歴史地理の定義づけに関しては、地理学の範疇として、そのうえで歴史学の役割に資するという見方もあったが、同研究会の唱導する歴史地理は、歴史学の補助として地理学とは異なるものであるとみられていた。[21]歴史地理学の草創期は、このように歴史学からのアプローチを中心に展開され、歴史学の研究領域を拡大し、隣接諸分野に影響を与えてきたといえる。しかし、地名考証を中心として、歴史学の補助学という見方であることからか、歴史地理学の方法論を確立し、新しい歴史地理学の方向性を模索・創造していこうとする営みを持つまでに高められていなかった。それに対して、地理学から歴史地理学をとらえる視点は、京都学派を中心に、歴史学からの見方にたえず疑問符を投げかけ、その方法論を確立していこうとする動きがみられた。空間認識を重視する地理学では、関連文献の分析が例え断片的ではあっても、それが地域空間のなかで点から線へと無限に拡大して論じていく可能性を秘めている。もちろん地理学を核に歴史地理学をとらえる研究であっても、関連文献に精通し緻密な分析は不可欠である。地理学では空間認識の解明がたえず付随してくるため、地理学から歴史地理学をとらえる見方がより応用・柔軟性に優れていたのであろう。景観復原に際して、研究対象事例の立証において仮説を立て、間接資料の引用をも状況によって用いられるが、文献史学の立場ではそれが容易に認められなかった。歴史学から歴史地理学をみる立場では、文献史料の分析がより重視されるため、歴史学の補助としての見方が依然として意識され、文献史学の立場から歴史地理学の独創的な理論を構築していく営みは、必ずしも伸長しなかったといえる。

京都学派を中心に地理学から歴史地理学をとらえる多くの成果とともに、その方法論が確立されていくなかで、他分野においても大きく注目されるようになる。足利が分析した恭仁宮の復原研究の成果が、考古学の発掘調査に大きな影響を与えている(22)。日下は、墳丘長が二番目の大きさを誇る誉田《こんだ》御廟山古墳（応神陵）の墳丘部北西端にみられる大崩形に着目し、これが誉田断層線と一致していることから同古墳周辺の地形を緻密に検証し、その主因は不等沈下説であることを提起し(23)、考古学界で注目され、これが起因となり地震考古学という研究分野の展開に結びついていった。文献史学や考古学、民俗学などの諸隣接分野の史資料を援用するだけでなく、景観復原・景観プラン論などの理論確立とともに、動的な側面から提起する歴史地理学の役割の大きさが認識されていった。特に古代学においては、文献史学のみの解明では限界がみられ、考古学、民俗学、歴史地理学などの成果を応用して、高められていくことの重要性をあらためて確認することができる。

金田は、歴史地理学における景観分析は、その構造・機能の解明とともに、時間的な変化・動態を含む歴史的生態の究明が重要な課題であり、この延長に景観史の新たな地平が開かれることを説いている(24)。歴史地理学の今後の方向性として、金田の見解を応用すれば、景観の形成発生によって生じた当時の歴史的背景での諸問題、即ち景観復原のなかに秘められた権力志向や社会問題などに迫ることが求められるのであろう。筆者の河内平野での治水・水利を中心とする復原研究では、たえず為政者の絡みと、庶民の関わりを垣間みることができた。これは条里制や古代宮都、交通路、中世城郭、近世城下町、新田集落などの景観プランにおいても共通される課題である。

以上、地理学に比重を置いた歴史地理学の研究を中心に、その概要にふれてきた。もちろん断片的なまとめに終始し、その他多くの学徒の貴重な研究業績の分析が欠落していることはいうまでもない。ここでは筆者が取り組んできた実証研究のなかで、啓蒙を受けた歴史地理学の研究者の業績を中心に要約したものであり、本書をまとめるにあたっての緒論として提言しておきたい。

2．目的と方法

摂津・河内・和泉の地域を中心に踏査して、四〇年近くの歳月が経過したことになる。当初の研究の目的は、既にふれてきたように大阪平野の溜池潰廃の問題より派生して、地域環境問題を中心にとらえてきた。その主要な論考は、前書『大阪平野の溜池環境―変貌の歴史と復原―』（和泉書院、二〇〇九年）〔注記（1）〕のなかに、「第Ⅱ部　溜池潰廃の構図と保全への展望」として集約している。段丘部に位置する地域では、池溝の開削によって土地の開発が進展したため、やがて溜池水利の史的探求につながり、歴史地理学的研究への色彩が濃くなり、それが「第Ⅲ部　溜池環境の復原と水環境再生施策」のまとめにあたる。地域踏査の後半の二〇年は、歴史地理学的研究に比重が置かれていったといえる。

本書は、上記の経緯からその後の研究が継続されていったため、その結びつきの関連から前書掲載の数編を引用せねばならず、既に発表してきた依網池《よさみいけ》と狭山池の論文を中心に、新たに五編（序章を含め）の論文を加えて構成したものである。河内平野において機能上関連が強くなる古墳周濠池と、池溝の景観復原が中心であり、一部補正を加えたものの、引用した図表をはじめその内容に重複する箇所がでてくることは避けられず、それぞれの論文の構成上、発表した当時の形態をほぼ踏襲して掲載している。

基礎となった旧稿は、以下のようになる（原題を示す）。

序　章：新稿

第一章：「河内大塚山古墳の研究動向と周辺域古墳群の復原」四天王寺大学紀要五七、二〇一四年。

第二章：「近世初期の依網池の復原とその集水・灌漑について」四天王寺国際仏教大学紀要三五、二〇〇三年。

第三章：「一七世紀末我孫子村絵図にみる依網池の水利特性について」四天王寺国際仏教大学紀要四〇、二〇〇五年。

第四章：「復原研究にみる古代依網池の開削」四天王寺大学紀要五九、二〇一五年。

第五章：「一九世紀初頭狭山池水下絵図の現況比定による溜池環境の考察」四天王寺国際仏教大学紀要四二、二〇〇六年。

第六章：「古墳周濠の土地条件と集水機能について―大仙陵池への狭山池用水の導水をめぐって―」四天王寺国際仏教大学紀要三七、二〇〇四年。

第七章：「大山古墳墳丘部崩形にみる尾張衆黒鍬者の関わりからの検討―誉田御廟山古墳墳丘部崩形との関連性をふまえて―」四天王寺大学紀要五四、二〇一二年。

第八章：「和気清麻呂の河内川導水開削経路の復原とその検証」四天王寺大学紀要五二、二〇一一年。

（このうち、第二、三、五、六章は、その後前書『大阪平野の溜池環境』に収録したのち、再度加筆、修正を加えて本書に収めた。）

いずれも当時の勤務校である四天王寺大学の紀要に掲載した論文である。これらの検証事例によって、河内平野の古墳周濠池と池溝に焦点を合わせて、近世期の検討をふまえて埋没した古代の歴史事象の景観復原とともに、地域のなかで伝統に育まれた環境要素をみつめ、これらを新たに地域の資源として生かす営みを追求する地域環境の側面に立脚して、解析するのが本書の目的である。

序章では、筆者がフィールドワークを通して、歴史地理学的研究に志向していったなかで、啓蒙を受けた先学を中心にして学説の概要をふまえ、本書の構成についてふれたもので、第一章以降への緒論になる。

第一章以下は、河内平野を対象として『記紀』（以下本書では『古事記』『日本書紀』を併せて『記紀』と称する）をはじめ、『続日本紀』などにみられる地域事象のうち、池・大溝の築造、治水事業、屯倉の設置などの記事に着目して、それが地域に密着して育まれてきた景観の経緯を検証したものである。

河内平野において、巨大前方後円墳の存立を無視することができず、墳丘部が五番目の大きさに位置づけられる河内大塚山古墳周濠池の灌漑機能の役割とともに、それとの関連のなかで消滅した古墳群の復原に取り組んでいった。これが第一章にあたる。

第二・三・四章では、『記紀』において池溝開削の初見として記される依網池をとらえる。依網池については各種近世絵図が残されており、これをもとに地形環境を検証して近世依網池の姿態を復原し、さらに関連史資料を分析するなかで、水利機能の特徴を推考する。第二章は「依羅池古図」と「依網池往古之図」をもとに、周辺の地形環境を分析して、近世初期の水利機能を検証し、第三章はその後、知見することとなった「依網池描写我孫子村絵図」（本文では主に「我孫子村絵図」と記載）によって、第二章の考察を補正する形で、依網池の池中に存在した井路・池（小池）の形態から、水利の特殊性をまとめたものである。第四章は、第二・三章の近世依網池の復原研究をもとに遡及的方法によって、この地域での水利を取り巻く変貌過程を基軸に行基集団や重源集団をはじめとして、それら集団への庶民の関わり、さらに河内平野の地形環境の特徴から、依網池の古代の開削経緯について論及していった。

第五・六章では、依網池の上流に位置し南河内の段丘面の土地開発に、大きな役割を果たしてきた現存する日本最古の池とされる狭山池をとらえた。近世狭山池の水懸かりに重点を置いて、依網池や大仙陵池に導水された経緯を検証し、その範域の復原を試みる。これら狭山池用水と結びついた大山古墳（仁徳陵）の周濠池である大仙陵池の灌漑機能の特質をとらえ、それと結びつける形で墳丘部崩形について、間接史資料によって尾張衆黒鍬者の関わりを推論し、第七章として集約した。

第八章は、『続日本紀』に記載の和気清麻呂の河内川の導水事業について検証したものである。この導水事業は、当時の技術上の諸問題などから困難を極め、中断を余儀なくされるが、各種地形図にその痕跡が明瞭に残され、これまでの研究経緯をふまえ、和気清麻呂が関わった導水経路を復原していった。河内平野低湿部の土地条件が形成されたプロセスを追い、当時の政治的背景となる治水事業との関連のなかで史的考察を深め、時代背景は異なれども第四章の河内平野での古代依網池の開削とも密接に結びついてくる。

研究の方法として、明治一〇年代末に作成された「仮製地形図」をはじめ、研究対象地域での各種地図を探索し、その読図とともに研究対象の事象を、これら各種地形図に比定していくことを試みた。比較的多くの近世絵図が残されていることから、絵図の作成背景とともに過去の時代に遡って、これら絵図が考証資料として資することができるのか検討を重ね、地域の研究対象事例の時代背景を考課し、史的文献や埋蔵文化財の発掘資料を援用して、論究していくこととなった。これら研究対象の課題の現地比定・復原に際して、河内平野を中心とする土地条件（地形分類）を重視して、立地する地形環境の特徴をとらえていったのである。これらの営みから、今は現景観のなかに埋没した歴史事象ではあっても、痕跡を探りこれに焦点をあてることによって、地域のなかに新たな価値観を増幅させていく視点の確立につながっていく。文化財保護・保全に役立つ歴史地理学からの役割が説かれて久しいが、それは現景観のなかに永続される町並み・建造物など伝統的な文化財保全への提起にとどまり、地域が抱える現在の地域環境保全問題と対峙し、この問題に鋭く提起できる見方までに高められていなかった[25]。本書では各章の随所において、筆者がフィールドワークを通して涵養された地域環境保全問題の意識にふれ、若干ではあるが古墳や池溝を中心とする歴史文化遺産の価値観の視点についてとらえることを論点の一つに据えた。

依網池は、五世紀初頭頃には依網屯倉の経営とともに、当時の国家事業の一つとして築造されたことが『記紀』の記述より推察される。河内平野の水利空間をとらえた場合、河内平野低地部の治水事業、依網池の開削に結びつく河内平野の段丘面へと漸移する乏水地域での水利事業、河内平野南部の上流段丘面にあたる狭山池の水利事業、さらに狭山池用水が導水された大仙陵池と河内大塚山古墳周濠池への水利機能の拡充、へと連動する。依網池の位置は、当時の東アジアの国際交流の玄関口である難波津や住吉津とも至近距離にある。依網池の東を南北に通る難波大道は、国家政策によって敷設された公道で、流通の面からも重要視されねばならない〔第四章第四節〕。平安初期におこなわれた和気清麻呂の河内川導水事業も、当期の国家事業の一つであった〔第八章〕。河内平野は古代文化発祥の土地で、本書での水利関連の検証事例はそのまま、日本の古代の土地開発の歴史を反映しているといえる。

『記紀』に記載される池溝は、単一的にそれぞれの地域に孤立的に存立するのではなく、古墳周濠池や河川流域での治水・水利との関わり、さらに宮都、港津、屯倉、大道・古道、社寺などの造営・設置の事象とも密接に関わってくる。点から線（一次元）、平面（二次元）から立体的（三次元）に派生して思考していく、地域の景観観察による水利空間認識の視点からの分析が不可決となる。しかし、『記紀』の地域事象の記載は断片的で具象性に欠け、その姿態が現在に永続されていないものも多くみられ、検証していくにはさまざまな制約が付き纏い、たえず仮説を立てて分析していく営みが求められる。従来の先行する研究の分析を重視しながらも、状況によってそれらの先行研究の批判とともに、異次元の見地に脚を踏み入れていくことが生じ、仮説↓立証をくりかえし模索しながら、実相の一端に迫っていく試行を重ねていったのである。

筆者のこういった論法をめぐって、研究論文を発表する度に文献史学の査読者より、明治期に作成の「仮製地形図」をはじめ、一千数百年を経過した資料と若干の史資料によって、古代景観の一端を探り、これらの間接史資料のみに終始した内容では、果たして信憑性の高い検証になりうるのか、といった厳しい意見を受けてきた。史料分析の乏しい、仮説に終始した空理空論の論考としてみられてきたのである。確かに筆者の力量から鑑みて、文献史料の分析は稚拙で考古学にも疎く、これらの分野に立脚した史資料を充分に熟しきれておらず、解析する営みに大きな不安を抱えている。「仮製地形図」にしても正式な三角測量を待たずに作成されたため等高線など精微さに欠け、論考のきっかけを考える役割の範疇にとどまる。しかし、「仮製地形図」には、藩政村時代の土地の様子が最も的確に顕わされ、各種地形図や近世絵図との相乗効果を重ねることによって、古代に遡る地形の痕跡の一端が推認され、一千数百年の空白を埋める貴重な資料として位置づけることができるのである。筆者の文献史料に対する未熟さを認識しつつも、文献史学からのこういった批判は、地理学を核にして歴史地理学が科学的に位置づけられてきた経緯をふまえず、依然として文献史学側での歴史地理学を補助とする旧態の見方が、強く影響しているのではないだろうか。近代化に向けて作成された「仮製地形図」をはじめ各種近世絵図によって、古代に遡る事象にふれることは決して無駄なことではなく、異次元の仮説の立証に終始すれども、その方法は容認されても不都合はないように思われる。本書によって、文献史学や考古学など隣接諸分野に対して、少なからずとも新たな見方を提起していくことにつながるものと確信している。

注

（1）川内眷三『大阪平野の溜池環境―変貌の歴史と復原―』所収、「第Ⅱ部　溜池環境の構図と保全への展望」和泉書院、二〇〇九年。
（2）吉田東伍『大日本地名辞書第二巻（上方）』冨山房、一九〇四年。
（3）喜田貞吉『日本の歴史地理（地理学講座4）』地人書館、一九三六年、一・二頁。
（4）藤岡謙二郎（南出真助補訂）「第1章　歴史地理学とその研究法」、『歴史地理（人文地理ゼミナール）』所収、大明堂、一九九〇年、一～四頁。
（5）京都大学文学部地理学教室編『地理学京都の百年』ナカニシヤ出版、二〇〇八年、八～　三・一一二～一一四頁。
（6）前掲（5）一四・一一二～一一四頁。
（7）前掲（5）一一二～一一四・一九九～二〇九頁。
（8）前掲（5）二四～三〇・一一五～一一七頁。
（9）藤岡謙二郎『日本歴史地理学序説（増補版）』塙書房、一九六二年（増補版一九八一年）、三〇二頁。
（10）喜多村俊夫『日本灌漑水利慣行の史的研究（総論編）・（各論編）』岩波書店、一九五〇年（総論編）・一九七三年（各論編）。
（11）足利健亮『日本古代地理研究』大明堂、一九八五年。
（12）金田章裕『条里と村落の歴史地理学研究』大明堂、一九八五年。
（13）金田章裕『微地形と中世村落』吉川弘文館、一九九三年。
（14）金田章裕『古代荘園絵図と景観』東京大学出版会、一九九八年。
（15）金田章裕『古代景観史の探求』吉川弘文館、二〇〇二年、一～三二頁。
（16）立命館大学では一九三五年に歴史地理学科が新設され、藤岡謙二郎が勤務して一九四一年の法文学部地理学科の開設に関わっている。戦後、京都帝国大学地理学専攻卒の織田武雄や山口平四郎が着任し、山口は三〇年以上にわたって地理学科の発展に尽力している〔前掲（5）二五～二六・二二二～二二三頁〕。

(17) 谷岡武雄『歴史地理学』古今書院、一九七九年、一～四・三一六～三一七頁。
(18) 谷岡武雄『平野の地理』古今書院、一九六三年、一〇三～一二四・一二四～一三七頁。
(19) 谷岡武雄『平野の開発』古今書院、一九六四年。
(20) ①日下雅義『平野の地形環境』古今書院、一九七三年。
②日下雅義『歴史時代の地形環境』古今書院、一九八〇年。
③日下雅義『古代景観の復原』中央公論社、一九九一年。
(21) 川合一郎『近世日本における歴史地理学説史』所収、「第一部　日本歴史地理研究系の歴史地理学」早稲田大学博士論文、二〇一三年、二〇・二八頁。
(22) 足利健亮『景観から歴史を読む—地図を解く楽しみ—』所収、「第一章　聖武天皇の都作り」日本放送出版協会、一九九八年、三〇～四四頁。
(23) 日下雅義「「応神天皇陵」近傍の地形環境」考古学研究二一―三、一九七五年、六七～八四頁。
(24) 前掲（15）二五頁。
(25) 谷岡は、歴史地理学が現実の諸問題を解決するうえで役立つことを示唆している。その現実の問題として開発と保全をあげ、今日の農村計画や都市計画について、その地域空間の整備に応用される歴史地理学があると指摘する〔前掲（17）三一六頁〕。歴史的景観の保全については、浅香勝輔が文化財保護法をはじめ各種保全・保存法や条例との関係でとらえている〔浅香勝輔「歴史がつくった景観—保全—」、『歴史がつくった景観』所収、古今書院、一九八二年、二〇～四二頁〕。こういった研究事例があるものの、全体的には歴史地理学に立脚して、現実の開発と保全や環境問題を論じたものは少なく、まして景観が破壊されたところでの復原研究から、地域環境保全問題を鋭く直視したものに知見し得ていない。

第一章　河内大塚山古墳の研究動向と周辺域古墳群の復原

第一節　はじめに

百舌鳥・古市古墳群について、大阪府をはじめとして堺市・羽曳野市・藤井寺市が世界文化遺産への登録に向けて意欲的に取り組み、二〇一〇年一一月にユネスコの世界遺産暫定一覧表に記載され、その動向が注視されている。こういった有数の大型前方後円墳が現存し注目されている古墳群だけでなく、大阪平野には多くの消滅した古墳群のあったことが指摘されている(1)。

筆者は長年にわたって、大阪平野中・南部を中心に溜池群の潰廃状況を調査し(2)、その対象地域下に、幾つかの古墳跡と推測される土地のあることを知見することとなった。その一つが松原市に所在したとされる反正山《はじやま》古墳〔第1－1表2、第1－2図、第1－12図2、山ノ内古墳、松原市上田、地名については基本的に大字地名の表記による〔第1－5図参照、以下同〕〕で、これ以外にも松原市一帯には、十数基に及ぶ古墳のあったことが、村絵図や小字地名によって類推され、さらには発掘調査によってその存在が明らかになっている〔第三節1・2・3・4〕。松田正男は、一部が発掘された丹比《たじひ》大溝のルートとともに、松原市周辺に及んだ古墳跡の復元を試みている(3)。そのなかで河内大塚山古墳と黒姫山古墳〔堺市美原区黒山〕以外は存在せず、削平され消えてしまった古墳群のあったことを指摘し、これらを丹比古墳群と呼称している。しかし、その論稿は概要にとどまり、具体的な古墳群の範域や研究課題を提起するまでに至っていない。こういったことから、当面の研究の方向性として、現存する河内大塚山古墳を中心に松原市・羽曳野市北西部周辺に及んで消滅した古墳群に焦点をあて、その課題を検討することとする。

研究方法として、①丹比の地に立地し、現存する河内大塚山古墳〔陵墓参考地、第1－1表1、第1－1図、写真1－1、第1－12図1、松原市西大塚・羽曳野市東大塚〕の先行研究の経緯から現状の課題を把握する。そして、②河内大塚山古墳周辺域での埋蔵文化財の遺跡関係の資料や村絵図、及び松原市・羽曳野市の小字図を用いて、小字地名より古墳跡と推定される場所を探索し、同古墳を核として展開した古墳群の復原を試みる。これらの援用として、③河内大塚山古墳周辺域に及んで、古墳群が立地する土地条件〔地形型〕の特徴をおさえ、④百舌鳥古墳群や古市古墳群との関連性の一端を推考し、河内大塚山古墳の新たな価値観の増幅に焦点をあてる。そして、⑤爾後、追考しなければならない丹比古墳群の復原研究への指針の位置づけとともに、本稿の諸課題を点検し、⑥河内大塚山古墳を中心とする既往研究に対して若干の見解を示し、⑦百舌鳥・古市古墳群の世界文化遺産登録へ向けて若干の私見にふれる。(4)

第二節　河内大塚山古墳の概要と研究経緯

1．古墳の規模・形態の概要

河内大塚山古墳は、松原市西大塚と羽曳野市東大塚〔現町名、南恵我之荘〕の境界に位置する。河内国丹比郡は平安期に丹南郡と丹北郡に、さらに丹北郡の西端部が八上郡に分離し、近世藩政村名では河内国丹北郡西大塚村、丹北郡東大塚村となる。古墳の規模は、総長四三〇m、墳丘長三三五m、前方部幅二三〇m、後円部直径一八五m、くびれ部幅一五〇m、前方部高四・五m、後円部高二〇m、頂部径三〇m、頂標高四六・一mを測る巨大前方後円墳で、墳丘の大きさは五番目に位置づけられている。(5) しかし、墳丘長にしても三三五ｍとした文献が基軸であるものの、周濠は丹下村〔羽曳野市〕、西川村〔羽曳野市〕、一津屋村〔松原市〕の灌漑共有池として機能し、満水面は墳丘裾部の上位線まで達し、それに後円部南の周濠のところは、周濠池より浚渫した土砂が埋積されていることが確認されており、(6) 墳丘裾部の基底が明確になることによって、さらに大きく計測される可能性がある。

墳丘部は、「河内大塚山古墳書陵部実測図」(7)〔第1－1図〕によってわかる通り、前方部から後円部東側にかけて平坦地状の土地が拡がっている。南北期初期に近江氏守護の佐々木氏の一族が築造して丹下氏を称し、中世の城塞のあったことが知れる。(8) 南北朝時代には、楠木方、延元期以降は北朝方に属したので、丹下城は度々敵方の攻撃を受け、天正三年〔一五七五〕に織田信長の河内攻めによって城は破却され、丹下氏も島泉村〔羽曳野市〕に帰農して、姓を吉村に改めたといわれる。(9) 島泉村の吉村氏は近世において代官格の大庄屋を勤め、配下の部下は同村に移った者と、城址にあって帰農し、これらが墳丘前方部に大塚村を形成したことについてふれている。(10)

元禄一〇年〔一六九七〕一二月に、大坂奉行所の寺社方与力が陵墓の検分をおこなっているが、その時に陵墓絵図などが事前に大坂奉行所に差しだされている。(11) その原図を模写したとされる「元禄度御改古絵図之写」(12)〔安政三年〔一八五六〕、吉村家所蔵〕には、古墳のほぼ中軸線を東西に分けて西大塚村領と東大塚村領の村区分が明瞭に示され、西大塚村居屋鋪の右肩注記に「中古百姓勝手ニ付此所江移ル」と記され、東大塚村は「居屋鋪」として墳丘部東側の位置に南北にわたって三箇所に描かれている。近世期から昭和初期にかけて、墳丘前方部東側から後円部東側に東大塚村の居村が形成されていた。河内大塚山古墳は、大正一〇年〔一九二一〕三月五日に告示第三八号をもって史蹟として、大正一四年〔一九二五〕九月二一日に陵墓参考地(13)として指定され、順次、購入が進み、昭和二年〔一九二七〕一月二三日より、昭和三年〔一九二八〕一一月二五日までに、濠外東側の周濠東堤に沿うように東大塚村の集落を移転している。(14)

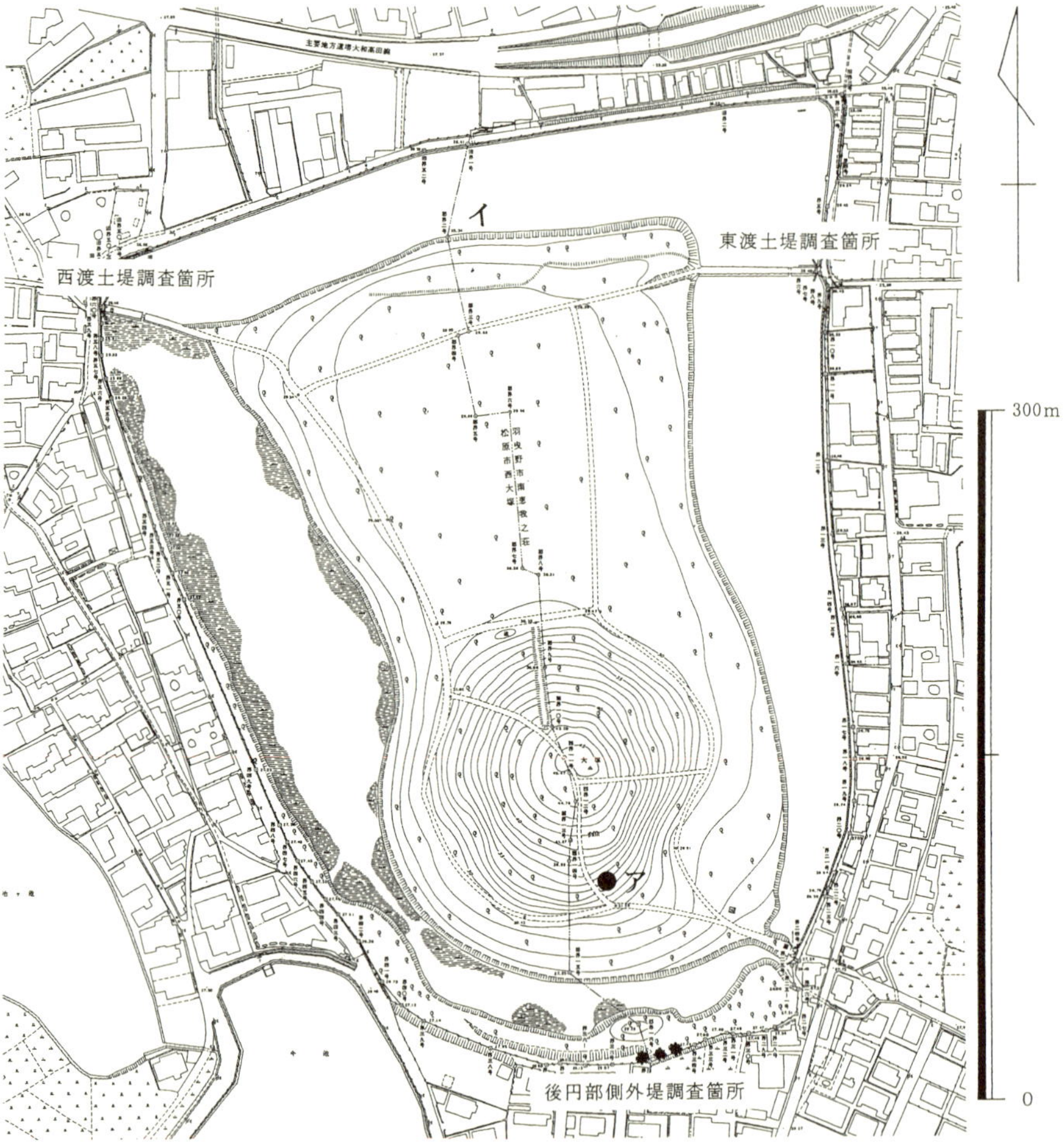

ア＝「ごぼ石」位置　　イ＝剣菱型前方部

第１－１図　河内大塚山古墳書陵部実測図

資料：清喜裕二「大塚陵墓参考地の渡土堤整備その他工事に伴う立会い調査」書陵部紀要61（陵墓編）、2010年、104頁・「第40図　大塚陵墓参考地　調査箇所位置図」より引用、加筆。

写真１－１　河内大塚山古墳

資料：末永雅雄『古墳の航空大観〔写真編〕』學生社、1999年、104頁・「図版第八〇　河内大塚古墳」より引用、昭和29年（1954）11月11日撮影。

1．河内大塚山古墳全景より東側を望む。河内大塚山古墳の右（西面）が西大塚、上位面（東面）の周濠池堤（周庭帯）のところが東大塚の集落。

2．写真中央部より上位面（東側）に南北状に走る樹林帯が確認できる。ここが東除川河岸で、その西の崖上に中位段丘面が広がり、古墳跡とみられる小字地名が集中する〔第三節４(b)、第四節１〕。

西田孝司は、上記の河内大塚山古墳の状況をふまえ、近世期での集落の形成から、明治・大正期、昭和初期に及んでの陵墓参考地への指定、集落移転、古墳買収などの経緯を詳述している[15]。二〇一〇年二月一八日に陵墓問題一六学協会による陵墓地立ち入りとして、河内大塚山古墳の内部観察が実現し、二〇一一年四月一七日に「現地見学検討会：河内大塚山古墳と辛亥の変」を実施している。そのなかで岸本直文は、河内大塚山古墳の沿革とともに、考古学の側面に立脚して研究動向を分析し、その課題を検討している[16]。以下、西田と岸本の業績をふまえ、河内大塚山古墳を取り巻く研究動向の概要をまとめ、河内大塚山古墳周辺域の古墳群の復原考察に結びつけていきたい。

2．阿保親王墓説の展開

河内大塚山古墳の被葬者について、河内案内記としての性格を有する『河内鑑名所記』（延宝七年〈一六七九〉）によると、「阿保親王御廟　大塚と云山也」とある[17]。さらに『五畿内志』（編纂：享保一四年〈一七二九〉～）「河内志」には、「埴生山岡上墓　来目皇子　大塚村ニ在」と記される[18]。『南遊紀行』[19]（元禄二年〈一六八九〉）と、『倭漢三才図会』[20]（正徳二年〈一七一二〉頃の刊行）は、「阿保親王墓　在大塚山」と記し、『日本書紀通證』（宝暦一二年〈一七六二〉）は来目皇子墓としている[21]。このように、河内大塚山古墳の被葬者を阿保親王墓、来目皇子墓とみている他、『河内名所図会』（享和元年〈一八〇一〉）では、『五畿内志』「河内志」で来目皇子墓としていることについて、「丹北郡大塚村に在とそ。然れども、埴生山の岡上といはんには、是ならす。埴生山といふは、今、羽曳山といふ山脈にて、（中略）いにしへの埴生坂ならん。此所に一ッの古墳あり。字を塚穴といふ。伊賀村の領に有や。（中略）此墳、おそらくは、来目皇子ならん。埴生山岡上といふ〔日本紀〕の文によく叶へり」と記し、さらに「土人、此墳（河内大塚山古墳）を阿保親王といふは謬り也。按るに、一津屋村に荒塚あり。字を御墓といふ。これ、親王の墳ならん歟」と続けて、阿保親王、来目皇子墓という見方を否定している[22]。

以上のように、近世における河内大塚山の被葬者について、『河内名所図会』で否定的な見方があるものの、阿保親王墓、来目皇子墓を中心に展開されてきた。一般的には、平城天皇第二皇子阿保親王が、薬子の変に関係した疑いで大宰権師に左遷されたが、のち許されて帰京し、承和元年（八三四）河内国丹比郡田《たい》坐に広大な別荘を造営したといわれ、近在の阿保《あお》村（松原市阿保）が当地であるとの伝えがあることから(23)、この周辺で天満宮(24)が鎮座している河内大塚山古墳後円部の最も高所の土地、ここが阿保親王の墓という意識が漠然とながらも、村人のなかに醸成されていたものとみなされる。河内大塚山古墳の墳丘前方部を中心に集落を営み、生活の拠点としていることもあって、近世の村人達は巨大な墳墓のなかに居住しているという認識はなかったものと考えられる。安政三年（一八五六）の「河内大塚山古墳、東・西大塚村口上書」（吉村家文書）に、「両村立会氏神鎮座在之候塚山ヲ　阿保親王之御墓之由申伝候ニ付」と記される(25)。これは同年六月の大坂奉行所による南島泉村（羽曳野市）の検分時に、河内大塚山古墳が阿保親王墓とみられていたことから、高鷲丸山古墳〔第1－12図16、羽曳野市南島泉〕を雄略陵に比定する動きのなかで、西大塚村、東大塚村に対して河内大塚山古墳の被葬者を問い合わせた時の返答文書である。河内大塚山古墳の被葬者を阿保親王とすることが、周辺の村むらでおよそ流布した見方であり、近世末期での河内大塚山古墳の位置づけられた状況を推察することができる。

3．雄略陵説の展開

幕末の勤王派の国学者伴林光平は、河内国志紀郡林村（藤井寺市林）出身で、天保一二年（一八四一）に記した「河内国陵墓図」では、近在の当時の通念的解釈の通り、河内大塚山古墳を阿保親王墓としていたが、その後、文久二年（一八六二）に河内などの御陵を巡り、その荒廃を嘆いてあらわした「野山のなげき」では、雄略天皇の陵ではないかとみている(26)。

幕府による文久・元治の修陵の事業を受け継ぎ、明治期に入り天皇陵治定とともに、より整備事業が推進されていく。天皇陵の神格化が進むなかで、歴史地理学の先駆者である吉田東伍は、明治三三年（一九〇〇）に発刊の『大日本地名辞書第二巻』南河内郡の大塚の項で、「丹下村の西に一大古墓あり、人家其上に占居す、大字大塚と曰ふ。北面して池を繞らす、前方後圓、最高平地を抜くこと凡六丈（東西凡三町南北凡四町）。書紀通證之を以つて来目皇子埴生山岡上墓と為せど非なり。全く平地に在れば岡上と曰ふべからず、或は疑ふ雄略天皇高鷲原御陵に非ずやと、形状壮大当時の盛勢を表示するに似たり」との見方を紹介し、河内大塚山古墳が雄略陵であることの見方を示している[27]。これによって、河内大塚山古墳の被葬者を雄略天皇とする考え方が主張され、戦後においても、一九七〇年前後に森浩一をはじめ、多くの先学者が同調し[28]、雄略天皇陵説が信憑性を帯びていくこととなる。

こういったなかで河内大塚山古墳の被葬者について、雄略陵に治定された高鷲丸山古墳の経緯とともに、その見解を具体的に展開したのが野上丈助である。これまでの考古学的知見、及び古代の政治的情勢を分析し、高鷲における唯一の巨大前方後円墳である河内大塚山古墳を、六世紀初頭に築造された雄略陵説とする見解を展開する[29]。その論法は大胆で惹きつけられるものの、重要な意見に文献の注釈が付されておらず、丹比郡の二分化を西大塚村と東大塚村の分割に結びつけ[30]、さらにこれを慶長一七年（一六一二）七月一二日の狭山池用水の配水の水割符と、意味の説明もなく関連づけるなど、解釈のし難い箇所がみられる。しかし、遺跡・遺物関連の実証研究を重視する考古学の範疇にとどまらず、河内大塚山古墳の諸課題を理論立てて提起したことについては、最初の意義ある論稿として位置づけられよう。

4．後円部露呈「ごぼ石」の見解

河内大塚山古墳後円頂部より南南東斜面、標高三八～三九mの位置に、地元で「ごぼ石」と称される石材が露呈している（第1―1図ア、写真1―2）。一九九〇年一二月の宮内庁書陵部の調査で、径一三・五～一四・八mにわたって擂鉢状に窪み、その中心的位置に「ごぼ石」が置かれ、長軸四・一m、最大幅三m、厚さ一・八m以上で、亀甲状に近い平面型を示し、西南側が打ち削られ花崗閃緑岩の巨石であることが確認されている(31)。ボーリング棒（検土杖のことか）による周辺の探査によっても、石室の石材らしき反応は認められず、遺物が検証されなかったことが報告され、横穴式石室に使用されていたものが、移動の結果として該所に位置したものか、横穴式石室の石材として使用すべく該所に運び、何らかの理由で断念したのか、想定できるとふれている(32)。

写真1－2　河内大塚山古墳「ごぼ石」
資料：『大阪府史蹟名所天然記念物調査報告　第五輯』大阪府、1934年、図版第三二.「（二）同上後円部所在の大石」より引用。

西田は「ごぼ石」について、『河内鑑名所記』、『五畿内志』所収「河内志」、『河内名所図会』などに記載された経緯をふまえ、阿保親王の後裔と伝える長州藩毛利氏の「毛利家文庫」の『阿保親王御廟詮議』（文政七年（一八二四））や、これのもととなった『阿保親王事取集』（綴本とした時期は文政八年（一八二五）であるが、綴本となる前に史料を吟味して、『阿保親王御廟詮議』を完成させたと、西田推測）、さらに「毛利家文庫」が所蔵する「河州丹北郡天神山陵図」などによって、露呈する巨石の近世期の状況を分析している(33)。

そのなかで宮内庁書陵部の調査での、「ごぼ石」周辺で石室石材らしき反応は認められず、遺物が検証されなかったとすることに関連して、「河州丹北郡天神山陵図」に描かれた巨岩の状況をとらえる。元禄一〇年（一六九七）一一月一三日に西大塚村から大坂町奉行所に差し出された絵図（「西大塚村絵図」、前掲第二節1での「元禄度御改古絵図之写」の一葉か）を安政三年（一八五六）に写し、このなかで元治元年（一八六四）に毛利氏がとりまとめた一図が「河州丹北郡天神山陵図」で、これには元禄期の河内大塚山古墳墳丘の状況を推察することができるとし、墳丘の上に大きくはみだして描かれた巨岩の様相を観察する。『阿保親王御廟詮議』に引用された文政期の河内大塚山古墳の絵図には、「ごぼ石」が後円部中腹斜面に描かれ、現況の位置とほぼ一致し、「河州丹北郡天神山陵図」に描かれた状況と異なることから、上面の巨石が下方にずれ落ち、元の位置に横穴式石室を構築する石組が、「ごぼ石」とともに封土上に露呈してみられていたのではないかと推測する。(34)「河州丹北郡天神山陵図」は、図会的な要素より地籍図らしき意図で描かれたものとみて、その信憑性について強調する。

さらに西田は、『阿保親王事取集』に掲載の河内大塚山古墳の記述は、寛政九年（一七九七）にみせられた記録を文政年間に写したもので、「大塚山之半腹ニ石の磨戸之上と可奉申大石有之、三拾ヶ年程已前まで磨戸石之覆見え候へ共、其後砂流レ掛り、只今にて者埋り、大石計見え候由、村人申候事」の記事に着目する。文書末の日付が辰八月とあり寛政八年（一七九六）にあたり、「三拾ヶ年程已前まで磨戸石之覆見え候」とあることから、宝暦年間の終わり頃（一七六〇年代初め）か、明和年間の初め頃（一七六〇年代中頃）まで露見していたが、その後、土砂が流れ込んで大石のみがみえるだけになったと推察する。「磨戸石」とあることから、これが横穴式石室の入口（玄門）の袖石にあたり、大石はその上の天井石であろうと想定し、自然石に壁面をそろえた「磨戸」の解釈、及び「磨戸石」の存在から、六世紀後半の巨石墳の類例に準じて、河内大塚山古墳には自然石の巨石を用いた横穴式石室が構築されていたとみなしている。(35)

以上の見解とともに西田は、周辺地域の実地検分を進め、柴籬神社〔第1－2図ウ〕に現存する手洗鉢に着目する。明治四〇年（一九〇七）に柴籬神社に合祀する以前は〔注記（24）〕、河内大塚山古墳後円部に鎮座した天満宮（大塚社）に置かれていた手洗鉢で、「天満宮」の刻字とともに、同裏面右側に「享和元年（一八〇一）九月、東大塚村氏子」と記され、東大塚村の氏子が天満宮に奉納した手洗鉢であったことを確認する。石種は黒雲母花崗岩で、生駒山地高安山の南西斜面の柏原市大県の高尾山付近に類似した石が分布し、「ごぼ石」の花崗閃緑岩も、高尾山周辺にみられることから、手洗鉢の石材も、河内大塚山古墳の石室に使用されていた石材を転用したものと推測している。[36] 次いで、前方部より移転した東大塚村内に設けられた天満宮遥拝所の標石の台石と百度石の石材を調べている。その標石には「昭和三年三月建立　記念」と記され、東大塚村住民が墳丘外に立ち退きをした昭和三年（一九二八）に記念碑として建立され、支える台石は二石をセメントで結合したもので、手前の台石は、左右が約〇・九m、前後が約〇・四m、高さは約〇・三mを測り、柴籬神社手洗鉢と同様に黒雲母花崗岩で、柏原市平尾山から青谷にかけて分布する岩相の一部に似ていることを指摘し、柴籬神社手洗鉢と同一石とみられないものの、石室の壁面の石であった可能性が高いとしている。[37] 標石の前にある「天保十一年八月吉日」・「東大塚安兵衛」と刻まれた竜山石の百度石については、六世紀末と推定される古墳時代後期の巨大古墳である五条野丸山古墳[38]（見瀬丸山古墳、奈良県橿原市）の石室玄室内に竜山石の刳抜式家形石棺が納められていたことと関連づけ、「これは墳丘内から移された石棺材の一部で、河内大塚山古墳も五条野丸山古墳と同様に横穴式石室の玄室内に、竜山式の家形石棺が安置されているという推測が成り立つ」、とまとめている。[39]

河内大塚山古墳の「ごぼ石」が、横穴式石室の天井石であるという見方は、西田が考証する以前にも推察されてきた。[40] しかし、ある一定の根拠をもって、周辺の関連遺跡を実地踏査した営みは、西田の考証を嚆矢とする。これ以降、西田の研究をふまえて、「石の磨戸」や『阿保親王御廟詮議』に「御石槨」とある表現に注視して、河内大塚山古墳の後円部がほぼできあがり、墳丘の築成と並行して石室構築もほぼ完了したとみなされ、内部主体は横穴式石室であるとする考え方が定着するのである。[41]

西田の河内大塚山古墳の「ごぼ石」を横穴式石室の天井石とする見解は、現存する史資料、及び地域に密着して関連遺跡を踏査・検分して、その背景を類推するなかで得られたものである。確証としては今後のさらなる検証に俟たねばならないものの、南島泉村の松村家文書を中心に、雄略陵に治定されている高鷲丸山古墳の文久の修陵を分析した業績(42)が基本となり、河内大塚山古墳の経緯の全体像を明らかにした研究〔注記（15）〕と合わせて、地域に密着して取り組んだ真摯な姿勢は高く評価され、河内大塚山古墳研究の基軸として位置づけられる。

5．後期古墳説の展開

『宋書巻九七夷蛮伝・倭国』（宋書倭国伝）に讃、その弟の珍、次に済、その世子の興、その弟の武、の記載があり、これら倭の五王の武が雄略天皇で、御諱の大泊瀬《おおはつせ》幼武《わかたけ》の武であることに疑う余地はみられない(43)。武は、順帝（劉宋第八代〈四七六～四七九〉）の昇明二年（四七八）に遣使している。『宋書倭国伝』の記述のうち半分以上が武の武勇伝の記載で、使持節都督倭・新羅・任那・加羅・秦韓・慕韓六国諸軍事・安東大将軍・倭王として叙されている(44)。こういった背景を考慮して河内大塚山古墳を雄略陵とみなすならば、同古墳の築造時期を五世紀末の古墳時代中期に比定しなければならなくなる。一九七〇年代頃より考古学からの検討が加えられ、河内大塚山古墳を古墳時代後期とする見方が強調され、その先鞭をつけたのが、当初、雄略陵とした見方に立っていた森である〔注記（28）〕。その見解は、河内大塚山古墳後円部のほぼ南、裾上部に露出している「ごぼ石」が、横穴式石室の天井石とみられることと併せ、埴輪が欠落し未完成説という見方にとどまらず、埴輪が樹立されなくなった段階の古墳とみなし、築造時期は六世紀初頭までにさかのぼらない中頃から後半の後期古墳にあたるのではと推考する(45)。「ごぼ石」を横穴式石室の天井石とみなす考え方は、前述してきたようにその後、西田によってある一定の考証がなされ〔第二節4〕、横穴式石室の構築を前提にした六世紀後半の巨石墳の類例に基づき、河内大塚山古墳を後期古墳としてとらえる見方が、より確定的に位置づけられていくのである(46)。

河内大塚山古墳を古墳時代後期とする考え方は、「剣菱型前方部」と名付けた石部正志らの研究によっても、検討が加えられている。石部らは墳丘の平面図形の企画化によって、後円部の直径が前方部の長さを決定する因子を抽出して、畿内前方後円墳を対象にその形式編年のアプローチを試みている。なかでも河内大塚山古墳での前方部の企画分類において、中央に突出した「剣菱型前方部」の形式に注目し〔第1—1図イ〕、今城塚古墳(47)（高槻市郡家新町）の「剣菱型前方部」との共通性をふまえ、古墳中期末から後期の前方後円墳にのみ出現する特異なタイプの形式であるとみなしている(48)。

近藤義郎は、河内大塚山古墳での自然石の巨大な横穴式石室（河内大塚山古墳での「ごぼ石」の存在から、横穴式石室をもつ可能性を前提にして）、前方部の高さが著しく低いという特異な外形的特徴、一重の周濠であり陪塚がみられない、埴輪が発見されていない、という諸特質を抽出し、五条野丸山古墳（橿原市五条野町・大軽町・見瀬町）との共通性に着目する。「墳形変化の方向を離れ、埴輪祭祀もなく、陪塚も従えないと考えられるこの二墳は、石室と墳丘の双方に全力を傾け、大王墓としてその巨大な権力を内外に宣言し、徹底させるために築造された前方後円墳廃絶直前期の大型古墳であろう」としている(49)。

白石太一郎は、大和と大阪平野を中心に近畿に立地する巨大古墳の編年研究をおこなっている。白石の手法は、同一群中における各古墳の立地条件を重視し、最初に構築される古墳が最も有利な選地をおこなったであろうとする見地に立ち、その編年序列を検討する。古墳立地のグループ分けをおこなうとともに、古市古墳群では台地（誉《こん》田《だ》丘陵・国府《こう》台地）の仲津姫陵の位置が最高所で、最も構築に有利な条件を備え、応神陵・仲哀陵・城山古墳（津堂城山古墳）→允恭陵・墓山古墳→大塚古墳（河内大塚山古墳）→白鳥陵（軽里大塚古墳）→仁賢陵→清寧陵→安閑陵に続くと位置づける。大塚古墳についてこの時点の研究段階では、前方部の幅が応神陵以北のグループのなかで最も開くものであることから、このなかでは新しい五世紀末に築造された見方に立っている(50)。白石はこの研究をきっかけに、大型前方後円墳の築造を背景に大和政権の政治的支配構造に着目し、初期ヤマト政権の権力基盤は、畿内各地の諸政治勢力の部族的連合関係を基礎として、その職務執行についても大和・河内の諸集団によって分担執行されていたとみる。そのなかで新しく台頭した河内南部と和泉北部の勢力が連合し、その盟主権を手に入れたことを背景に、畿内の大王墓の立地・編年の研究をさらに進めている(51)。河内大塚山古墳を後期古墳として位置づける考古学の見方が漸次増幅されていることをふまえて、継体天皇に纏わる今城塚古墳（六世紀前半）以降の大王墓として、河内大塚山古墳とそれに続く五条野丸山古墳をあげ、古墳時代後期六世紀中期以降での大王権の強大化を示すものとして位置づけ、これを最後に畿内の超大型の前方後円墳は姿を消すととらえている(52)。

前方後円墳の形態の比較研究を進めた岸本は、大小差異のある古墳を同一規格で対比して、箸墓古墳以降より五条野丸山古墳までの継続した主系列をとらえ、今城塚古墳を五世紀の主系列墳を継承したものとみなし、白石と同じように河内大塚山古墳と五条野丸山古墳をこれに後続するものとした研究をまとめている(53)。

これらの一連の優れた研究によって、今城塚古墳→河内大塚山古墳→五条野丸山古墳の順序立てが定説となり、河内大塚山古墳を六世紀中期以降に位置づける後期古墳説が定まったといえる(54)。

6．未完成説から安閑未完陵説への展開

河内大塚山古墳を古墳時代後期六世紀中葉以降に比定する見方が定着するなかで、十河良和は、日置荘西町遺跡群（堺市東区日置荘西町・日置荘田中町）の六世紀代の埴輪窯に着目し、器高一二〇～一四〇㎝に達する鰭付円筒埴輪をはじめ、人物埴輪などの形象埴輪の特質を詳細に分析する(55)。日置荘西町窯で出土した円筒埴輪の系譜と編年の考察を進め、今城塚古墳の築造時に埴輪を供給した新池埴輪制作遺跡〔注記（47）、高槻市上土室〕より、工人がその役割を終えて移動して制作したもので、円筒埴輪の技法は百舌鳥古墳群、古市古墳群出土のものとも異なり、そ

の関係は希薄であるとする。この供給先として、日置荘西町窯から北北東方約六・五㎞に位置する大型前方後円墳の河内大塚山古墳をあげる。河内大塚山古墳は、周濠の深さは極めて浅く堆積土も少なく、非常に浅い位置で地山が確認され、前方部の削平にともなう周濠への盛り土の移動がほとんどなく、墳丘の本来の形状は前方部が異様に低い可能性が高まったこと、学会代表者による立ち入りによって、葺石となる石材や埴輪片が認められなかったことから、河内大塚山古墳の前方部は盛り土がおこなわれない未完成古墳であったとみなす。墳丘が未完成であれば、墳丘、外堤での埴輪の樹立はほとんどなされていなかったとみるのが穏当で、大量に生産された日置荘西町窯系円筒埴輪は、河内大塚山古墳に向けて生産されながらも、供給されなかったものが窯周辺に残されていたのが理由であると推測したのである。(56)

さらに十河は、河内大塚山古墳の築造時期について、日置荘西町窯の埴輪の考古学手法による専門的な形式分析から六世紀中頃に比定し、大王クラスの人物の奥津城とみなし、『日本書紀』・『延喜式諸陵寮』の記載からその被葬者について考察する。(57)『日本書紀』によると継体天皇は、応神天皇の五世の孫で、近江高島・越前三国を本拠として河内国交野郡樟葉の宮（枚方市樟葉）に遷宮する。仁賢天皇の第三女の手《た》白香皇女《しらかのひめみこ》を召して皇后とし、嫡子である天国排開広庭尊《あめくにおしはらきひろにわのみこと》（欽明天皇）が生まれている。継体天皇の元妃である尾張連草香の娘目子《めのこ》媛《ひめ》は、二人の子を生み、第一子を勾大兄皇子《まがりのおおえのみこ》といい、これが広国押武金日尊《ひろくにおしたけかなひのみこと》（安閑天皇）で、第二子の檜隈高田皇子《ひのくまたかたのみこ》が武小《たけお》広国押《ひろくにおし》盾尊《たてのみこと》（宣化天皇）である。継体天皇は、山背の綴喜、山背の乙訓へと皇宮を移し、二〇年後に大和の磐余の玉穂に置いて（桜井市池の内辺りか）、継体二十五年辛亥（五三一）春二月に崩御し、藍野陵に葬られている。宮内庁では太田茶臼山古墳（茨木市太田）を継体陵に治定しているが、形状や埴輪などの年代的特徴、また『延喜式諸陵寮』記載の「三島藍野陵」の所在は島上郡とあり、同古墳の所在地島下郡とは一致せず、古墳時代後期前半の六世紀以降の特徴をもった、島上郡に所在する今城塚古墳にあてるのが定説となっている〔注記（47）〕。十河は、河内大塚山古墳を今城塚古墳の後続古墳としてみなす見解をふまえ（第二節5）、六世紀前半の皇位継承をめぐって、勃発したと想定される継体・欽明朝の内乱(58)のなかで、継体の死後の安閑・宣化・欽明の三天皇の間における皇位継承をめぐる辛亥の変に着目する。『日本書紀』の「安閑天皇・春日山田皇女、河内古市高屋丘陵合葬」の記事をとらえ、安閑のために寿陵を築造していたが、それが河内大塚山古墳で、辛亥の変の勃発により殺害され、未完成の河内大塚山古墳への埋葬は叶わず、皇后陵への緊急的な埋葬がおこなわれたものと推測している(59)。こういったなかで今城塚古墳＝継体→河内大塚山古墳＝安閑→五条野丸山古墳＝欽明という位置づけとともに、河内大塚山古墳の未完成＝日置荘西町遺跡群の埴輪窯、という背景が成立することとなる。

こういった十河の仮説をほぼ全面的に支持したのが岸本で、河内大塚山古墳の未完成の根拠を以下のように補完する。①前方部の形状が整形を保っており、調査所見からこれが本来の形態とみられる。現状の前方部はまったく平坦で残丘が認められない。低平な前方部は、後円部の下段とはほぼ同じ高さで、周囲の地盤を考えると、後円部を含めた下段が段丘そのものであることを示しているととらえる。周濠を掘削することによって、前方後円部の下段ができあがり、後円部にはその上に中段が盛土されているものの、前方部は周濠掘削による下段成形のままの状態であるといえる、としている。次に、②周濠が浅いことをあげる。これについてはその見方にふれていないが、墳丘の盛土量と関係し、前方部未完成説の見方に結びついてくるのであろう。③葺石がないこと。今城塚古墳では葺石が認められ、六世紀中頃の一定規模の古墳であれば、葺石を持つのが一般的と思われ、河内大塚山古墳の未完成を裏付けるものと推測する。④埴輪がないこと。倭国王墓において、欽明没年の五七一年の段階で、葺石・埴輪はなくなっており、河内大塚山古墳がこれ以前の築造であるなら、未完成であるとの見方を示唆している。⑤造り出しがないこと。五条野丸山古墳での造り出しがみられないことに関連して、同古墳の両くびれ部分の張り出しが造り出しの名残りであると考えるとともに、後期古墳とみなされ現欽明陵に治定されている平田梅山古墳（奈良県明日香村平田）で、造り出しが確認されていることを引き合いにして、前方後円墳には廃絶まで造り出しの敷設が続くとすれば、河内大塚山古墳での造り出しの欠落は、未完の根拠になるとの見方を示している(60)。そして、未完成であることを前提に、継体陵である今城塚古墳は、倭国王墓として完成し埴輪も樹立されている。次代の倭国王墓として河内大塚山古墳への埴輪供給のために、丹比に窯場（日置荘西町埴輪窯）を移して生産を始めた。しかし、未完に終わったため供給されることはなく、こういった経緯から河内大塚山古墳を安閑未完陵とみなして間違いなく、継体陵の今城塚古墳と欽明陵である五条野丸山古墳の中間に位置づけられるとする(61)。

以上のように河内大塚山古墳について、これといった的確な史料・考古学資料には欠けるものの、巨大前方後円墳であるだけに、被葬者をめぐってさまざまな見解が展開されてきた。直接の史資料が不足すれども考古学の地道な研究によって、その成果が示され解明されつつあるようにも思われる。

近世期を通じて昭和初期まで長らく東大塚村の居村があったことから、元住民の聞き取りとともに、古墳内の住居跡などを復元した営みもみられる(62)。これらのように、個としての河内大塚山古墳を取り巻く分析は、確実に大きく進展したといえる。しかし、その所在についても百舌鳥古墳群と古市古墳群との中間域、もしくは古市古墳群の西辺域の古墳としてとらえられるなど曖昧な位置づけになっているのが現状である(63)。百舌鳥・古市古墳群の世界文化遺産への登録に向けた動きのなかでも、堺市・羽曳野市・藤井寺市に所在する古墳群を対象としているためか、松原市と羽曳野市の境界に位置する河内大塚山古墳は省かれて設定されているのである。現存する個としての河内大塚山古墳のみを対象とする分析が先行し、同古墳を中心とした群としてとらえる研究の視点が欠落しているといえる。今までふれてきた研究成果をふまえるなかで、同古墳の周辺域での消滅した古墳跡に焦点をあてることによって、幾つかの新たな課題を以下、見据えることが可能となる。

第三節　河内大塚山古墳周辺域の古墳群

河内大塚山古墳周辺に、幾程の古墳跡を確認することができるのであろうか。末永雅雄は、松原市域の大字・小字地名から「塚」と名のつく五ケ所の字名のあることを示唆し、このうち高塚形式で残るのは河内大塚山古墳と鐘つき山ぐらいであろうとしている。(64) この鐘つき山とは、『河内名所図会』所載の一津屋村の荒塚を指したもので、同絵図ではこれを阿保親王の墓としている〔第二節2〕。このように河内大塚山古墳周辺の古墳跡の存在については、かなり以前より想定されていたものの、ある一定の論拠を示して高めるまでには至っていなかった。それが松原市埋蔵文化財の調査によって、反正山古墳跡、立部《たつべ》古墳群跡、一津屋古墳跡、川ノ上古墳跡のあったことが確証としてとらえられたのである。

1．反正山古墳跡の復原

反正山《はじやま》古墳跡は、河内大塚山古墳のほぼ西、約四〇〇mのところに比定される〔第1－1表2、第1－2図、第1－12図2〕。昭和四六年（一九七一）「松原市都市計画基本図」二千五百分の一図によって、その範域を推測することができ〔第1－2図〕、「松原市文化財分布図」では、山ノ内古墳跡として描かれている。(65) 第1－2図よりとらえた反正山古墳の推定範域は、全長は二一〇m程度、前方部面の全長幅は一九〇m程度となる。全体の面積は約三万八、〇〇〇㎡～最大四万㎡程度を測る。全体の範域の均整からとらえ、墳丘長は約一七〇m前後、前方部幅は約一五〇m前後、後円部径は約一〇〇m前後の大型前方後円墳であったと考えられる。反正山古墳跡の位置するところは、河内大塚山古墳と隔てた溜池群が連なる中位段丘面の開析地に位置した樋野ケ池〔松原市上田、第1－12図キ〕

第１－１表　河内大塚山古墳周辺域に位置する現存・確定古墳一覧

古墳名（古墳跡）	所在地（大字地名）	主な検出遺構・判明事項等	備　　考
1．河内大塚山古墳	松原市西大塚 羽曳野市東大塚	後円部に横穴式石室の天井石の巨石、埴輪の出土は未確認	現存、墳丘長335m 後期古墳に比定 宮内庁陵墓参考地
2．反正山古墳（山ノ内古墳）	松原市上田	北西接の丹比大溝発掘にともなう円筒埴輪片	地形図による確認
3．立部古墳群	松原市立部	円墳・方墳７基の確認、円筒埴輪、甲冑形埴輪、武人形埴輪の一部出土	古墳時代中期～後期か
4．新堂古墳	松原市新堂	小型円墳２基の発掘	
5．岡古墳	松原市岡	小型円墳の発掘	
6．一津屋古墳	松原市一津屋		厳島神社、周濠の一部が残存し半壊状
7．川ノ上古墳	松原市一津屋	全長30m程度の前方後円墳、発掘により確認	古墳時代中期か
8．一津屋２号墳	松原市一津屋	方墳か。円筒埴輪を出土、発掘により確認	古墳時代後期か
9．一津屋３号墳	松原市一津屋	発掘調査で、周濠の一部を確認	古墳時代後期か
10．土師ケ塚古墳	松原市三宅	「土師墳」の石碑	『大阪府全志』に記載
11．権現山古墳	松原市三宅		三宅村絵図に古墳跡
12．三宅古墳	松原市三宅		帆立貝式古墳か
13．城山古墳	松原市別所		別所村絵図に古墳跡
14．番上塚古墳	羽曳野市西川	西川西方、高さ三尺、周囲一町二十間	『大阪府全志』に記載
15．隼人塚古墳	羽曳野市島泉	雄略天皇陵北方西、高さ四尺余り、広さ四十坪上に四尺許の石碑	現存 『大阪府全志』に記載 雄略陵陪塚に治定
16．高鷲丸山古墳	羽曳野市南島泉		現存、丸山古墳と平塚山古墳 雄略陵に治定

資料：「松原市文化財分布図2011」松原市教育委員会。

　　松田正雄「丹比大溝と丹比古墳群」大阪春秋73号、1993年。

　　井上正雄『大阪府全志巻之五』清文堂出版（復刻版）、1922（1976）年など。

注）番号は、「第１－12図　河内大塚山古墳周辺の土地条件図と古墳跡の分布」を参照。

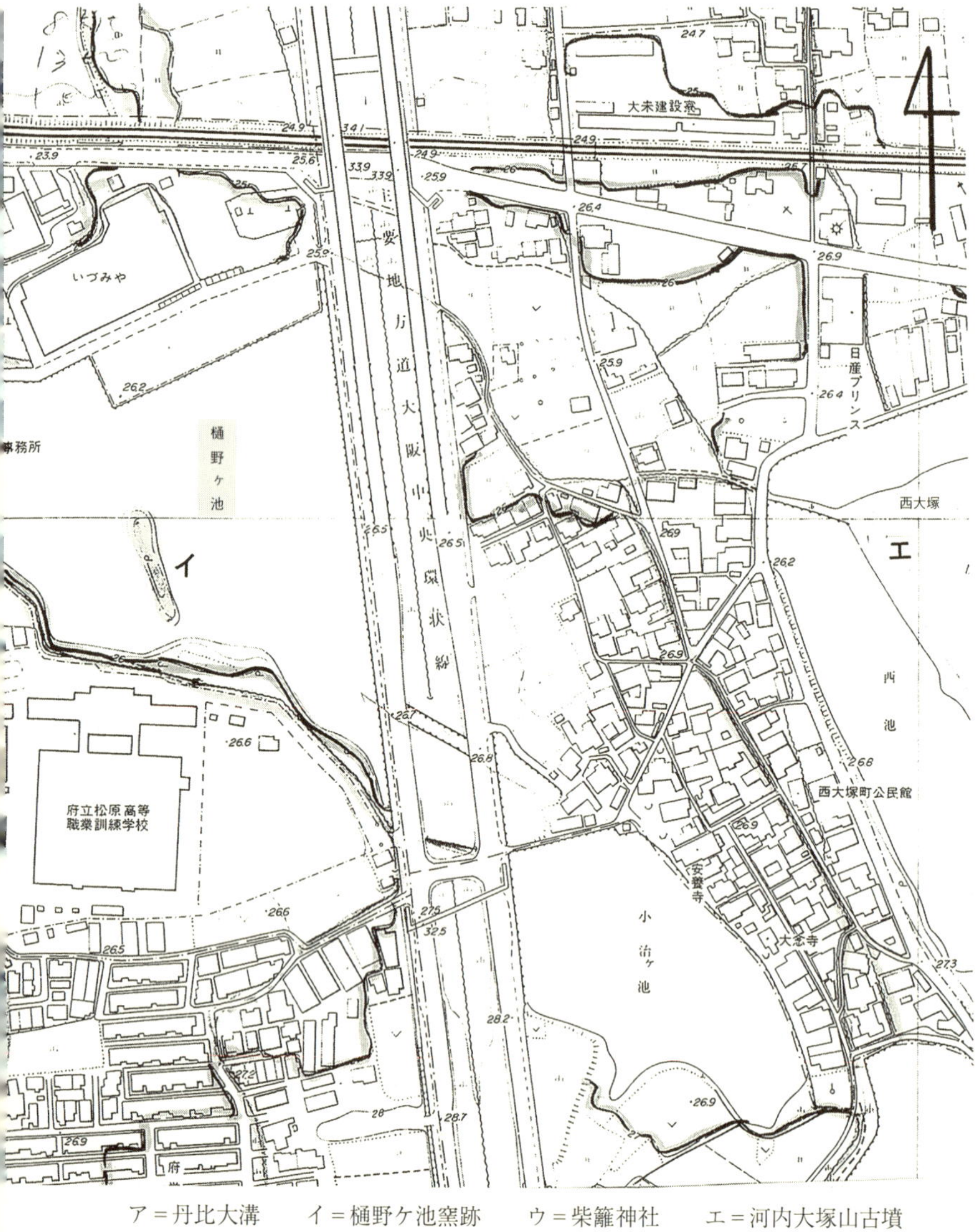

ア＝丹比大溝　　イ＝樋野ケ池窯跡　　ウ＝柴籬神社　　エ＝河内大塚山古墳
A＝河内松原駅前再開発事業発掘調査地

第１－２図　反正山古墳跡復原図

資料：芝田和也「「丹比大溝」発掘調査記者発表資料」松原市教育委員会、1992年、５頁、「発掘調査位置図」をもとに、「松原市都市計画基本図」１：2500図、1971年、によって作成。

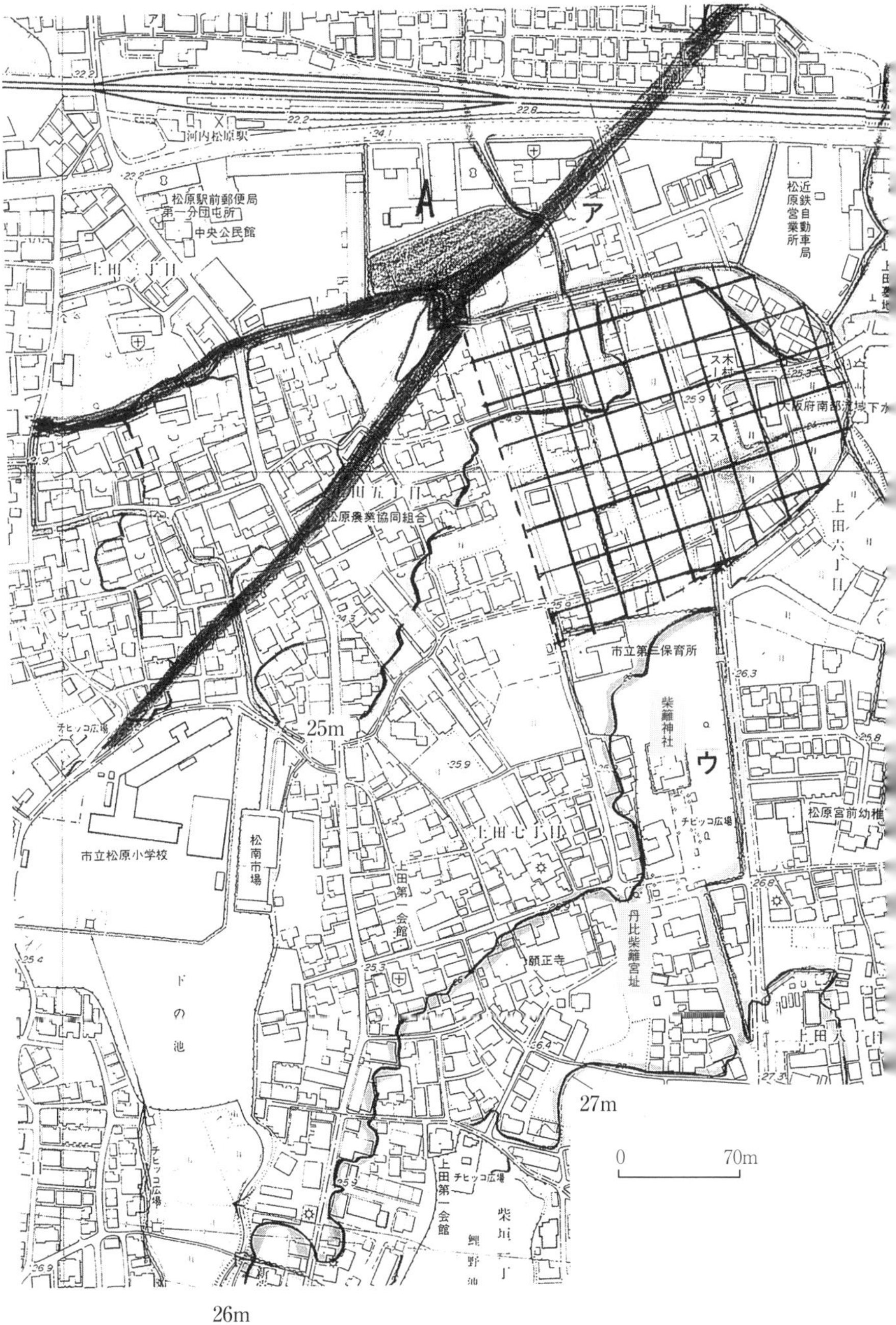
河内松原駅
松原駅前郵便局
第一分団屯所
中央公民館
近鉄自動車局松原営業所
A
ア
ウ
大阪府南部流域下水
松原農業協同組合
市立第三保育所
柴籬神社
チビッコ広場
松原宮前幼稚
市立松原小学校
松南市場
上田第一会館
上田七丁目
上田六丁目
上田八丁目
願正寺
丹比柴籬宮址
下の池
25m
27m
26m
0
70m

の西にあたり、標高二五～二七mの微高地の土地であることがわかる。昭和二三年（一九四八）九月一日に米極東空軍が撮影した航空写真に、古墳跡全体の範囲が明瞭に示されている〔第1－13図2〕。これによるなら前方部の範域のところが、さらに西面に大きく張り出していた可能性がある。一九九一年一〇月～一九九二年一月の河内松原駅前再開発事業〔第1－2図A〕にともなう調査において、東北～南西に延びる幅約一〇m、深さ約三mの大溝跡が発掘され〔丹比大溝、第1－2図ア、第1－12図人工水路跡〕、これが反正山古墳跡の周濠北西端の位置と接しており、このところより円筒埴輪片が出土し、他に土師器壺、皿・鉢・椀等、黒色土器、須恵器壺、瓦、牛か馬の歯などの出土が確認されている。[66]

反正山古墳跡の東に隣接して樋野ケ池窯跡が発掘されている〔樋野ケ池内中島、第1－2図イ、第1－13図5、写真1－8〕。窯本体については未調査であるが、昭和四九年（一九七四）に窯裾部分の発掘調査がおこなわれ、土師器・須恵器が出土し、六世紀前半の窯跡とみられている。[67]発掘は一基のみであるものの、河内大塚山古墳や、反正山古墳を含む周辺の古墳跡との関連性を類推することにつながる〔第三節2・3・4〕。また、『古事記』に「水歯別命　坐多治比柴垣宮」、『日本書紀』に「都於河内丹比　是謂柴籬宮」と記された皇宮の伝承地が、反正山古墳跡の南に隣接する柴籬神社〔注記（24）、第1－2図ウ〕周辺とみられていることにも興味が注がれる。

なお、「松原市文化財分布図」では、位置する小字地名より山ノ内古墳跡と呼称している。『和名類聚鈔』に河内国志紀郡土師《はじ》郷、河内国丹比郡土師《はじ》郷、和泉国大鳥郡土師《はぜ》郷の記載がみられ、このうち丹比郡土師郷にあたるのは、この地周辺に比定することができるものと判断され、地域の字名が反正山《はじやま》と呼ばれることから、本稿では代表的古墳の意味合いを込めて、反正山古墳跡と呼称することにした。

2．立部古墳群跡・一津屋古墳跡・川ノ上古墳跡の発掘

(a) 立部古墳群跡

河内大塚山古墳後円部の位置から、南約四〇〇mのところに立部古墳群跡（松原市立部）が発掘されている。洪積中位段丘面の北北西方向に走る開析地のところに一〇池の溜池群が並んでいるが、その中間にある上の池〔松原市西大塚、第1－12図カ〕の西に隣接した段丘面への漸移緩斜面のところである〔第1－1表3、第1－12図3〕。上の池は潰廃され大塚青少年運動場として転用されているが、その関連施設の整備事業にともなって、平成二年（一九九〇）に調査がおこなわれ、円墳一基、方墳六基が発掘されている。円墳の主体部は調査対象域外に及んでいるため完全な範域を検出していないが、深さ一・二〜二mの周溝を有し復元径約一二mの古墳であるとみられ、溝底を中心にして埴輪、須恵器甕体部片が出土している。埴輪の多くは円筒埴輪の破片と考えられているが、他に太刀部分の形象埴輪片の出土が確認されている。方墳は最小で一辺四・三〜四・五m、最大で約一〇mの規模で、甲冑形などの埴輪片が比較的まとまって出土している。出土した埴輪・須恵器の分析によって、築造時期は最大方墳で五世紀後半から六世紀初頭頃、円墳及びその他の方墳が六世紀前半あるいは中頃と推定されている[68]。立部古墳群跡は、わずか七基の小型古墳の発掘にとどまるが、未発掘の古墳が周辺域に分布していることが推測され、中小古墳群跡の埋積が想定される。

(b) 一津屋古墳群跡と川ノ上古墳跡

松原市一津屋に厳島神社が鎮座し、その本殿のある位置のところが小丘を形成し、これが一津屋古墳跡と呼ばれてきた場所である〔第1－1表6、写真1－3、第1－7図、第1－12図6、第1－13図3〕。『河内名所図会』で阿保親王の塚とされているのがこれにあたり〔第二節2〕、末永は、鐘つき山として紹介している〔第三節前文〕。嶋田

写真1－3　一津屋古墳跡

資料：2013年、筆者撮影。
一津屋古墳跡の南東より撮影、南（手前）・東（右）より北にかけて周濠があった（北の周濠の部分のみ残存）。

晩は、一津屋古墳跡についての経緯概要をまとめ、「一五～一六世紀頃には一津屋城があったとの伝承があり、前方後円墳を利用した城塞ともいわれ、別な場所にあった本城の砦で、急変があれば鐘を撞いて知らせたから、鐘付（撞）山の別名が残った」、と記している[69]。厳島神社には、今も鐘撞山の扁額が保管されている。本殿のところが「神社」、その西が「山城屋敷」と「御墓」、北東に「鏡付田」の小字地名となっている。この「鏡付田」は「鐘付（撞）山」の読み違えで、これら小字地名がそのまま一津屋古墳跡周辺の経緯を物語っている〔第1－7図〕。小丘の北に今も放置状の池が残っており、周濠の名残りとみられている。南側にも以前に池があり、周濠が北―東―南面に及んでいたことがわかる。具象的な考古資料に乏しく、現段階では不確定要素が濃い半壊状の古墳跡であるが、東除《ひがしよけ》川左岸の河岸段丘崖上の地形のところに位置し、微高地に盛土して築成されたともみられ、この周辺には、発掘調査で幾つかの古墳跡の分布が明らかになっており、松原市埋蔵文化財ではこの中心古墳を、一津屋1号墳跡と呼称している。一津屋古墳が前方後円墳だとすると、厳島神社本殿のある小丘が後円部にあたり、西南方向に前方部が展開していたことになる。墳丘部の規模は、後円部径約四〇m、前方部を含め全長約八〇m程度で、中型に近い前方後円墳であったといえる。

　一津屋古墳跡の周辺には、一辺五m以上とみられる一津屋2号墳〔第1－1表8、第1－12図8〕と、古墳規模は不明であるが方墳とみられる一津屋3号墳〔第1－1表9、第1－12図9〕の二つの古墳跡を確認している。いずれも発掘調査で周濠の一部を発見し円筒埴輪がともに出土し、古墳時代後期の築造としている(70)。

一津屋古墳の北方に隣接して、東除川の河岸段丘崖上に小字地名を冠した川ノ上古墳跡（松原市一津屋）が発掘されている〔第1－1表7、第1－7図、第1－12図7〕。周濠の一部を発見し、全長三〇m程度の前方後円墳であったとみられ、円筒埴輪をはじめ馬形埴輪・人物形埴輪・蓋形埴輪片や須恵器杯などが出土し、古墳時代中期に築造されたものと考えられている(71)。

あと、「松原市文化財分布図」では、新堂遺跡〔松原市新堂周辺域、新堂古墳：第1－1表4、第1－12図4〕で二基の、そして岡遺跡〔松原市岡周辺域、岡古墳：第1－1表5、第1－12図5〕で一基の、古墳跡と埴輪片の出土が確認されている。さらに立部遺跡（松原市立部周辺域）、上田町遺跡（松原市上田・阿保周辺域）、丹南遺跡（松原市丹南）、一津屋遺跡（松原市一津屋）、別所遺跡（松原市別所）、大堀遺跡（松原市大堀）、屋後遺跡（松原市小川）で埴輪片の出土があったことについてふれられている〔注記（65）〕。これらの遺跡での古墳跡の詳細はとらえられておらず、周辺の古墳跡との類推を想像するにとどめておきたい。

3．村絵図にみる古墳跡の確証

松原市には、各種の近世村絵図が残され、その絵図のなかに古墳であったと推定される場所が描かれる。その一つが「別所村領内絵図」（中山家所蔵）に描かれた「山」という土地である〔第1－3－1・2図〕。「別所村領内絵図」の作成年代は未詳であるが、延宝検地（一六七三～八一）の時に差し出された添付絵図とみなされている(72)。「城山」という小字地名〔第1－7図、上部左〕に位置していることから、中世末期に存在した別所城跡で、「山」の西側には「城山内」の表記がなされ城館跡であったことがわかる。「山」には周濠が巡らされ「開村」と記され、耕地化されている。「山」のところが、城館の東におかれた櫓の跡と考えられる(73)。櫓跡は古墳上に築成されていたと

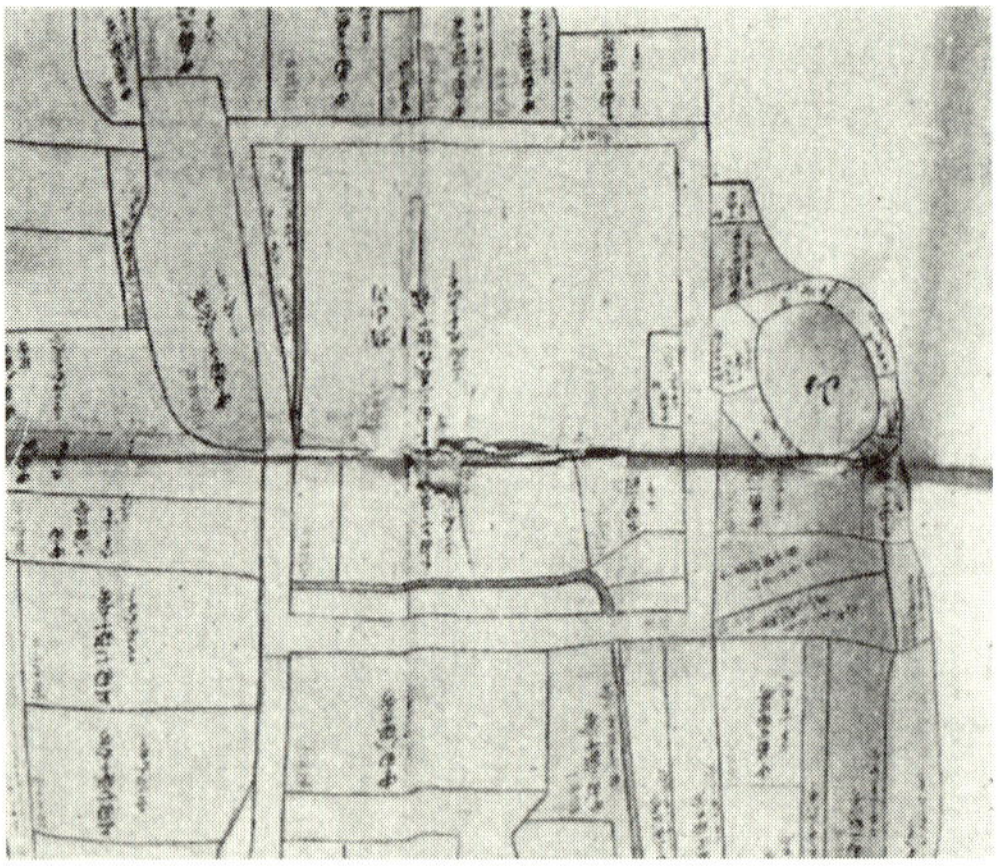

第１－３－１図　別所村領内絵図にみる城山古墳跡

資料：松原市史編さん委員会編『松原市史第一巻』松原市役所、1985年、262頁、写真62より転載。

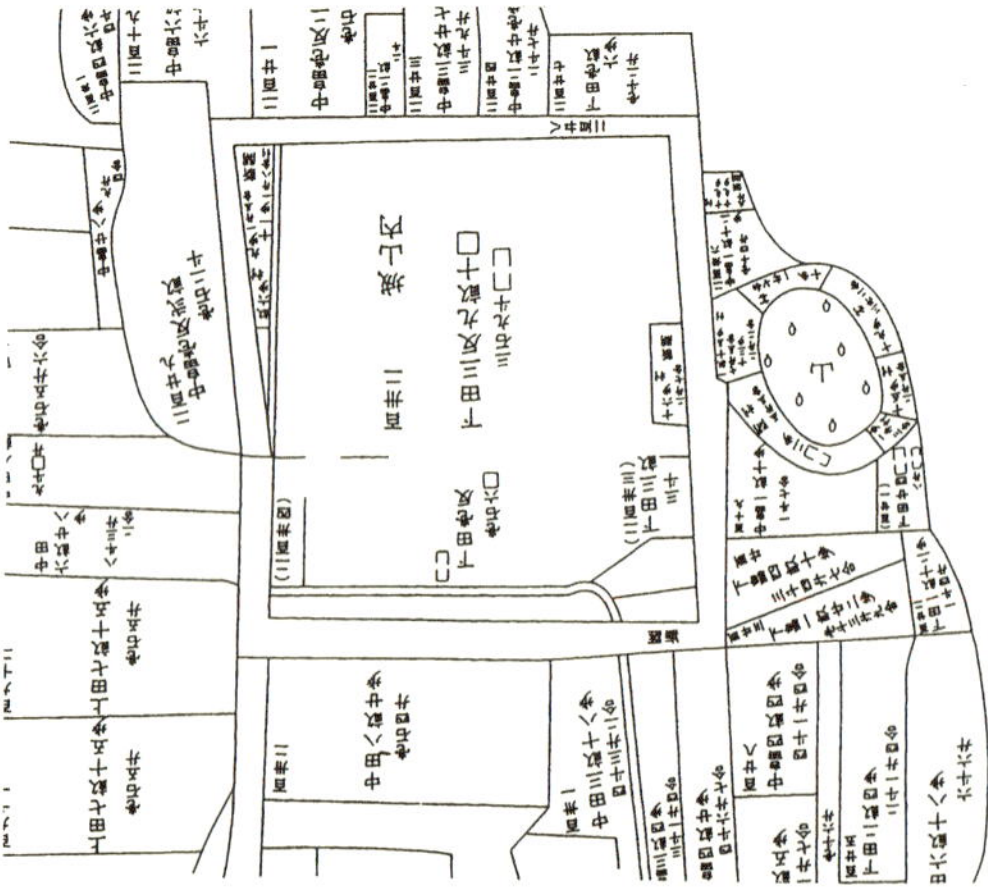

第１－３－２図　別所村領内絵図にみる城山古墳跡（トレース図）

資料：松原市史編さん室編『河内国丹北郡別所村延宝検地帳』松原市研究紀要第五号、松原市役所、1995年、添付図より引用。

みなして間違いないであろう。濠を除く四角形（楕円形であるが）の一辺は面積より推定して六〇～七〇ｍで、楕円形に描かれていることから中規模程度の前方後円墳であったとも考えられる。[74]「城山」の小字地名は地元では「ジャマ」と呼ばれ[75]、「ジョウヤマ」の語音に通じているため、城山《じょうやま》古墳跡（第1－1表13、第1－12図13）と称しておきたい。城山古墳跡は中位段丘面に位置し、上の池（松原市大堀、第1－12図コ）、中の池（大阪市平野区川辺、第12図ケ）、さらに付け替えられた大和川を越えて馬池（大阪市平野区長原、第1－12図ク）へと続く開析地の小崖上の西にあたり、さらにその西には小字地名で「谷」と呼ばれる小開析地がみられ（第1－7図）、その間の微高地に位置していたことがわかる。

「三宅村絵図」（妻屋家所蔵）には、権現山古墳跡（第1－1表11、第1－12図11）が描かれる（第1－4図）。この「三宅村絵図」には耕地割が描かれているが、面積・石高の記入のない空白のものがみられ、記載のあるものが幕府領で、この絵図の所蔵者が幕府領の庄屋であったことから、私領の武蔵川越藩領の分は記載されていない。「三宅村絵図」の作成年代は未詳であるが、正徳二年（一七一二）に五四五石余りが武蔵川越藩領となり、享保六年（一七二一）に九一〇石余りが追加され、幕府領が五八九石余りに減少している[76]。幕府領分の記載がかなり少ないため、享保六年以降に作成された絵図とみられる。権現山古墳跡は、中央の墳丘部より周濠部分が大きく描かれ、さらに周庭帯が取り囲んでいるようにみえる。絵図での描かれた形から北側が後円部で、南側が前方部にあたり、現況比定の状況から墳丘長約六〇m程度であったとみられる。権現山古墳跡に南接して、延喜式内社の酒屋神社（酒屋権現）が鎮座し、明治四〇年（一九〇七）に屯倉神社に合祀されている。

さらにこれも他の村絵図からの推定であろうか、「松原市文化財分布図」で三宅古墳跡（第1－1表12、第1－12図12）と名付けられた帆立貝式古墳とされる古墳跡が記されている（注記（65））。

村絵図より消滅した古墳跡を探る営みは、確証の高い有効な手段である。特に

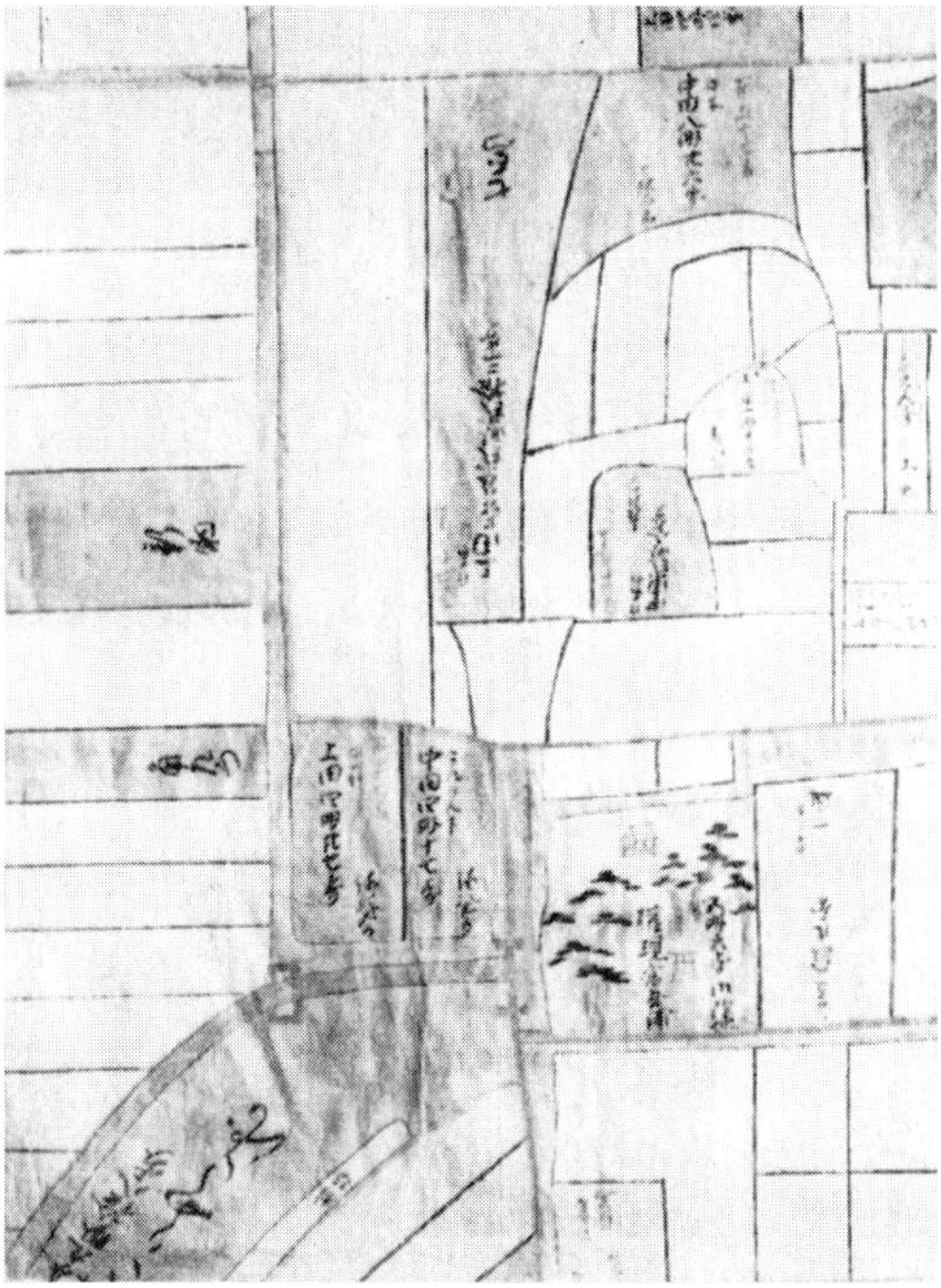

第1－4図　三宅村絵図にみる権現山古墳跡

資料：松原市史編さん委員会編『松原市史第一巻』松原市役所、1985年、203頁、写真47より転載。

検地絵図では耕地割に古墳跡とみられる形跡を残し、これを詳細に検討することによって、開墾が進行しているなかにあって古墳の消滅の経緯の様子や、近世初期の背景にとどまらず、状況により中世に遡って村の形態の推移を推察することができる。

4．小字地名からの推定

(a)三宅、別所、上田、阿保、西大塚

村絵図などでの古墳跡の位置が「山ノ内」、あるいは「城山」と呼ばれていることから（第三節1・3）、小字地名より古墳跡を類推することは、無意味ではないと思われる。河内大塚山古墳より約一・五㎞程度に及ぶ範域の大字を対象に（第1－5図）、「塚」、「山」と呼ばれる小字地名を中心に抽出してみた（第1－2・3表）。当然、塚と付いても一里塚のように後世に由来するもの、山に付随して付けられた山添、山の脇のような小字地名もみられるが、幾つかの興味ある小字地名を抽出することができる。

松原市三宅には、「土師ケ塚」という小字地名がある。「松原における大字及小字図」では、「土御ケ塚」となっているが、これは「土師」の読み違えであろう（第1－6図）。『大阪府全志巻之四』に「南方に土師塚と称するあり、広さ壹坪許りの地にして、壹個の自然石を存し、付近の地を字して土師と呼べり、其の縁由詳ならず」とある。(77)『大阪府史蹟名所天然記念物第三冊』には「土師墳」として、「村の南にあり、その地を土師が墳と云ふ。一碑あり、高さ一尺一寸、幅四寸許、表面に「土師墳」と刻せり。今に移されて屯倉神社社務所前にあり。此地もと野見宿禰の所領にして、宿禰が土師三百人を召して土偶を作りし遺蹟なりと傳ふ」と記す。(78)「土師墳」の石碑は、今も屯倉神社社務所の庭に置かれている（写真1－5）。裏面に日付などの刻印はなく、屯倉神社に置かれた経緯も含め詳細は不明であるが、『大阪府史蹟名所天然記念物第三冊』に記載の通り、「土師ケ塚」の場所より移置されたとみなし

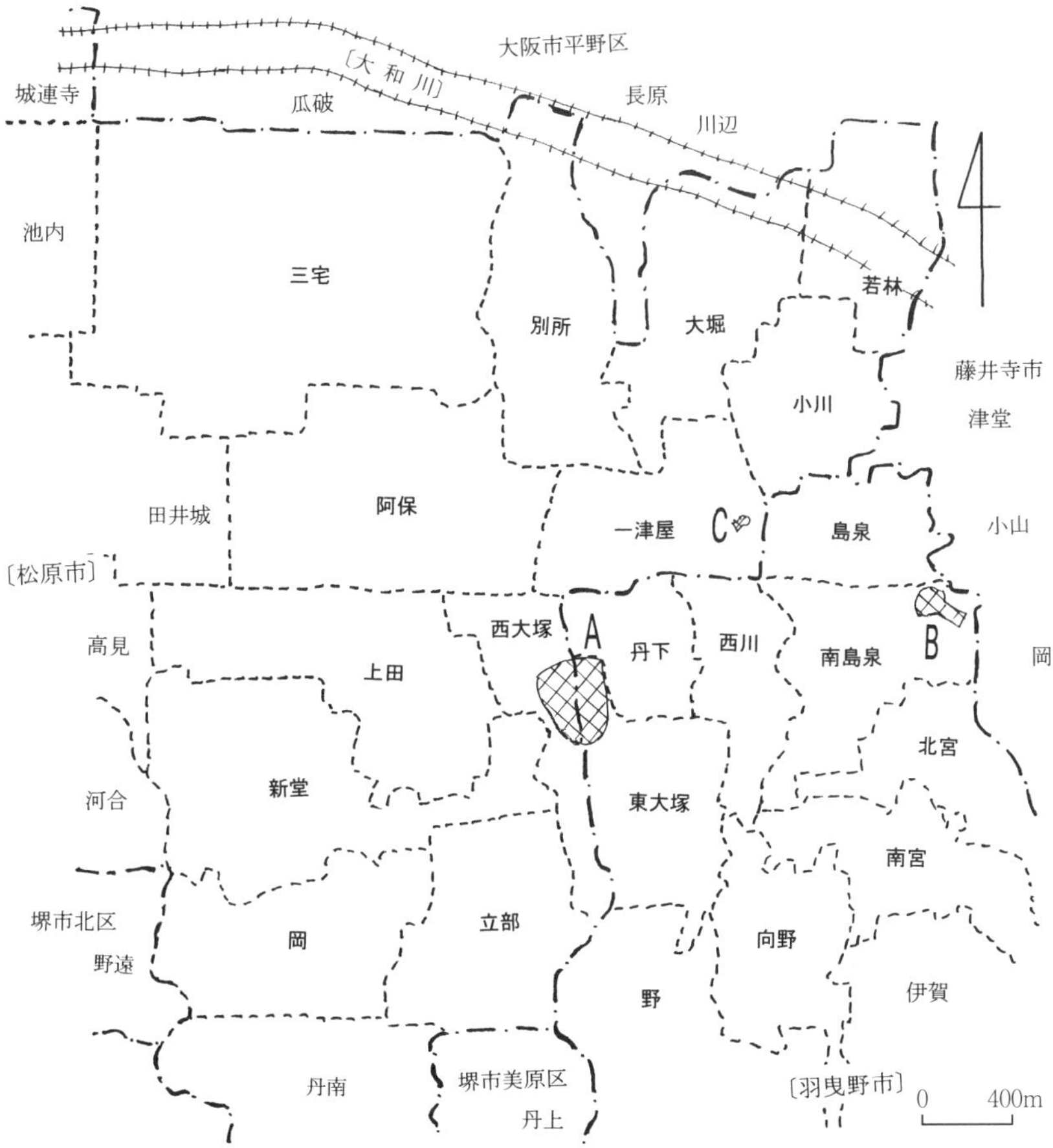

A＝河内大塚山古墳　　B＝高鷲丸山古墳　　C＝一津屋古墳

第1－5図　河内大塚山古墳周辺域の大字図

資料：松原市史編さん室編『松原における小字名と小字図』松原市史資料集第四号添付図「松原における大字及小字図」、松原市役所、1975年、羽曳野市史編纂委員会編『羽曳野市史史料編別巻』添付図「羽曳野市域大字・小字図」・「羽曳野市域大字・小字詳図」、羽曳野市、1985年をもとに作成。

注）1．若林の北部（北若林）は、八尾市に編入。
　　2．大字は、調査対象の大字地名。

第１－２表　松原市：河内大塚山古墳周辺域の小字地名にみる古墳推定地

対象大字	小字地名	備　考
三宅	北ノ山、**土師ケ塚**※１、**山ノ内**、**赤塚**、高月、狐山※２、**権現下**※３	※１松原市大字・小字図では土御ケ塚 ※２松原市大字・小字図では狐かまえの位置にあたる。 ※３権現山古墳跡
別所	**城山**※１、黒山、中山、西ノ山、塚本、**石塚**、山崎	※１城山古墳跡
大堀	山添、西ノ山、高月	
小川	観ノ子田※、山田	※松原市大字・小字図では鶴ノ子山
一津屋	**山城屋敷**※１、鐘付山※２、**川ノ上**※３、山ノ本、北山ノ本	※１一津屋古墳跡周辺 ※２松原市大字・小字図では鐘付田 ※３川ノ上古墳跡
阿保	**南ノ内**※、山ノ本	※古墳地割２基の確認
上田	極田山、**山ノ内**※、若山、反正山（字地名）	※反正山古墳跡
西大塚	**大塚山**※１、**横山**※２、山添	※１河内大塚山古墳 ※２古墳地割
立部		該当小字地名なし
新堂		該当小字地名なし
岡	樫山	

資料：松原市史資料集第四号『松原における小字名と小字図』松原市役所、1975年をもとに、古墳跡類推の小字名を抽出。
注）□囲みは現存古墳、太字は古墳跡確証小字地名。

第１－３表　羽曳野市北西部：河内大塚山古墳周辺域の小字地名にみる古墳推定地

大字	小字地名	備　考
島泉	山中、山開、山添、**高鷲忠臣山**※、高鷲山開	※隼人塚古墳
南島泉	**丸山**※、**平塚山**※、西山畑、**平塚**、南山、松山、山ノ花、中山、口山（３箇所）、北山（２箇所）、北ノ山、阿ン山、**涼塚**、**ヲンバ塚**、ハゲヤマ、山中（２箇所）、板堂山、**野テ塚**、**狐塚**、前山（２箇所）、山添	※高鷲丸山古墳（雄略陵）
北宮	北ノ山、山ノ中、**掛塚**、大宮山、口山	
南宮	尾初瀬山	
丹下	**狐塚**、山城	
西川	**番上塚**※、山城、**桜塚**、山の花、八幡山、若山、西山、西ノ山、山西、トント山、城ノ山、地蔵ケ山、河原山、**高月**、塚周り	※番上塚古墳跡
東大塚	**大塚山**※、**桜塚**、**高月**、四石山（３箇所）、**小土**	※河内大塚山古墳
野	**穴塚**（２箇所）、北ノ山、南山、普請田山、**欠塚**、松山、秋山	
向野	松山、山ノ脇、北山ノ脇、南山ノ脇、薄山、南河原薄山、**欠塚**、**掛塚**	

資料：「羽曳野市域大字・小字図」・「羽曳野市域大字・小字詳図」、『羽曳野市史史料編別巻』添付、羽曳野市、1985年をもとに、古墳跡類推の小字地名を抽出。
注）□囲みは現存古墳、太字は古墳跡確証小字地名。

て間違いない。『大阪府全志巻之四』は一九二二年、『大阪府史蹟名所天然記念物第三冊』は一九三一年の発刊であることから、その間の大正末から昭和初期にかけて除去され、屯倉神社に置かれたものであろう。「土師ケ塚」の位置する地形は、西の沖積段丘より漸移する中位段丘上のところにあたり〔第1－12図10〕、西・南面より二m程高く、北にも緩やかに勾配し、今も周囲より若干高位であることがわかる〔写真1－4〕。「土師墳」の刻印は比較的鮮明に残っていることから、近世末から明治初期頃に設置され、漸次、墳丘が削られ畑地となった一隅に祀られていたものとみられる。「土師ケ塚」は、小字図での範域から東西幅約二二〇m程度、南北幅約一二〇m程度を測る。発掘資料はないが、周濠を含めてこの範域を古墳跡と推察するなら、中規模程度から大型に近い東西に長い古墳跡ということになる〔第1－1表10、第1－6図〕。「土師墳」の石碑は、三宅に古墳が存在したことを示す貴重な遺証である。

写真1－4　「土師ケ塚」付近の現地形（三宅）
資料：2013年、筆者撮影。
南南西側より、北北東側を望む。今も東側が微高地の地形。

写真1－5　石碑「土師墳」(屯倉神社)
資料：2013年、筆者撮影。

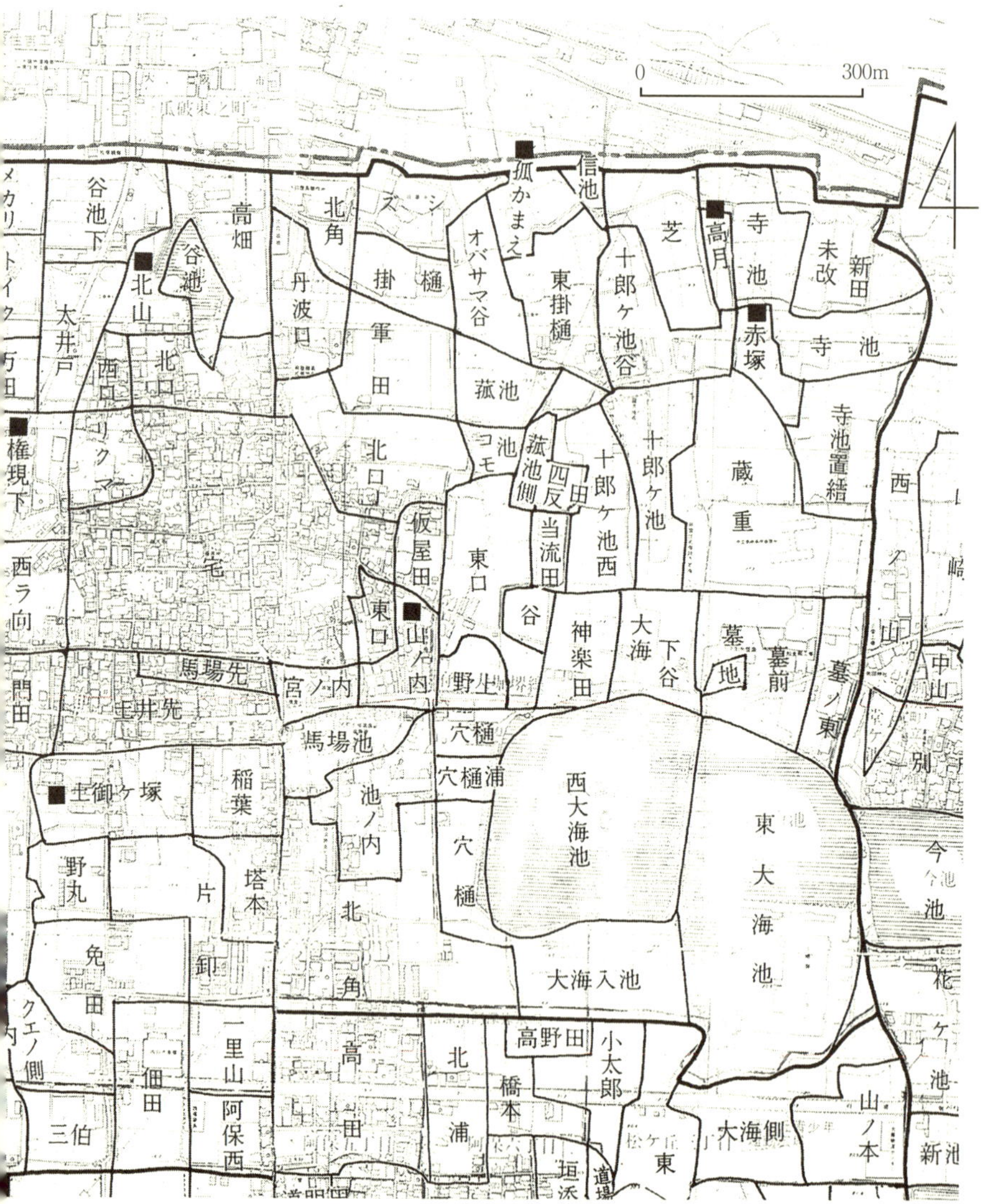

第１－６図　松原市大字三宅の小字地名図

資料：松原市史編さん室編『松原における小字名と小字図』松原市史資料集第四号添付図「松原における大字及小字図」、松原市役所、1975年より引用・加筆。

注）■印は、古墳類推小字地名

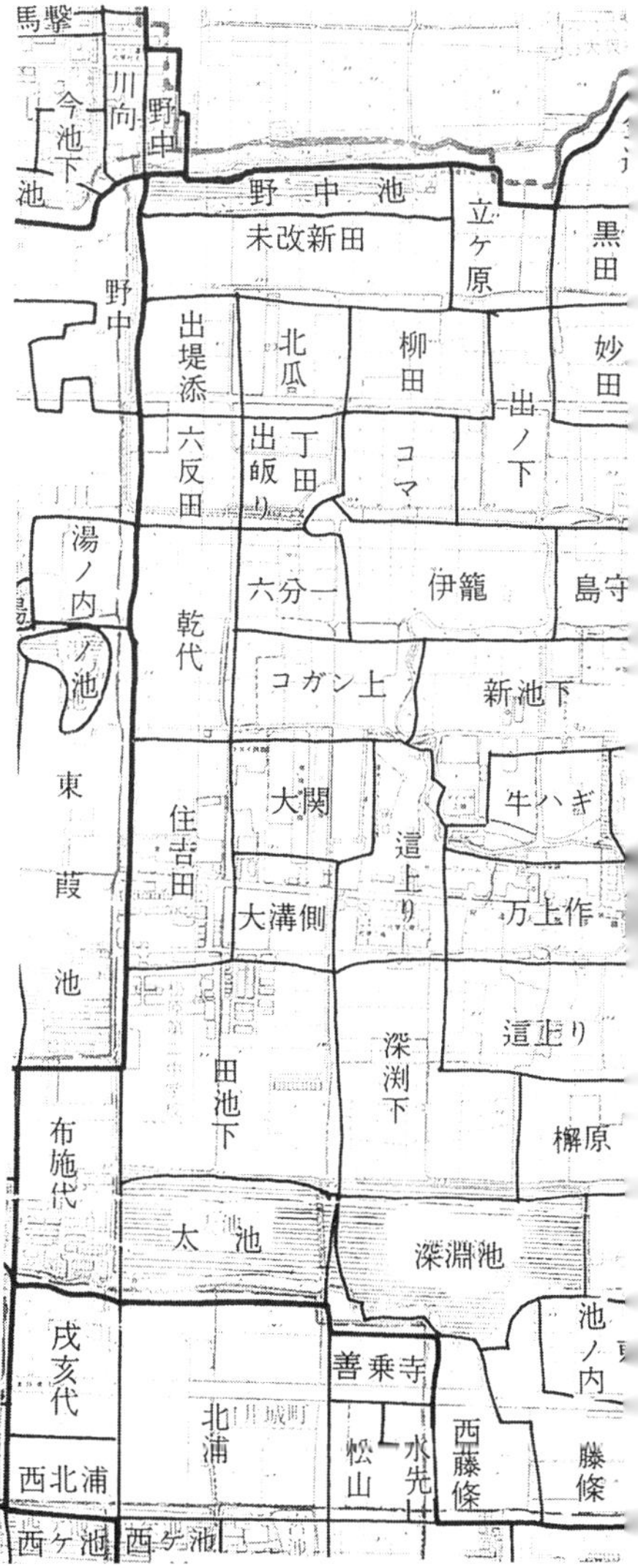

三宅には他に、「北ノ山」、「山ノ内」、「赤塚」、「高月」、「狐山」の小字地名がみられ〔第1－2表、第1－6図〕、別所には「城山」の他、「黒山」、「中山」、「西ノ山」、「塚本」、「石塚」、「山崎」という小字地名がある〔第1－2表、第1－7図〕。このうち「中山」は、耕地割から推察して古墳跡とする見方があるが、[79]これは別所村庄屋を勤めた中山家の屋敷地一帯にあたり、同家の呼び名からきている小字地名であろう。しかし、ふれてきた別所の城山古墳跡と三宅の土師ケ塚古墳跡をはじめ、三宅の権現山古墳跡と三宅古墳跡を含め、別所・三宅の中位段丘面には、これら小字地名から幾多の古墳跡のあったことが類推される。

上田に位置する反正山古墳跡と推定される周辺には、「極田山」、「若山」という小字地名がみられることにも興味が惹かれる〔第1－2表、第1－8図〕。さらに海泉《かいずみ》池〔松原市阿保・三宅共有池、第1－12図ウ〕と稚児ケ池〔松原市阿保、第1－12図エ〕の開析地の西側の、阿保にあたる段丘面に位置する「南ノ内」〔第1－12図B〕のところに、

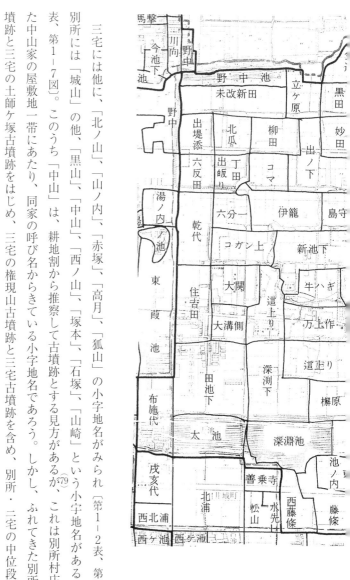

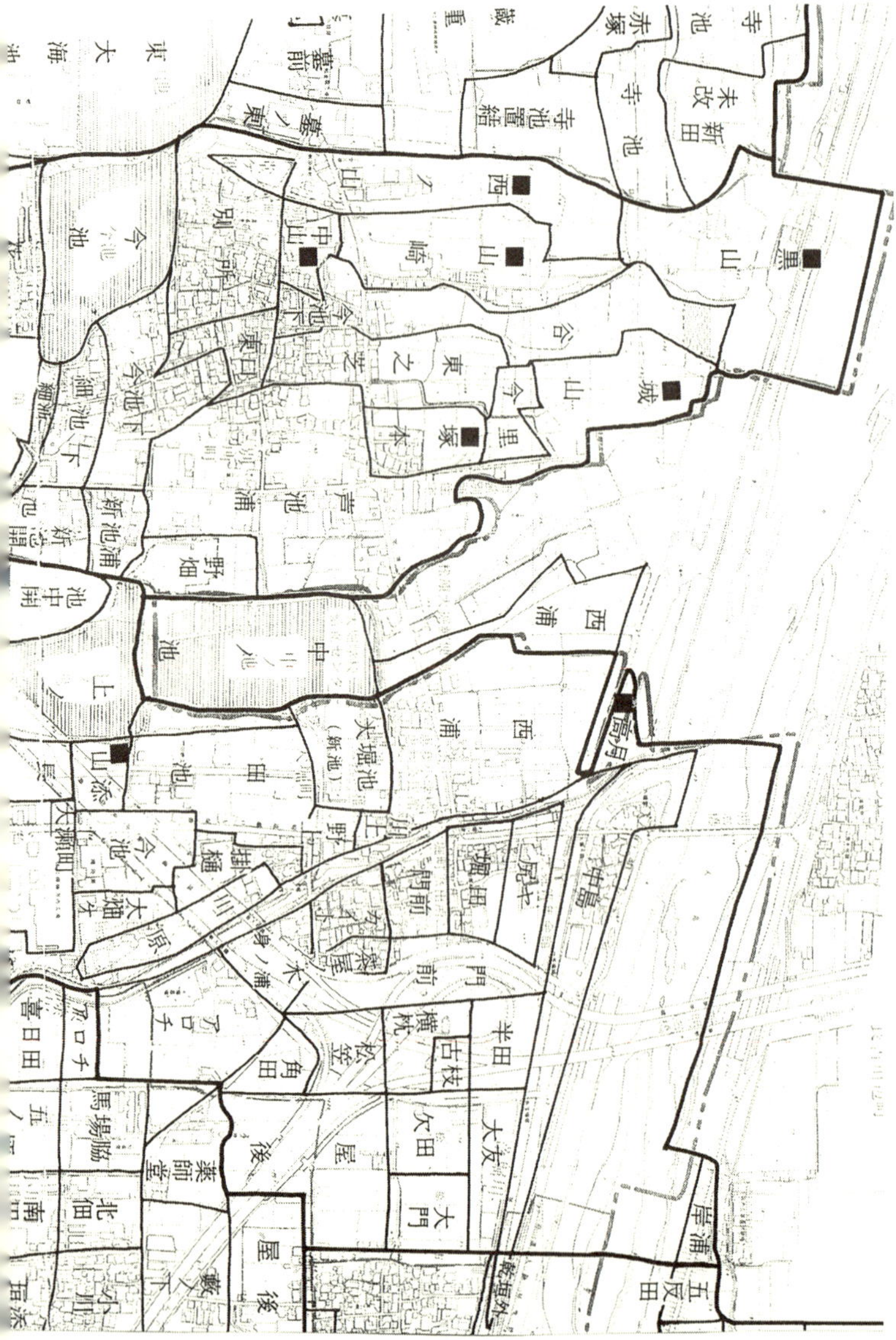

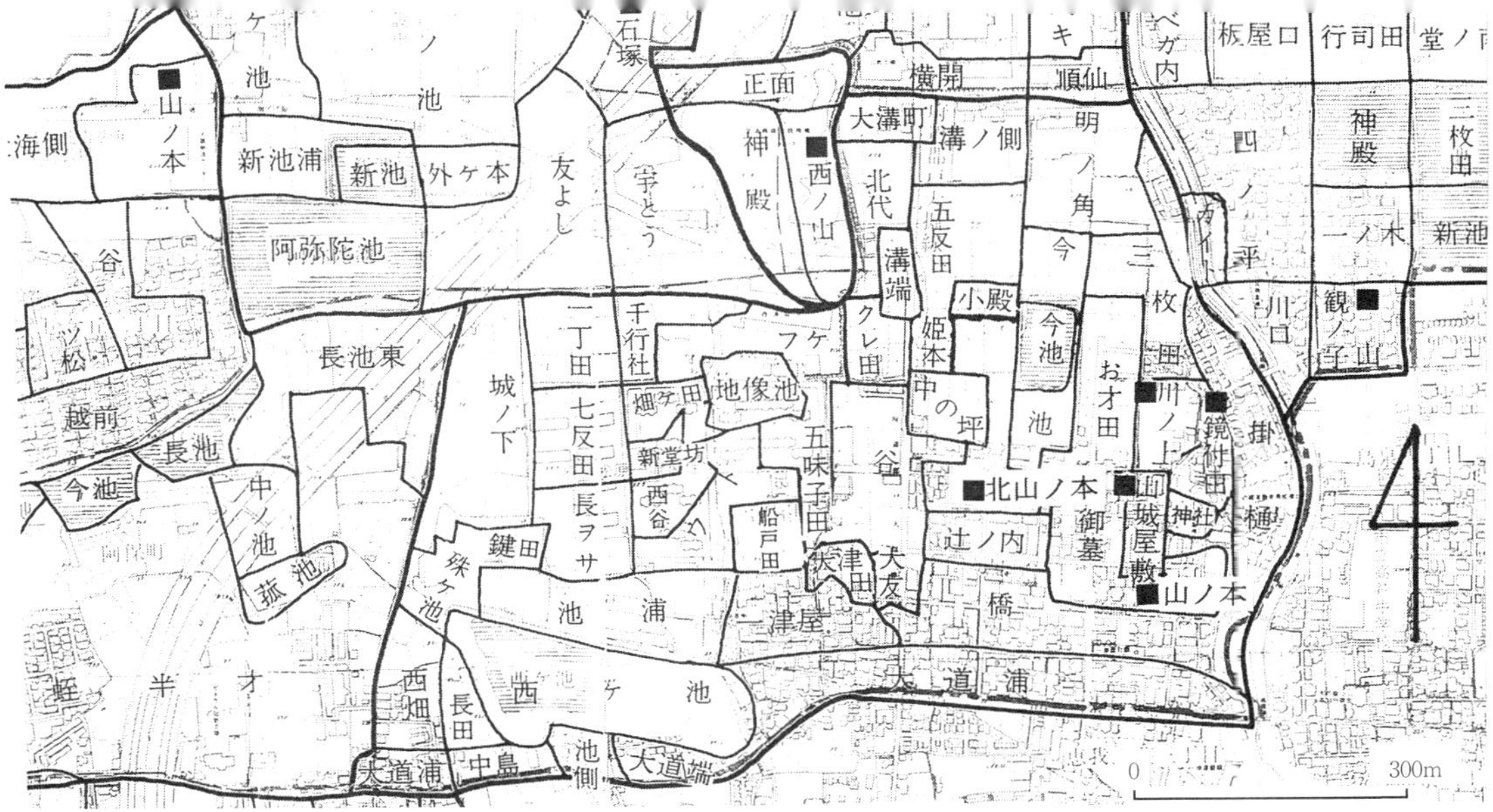

第１－７図　松原市大字別所、一津屋周辺の小字地名図

資料：松原市史編さん室編『松原における小字名と小字図』松原市史資料集第四号添付図「松原における大字及小字図」、松原市役所、1975年より引用・加筆。

注）■印は、古墳類推小字地名。

第１－８図　松原市大字上田、西大塚周辺の小字地名図

資料：松原市史編さん室編『松原における小字名と小字図』松原市史資料集第四号添付図「松原における大字及小字図」、松原市役所、1975年より引用・加筆。

注）■印は、古墳類推小字地名。

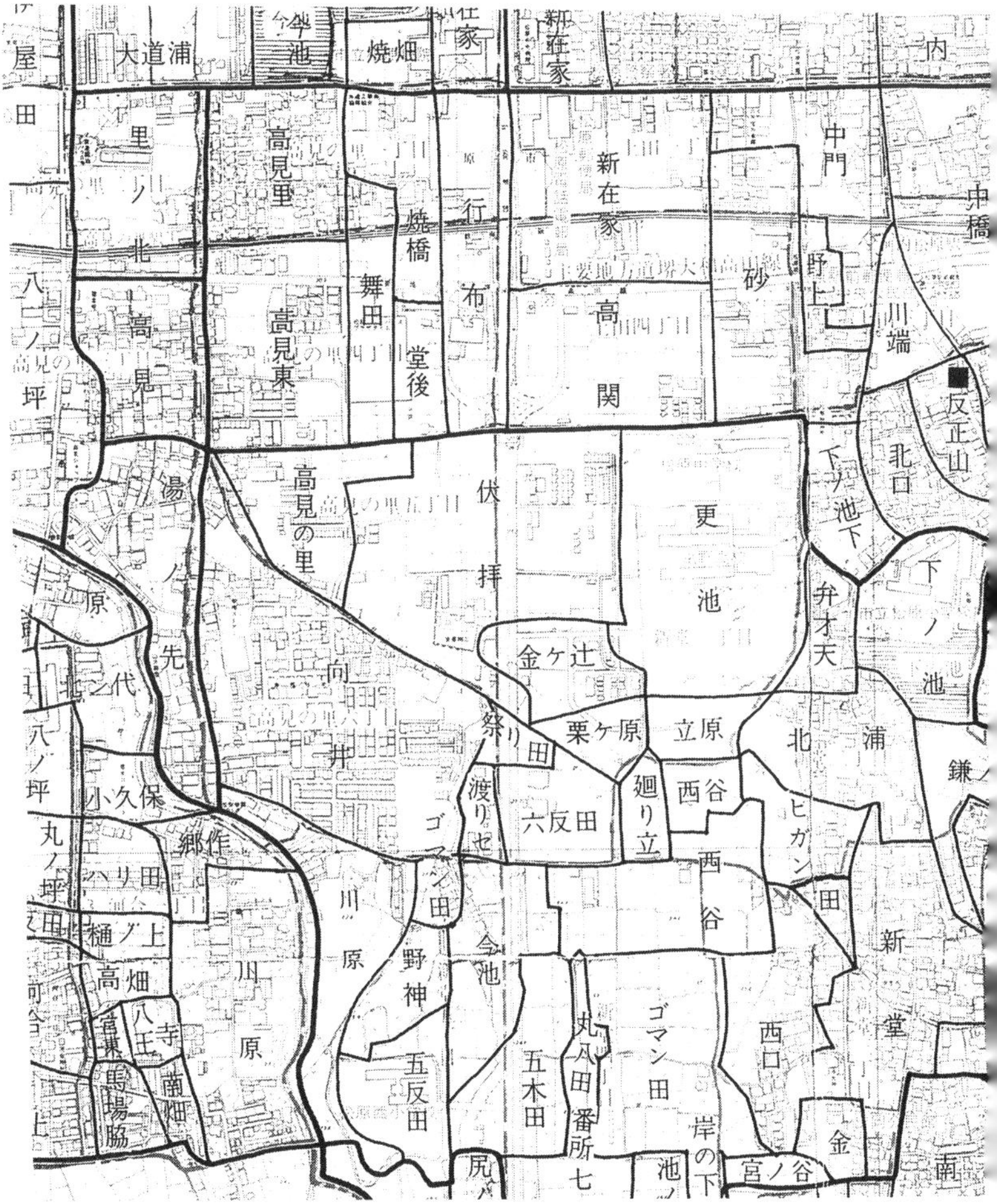
大道浦
焼畑
新在家
内
里ノ北
高見里
焼橋
行布
新在家
中門
中橋
八ノ坪
高見
舞田
高見東
堂後
高関
砂
野上
川端
反正山
湯ノ先
高見の里
伏拝
更池
下ノ池下
北口
原
向井
金ケ辻
弁才天
下ノ池
北ン代
八ノ坪
祭り田
栗ケ原
立原
北
浦
小久保
渡りせ
六反田
廻り立
西谷
ヒガン田
丸ノ坪
ハリ田
郷作
ゴマン田
川原
西谷
新堂
樋ノ上
野神
今池
高畑
八王寺
宮東
馬場脇
南畑
川原
五反田
五木田
丸八田
番所七
ゴマン田
西口
岸の下
宮ノ谷
金
南

二基の古墳跡状の地割があることが指摘されている[80]。西大塚には、河内大塚山古墳の北約一〇〇mのところに、「横山」という小字地名を抽出することができる（第1－8図、第1－12図D）。「横山」は現在、近鉄南大阪線の鉄道敷の両側に拡がっているが、直径約一〇〇m程度の円状の土地割で、河内大塚山古墳に近く陪塚として想起する思いが膨らむ。

(b) 西川、丹下、東大塚

羽曳野市西辺にあたる河内大塚山古墳の北東部の位置、西川に「番上塚」という小字地名がみられる（第1－9図）。河内大塚山古墳北東端より東に三〇〇mの位置にあたり、『大阪府全志巻之四』に「西方に（西川村よりみて）、番上塚あり、高さ参尺・周囲壹町貳拾間にして圓形をなし、頂上は平坦にして松樹を生ぜり。由緒詳ならず」と記される[81]。このあたりは大阪鉄道（近鉄南大阪線の前身）が、大阪市内への路線を延長した時の大正末期から昭和初期にかけて、恵我ノ荘駅を設置して住宅地開発をした近辺の商業地のところで、番上塚古墳（第1－1表14、第1－12図14）は、その時期以降に消滅したものとみられる。河内大塚山古墳近辺では、唯一、戦前まで残存していた古墳である。しかし、円墳であったのか、それとも前方部が削平されて後円部のみが残ったのか、埴輪の出土などの資料はなく、詳細は不明である。河内一浩は、番上塚古墳の概要とともに、約一〇〇m南の位置に、「墓回り」・「三角」という小字地名をとらえ、ここに番上塚古墳と同じ程度の大きさの番上南塚があり、丹下の村絵図にも楕円形らしき高まりが描かれていると推論している[82]。

西川には、「番上塚」の他に、「山城」、「桜塚」、「山の花」、「八幡山」、「若山」、「西ノ山」、「トント山」、「城ノ山」、「地蔵ケ山」、「河原山」などの小字地名がみられる（第1－3表、第1－9図）。西川の領域は、主に東除川左岸に展開し、一津屋古墳跡が立地する河岸段丘の上流域にあたる（第1－12図）。東除川の右岸にある「河原山」を除いて、これらの小字地名は、この河岸段丘崖上に展開する〔写真1－6〕。なかでも、東大塚字今在家にわたって位置する「桜塚」〔第1－9図、第1－10図、第1－12図E〕については、その面積も広範で、段丘崖上の微高地にあたるため、古墳跡であった可能性は高い。「山城」、「山の花」などの小字地名についても、立地する土地条件からみて、古墳跡であったことが想起される。

河内大塚山古墳の北東に接する丹下で、古墳跡を想定させる小字地名は、「狐塚」と「山城」の二つである〔第1－3表、第1－9図〕。なかでも「狐塚」は河内大塚山古墳に隣接し、現在は恵我ノ荘駅西の近鉄南大阪線の鉄道敷周辺に、最長約一五〇mにわたって広がっている〔第1－9図、第1－12図C〕。地元では「ケネン塚」と呼称され[83]、西大塚の「横山」〔第1－8図、第1－12図D〕と同様、陪塚として位置づけられても不自然ではない。

写真1－6　西川付近の河岸段丘面

資料：2013年、筆者撮影。

1. 近鉄南大阪線東除川鉄橋付近より、北北東側を望む。西（左）に河岸段丘の崖上の地形が広がる。東（右）が東除川。
2. 崖上に線路を挟んで小字地名「桜塚」が、さらに「高月」、「山の花」、「西の山」、「若山」、「八幡山」などが位置する。

東大塚は、河内大塚山古墳の南東に広がる。中位段丘面の崖上、西川に連続した字今在家の位置のところに「桜塚」、「高月」の小字地名がみられる〔第1－3表、第1－12図E・F〕。「高月」は「桜塚」の南に位置し、小字図では一五〇～二〇〇m四方の広がりが確認される。その中心部のところに児童養護施設高鷲学園があり、同園は昭和二一年（一九四六）にこの地に移転しているが、二～三m程度の微高地の畑地で、南側の段丘面と東の段丘崖下に水溜り状の周濠を類推させる土地になっていた[84]。昭和二三年（一九四八）の米極東空軍撮影の航空写真で、まだ微高地の残影がみられ〔第1－13図6〕、漸次削平されて残丘の土

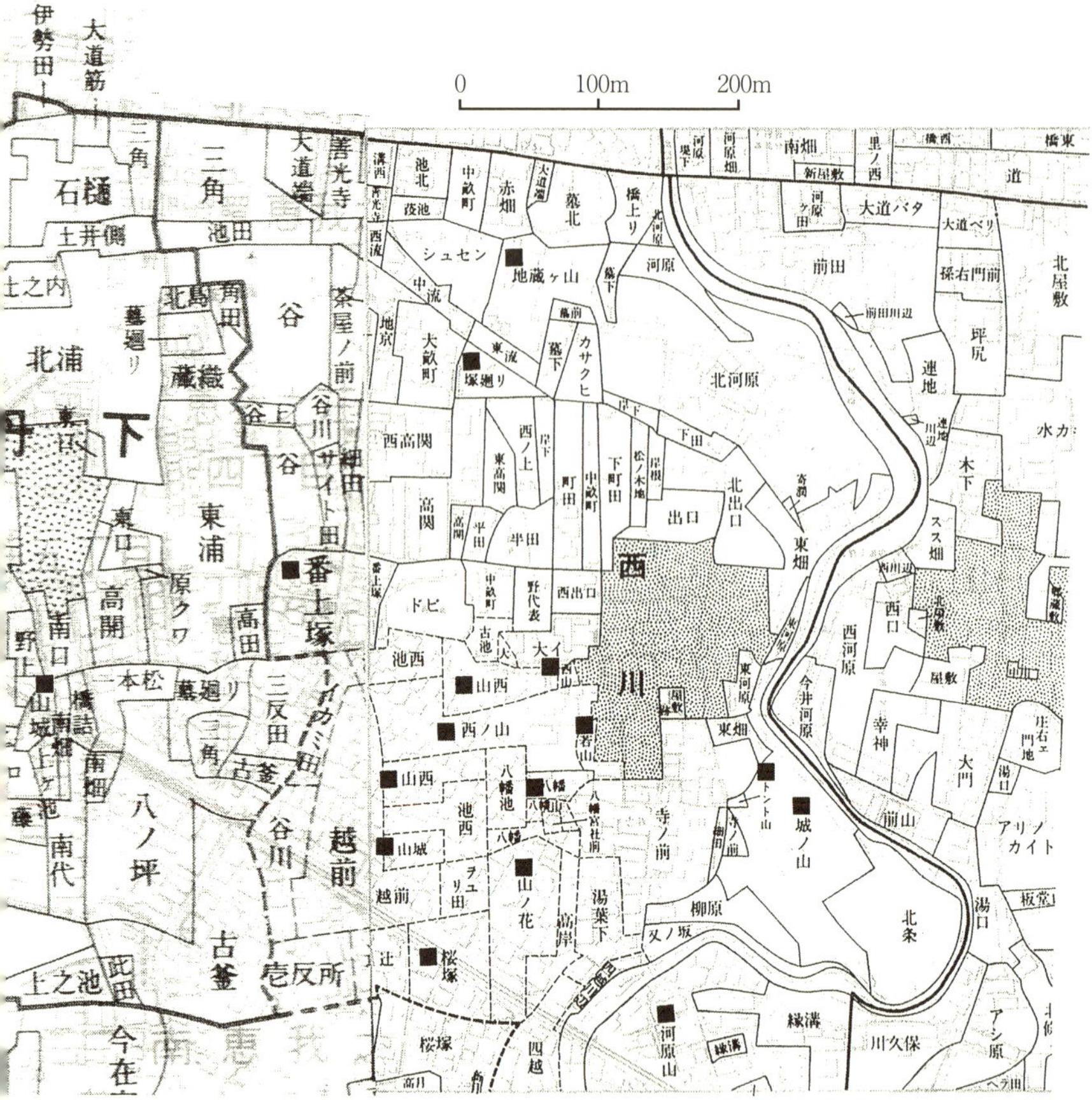

第１－９図　羽曳野市大字西川、丹下周辺の小字地名図

資料：羽曳野市史編纂委員会編『羽曳野市史別巻古絵図・地理図』添付図「羽曳野市域大字・小字図」・「羽曳野市域大字・小字詳図」、羽曳野市、1985年より引用・加筆。

注）■印は、古墳類推小字地名。

地になっていったものと考えられる。築山状の地形が「高月」の小字地名として転訛したものとみなされ、北に接する「桜塚」の小字地名とともに注視される。

東除川の左岸に広がる段丘面は、南から北に及んで漸次低くなり、野、東大塚、西川、一津屋に連続して展開する〔第1－12図〕。東大塚字西向野の南端の領域の位置よりはみだして「四石山」がある〔第1－3表、第1－10図、第1－12図Ｉ〕。この位置は東除川左岸の河岸段丘崖上面で、野の小字地名である「北ノ山」〔第1－3表〕より連続している。あと、東大塚の西南に「小土《こづち》」の小字地名がみられる〔第1－3表、第1－10図、第1－12図Ｈ〕。この辺りから阿湯戸池《あいと》〔松原市立部・上田、羽曳野市東大塚共有池、第1－12図サ〕の東の立部領域にかけて、通称土師山と呼ばれ、今も周囲より二m程度高く、水利の悪い土地であることが、筆者の聞き取りによって明らかになっている。[85] ここは溜池が連続して立地する開析地の東崖上で、河内大塚山古墳の微高地に連なり畑地が連続してみられ〔第1－13図〕、「小土」の小字地名とともに古墳が立地した適地の土地ともいえる。

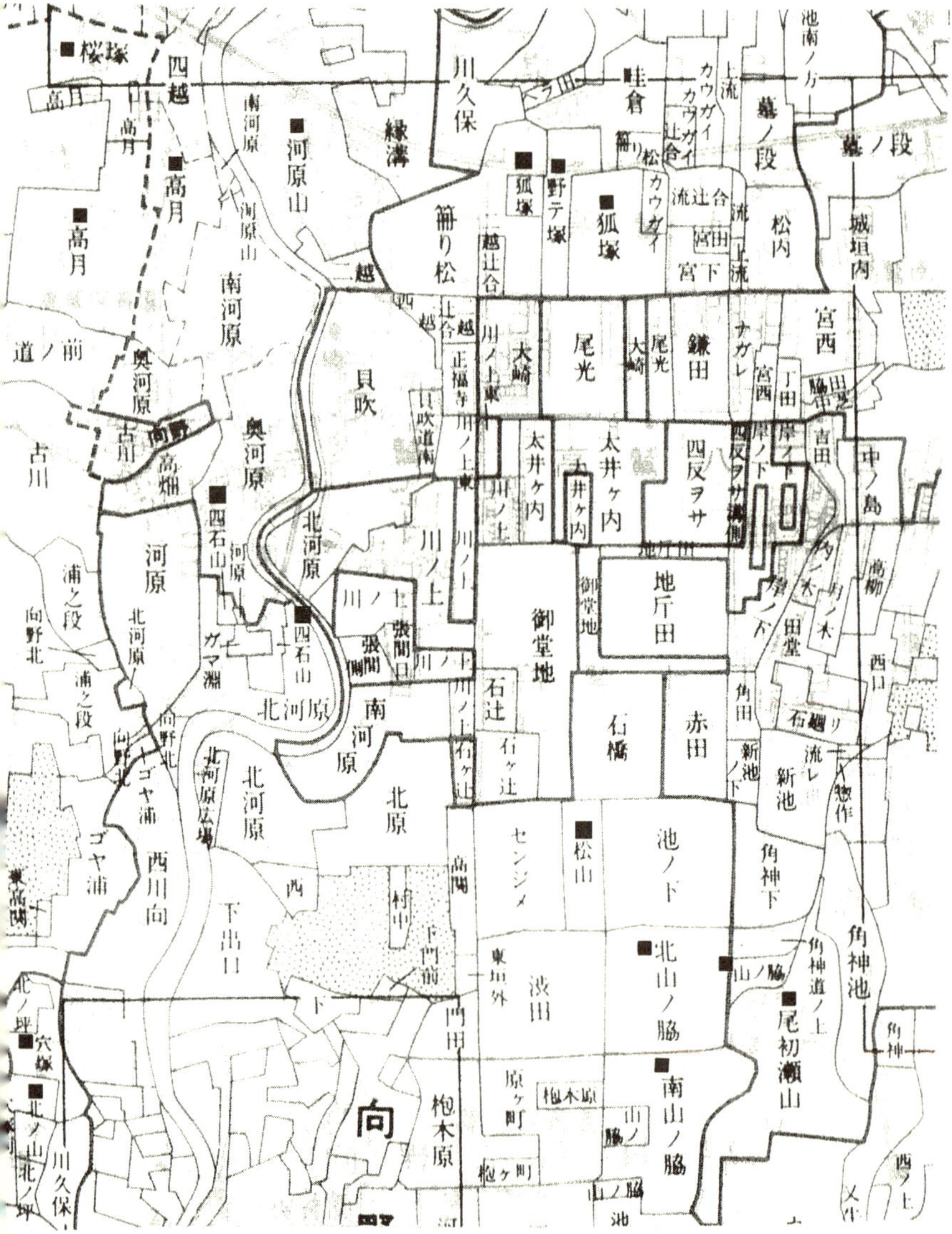

第１－10図　羽曳野市大字東大塚周辺の小字地名図

資料：羽曳野市史編纂委員会編『羽曳野市史別巻古絵図・地理図』添付図「羽曳野市域大字・小字図」・「羽曳野市域大字・小字詳図」、羽曳野市、1985年より引用・加筆。

注）■印は、古墳類推小字地名

(c) 南島泉、島泉

高鷲丸山古墳周辺の南島泉、そして島泉の小字地名を注視する必要がある。高鷲丸山古墳は南島泉の東北端に位置し、「丸山」と「平塚山」によって構成される〔第1－1表16、第1－11図、写真1－7〕。これは幕末期の文久の修陵以降に整備され、平塚山を前方部とみなして雄略陵にふさわしい規模に拡張されたものであり、南島泉の松村家文書によって分析した西田の研究に詳しい〔注記(42)〕。東除川右岸の段丘は、東へいくほど高さを増して開析地に落ち込み、崖上の高鷲丸山古墳が位置する南北の段丘面のところが最も高く、畑地が展開していた土地で〔第1－13図〕、「南山」、「中山」、「口山」、「北山」、「阿ン山」、そして北宮の領域に「掛塚」、「北ノ山」、「山ノ中」などの小字地名がみられ〔第1－3表、第1－11図〕、この位置が古墳立地の適地であったことが想起され、特に北宮の「掛塚」については、地形図より古墳跡であったことが確認されている(86)。

南島泉はこの周辺の大字のなかでは、古墳跡と想定される小字地名が最も多く、「涼塚」〔第1－12図G〕、「ヲンバ塚」、東除川に近くなる領域の南にみられる「野テ塚」、「狐塚」は、古墳跡の可能性が高い〔第1－3表、第1－10図〕。なかでも、小字図での「涼塚」の領域は、最大長で約一三〇m、雄略陵として治定された高鷲丸山古墳の後円部にあたる「丸山」の墳丘部の大きさに匹敵する。

島泉には、領域の東端、高鷲丸山古墳の北に「山中」、「山開」、「高鷲忠臣山」、「高鷲山開」の小字地名が集中してみられる〔第1－3表、第1－11図〕。これは南島泉と同様に段丘面の東側にあたり、高鷲丸山古墳の北の位置所が最も高く、古墳適地の一角であったとみなされる。「高鷲忠臣山」は、現存する全長二〇mの隼人塚古墳〔第

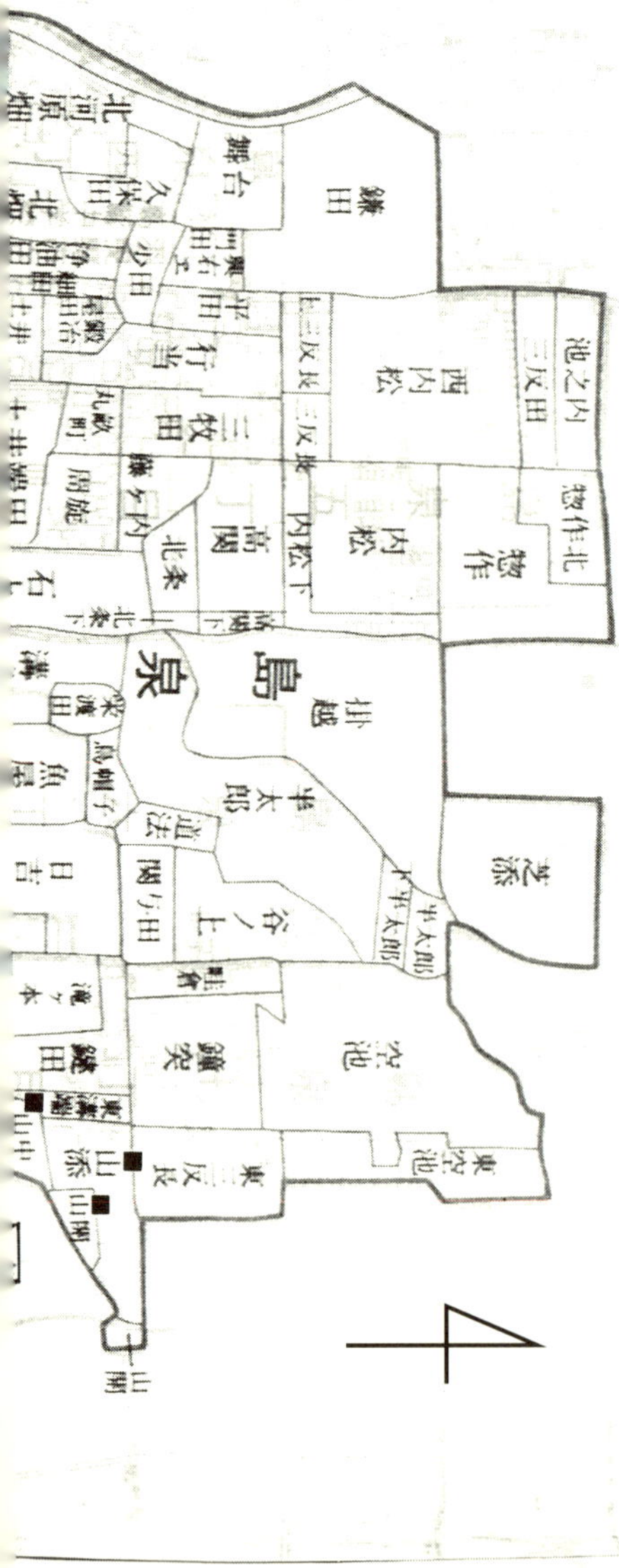

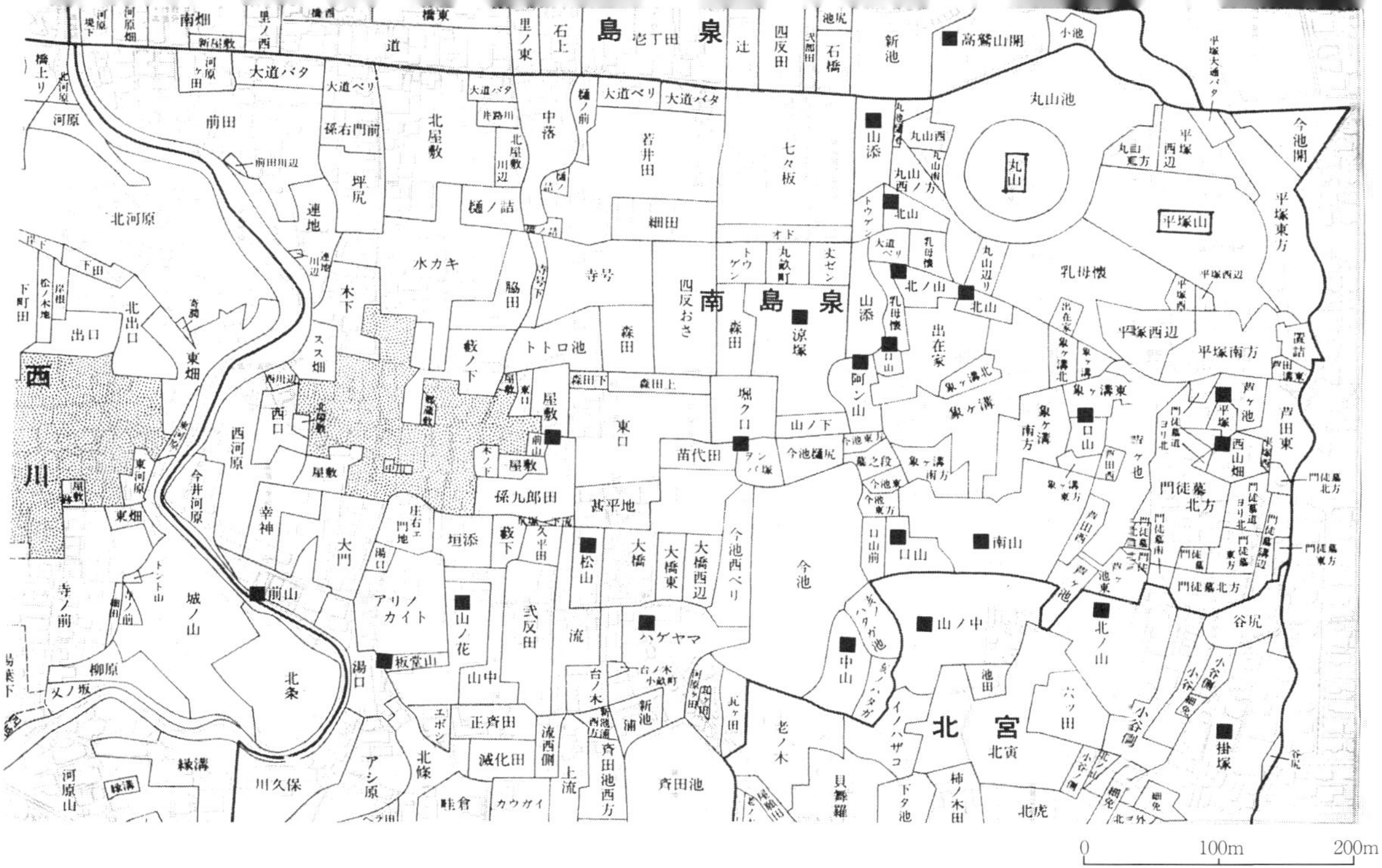

第１－11図　羽曳野市大字島泉、南島泉周辺の小字地名図

資料：羽曳野市史編纂委員会編『羽曳野市史別巻古絵図・地理図』添付図「羽曳野市域大字・小字図_・「羽曳野市域大字・小字詳図」、羽曳野市、1985年より引用・加筆。

注）■印は、古墳類推小字地名。

写真1－7　高鷲丸山古墳（雄略陵）

資料：2013年、筆者撮影。

北西部より南東部を望む。右が丸山古墳、左が平塚山古墳、文久の修陵以降に平塚山を前方部とみなして雄略陵として整備。丸山古墳の周濠が丸山池で、その北に敷設された長尾街道より60m隔てた位置に隼人塚が所在する（写真の外左手側にあたる）。

1－1表15、第1－12図15〕で、高鷲丸山古墳の陪塚として治定されている。

第四節　周辺域古墳群の位置づけ

1．土地条件からの検討

河内大塚山古墳を中心とする周辺域に及んだ対象地域での現存する古墳は四基〔河内大塚山古墳、高鷲丸山古墳〈丸山古墳と平塚山古墳で二基〉、隼人塚古墳〕で、半壊しながらもその姿態の一部をみることができる一津屋古墳を含め五基となる。古墳であったことが確定できるのは、計二四基にのぼる〔立部古墳群跡七基、新堂古墳跡二基として〕〔第1－1表〕。小字地名のうち古墳の立地に適したところに位置し、実地踏査の検分や現地での聞き取り、さらに小字地名の範域をふまえ「塚」、そして「山」という名称のうち可能性の高いものを含め、河内大塚山古墳周辺域には、約四〇基余りもの古墳のあったことが推定できる。これ以外にも古墳跡であったと求索する相当の小字地名がみられ、これらを含めると九〇基余りにのぼる〔第1－2・3表、第三節4〕。

河内大塚山古墳の位置するところは、東除川〔第1－12図HR〕と西除《にしよけ》川〔第1－12図NR〕に挟まれた中位段丘面のほぼ中央部である。この段丘面は東から西、南から北にかけて緩やかに下り、西除川に近いところは沖積段丘面を形成する。中位段丘面上に一～四m程度の幾つかの開析地がみられ、その位置に溜池群が立地している。なかでも、海泉池〔阿保・三宅共有池、第1－12図ウ〕へ連続して一〇池の溜池が一列に並び、河内大塚山古墳はこの開析地の東に、前方部を北にしてほぼ南北方向に立地していることがわかる。河内大塚山古墳の東に野登ケ池・荒池〔羽曳野市丹下、第1－12図シ〕と広池〔羽曳野市西川・東大塚共有池、第1－12図ス〕の溜池がみられ、これが浅い開析地に立地していることから、この間に挟まれた微高地に河内大塚山古墳が築造されている。溜池は灌漑の前提となる集水機能が重視され開析地に立地するが、古墳は微高地の段丘面に立地していることがわかる。それだけに古墳の周濠を用水池として機能させるためには、相当、集水に困難を有し、その条件を克服することが前提となる。開析地に一列に並んだ溜池群のほぼ中間に位置する今池〔羽曳野市西大塚、第1－12図オ〕より、河内大塚山古墳の周濠池に余水が入るように土地条件図ではみかけられる。しかし、今池より河内大塚山古墳の周壕池へ集水することはできず、集水面積が小さい東大塚領域の南東の段丘面の井路より、周濠池の南東端へ入るしくみになっている。今池より河内大塚山古墳周濠池へ落とす余水吐がないのは、西大塚には周濠池に対する水利権がなく、こういった水利上の絡みとともに、開析地に立地の溜池群と微高地に立地する古墳との土地条件の違いがあったものとみられる。百舌鳥古墳群においても、微高地に立地する古墳周濠池と、開析地に立地する溜池の構造的な違いが認められ、河内大塚山古墳周濠池とも共通した構図がみられる(87)〔第六章第二節2〕。河内大塚山古墳が位置する中位段丘面は、南は狭山池近辺より、北は河内平野の低湿地帯に接する瓜破の北方まで延び、狭山池の水懸りの歴史とも重なり、古代丹比郡の主要部にあたることからこの部面を丹比段丘面と名付けておきたい〔第1－12図Ｉ〕。丹比段丘面での河内大塚山古墳周辺の古墳跡が位置した土地は、東大塚、西川、一津屋の河岸段丘崖上に集中しており、微高地上に立地していることが読みとれる〔第三節4(b)〕。反正山古墳跡にしても沖積段丘の崖上の中位段丘面西側の、別所や三宅の場合も開析地の崖上の中位段丘面上の、いずれも微高地上に立地した古墳跡をとらえることができる。

一方、東除川より東の段丘は、沖積段丘面から中位段丘面へと漸移し、東へいくほど高くなり、北方向へ緩やか

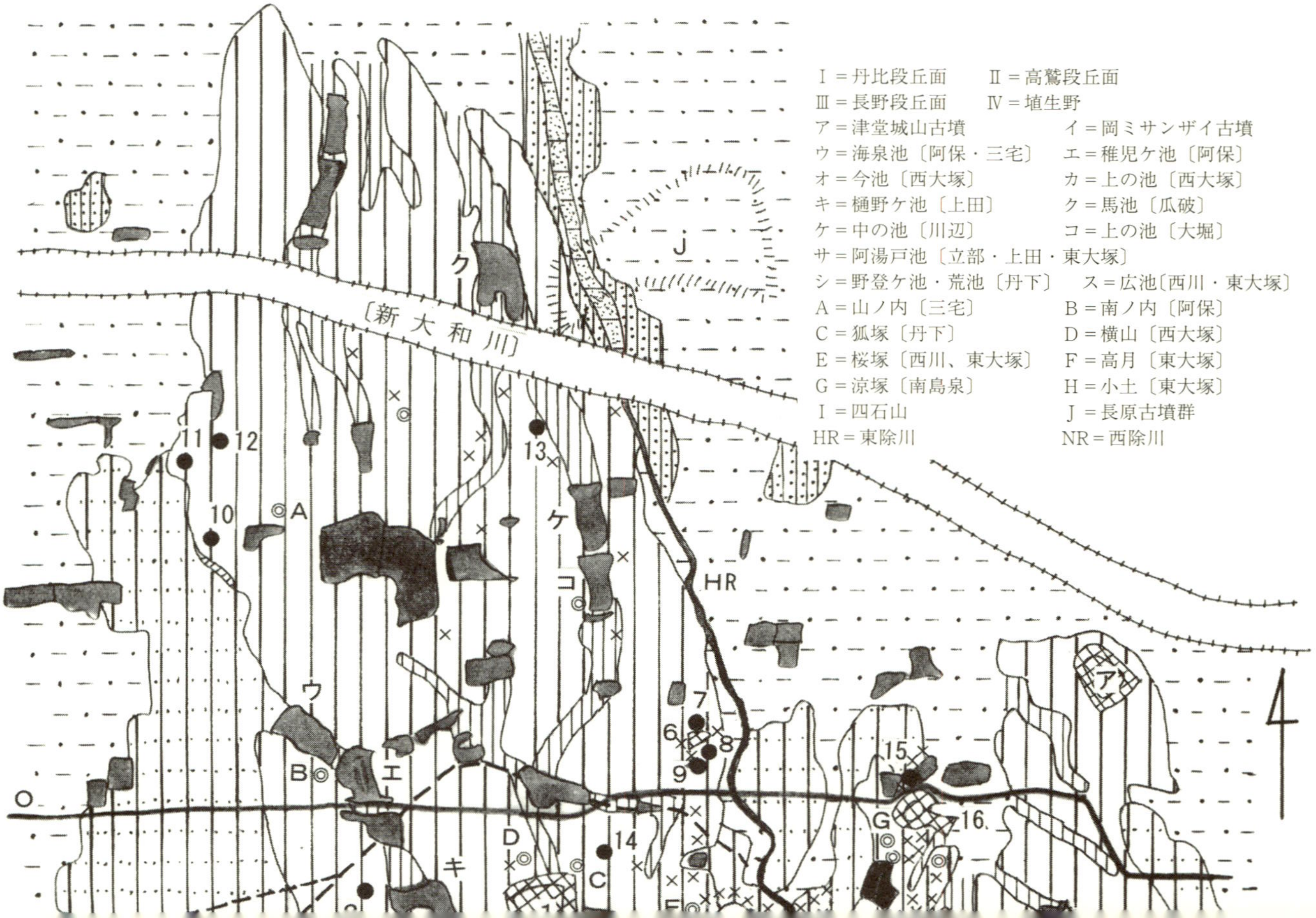
Ⅰ＝丹比段丘面　Ⅱ＝高鷲段丘面
Ⅲ＝長野段丘面　Ⅳ＝埴生野
ア＝津堂城山古墳　イ＝岡ミサンザイ古墳
ウ＝海泉池〔阿保・三宅〕　エ＝稚児ケ池〔阿保〕
オ＝今池〔西大塚〕　カ＝上の池〔西大塚〕
キ＝樋野ケ池〔上田〕　ク＝馬池〔瓜破〕
ケ＝中の池〔川辺〕　コ＝上の池〔大堀〕
サ＝阿湯戸池〔立部・上田・東大塚〕
シ＝野登ケ池・荒池〔丹下〕　ス＝広池〔西川・東大塚〕
A＝山ノ内〔三宅〕　B＝南ノ内〔阿保〕
C＝狐塚〔丹下〕　D＝横山〔西大塚〕
E＝桜塚〔西川、東大塚〕　F＝高月〔東大塚〕
G＝涼塚〔南島泉〕　H＝小土〔東大塚〕
I＝四石山　J＝長原古墳群
HR＝東除川　NR＝西除川
〔新大和川〕
HR
J
ア
ウ
エ
キ
ク
ケ
コ
A
B
C
D
G
O
6
7
8
9
10
11
12
13
14
15
16
4

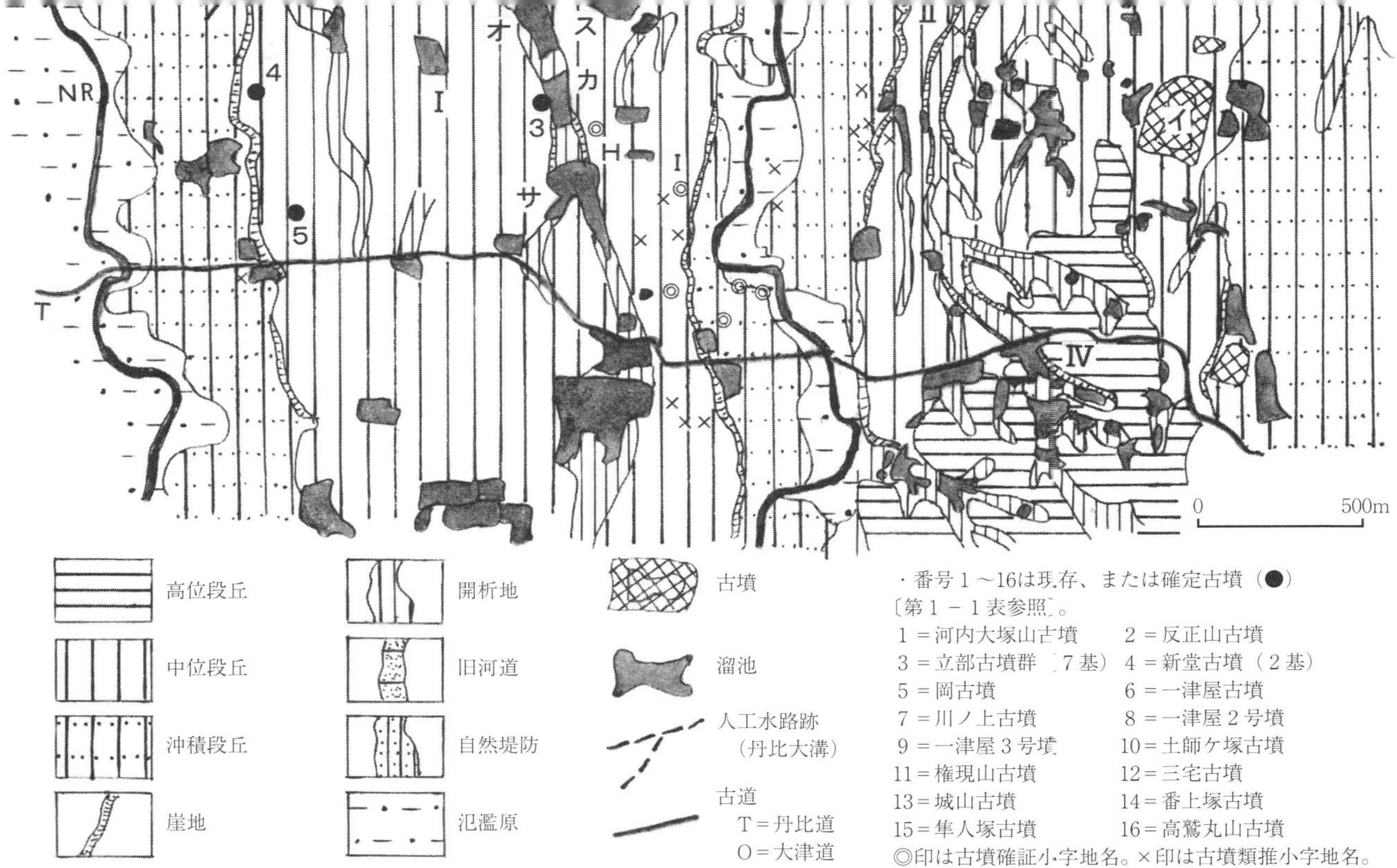

第１－12図　河内大塚山古墳周辺の土地条件図と古墳跡の分布

資料：国土地理院１：25,000大阪東南部土地条件図１（1983年印刷）をもとに、現地調査によって作成。

注）・古墳跡分布の範囲は、河内大塚山古墳より半径約1.5kmの大字のみを対象として作成〔第１－５図、第１－２・３表参照〕。

第１－13図　河内大塚山古墳周辺の航空写真図（1948年米極東空軍撮影）
資料：国土地理院ウェブサイト

1＝河内大塚山古墳　2＝反正山古墳跡　3＝一津屋古墳跡　4＝高鷲丸山古墳
5＝樋野ケ池中島　6＝高月〔東大塚〕 HR＝東除川

に傾斜している。河内大塚山古墳が立地した丹比段丘面より傾斜度は強く、羽曳野丘陵からの延伸部にあたり、東へは崖下一～五m程の南北に連続する開析地によって分断されている。この部面の段丘は、高鷲段丘面とも名付けられ〔第1－12図Ⅱ〕、北に雄略陵に治定されている高鷲丸山古墳が立地する。高鷲丸山古墳周辺から南にかけて古墳跡とみられる土地が集中し、ここでも段丘の微高地上に分布した古墳の立地形態を推察することができる〔第三節4(c)〕。

高鷲段丘面と境をなす開析地より東側の段丘面は、古代長野郷の一部が展開したものと推定されるため、長野段丘面とも呼ばれるべきもので〔第1－12図Ⅲ〕、津堂城山古墳〔第1－12図ア〕、仲哀陵である岡ミサンザイ古墳〔第1－12図イ〕が位置する部面である。

なお、この一帯のそれぞれの段丘面の呼称については定まったものはなく、本稿での論述を鑑みて便宜上付したものであり、土地条件の分析をもとに、陵墓に付された御陵名などをはじめ、古代の呼称に依拠して系統的に検討されねばならないことを付記しておきたい。

2．既往研究への提起

河内大塚山古墳を中心に、周辺域での古墳群跡を検討したことによって、既往研究に対して若干の提起が可能となる。

近藤が河内大塚山古墳について、巨大な横穴式石室の確証、前方部の高さが著しく低いという特異な外形的特徴、一重の周濠であり陪塚がみられないことをあげ、五条野丸山古墳との共通性に着目して、陪塚も従えないことから前方後円墳廃絶直前期の大型古墳であろうとしている〔第二節5〕。考古学での河内大塚山古墳を中心とするそれまでの研究成果をふまえ、無難な見解ではあるものの、現存する河内大塚山古墳のみに焦点を合わせての論法であり、同古墳を核として丹比段丘面に立地する古墳群を視野に入れるなら、陪塚が存しないと断定することはできないのではないだろうか。ふれてきたように河内大塚山古墳周辺域には、およそ四〇基以上の古墳群跡のあったことが確実視される。そのうち小字地名より推定した丹下の狐塚〔第1－9図、第1－12図C〕は、河内大塚山古墳に隣接し、西大塚の横山〔第1－8図、第1－12図D〕とともに陪塚として想起することができる。実在した番上塚古墳〔第1－1表14、第1－9図、第1－12図14〕の場合も陪塚として考えても違和はないであろう。もちろん小字地名を古墳跡とみなし陪塚とする確証はないが、しかし、陪塚がなかったとも断定することはできない。

河内大塚山古墳を古墳時代後期六世紀中頃以降に比定する見方が定着するなかで、十河は日置荘西町遺跡群の埴輪窯に着目して、その供給先を河内大塚山古墳とした見解を展開する〔第二節6〕。十河の研究は、考古学資料に立脚して鋭く核心をつき、さらに河内大塚山古墳を安閑未完陵として文献を分析した卓見は大きく評価される。しかし、一部の古墳跡をも対象にしているものの、日置荘西町遺跡群の埴輪窯の供給先を、河内大塚山古墳とみなす見解に若干の疑念が過る。未完の大型の前方後円墳という解釈を前提として、消去法で現存する河内大塚山古墳のみに焦点をあてすぎているきらいが感じられるのである。

反正山古墳跡〔第1－1表2、第1－2図、第1－12図2〕は相当の大型前方後円墳であろう〔第三節1〕。別所の城山古墳跡〔第1－1表13、第1－7図、第1－12図13〕、一部が現存する一津屋古墳跡〔第1－1表6、第1－7図、第1－12図6〕にしても、中型級の前方後円墳である。三宅の土師ケ塚古墳跡〔第1－1表10、第1－6図、第1－12図10〕、西川・東大塚にまたがる桜塚〔第1－9・10図、第1－12図E〕も、相当の大きな古墳であったことが想起される。筆者が対象とした古墳跡は、河内大塚山古墳周辺域のみであるが、丹比段丘面の南部にあたる阿弥〔堺市美原区〕には経塚、明神塚、猿塚など六基の小墳、小寺〔堺市美原区〕には七基の小墳のあったことがわかっている(88)。黒姫山古墳の周辺には、一部が現存するものも含め七基の陪塚の存したことが知れる(89)。また西大饗〔堺市東区）には、段の塚と大将軍塚が存し、段の塚は封土の高さ一丈、東西十八間、南北十間と記される。[90] 十河は、日置荘西町遺跡群で発掘された埴輪について、古墳跡を含め供給先の古墳は検出されず、周辺の遺跡で完形品を井戸枠や埴輪棺に、後世の七～八世紀代に二次的に転用されたものがみられる程度で、生産しておきながらそのすべてが搬出されなかった可能性があることを示唆している。[91] しかし、日置荘西町遺跡群の近辺に消滅した古墳跡が相当あったことを前提に、搬送の便を考慮しても河内大塚山古墳を日置荘西町埴輪窯の供給先として、限定しなくてもよいのではないだろうか。

河内大塚山古墳の西、約三五〇ｍのところに樋野ケ池遺跡がある〔第1－2図イ、第1－12図キ＝樋野ケ池、第1－13図5、写真1－8〕。反正山古墳跡に東接する位置で、池の中島に樋野ケ池窯跡が発掘されたことについては既にふれてきた〔第三節1〕。橋本達也は、樋野ケ池窯跡と河内大塚山古墳との関連性を推考している。それによると、十河の日置荘西町遺跡群の埴輪窯の供給先を河内大塚山古墳、及び欽明未完陵とした見方に対して妥当であるという前提に立ち、樋野ケ池遺跡で出土の個人が所有している須恵器などの特徴を分析し、「古墳造営に関わった人々の居住に合わせて、生活用具として使用するために生産されたものではないか、そして、この古墳の築造終了と窯場の解体は連動していたために、樋野ケ池遺跡は継続しなかったのではないか、樋野ケ池遺跡窯も河内大塚山古墳に関わる直接資料ではないが、それを補うものといえよう」とまとめている。[92] さらに松原市埋蔵文化財でとらえた古墳跡を視野にいれながらも、「丹比野では削平された未発見の古墳の存在が想定されるが、現状ではいくつかの古墳が形成される以外には南三㎞にある黒姫山古墳のほかに目立った古墳は確認されていない」とする。[93] 確かに樋野ケ池遺跡以外に窯跡の発掘はなされていない。それも一基のみで小規模な発掘にとどまる。しかし、土地条件図から明らかなように、段丘崖や開析地の崖地が広汎に展開していることから〔第1－12図〕、窯場の適地が随所にみられ、発掘されていないのか、開発によってその痕跡を確認することができないのか、土師器・須恵器の窯場があったことは十分に考えられる。東除川は随所で曲流して、河岸段丘の地形が河川流に近接する位置で一九六〇年前後までしばしば氾濫し、水が引いた後の段丘崖下の氾濫原のところで、散乱した土器片を拾い集めていた少年期の頃のことを聴取している(94)。このことは上流の段丘崖下に窯場のあったことを想見させる。

ふれてきたように、河内大塚山古墳の周辺域は、丹比郡土師郷の本貫地である蓋然性は極めて高く〔第三節1〕、小規模古墳だけではなく、相当規模の古墳が立地し、これに合わせて埴輪窯の生産がおこなわれていた可能性を想定しうる。立部は長年にわたって、瓦を焼成していた土地といわれ(95)、高鷲段丘面の高位部の地域が埴生野と呼ばれていることからも〔第1－12図Ⅳ〕、粘土の出土と燃料林に恵まれ、土師器・須恵器生産の適地であったといえる。高槻市所在の新池埴輪制作遺跡と、その埴輪を供給したとされる今城塚古墳との距離は一km余りの至近距離である。このようにみた時、河内大塚山古墳をはじめ周辺域の古墳群の埴輪窯の供給地は、直線で八・五kmもある日置荘西町埴輪窯に求めなくとも、近傍で調達され、準備されたと推論するのが妥当ではないか。河内大塚山古墳を未完陵とみなした場合、周辺に窯場の適地がありその近傍に計画はなされていたが、結局、古墳の造成は未完に終わったため、焼成されなかったという見方もできる。それだけに消去法で、日置荘西町埴輪窯の供給先を未完成の河内大塚山古墳とみる推論は、古墳跡を考慮したといえども、現存する古墳のみを対象にした論法であり、今後のさらなる検証に俟たねばならない。

十河は皇位継承をめぐる辛亥の変に着目して、河内大塚山古墳安閑未完陵説を展開する〔第二節6〕。こういった見方と接するなかで、『日本書紀』の継体・安閑・宣化・欽明天皇期の記事と、『延喜式諸陵寮』に記載の陵と墓の記録を読み直すにつれ、越前・近江を出自とし淀川流域を勢力下におさえた継体天皇が、仁賢天皇の皇女である手白香を皇后として迎え、その墳墓として衾田《ふすまだ》墓（西殿塚古墳に宮内庁治定：天理市中山町）が築造されていること、継体天皇の先妃である目子媛との間に生まれた安閑天皇は、仁賢天皇の皇女である春日山田を、次子の宣化天皇も

写真１－８　樋野ケ池

資料：1977年、筆者撮影。
南東より北西方向を望む。池中左の中島に樋野ケ池窯跡。

仁賢天皇の皇女である橘仲媛を皇后とし、安閑は古市高屋丘陵《ふるいちのたかやのおかのみささぎ》（羽曳野市古市）に、宣化は身《む》狭《さの》桃花鳥《つき》坂上陵《さかのうえのみささぎ》（橿原市鳥屋町）に皇后とともに合葬されていることに、興味を抱くことになった。『延喜式諸陵寮』の記載では、后のために古墳を築造するのは手白香皇后と春日山田皇后が最初で、『日本書紀』において合葬の事例は、安閑・春日山田以降のことになる。十河は、安閑天皇のために寿陵（河内大塚山古墳）を築造していたが、辛亥の変の勃発により殺害され、その埋葬は叶わず未完陵として放置され、皇后陵への緊急的な埋葬がおこなわれたものと推測している〔第二節6〕。仁賢天皇直系の手白香皇后のための古墳の築造や、これまでの慣習を無視してこれも仁賢天皇直系である春日山田皇后や橘仲媛皇后との合葬に、継体天皇以降における治世での政策上重要な意味合いがあったとする見方が、白石によって示されている[96]。筆者には、河内大塚山古墳を安閑天皇の未完陵とする説について、詳細に分析する識見を持ち得ていないが、白石が指摘するような皇后のための特定の古墳の築造や合葬の意味合いなど、継体天皇以降での特殊な政策上の事情を前面にだした、さらなる検討が必要になってくるようにも思える。

3．世界文化遺産登録へ向けての提起

(a) 地域学からみた河内大塚山古墳の価値観

河内大塚山古墳については、古市古墳群に属したような形でみられながらも、百舌鳥古墳群と古市古墳群の中間

域とされ、単立して唯一、この地に現存する巨大前方後円墳としてみられてきた。それだけに今までの諸研究は、このことを前提に河内大塚山古墳のみに焦点をあてて考察されてきたといえる。河内大塚山古墳にコンパスの軸を置きながら、それを中心として地域を論ずる視点に立って描かれることはなかった。考古学に立脚して地域学を提唱した森は、「地域史というのは、都の存在や役割も重視するけれども、それぞれの地域にコンパスの軸をどっしりと置いて地域のことを考えようというのである。それぞれの地域にコンパスを置くというのは、それぞれの土地をしっかり見つめようとする姿勢をいう……」とまとめている。(97)河内大塚山古墳を、森が指摘する地域学の視点よりとらえた時にはじめて、同古墳の位置づけが可能となる。

本稿では、河内大塚山古墳を中心に地域を形成した視点で、消滅した古墳群跡の分布をみつめてきた。また、その営みは端緒で、充分に河内大塚山古墳を核に、その重要性を認識する営みまでに醸成されていない。しかし、河内大塚山古墳を中心に、推測ながらも多くの古墳跡を復原することによって、丹比段丘面に立地した河内大塚山古墳の持つ意味を考えることができる。古墳が立地する土地条件をもとに河内大塚山古墳を基軸に描いたならば、それは丹比段丘面にとどまらず、高鷲丸山古墳が立地する高鷲段丘面に及んだ古墳跡との関連にもふれねばならない。丹比の東の範域は、高鷲段丘面はもとより、藤井寺市野中が丹比郡野中郷で、藤井寺市小山が丹比郡と志紀郡に分かれて形成されていたことから、長野段丘面の中位段丘面にまで及んで、丹比郡が展開していたことになる。状況によっては、津堂城山古墳や仲哀陵の岡ミサンザイ古墳周辺までも視野に入ってくるのである。

河内大塚山古墳周辺の古墳群の確認によって、百舌鳥古墳群に及んで空白部分が埋められるだけでなく、百舌鳥古墳群や古市古墳群との結びつきがより強調され、『記紀』に記載される丹比道〔第1-12図T〕や大津道〔第1-12図O〕との関連がより明瞭となり、互いの新たな価値観を増幅させる視点に結びついていくものと確信したい。

百舌鳥・古市古墳群の世界文化遺産登録の動きのなかで、河内大塚山古墳が除かれているのはどういった判断からきているのであろうか。行政区域が堺市、羽曳野市、藤井寺市より離れ、松原市に跨がっているためなのか、それとも古市古墳群に入れられないので枠外の古墳としての扱いのためなのか。両古墳群を結ぶアクセスの面からも、中間に位置する松原市の役割の大きさを無視することはできない。周辺の古墳群の立地の拡がりを考え、河内大塚山古墳、そして黒姫山古墳を世界遺産登録の対象に含めることによって、地域で支える思考がさらに拡大し、より価値観の増幅につながっていくものと思われる。

(b)古墳保全と周濠池の関連

百舌鳥古墳群では、一〇七基の古墳のあったことが確認され、半壊状のものも含め前方後円墳二一基、円墳二〇基、方墳五基の古墳が現存する(98)。古市古墳群では、一二七基の古墳で構成され、墳丘が現存する古墳は四四基(前方後円墳二〇基、円墳六基、方墳一七基、不明一基)を数える(99)。さらに、藤井寺市や羽曳野市で古墳跡が発掘され、地籍図や絵図によっても、多くの古墳跡のあったことがとらえられている(100)。消滅した古墳跡が多いからといって、現存する古墳の価値観が何も減退するものではない。むしろそのなかで周辺の遺跡群の評価とともに、消滅せず残置された古墳の価値観が、より見直されねばならない。河内大塚山古墳の位置する丹比段丘面は、比較的平坦で狭山池水懸かりとも重なり、開墾の進行がより著しく進行したため、古墳群の消滅が著しかったものとも想定される。河内大塚山古墳が残置されたのは、これが巨大前方後円墳であったこととともに、不利な土地条件を克服し、周濠を灌漑用水池（東池・北池・西池）として機能してきた歴史のあったことをみつめねばならない。長い歴史のなかで営々と築きあげてきた地域の人々が、周濠を灌漑池として涵養してきたことが、同古墳を守ってきたことの起因になっているといっても過言ではない。

(c) 水利システムと古墳の維持・保全

百舌鳥・古市古墳群の世界文化遺産登録をめざす動きのなかで、提案書提出のコンセプトは、①〈古墳時代と古墳文化〉(a)日本列島の三世紀後半〜七世紀に前方後円墳などの独創的な古墳の創造。(b)古墳文化は、東北南部から九州南部にかけて広がり、二〇万以上を築造。②〈古墳の大きさと百舌鳥・古市古墳群〉(a)大きさや種類の違う古墳が集まった日本の古墳の代表例。(b)仁徳天皇陵古墳や応神天皇陵古墳などの世界最大級の墳墓が含まれる。(c)五世紀前後の倭国王を中心とした支配者層の墳墓と考えられる。③〈東アジアでの位置づけ〉(a)五世紀代に中国南朝に使いを送った「倭の五王」の墳墓が含まれる可能性。④〈資産の価値〉(a)日本列島における国家形成過程を示すモニュメントであると同時に、古墳文化という他に類をみない文化が、かつて存在したことを物語る遺産として普遍的な価値を持つ。となっている[101]。その内容には、もちろん異存はないし、完成度の高いものとしてまとめられている。しかし、一点補足するなら河内大塚山古墳のように、残置されてきた大きな要因となる周濠池の機能の側面が、提案のコンセプトに欠けているのである。筆者はかつて、仁徳陵である大山古墳の土地条件と、周濠池が灌漑用水池（大仙陵池）として機能を増幅させてきた歴史的経緯を考察してきた。大仙陵池がその機能を増幅させるため、築堤とともに集水井路を整備し導水に努め、不足する集水を狭山池用水に求め、その時の集水井路の大半が今も残され、痕跡を辿りながら復原することができた〔第六章第三節〕[102]。このことは、河内大塚山古墳の周濠池の機能とも共通し、この地域で水田耕作を媒体として整備された水利システムの確立が、日常的に主要古墳の周濠池を管理し、古墳の保全に大きな役割を果たしてきたのである。ここに古墳と地域の人々との生活の原点がみられ、古墳文化を守り育ててきた地域の人々の生活視点からの側面を重視しなければならない。

世界遺産には、維持管理の方策が重視される。巨大古墳の保全のガードの役割を果たしてきた周濠池には、集水・灌漑を前提にして後背地に井路が張りめぐらされてきた。水利には歴史を反映させた点と点を結び、線がさらに面として広がる水利空間が展開し、狭山池には一四〇〇年に及んで形成された水下地域が形成され、狭山池と大仙陵池を結んだ用水路が著しい都市化のなかにあって、今もかなりの水路敷が残されている。これを見直すことによって、また古代の丹比道や大津道を継承する竹之内街道、長尾街道の古道と連動させることによって、これらをバッファゾーンとして位置づけることも可能である。バッファゾーンは、世界文化遺産登録の対象となっている古墳周辺のみを、画一的に線引きすべきものではない。機能的な結びつきの側面からの検討が求められる。

世界遺産には、市民が関わって守り育てる視点が不可欠である。近世以降、開墾にともなって消滅した古墳が多くみられる反面、長い歴史のなかで地域の人々が関わって、周濠池の水利システムが巨大古墳を維持管理し、保全してきたのである。他の世界遺産を対象にしても、こういった営みの歴史をみることはできないのではないだろうか。著しい都市化のなかで、その維持管理の方法も大きく変化している状況下にあって、一般市民・住民や都市形成に関わる機関から支えられる新しい創造的な水利システムの確立が求められている。周濠池をはじめ残された既存の水利施設（溜池、井路など）を含めて、地域の共有財産であり、水資源であるという観点に立たねばならない。ここに百舌鳥・古市古墳群が世界文化遺産登録を目指すなかでの、地域の人々が関わってきた歴史とともに、今後、維持管理に関わらねばならない方策が希求できる。世界文化遺産登録のみを目的として単一的な動きのなかでその価値を追い求めるのではなく、それは歴史を背景に地域住民から支えられ、地域間での協働のなかで、地域相互の関連性のなかで高まっていくのである。それだけに周濠池の水利の背景を考えることは、古墳の保全に関わって重要な営みとなり、地域住民に対する啓蒙とともに、このことが地域住民に認識されることによって、その価値観がより増幅されていくものと考える。

第五節　今後の課題（まとめに代えて）

以上、河内大塚山古墳を中心に、先行研究の動向をふまえ、周辺域の古墳群を復原し、先行研究や世界文化遺産登録に向けて、若干の私見にふれてきた。筆者の研究対象は、歴史地理学分野の範疇で、地域空間認識の分析に力点を置いてとらえてきたため、白石の三千分の一の地形図によって抽出した等高線図による立地条件の研究において〔第二節5、注記（50）〕、著しい土地改変のあった対象地域での土地条件の特徴を描写するには的確性に欠けるきらいがあることを危惧し、また、岸本の前方後円墳の築造規格と系列を課題とした研究においても〔第二節5、注記（53）〕、古墳を同一規格で分析した精微な墳丘部形態の比較検討には教唆されるものの、地域空間に立地する大小古墳の差異の問題を超えて、同一規格のみを前提としてとらえる手法に若干の疑念が過ぎる。当然の如く、考古学、文献史学の知識に乏しい筆者の稚拙な論法は、愚想に終始して的確性に欠け、多くの課題が横たわる。こういった拙論の脆弱性をふまえて、今後の研究の課題を示すなら、次のように要約される。

①周辺域古墳群の復原にあたって、松原市関係の埋蔵文化財での発掘資料にとどまったが、羽曳野市や堺市美原区など、広範囲に及んだ埋蔵文化財関連の資料を蒐集・分析しなければならなかった。松原市には相当の村絵図が残されており、これも同市にとどまらず、その分析をさらに進めねばならない。②いかに都市化の著しい地域ではあっても、古墳跡と類推される土地のさらなる現地踏査をふまえ、土地条件・地形環境をより綿密に調査して、その特徴を体系的に明示することが求められる。③考古学の遺物の形式的変化などの緻密な分析力に欠けるため、理論が空転してしまうきらいが懸念される。百舌鳥・古市古墳群をはじめとする考古学、文献史学での、先行研究の資料の探索も不十分であった。これらの先行研究をさらに分析し、体系化するなかで、より的確な復原研究に迫っ

ていかねばなるまい。④古墳群の復原は、丹比段丘面南部の堺市美原区に及んで、少なからずとも丹比古墳群の全体の範域を確定し、その全貌を明らかにしていかねばならなかった。河内大塚山古墳周辺域の古墳群のみでは、空間認識の一部の分析にとどまり、多面的にとらえて派生させる視点に欠ける。後考に委ねることになる丹比古墳群の復原研究をもとに、⑤百舌鳥古墳群と接する堺市東北・東南部はもとより、羽曳野市西南部に及んだ地域を対象として、古墳群跡の復原に迫っていかねばならない。本稿対象地域より西辺の松原市河合に「浜塚」、「山ノ後」、「北山」、「骨塚」、「狐塚」、「石塚」、「中山」、「塚の本」の古墳跡を類推させる小字地名がみられ[103]、我堂には、府道大阪狭山線が全通する三〇年程前まで狐塚古墳の一部が残され、埴輪片の出土が確認されている[104]。南花田（堺市北区）の東南には、封土の高さ各一間、周囲五間の二箇所の古塚のあったことが記されている[105]。これらは百舌鳥古墳群に近く、これ以外にも相当の古墳跡のあったことが想起される。さらに、⑥丹比段丘面の北東辺での、氾濫原に展開した長原古墳群〔第1－12図J〕との比較検討にも弾みがついていくのではないだろうか。もちろん、⑦河内大塚山古墳周辺域の古墳群はもとより、丹比古墳群に及んだ復原研究は、百舌鳥古墳群、古市古墳群との関連性を基軸に置き、その追考に結びつけていかねばならないことはいうまでもない。

河内大塚山古墳は、周辺域の古墳によって支えられ、古墳群を構成し、そのなかで同古墳の価値観が増幅されていく。河内大塚山古墳を中心とする空間域のある一定の法則を論じ、古墳群の相関関係を理論づけるには、資料探索とともに、さらなる検証に努めねばならない。例え間接史資料の探索に終始すれども、対象とする地域の地形環境を分析して、それを照写することによって、新たな課題の提起とともに、推論に筋道をつけた思考が拡大する。本研究をきっかけに河内大塚山古墳周辺域、及び丹比古墳群の位置づけとともに、世界文化遺産登録をめざす百舌鳥・古市古墳群に対して、さらなる議論とともに認識が高まっていくことを期待したい。

注

（1）一例として、上町台地及び周辺部に上町・天王寺古墳群、阿倍野古墳群、住吉古墳群、生野・田辺古墳群、我孫子古墳群、上町台地の北の砂堆に長柄古墳群、上町台地東南の下位段丘面から河内平野南部に瓜破・喜連古墳群、長原・加美古墳群の消滅についてふれられている。なかでも長原・加美古墳群では一五〇基を超える埋没古墳群が発掘され確認されている。上町台地では、一部が現存する茶臼山古墳（大阪市天王寺区）、御勝山古墳（生野区）、帝塚山古墳（住吉区）を含め、他に墳丘長一一〇m～二〇〇mに及ぶ、大型古墳のあったことが類推されている（『新修大阪市史第一巻』所収、「第三章第二節　大阪市域の古墳」大阪市、一九八八年、三五一～四一九頁）。

（2）筆者は、一九七〇年代中頃より、大阪平野での現地踏査を重ね、大阪府下での地域を対象に都市化を主因とする潰廃溜池の調査をおこなってきた。その研究成果の一部は、『大阪平野の溜池環境―変貌の歴史と復原―』和泉書院、二〇〇九年に集約。

（3）松田正男「丹比大溝と丹比古墳群」大阪春秋七三、一九九三年、一〇四～一一一頁。

（4）筆者は、復元の対照語として復原の用語を主に使用する。復原は元に戻すという意味だけでなく、地域の空間的な拡がりをもって、平面的・立体的に考察する視点に連動する。

（5）『古市古墳群』摂河泉文庫、一九八五年、などに記載の資料による。

（6）土生田純之「河内大塚陵墓参考地のヘドロ調査」書陵部紀要四〇、一九八九年、八三～八五頁。

（7）清喜裕二「大塚陵墓参考地の渡土堤整備その他工事に伴う立会い調査」書陵部紀要六一〔陵墓編〕、二〇一〇年、一〇四頁・「第40図　大塚陵墓参考地　調査箇所位置図」。

（8）松原市史編さん委員会編『松原市史第三巻史料編1』所収、「高木遠盛軍忠状案　和田文書二」松原市、一九七八年、二六七～二六九頁。

（9）羽曳野市史編纂委員会編『羽曳野市史別巻羽曳野の古絵図と歴史地理図』所収、「解説〈羽曳野の古絵図〉6大塚山古墳の絵図」羽曳野市、一九八五年、七三頁。

（10）後掲（29）、一〇頁。

（11）羽曳野市史編纂委員会編『羽曳野市史第五巻史料編3』所収、「一〇陵墓　陵墓改修一件留　吉村家文書」羽曳野市、一九八三年、六三七・六三八頁。
（12）前掲（9）、九頁。
（13）明治一八年（一八八五）に御陵墓伝説地、明治二一年（一八八八）に御陵墓伝説参考地、明治二八年（一八九五）に御陵墓参考地、以後、御陵墓伝説地と御陵墓参考地が混在。大正一五年（一九二六）一〇月に制定された「皇室陵墓令」の施行によって陵墓参考地に統一〔後掲（15）、八〇五頁〕。
（14）後掲（15）、八一二頁。
（15）西田孝司「補遺　陵墓参考地と大塚山古墳」、『松原市史第二巻』所収、松原市、二〇〇八年、七八七〜八三一頁。
（16）岸本直文「河内大塚山古墳の基礎的検討」ヒストリア二二八、二〇一一年、二一〜二六頁。
（17）三田浄久『河内鑑名所記』上方芸文叢刊刊行会、一九八〇年復刊、四六二頁。
（18）並河誠所／正宗敦夫編『五畿内志（上）』現代思潮新社、一九七八年復刊。
（19）貝原益軒『益軒全集七』国書刊行会、一九七三年復刊。
（20）寺島良安尚順編『倭漢三才図会七十五河内』、巻ノ七十五　〇十三頁。
（21）谷川士清『日本書紀通證（三）』臨川書店、一九八八年復刊。
（22）秋里籬嶋『河内名所図会』柳原書店（復刻版）、一八〇一年（復刻版一九七五年）、二九二・二九三頁。
（23）『日本歴史地名大系第二八巻・大阪府の地名』平凡社、一九八四年、一〇九四頁。
（24）明治四〇年（一九〇七）柴籬神社（松原市上田）に合祀、東大塚村の祭祀に関しては大津神社（羽曳野市北宮）に合祀。
（25）前掲（11）、六五七・六五八頁。
（26）前掲（15）、七八九頁。
佐佐木信綱編『伴林光平全集』所収、「野山のなげき」湯川弘文社、一九四四年、二四四頁。
（27）吉田東伍『大日本地名辞書第二巻（上方）』冨山房、一九〇四年、三三一頁。

（28）森浩一は、『古墳』保育社、一九七〇年、五二頁で、雄略陵に推定されるとしている。他に、上田宏範、白石太一郎、小野山節が雄略陵説をとるようになっている〔前掲（16）、五頁〕。

（29）野上丈助「雄略陵をめぐる問題点」大阪府の歴史六、一九七五年、二〜一四頁。

（30）丹比郡の丹南郡と丹北郡への二分化を指してのことか、両村とも丹北郡に編成されており、郡の分割とは関係なく、河内大塚山古墳墳丘部より周濠の西に移転して西大塚村が形成され、前方部の東側に残った東大塚村との両村に分割されている〔第二節1参照〕。

（31）福尾正彦「河内大塚陵墓参考地の墳丘調査」書陵部紀要四二、一九九一年、一一七〜一二一頁。

（32）前掲（31）、一一九頁。

（33）西田孝司「河内大塚山古墳の内部構造―『阿保親王事取集』に見える「磨戸石」の記述から―」ヒストリア一五九、一九九八年、一〇〇〜一二六頁。

（34）前掲（33）、一一〇頁。

（35）前掲（33）、一一一〜一一三頁。

（36）西田孝司「河内大塚山古墳と横穴式石室」古代学研究一四三、一九九八年、三九〜四四頁。

（37）前掲（36）、四一・四二頁。

（38）五条野丸山古墳は橿原市五条野町、大軽町、見瀬町に位置する大型前方後円墳である。丸山と呼ばれることから、古くより円墳と考えられており、前方部での崩れがみられる。見瀬丸山古墳と呼ばれてきたが、丸山の後円部は、五条野町に位置することから五条野丸山古墳と呼ばれ、最近はその名称によって論じられている。全長三一八m、後円部径一五五mにも及び、奈良県下最大の古墳である。後円部より出土した全長二八・四mにも及ぶ横穴式石室を持ち、羨道は巨大な自然石六枚で天井を覆い、その長さは二〇・一m、玄室の長さは八・三mを測り、石舞台古墳の全長二〇・五mを凌ぐ大きさである。玄室内には二つの刳抜式家形石棺がL字型に置かれ、奥棺は蓋の長さが二・四二m、幅一・四四m、高さ〇・四二m、前棺は蓋の長さが二・七五m、幅一・四一m、高さ〇・六三mで、材質は流紋岩質溶結凝灰岩で加古川付近の竜山石とみられる。奥棺は六世紀の第三四半世紀に、前棺は七世紀の第一四半世紀にそれぞれ造られたと推定される。巨大横穴式石室をもつ前方後円墳終末期（六世紀末）の大型前方後円墳とみなされ、被葬者については蘇我稲目墓説、宣化陵説などの見解がみられるが、研究者の間では欽明天皇と堅塩媛の合葬説が有力である。しかし、欽明天皇は『日本書紀』で、欽明三十二年（五七一）に没し、河内の古市で殯が営まれ、檜隈坂合陵に葬られたとされており、五条野丸山古墳は檜隈の地ではないなどの見解から、現欽明陵に治定されている明日香村の平田梅山古墳とする考え方が依然として残っている〔『日本歴史地名大系第三〇巻・奈良県の地名』平凡社、一九八一年、三三七頁。「丸山古墳」の項を中心に、他資料を参考〕。

(39)　前掲（36）、四二・四三頁。

(40)　「ごぼ石」については、梅原末治の調査によってその写真が紹介される〔写真1－2、『大阪府史蹟名所天然記念物調査報告第五輯』大阪府、一九三四年、図版第三二．「(二) 同上後円部所在の大石」〕。末永雅雄は、東大塚村が移転する昭和初期に後円部に入って検分している。それによるなら「中期末からときどき見られる前方後円墳の中軸線に沿って施設される横穴式石室の天井石である。この構築状態から考えると古墳は後期に近い時代の築造と見てよいが、埴輪・葺石の外部施設の記憶がはっきりしない。ということは前方後円墳であるけれどもすでに埴輪を置かない時期に入っているからではなかろうか」との見解を寄せている〔末永雅雄「第一章松原市域の先史・古墳時代」、『松原市史第一巻』所収、松原市、一九八五年、六七頁〕。このように「ごぼ石」が、横穴式石室の天井石ではないかという見方は、かなり以前より考えられてきた。

(41)　一般的な「ごぼ石」の解釈として辞典類においても、横穴式石室の天井石と推定されると流布されている〔『日本歴史地名大系第二八巻・大阪府の地名Ⅱ』平凡社、一九八六年、一〇九五頁、松原市「大塚山古墳」の項〕。今尾文昭は、「ごぼ石」について巨石の横穴式石室の石室材が露見したとふれている〔今尾文昭「〔第Ⅱ部〕天皇陵古墳関係資料　2．天皇陵古墳解説」、森浩一編『天皇陵古墳』所収、大巧社、一九九六年、三七八頁〕。岸本は、西田の石室玄門とみた解釈を援用して、羨門部ととらえている〔前掲（16）、一五頁〕。

(42)　西田孝司『雄略天皇陵と近世史料』末吉社、一九九一年。

(43)　雄略天皇の和風諡号は『日本書紀』では大泊瀬幼武命、『古事記』では大長谷若建命・大長谷王で、実名の一部

「タケル」に当てた漢字である。倭王武の上表文には、周辺諸国を攻略して勢力を拡張した様子が表現されている。熊本県玉名郡和水町の江田船山古墳出土の銀象嵌鉄刀銘「治天下獲□□□鹵大王」、埼玉県行田市の稲荷山古墳出土の金錯銘鉄剣に「獲加多支鹵大王」とあり、これをワカタケル大王と解して、その証とする説が有力である。

(44) 和田清・石原道博編訳『魏志倭人伝・後漢書倭伝・宋書倭国伝・隋書倭国伝』岩波文庫、一九五一年、六一～六六頁。

(45) 森浩一「第三章古墳文化と古代国家の誕生　第二節古市・百舌鳥古墳群と古墳中期の文化　6河内大塚と見瀬丸山古墳」、大阪府史編集委員会編『大阪府史第一巻』所収、大阪府、一九七八年、七一二・七一三頁。

(46) 後掲（49）、三七二頁、近藤ら。

(47) 今城塚古墳は、摂津北部の高槻市郡家新町に位置し、六世紀前半の後期古墳に比定される墳丘長一九〇ｍの前方後円墳である。被葬者は、古墳の形状、埴輪などの編年的特徴、『延喜式諸陵寮』などの文献資料の検討から、六世紀前半に没した継体天皇とするのが学界の定説になっている。また、埴輪工房跡とみなされる新池埴輪制作遺跡との関連が指摘される古墳である〔第二節6〕。宮内庁は今城塚古墳の西に位置する茨木市太田の太田茶臼山古墳を継体天皇陵として治定している。太田茶臼山古墳は五世紀中頃の築造とみられており、継体天皇が没したとされる年代よりも古い時代の古墳とされる（『日本歴史地名大系第二八巻・大阪府の地名Ⅰ』所収、平凡社、一九八六年、一二六頁。「今城塚古墳」の項を中心に、他資料を参考）。

(48) 石部正志・田中英夫・宮川徏・堀田啓一「畿内大型前方後円墳の築造企画について」古代学研究八九、一九七九年、一二・一三・二一・二二頁。

(49) 近藤義郎『前方後円墳の時代』岩波書店、一九八三年、三六三～三七四頁。

(50) 白石太一郎「畿内における大型古墳群の消長」考古学研究一六‐一、一九六九年、八～二六頁。

(51) 白石太一郎「日本古墳文化論」、歴史学研究会・日本史研究会編『講座日本歴史1　原始・古代1』所収、東京大学出版会、一九八四年、一五九～一九一頁。

(52) 白石太一郎「巨大古墳の造営」、白石太一郎編『古代を考える古墳』所収、吉川弘文館、一九八九年、七三～一〇六頁。
(53) 岸本直文「前方後円墳築造規格の系列」考古学研究三九－二、一九九二年、四五～六三頁。
(54) 広瀬和雄、天野末喜らによって展開される〔前掲（16）、六頁、岸本論文より引用〕。
(55) ①十河良和「日置荘西町窯系埴輪と河内大塚山古墳」埴輪論叢六、二〇〇七年、六三～八二頁。
②十河良和「日置荘西町系円筒埴輪と河内大塚山古墳─安閑未完陵をめぐって─」ヒストリア二二八、二〇一一年、二七～五一頁。
(56) 前掲（55）①、七五～七七頁。
(57) 前掲（55）②、三八～四一頁。
(58) 前掲（55）①、七七～七九頁。
(59) 前掲（55）②、四一～四七頁。
(60) 『日本書紀』では、嫡子の欽明天皇の即位について、まだ幼かったので、二人の兄（安閑・宣化）が国政を執られた後に天下を治めたとあるが、継体朝での筑紫国磐井の反乱のことが記され、継体天皇の即位に関しての特異な背景のなかでの争乱と、継体の死後、安閑・宣化・欽明の三天皇の間に皇位継承をめぐる辛亥の変のあったことが推測され、喜田貞吉らによって提唱されてきた。
(59) 前掲（55）②、四六頁。
(60) 前掲（16）、一五～一七頁。
(61) 前掲（16）、一一〇～一一三頁。
十河、岸本の見解とともに、河内大塚山古墳を未完成の安閑陵とみることについては、文献史学の側面から考古学の成果をふまえて、その可能性に言及しながらも、多くの問題点を提起している水谷千秋の研究を併記しておきたい〔水谷千秋「『記・紀』からみた大王─河内大塚山古墳と安閑天皇をめぐって─」ヒストリア二二八、二〇一一年、五二～七一頁〕。
(62) 藤田友治「第五章〝陵墓参考地〟という名の「天皇陵」1．河内大塚山古墳」、石部正志・藤田友治・西田孝司共

著『続・天皇陵を発掘せよ』所収、三一書房、一九九五年、二四一～二六五頁。

(63)　河内大塚山古墳の位置について、一九四七～一九四九年に着手した黒姫山古墳の調査報告（一九五三年）で、「考古学上から見ると、郡（南河内郡）中央に位置するこの黒姫山古墳と、北方高鷲村に厳然する大塚山古墳とがそれぞれ単独的な位置に構築されたと考えられる点を注意しなければならない。大塚山古墳は或いは東方の古市誉田古墳群に属するかとも思われるが、黒姫山古墳はいずれの古墳群にも属していない独立の位置を占める点が注意される」とした解釈がみられる〔後掲（89）、二頁〕。河内大塚山古墳の位置をこういった解釈を継続するような形で、古市古墳群の西縁の古墳とした場合と、古市古墳群よりはずれ、百舌鳥古墳群と古市古墳群の中間域に単独で立地したとする見方が併存したといえる。ことに最近の世界文化遺産登録の動きのなかで、河内大塚山古墳は古市古墳群に含まれていないため、百舌鳥古墳群との中間域に立地した巨大前方後円墳としてとらえられているとみなされる。

(64)　末永雅雄「第一章松原市域の先史・古墳時代　2．大塚山古墳」、『松原市史第一巻』所収、松原市、一九八五年、五九頁。

(65)　「松原市文化財分布図２０１１」松原市教育委員会、二〇一一年。

(66)　芝田和也「「丹比大溝」発掘調査記者発表資料」松原市教育委員会、一九九二年、三～一〇頁。

(67)　足立俊彦「樋野ケ池出土資料」、『三宅遺跡』所収、松原市教育委員会、一九八〇年、一九～三四頁。

(68)　芝田和也「「立部小古墳の調査」埋蔵文化財担当者発表会資料」松原市教育委員会、発行年不詳、一～九頁。

(69)　嶋田暁「第二章　松原市域の原始の生活　4．古墳をめぐる諸問題」、『松原市史第一巻』所収、松原市、一九八五年、八九・九〇頁。

(70)　(71)　松原市ホームページ「市内の古墳」より引用（http://www.city.matsubara.osaka.jp）。

(72)　松原市史編さん室編『河内国丹北郡別所村延宝検地帳』所収、「河州丹北郡別所村領内絵図について」松原市史研究紀要第五号、一九九五年、一～六頁。

(73)　(74)　前掲（72）、四・五頁。

(75)　現地での聞き取り調査時に、別所在住の耕作の方より聴取。

(76) 松原市史編さん室編『河内国丹北郡三宅村延宝検地帳』松原市史研究紀要第二号、一九八九年、解説頁。
(77) 井上正雄『大阪府全志巻之四』清文堂出版（復刻版）、一九二二（一九七六）年、六九四頁。
(78) 大阪府学務部編『大阪府史蹟名所天然記念物第三冊』清文堂出版（復刻版）、一九三一（一九七四）年、一六八頁。
(79)(80) 前掲（3）、一〇九頁。
(81) 前掲（77）、五一五頁。
(82) 河内一浩「羽曳野市恵我之荘の番上塚について」摂河泉文化資料三九、一九八七年、五八～六〇頁。
(83)(84) 芝池勝三郎氏（羽曳野市南恵我之荘一丁目在住）より聴取。
(85) 一九九三年五月九日、現地での水利調査での聞き取り時に、立部在住の耕作の方より聴取。
(86) 河内一浩「消えた古墳」、古市古墳群研究会編『古市古墳群とその周辺』所収、摂河泉文庫、一九八五年、一九九頁。
(87) 川内眷三「古墳周濠の土地条件と集水機能について―大仙陵池への狭山池用水の導水をめぐって―」四天王寺国際仏教大学紀要三七、二〇〇四年、三五～五六頁。
(88)(90) 大阪府学務部編『大阪府史蹟名所天然記念物第一冊』清文堂出版（復刻版）、一九三一（一九七四）年、三八〇～三八二頁。
(89) 『河内黒姫山古墳の研究』大阪府文化財調査報告書第一集、一九五三年、七・八頁。
(91) 前掲（55）①、七四頁。
(92)(93) 橋本達也「樋野ケ池窯と河内大塚山古墳―橋本明一採取資料の紹介をかねて―」、菊池徹夫編『比較考古学の新地平』所収、同成社、二〇一〇年、三八四・三九〇頁。
(94) 杉村安朗氏（羽曳野市南恵我之荘一丁目在住）より聴取。
(95) 前掲（69）、九六頁。
(96) 仁賢天皇直系の手白香皇后のための古墳の築造や、春日山田皇后や橘仲媛皇后との合葬の背景については、白石太一郎『古墳からみた倭国の形成と展開』所収、「ヤマト政権の変質　継体朝の成立」敬文社、二〇一三年、二六四～

二六八頁、などにおいて展開されている。

(97) 森浩一『地域学のすすめ─考古学からの提言─』岩波書店、二〇〇二年、一六・一七頁。

(98)『堺の文化財─百舌鳥古墳群─』堺市教育委員会、一九九九年、四〜一七頁。

(99) 古市古墳群世界文化遺産登録推進連絡会議編・発行「世界文化遺産をめざす古市古墳群」パンフレット、二〇一〇年による。

(100) 前掲(86)、一九七〜二〇〇頁。

(101) 山田幸弘「世界遺産をめざす古市古墳群」、大阪府文化財センター編・発行『世界遺産をめざす古市古墳群とその周辺』所収、二〇一一年、七頁。

(102) ①前掲(87)、四四〜四八頁。
②川内眷三「大仙陵池と狭山池にみる水環境再生施策の構図と課題─歴史地理学の視点から─」水資源・環境研究一七、二〇〇五年、三八〜四二頁。

(103) 松原市史編さん室編「松原における大字及小字図」松原市役所、一九七五年。

(104) 前掲(65)。

(105) 前掲(77)、三六〇頁。

第二章　近世初期の依網池の復原と水利機能

第一節　はじめに

『記紀』における池溝開削に関する初見が依網池《よさみいけ》である。(1)その築造は崇神天皇期のこととして記される。崇神期は暦のうえでいつ頃であるかは別にして、この期以降、度々みられる畿内での池溝開削の記述(2)から、水田耕作を飛躍的に発展させた状況を推察することができる。依網池の上流に位置する狭山池の洪水調節機能を増幅させることを目的にした治水ダム化工事にともない、各種文化財調査が実施され、狭山池北堤体東端部に長らく埋没していた東樋が発掘されている。この東樋の一m下層に、古い形態である丸太の内面を刳り貫いた樋管が出土し、年輪年代法測定によって、その材質は西暦六一六年に伐採されたことが明らかになった。このことから、狭山池は六二〇年前後に築造されたものとみなされている。(3)依網池については、景観を現在にとどめないため、現存する狭山池のように遺構の検出によって、築造年代を推定することは困難な状況にあるが、『日本書紀』仁徳期の依網屯倉の記述から、狭山池の築造より古い五世紀初頭頃に屯倉の経営にともない、用水池が相前後して築造されたとして考察されているのが定説となっている〔第二節〕。

近世初期の依網池の位置を具体的にとらえ、これが古代の依網池に連なることについて最初に考察したのが山崎隆三である。(4)旧依羅《よさみ》村各藩政村所在の旧家所蔵の絵図や古文書類によって、大和川付け替え期前後の依網池の変貌

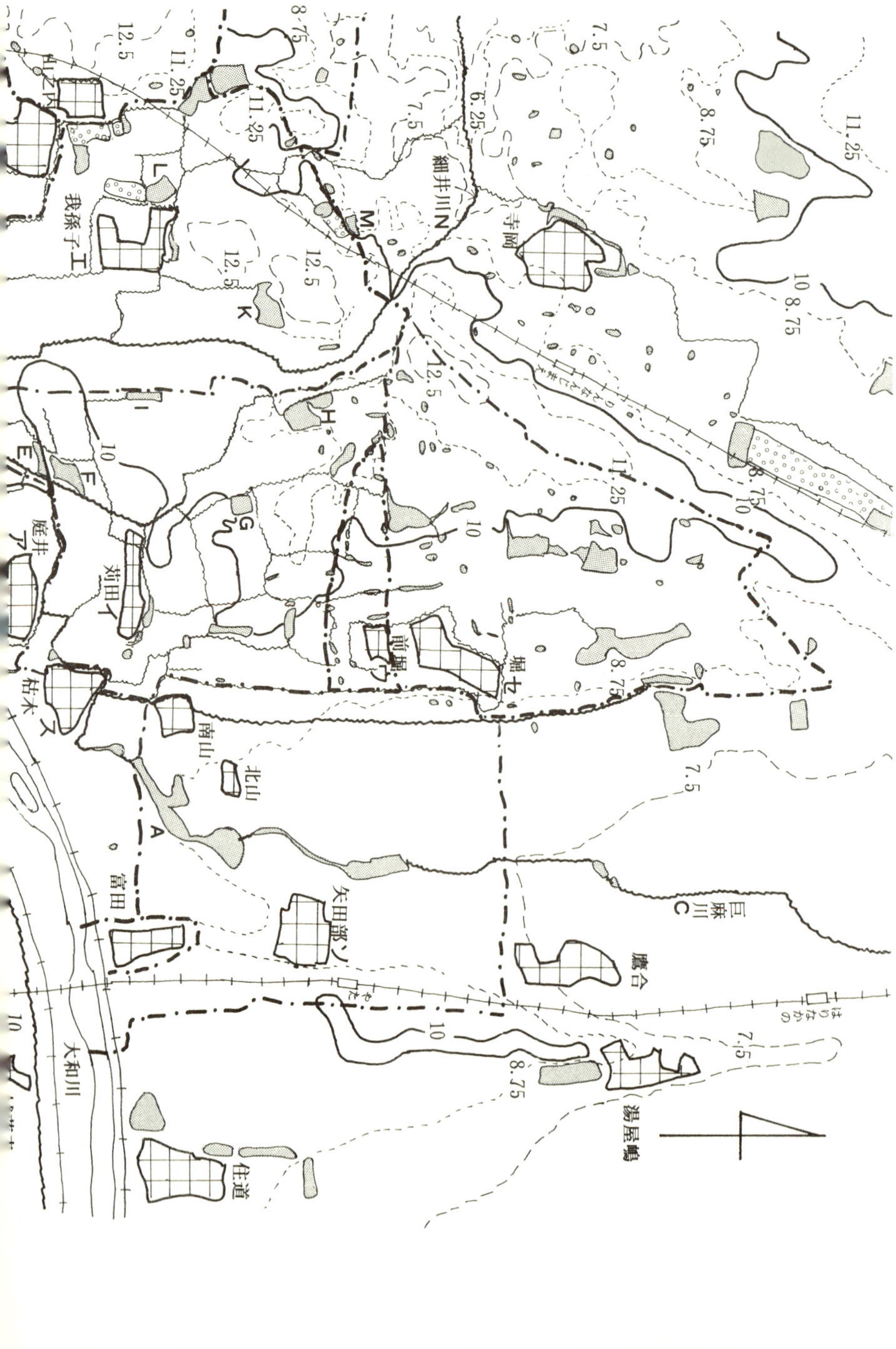

巨麻川
鷹合
湯屋嶋
住道
大和川
富田
矢田部
北山
南山
前堀
堀七
庭井
苅田
我孫子
寺岡
細井川

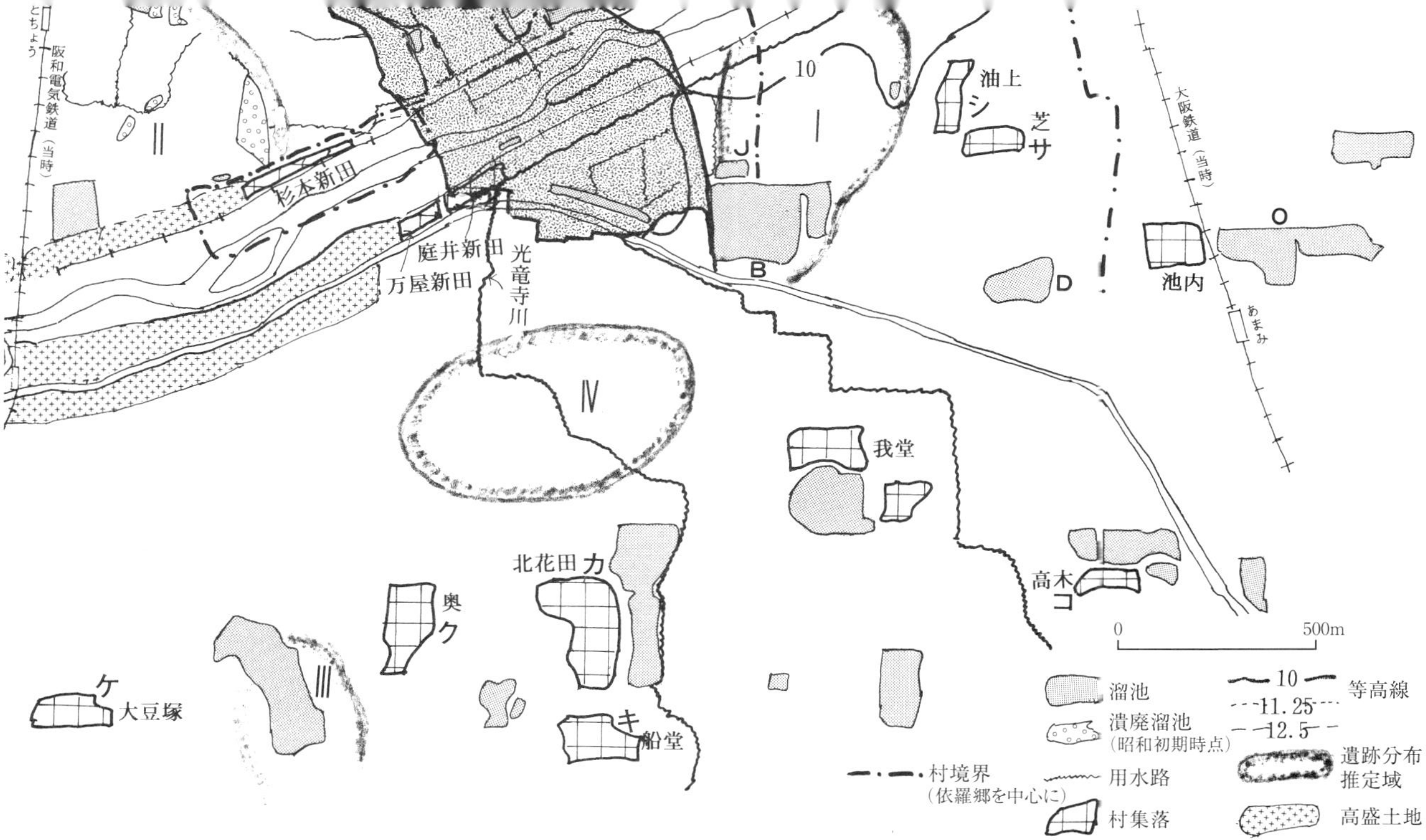

第２－１図　依網池周辺図

資料：地理調査所１：10,000地形図、「住吉」・「堺東部」1929年修正測図をもとに、関係部分を抽出して作成。
注）各記号については、本文を参照。

過程を展開している。古代の依網池の位置をめぐって、『河内志』の記述に依拠して、松原市池内所在の弁天池、及びその付近にあったとする説[5]や、堺市東浅香山町付近に比定する説[6]がある。これらは、すでにまとめられていた山崎の史実にそった研究を引用せず、具体的な論拠に乏しい。

近世依網池は、宝永元年（一七〇四）の大和川付け替えによって、池床のほぼ中央部を新大和川が東西に貫通することとなった。これによって大和川の南側に残置された池床は約一万五、〇〇〇坪[7]で、その後、新田開発がおこなわれている。北側に残った池床は約三万一、七〇〇坪[8]で、順次、開墾され、一部は分割されながらも水懸かり関係村の村池として残置されていくのである。大和川付け替え直後の依網池の状況について、寺田家所蔵の「寺田家：大和川池中貫通見取図」〔第2－2図：トレース図〕と、大依羅《おおよさみ》神社所蔵の「大依羅神社：大和川池中貫通見取図」〔第2－3図：トレース図〕が残され、その様子をみることができる[9]。

依網池が位置した南東部に松原市芝・油上村立合池の今池[10]〔第2－1図B〕がみられる。昭和五二年（一九七七）に今池を包含し、同池の北部から大和川南辺部にかけて下水処理場が建設されることになり、これにともない大和川・今池遺跡〔第2－1図Ⅰ〕の発掘調査[11]が実施され、詳細な調査報告書がだされている。森村健一はそのなかで、大依羅神社所蔵の「依羅池古図」〔写真2－1、第2－4図：トレース図〕、「大和川池中貫通見取図」〔第2－3図：トレース図〕に注目し、試掘調査によって依網池所在の確証をおこなっている[12]。さらに日下雅義は「依羅池古図」、「大和川池中貫通見取図」の検討、小字名からの検証、微地形・表層地層の特徴によって依網池の具体的な位置の所在・形態について実証している[13]。山崎の史的研究、森村の発掘関係の資料、日下の古環境の復原という地理的手法によって、依網池の姿態が浮き彫りにされることになった。

森浩一は、依網池の一部は現存する[14]が、本来の範囲が未確認であると同時に、一七世紀に狭山池の給水範囲であり、依網池の機能の研究が未着手であることを指摘している[15]。依網池の大きさについて、山崎は一〇万余坪（三三

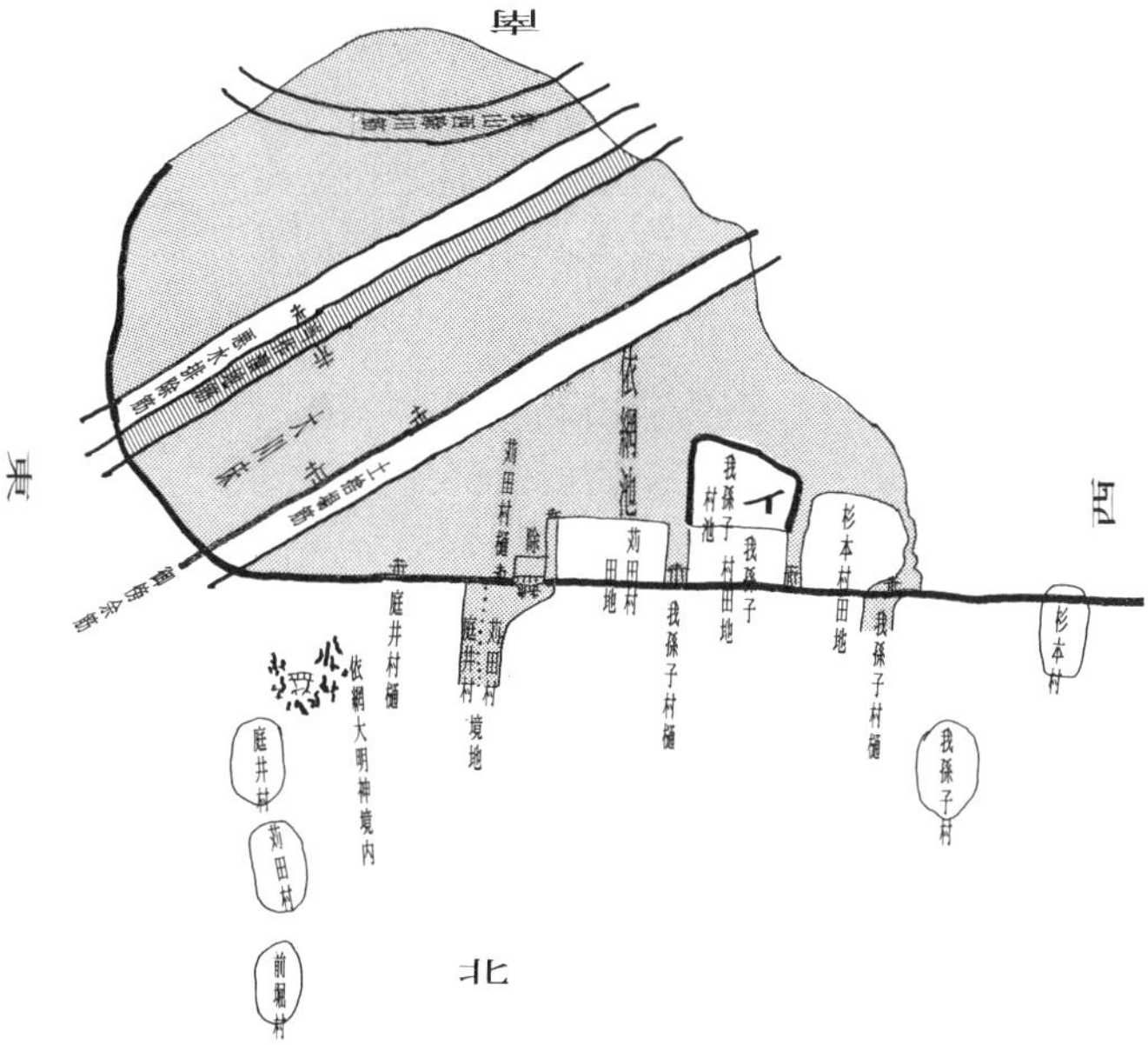

第2－2図　寺田家：大和川池中貫通見取図(トレース図)

資料：寺田家所蔵絵図〔作成年不詳、宝永元年(1704)大和川付け替え直後期〕。

注）図中記号イについては、本文第五節「依網池の灌漑区域」の4.「我孫子村の灌漑特質」を参照。

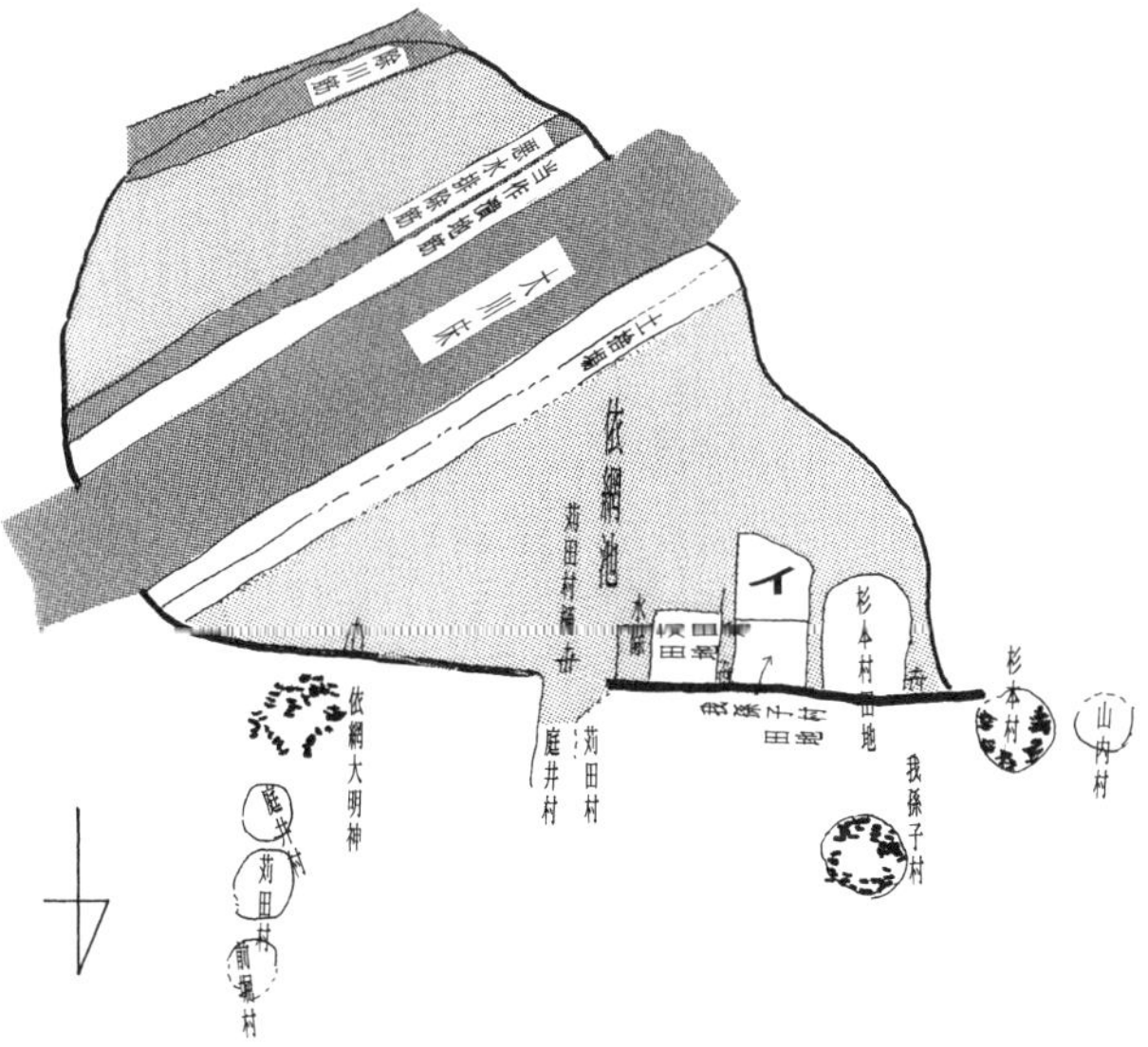

第2－3図　大依羅神社:大和川池中貫通見取図(トレース図)

資料：大依羅神社所蔵絵図〔作成年不詳、宝永元年（1704）大和川付け替え直後期〕。

注）図中記号イについては本文第五節「依網池の灌漑区域」の4.「我孫子村の灌漑特質」を参照

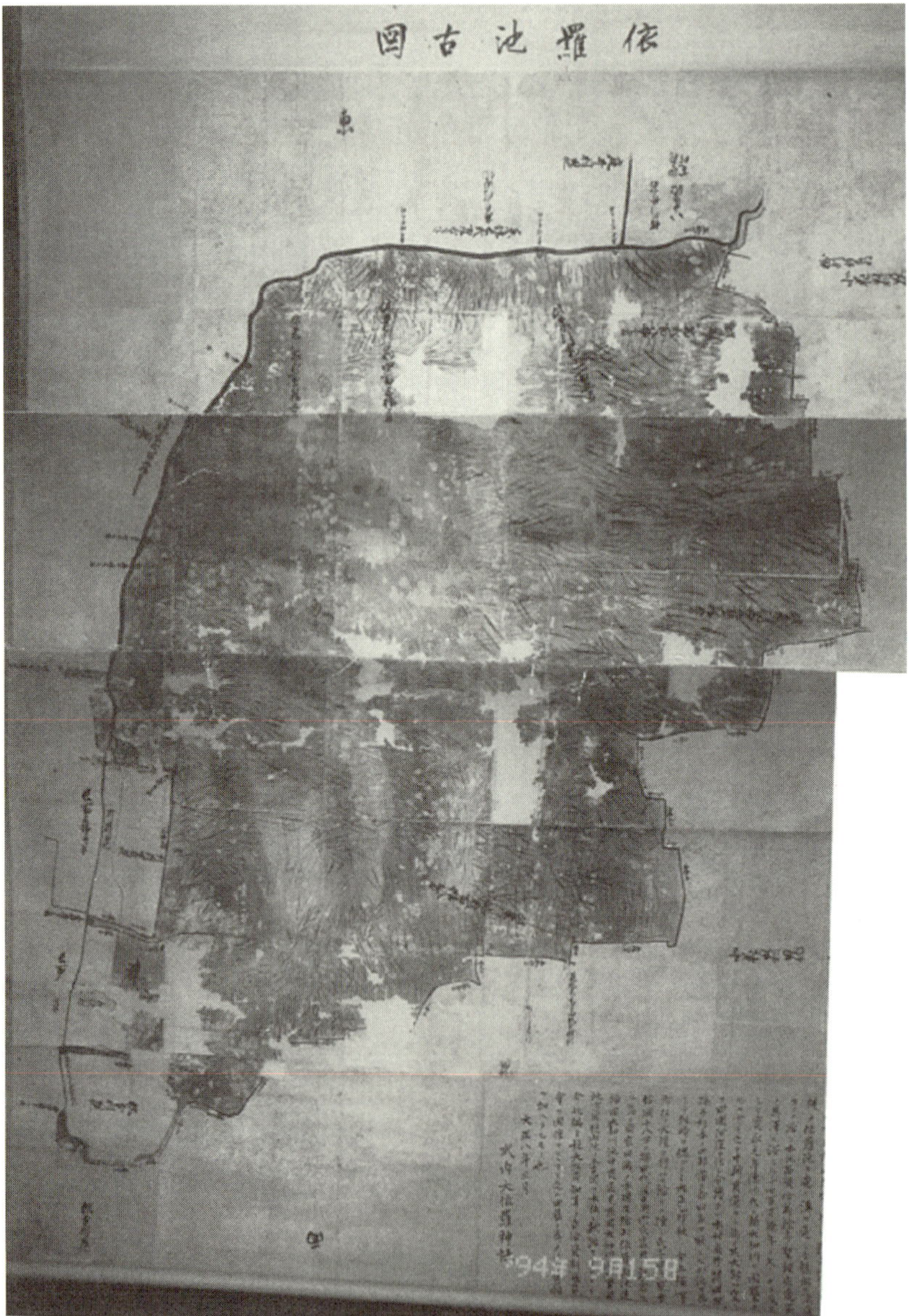

写真２－１　依羅池古図

資料：大依羅神社所蔵〔添書に伝･文明年間とあるが、慶長期以降、近世初期の作成＝第三節1･2〕

ha余）の大池、[16]森村はラグビーボールに類似した平面形で三五haに及ぶ池[17]としている。日下の研究により、近世初期の依網池の範囲はほぼ解明されたものの、池敷総面積約六〇ha、水面面積約三〇haとしているなど、[18]具体的な形態・規模になると、未だ確定されていない。

本稿では、こういったことに鑑み歴史地理学的研究方法に立脚して依網池の復原を試みる。過去のある時期を歴史的現在として把握し、対象の地表空間組織を復原し、歴史的変化の跡を辿ることは歴史地理学の手法によって分析される。[19]依網池のように研究対象の事物が完全に潰廃されている場合、いかなる史資料を用いようとも対象物の具体的な像を描くことができないためか、論点が定まりにくい傾向がみられる。それだけに過去の空間認識を再構築する歴史地理学の役割を応用せねば、史資料を生かし、それを高める分析はできない。依網池の環境復原と景観の変遷を辿る時、現在から依網池をみつめ、再び現在に戻ることによって、依網池研究の視点が把握できる。その方法として、現在から過去へ向かう遡及的分析（歴史地理学における地理的方法）、そして古い過去から歴史的現在へと順を追っていく継時的・正叙的分析（歴史地理学における歴史的方法）が用いられる。[20]

「依羅池古図」（大依羅神社（大阪市住吉区庭井：桜谷吉史氏）所蔵、写真2－1、第2－4図：トレース図）、「依網池往古之図」（大阪市住吉区苅田：寺田孝重氏所蔵、写真2－2、第2－5図：トレース図）が、依網池の全体を描いた近世初期の絵図として現存するため、遡及的方法によって両絵図の分析をもとに、陸地測量部・明治二〇年（一八八七）製版二万分の一図などの各図と比定し、①依網池の近世初期の堤線・池岸線の確定作業をおこなう。これによって、②近世初期の依網池の規模を明らかにし、当時の灌漑機能を考察する。そして、③土地条件をみることによって、依網池の集水・取水事情から狭山池水下地域に組み込まれた狭山池用水との関係をとらえる。さらに、④「依羅池古図」、大和川付け替え前後期の各村絵図の判読により、依網池の水懸かりと、その灌漑事情を検討する。

本稿では、「依羅池古図」をはじめ、各種関係絵図の作成背景や記載内容の詳細な判読作業に重点を置く。近世

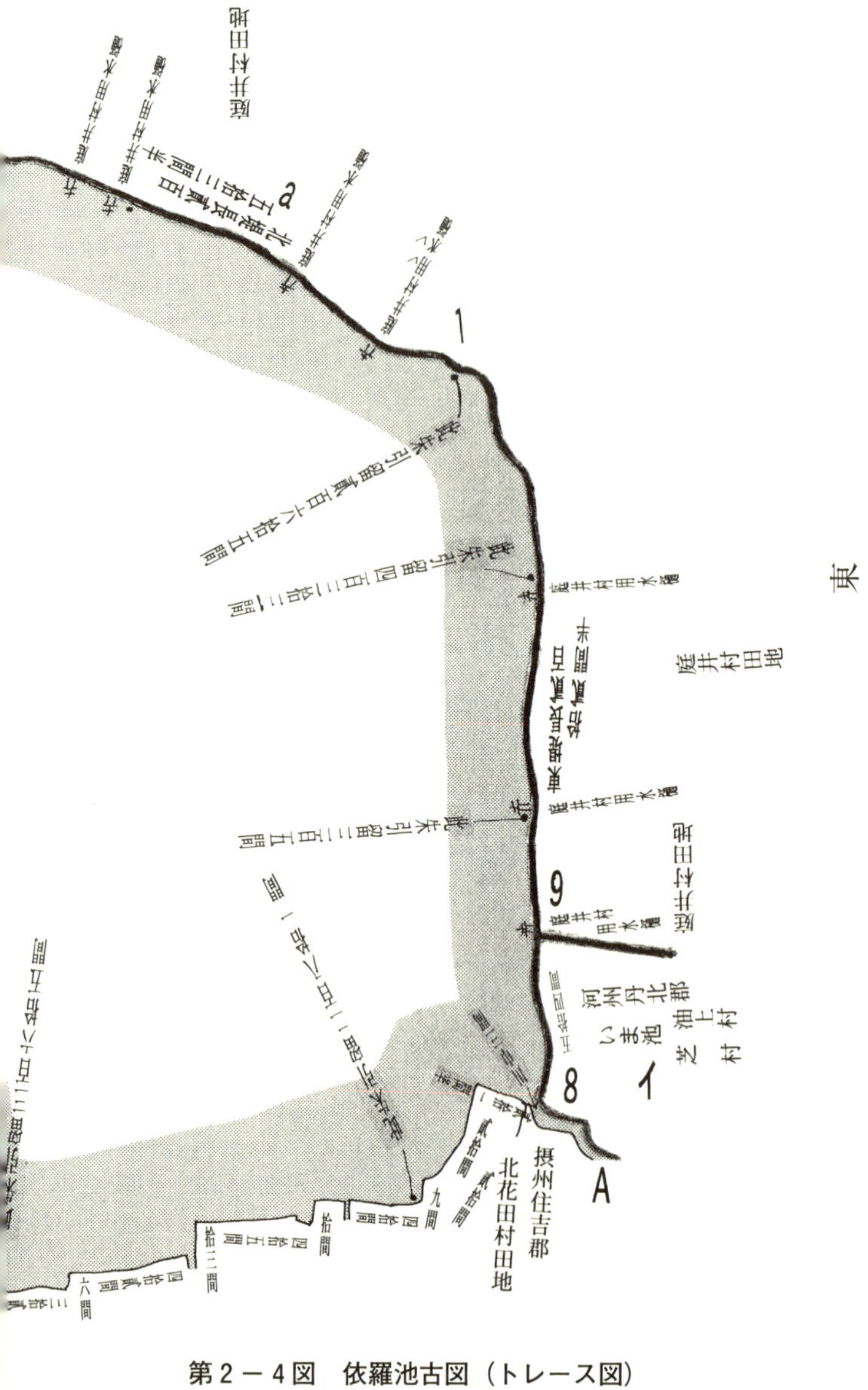

第2－4図　依羅池古図（トレース図）

：大依羅神社所蔵絵図〔伝・文明年間であるが、慶長期以降、近世初期の作成〕。

各記号については、本文を参照。✓印は剥落部、一部「依網池往古之図」などを類推して補記入。

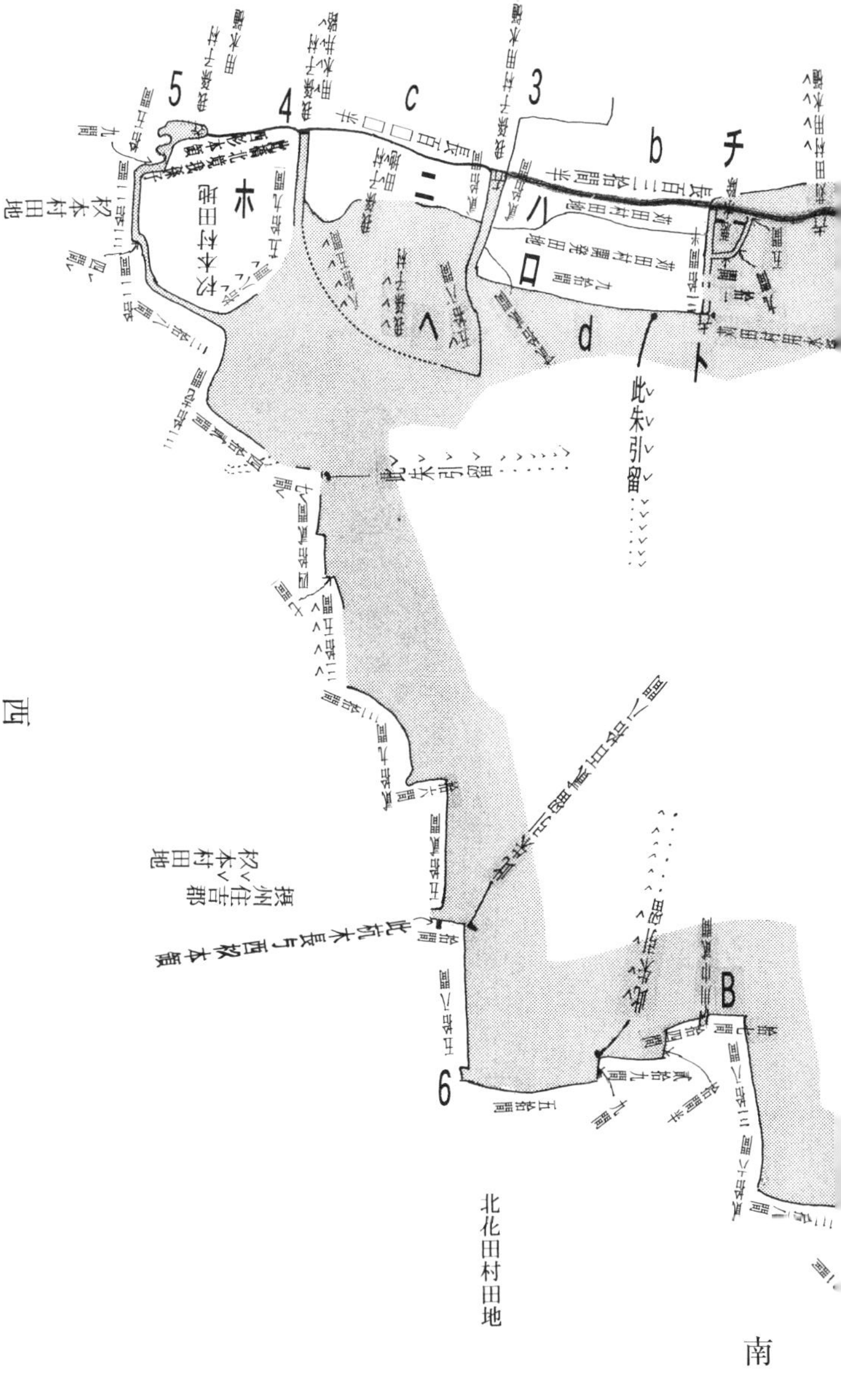

杉本村田地
西
摂州住吉郡
杉本村田地
北化田村田地
南

初期での依網池の具体的な全体像をとらえることにより、これをもとに古代における段丘面の乏水地域での、日本最古の溜池築造による土地開発の史的意義の解明に関連づけていきたい。

第二節　依網池周辺の土地条件と開発

第2－1図は昭和二年（一九二七）から昭和四年（一九二九）の一万分の一の地形図によって（東南部については未作成のため、二万五千分の一図を応用して類推）、依網池とその灌漑地域周辺の等高線と水系を中心に抽出したものである。これによると依網池の位置するところは、一〇mの等高線が北方向と東北方向に延びていることがとらえられる。自然流水は丁度、この二つの一〇mの等高線の間を行基池〔第2－1図A〕方向に流下し、庭井村〔第2－1図ア〕と苅田村〔第2－1図イ〕は依網池の直接の灌漑域にあたる。第2－6図に示した土地条件図によれば、依網池は中位段丘と氾濫原の境界部に位置し、第2－1図でほぼ北方向へ延びる一〇mの等高線のところが、この境界部とほぼ一致する〔第2－1図、第2－6図〕。

依網池を築造することによって、自然流下の方向である庭井村と苅田村方面への水利安定はもとより、北へ延びる一〇mの等高線の西側方向である中位段丘面へ灌漑することにより、その周辺を新たに開発した状況を推察することができる。依網池の位置は半島状をなす上町台地南辺の基部の西側にあたり、南側及び東側は第2－6図より判断できるように、狭山池〔第2－6図1〕を頂点とする西除川〔第2－6図N〕により形成された、緩扇状地面をなす地形の西北辺部にあたる。依網池周辺は低位のところで八m程度、高位のところで一三m程度、高低差五m程の平地であり、高さ一〇mのところに築造された水深の浅い溜池であったことがわかる。

依網池の築造については、『日本書紀』推古十五年条での依網池を造ったとする記事に依拠して、七世紀初頭の

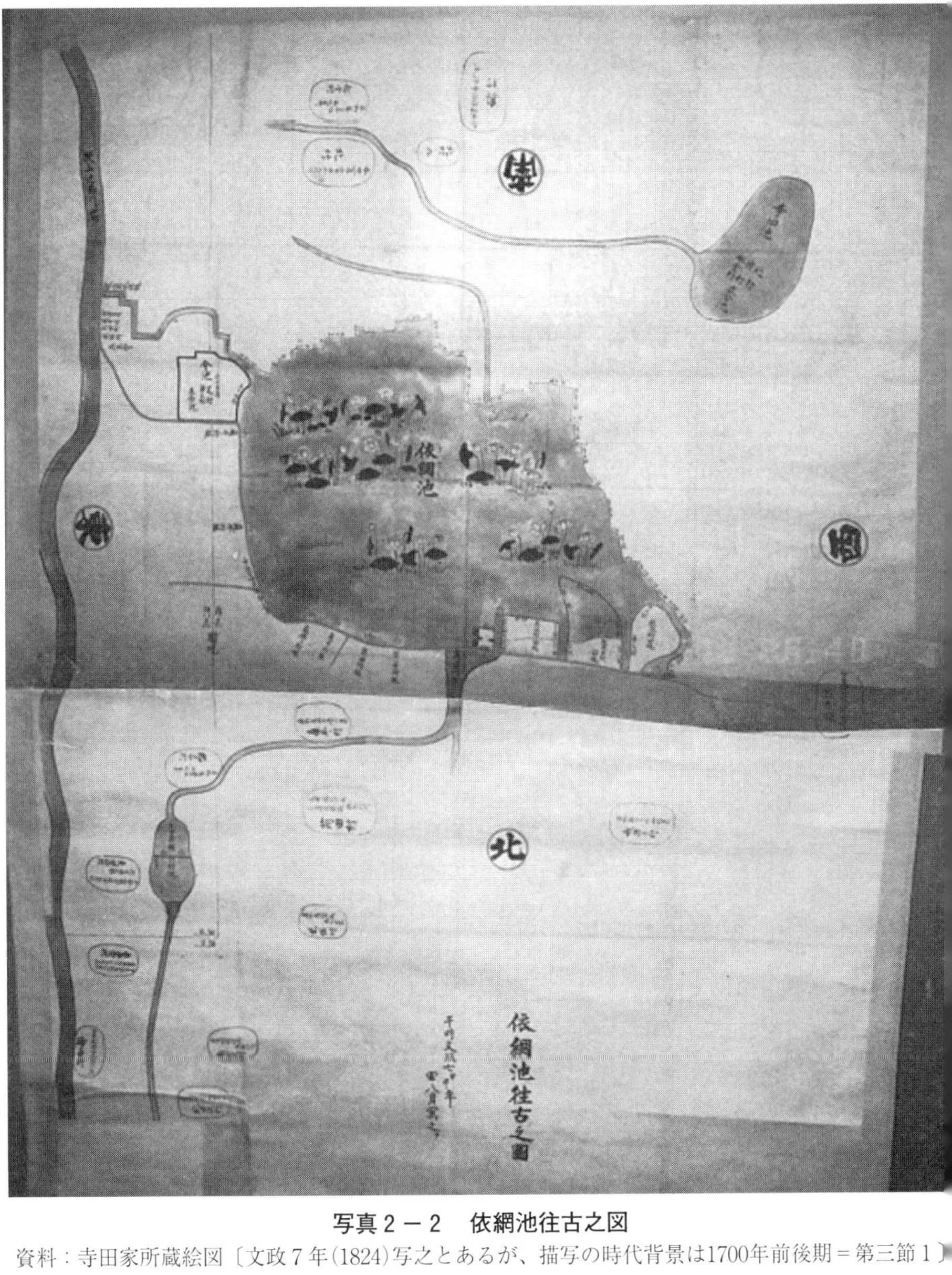

写真２－２　依網池往古之図

資料：寺田家所蔵絵図〔文政７年(1824)写之とあるが、描写の時代背景は1700年前後期＝第三節１〕

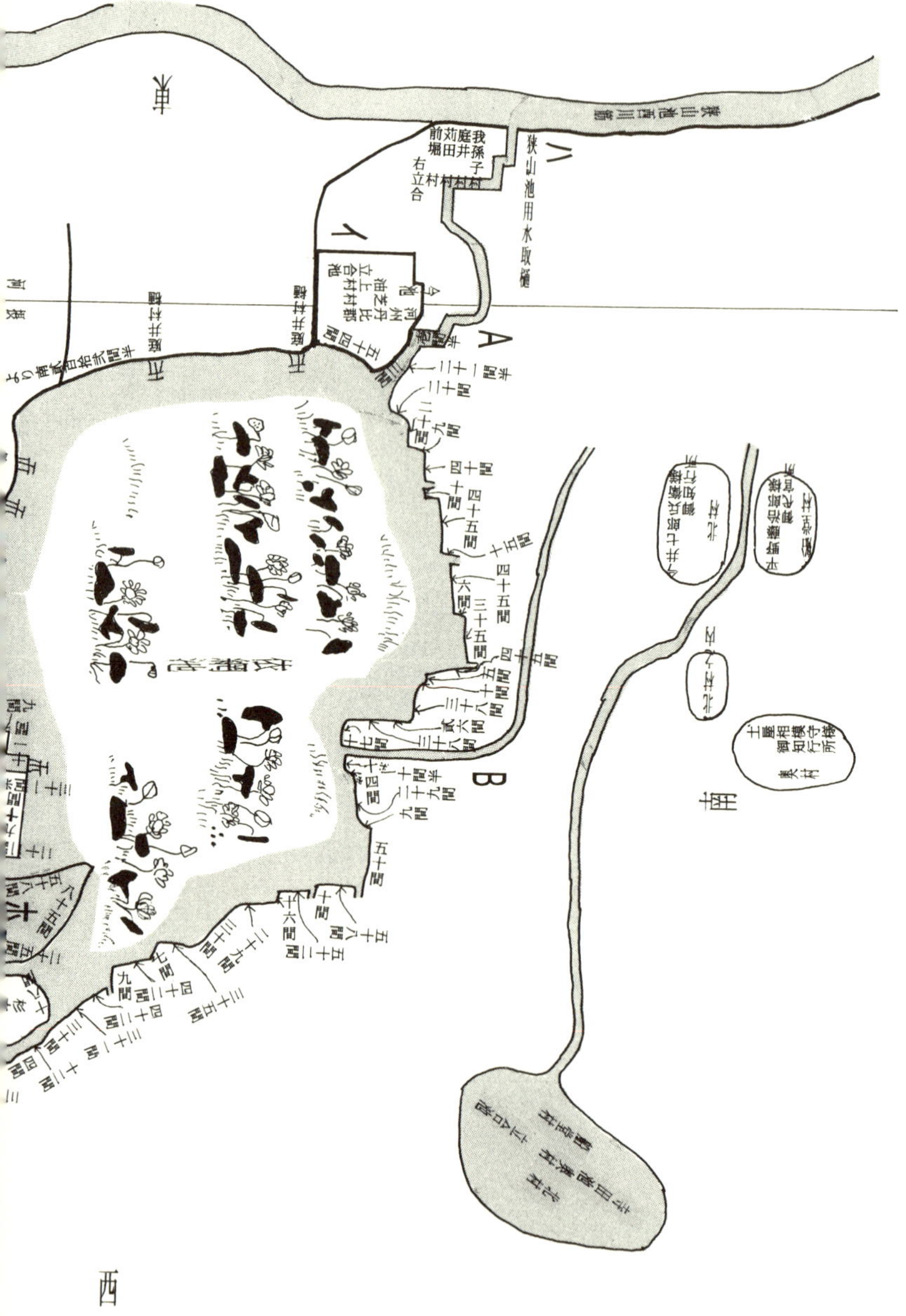
狭山池用水取樋
西

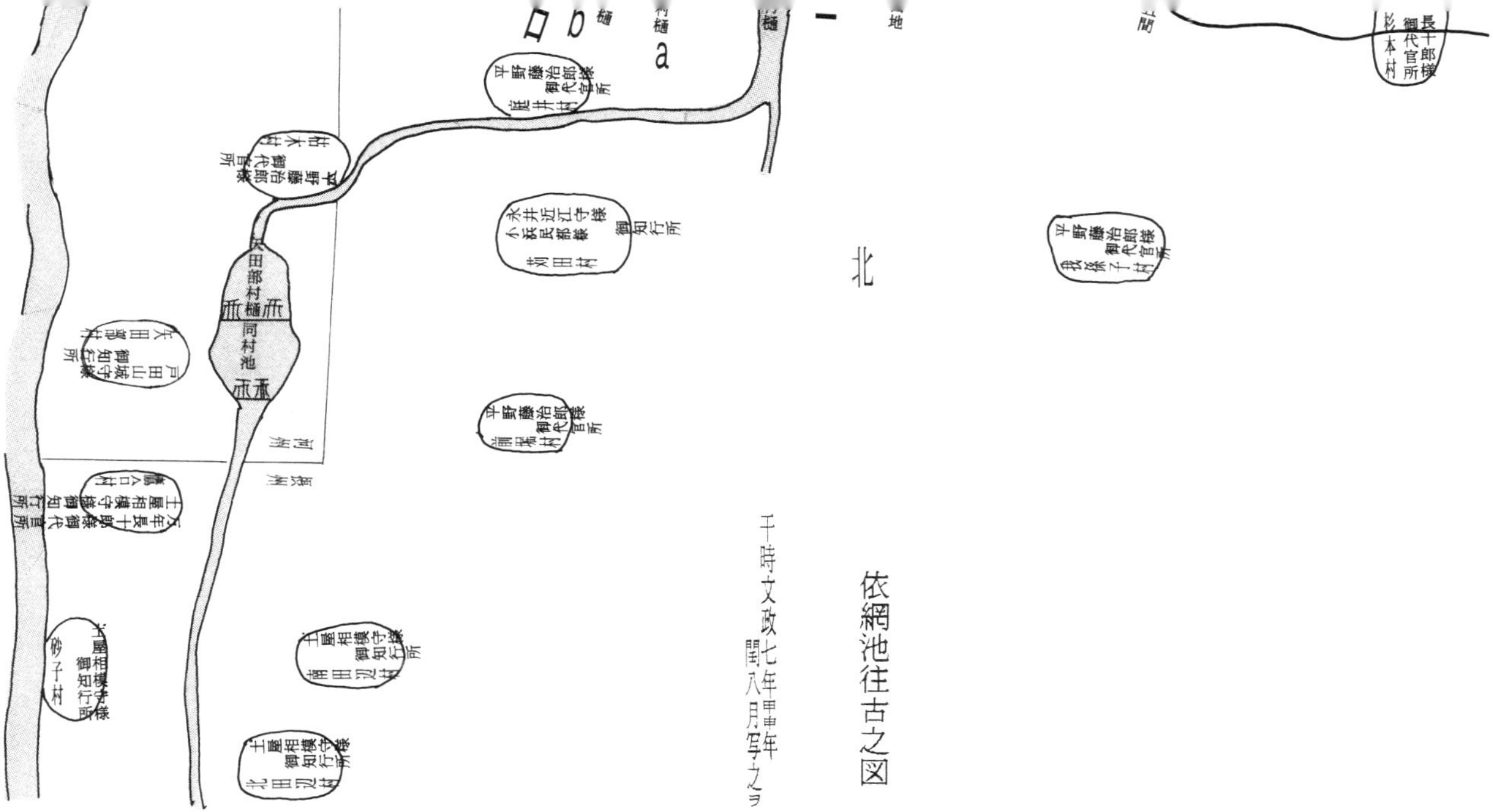

第２－５図　依網池往古之図（トレース図）

資料：寺田家所蔵絵図〔文政７年（1824）写、原図の描写背景は1700年前後期〕。
注）各記号については、本文を参照。

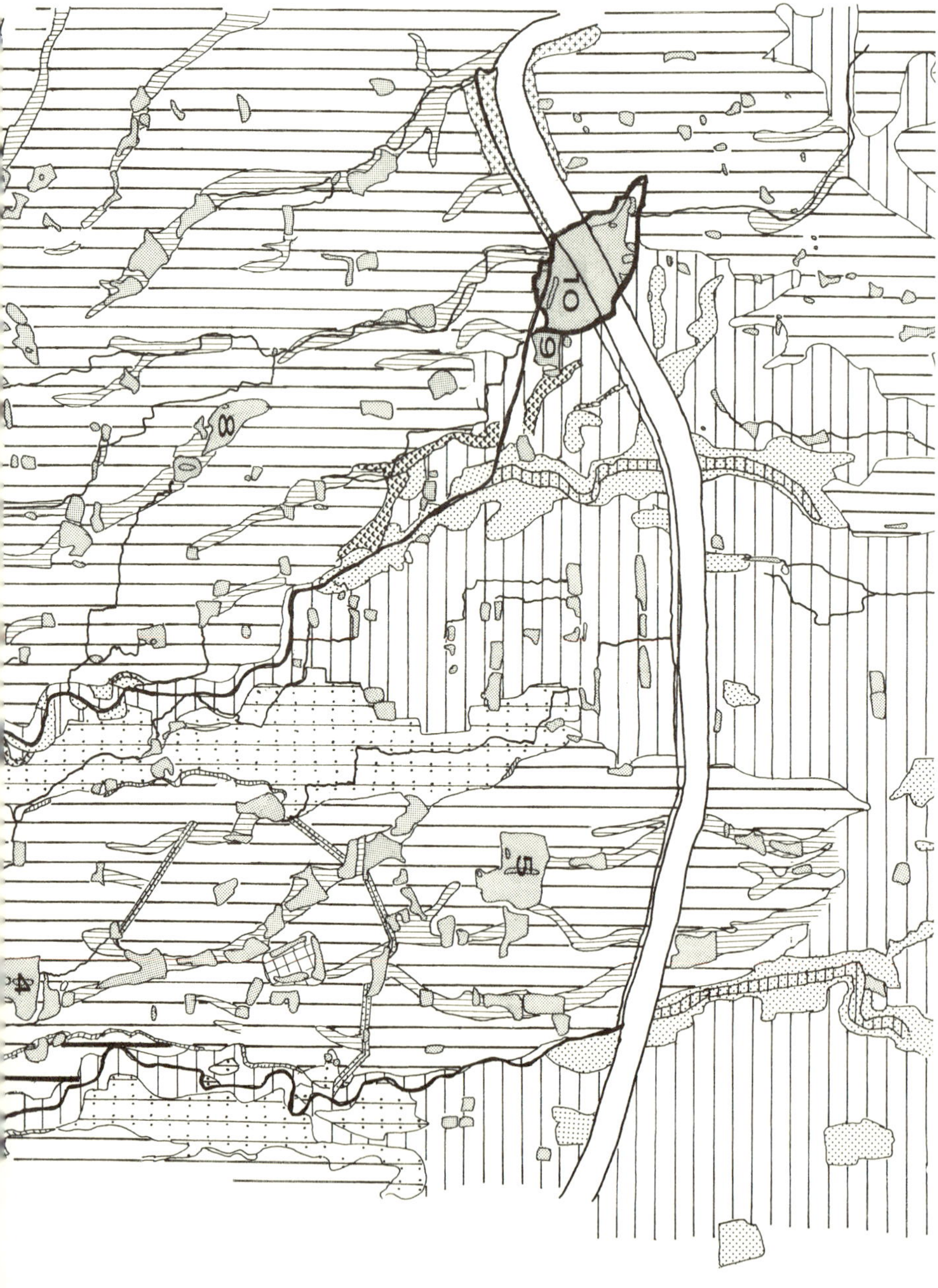
10
9
8
5
4

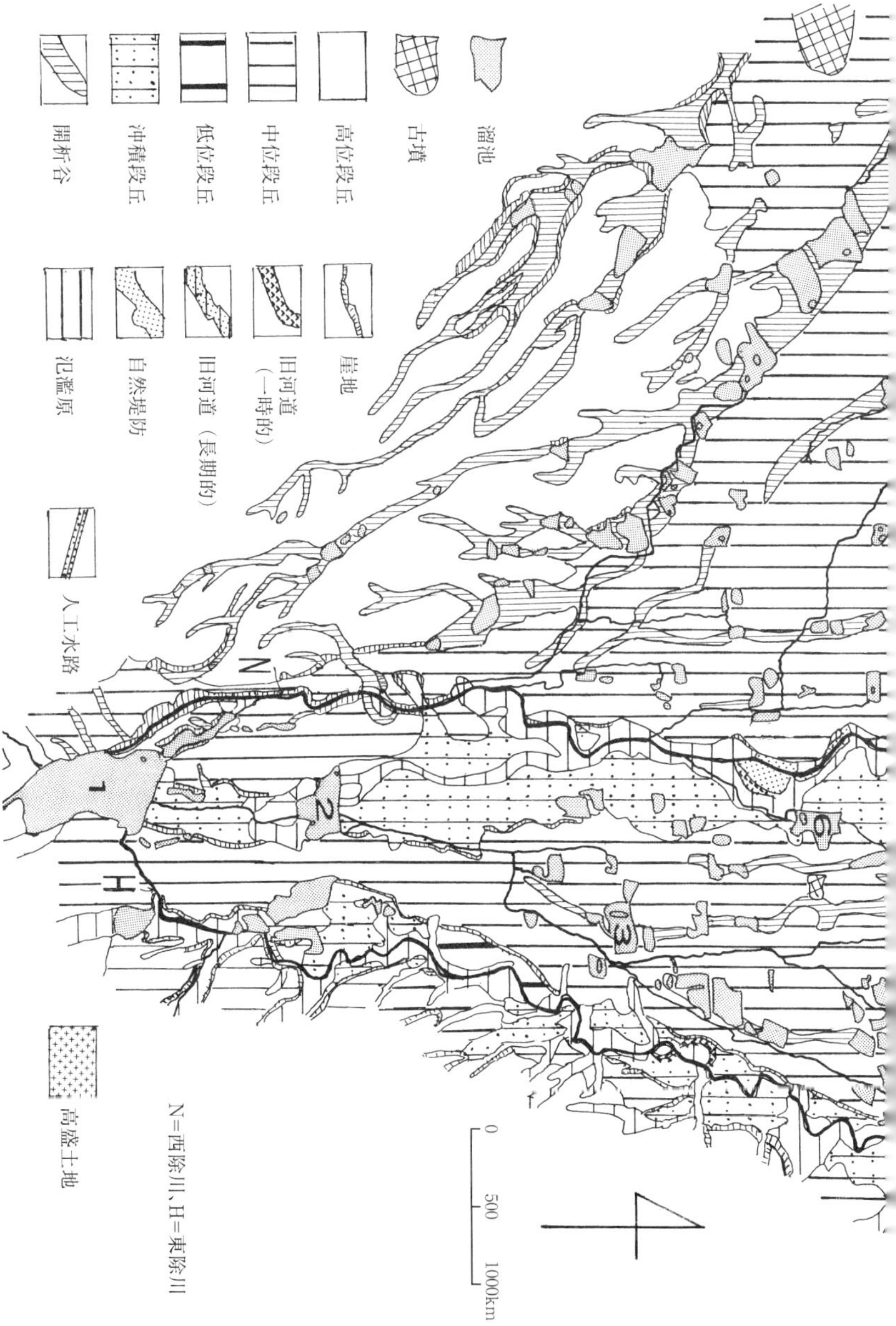

第２－６図　依網池・狭山池水下地域周辺土地条件図

資料：国土地理院１：25,000大阪東南部土地条件図〔1983年印刷〕をもとに作成。
注）溜池番号１～10は、第２－１表を参照。

築造を妥当とする見方がある[21]。しかし、山崎は『日本書紀』仁徳四十三年九月条の依網屯倉阿弭古《あびこ》捕異鳥の記事から、四～五世紀の古墳時代前期に阿弭古と称する氏族が皇室と深い関係をもって繁栄したものと推定し、依網屯倉がこの時期に池溝の開削によって営まれていたことをとらえている[22]。同様に亀田隆之も五世紀初頭頃に屯倉と用水池とは相前後してできあがったのであろうとし[23]、服部昌之と上田宏範は依網屯倉の設置、有力豪族阿弭古の居住地との関係から、五世紀前半の仁徳朝期に造られた可能性が高いとしている[24]。日下は狭山池より早い時期に築造され、河内・和泉地方の高燥な段丘面の開発がはじまる時期に、ほぼ一致する五世紀中葉前後と考えられるとしている[25]。これらの研究から、依網池の築造時期について、五世紀初頭説が定着しているといえる。

狭山池のように開析谷を堰止めたアースダム形式の堤体と比べ、長堤であるものの、地形の関係から堤体高は低く、技術的には依網池の築堤の方が容易であったこと、狭山池水下地域では、松原市周辺の弥生遺跡の分布状況から下流域の開墾が早くよりみられたと考えられ[26]、依網池周辺にも弥生前期から古墳時代にかけての拠点的な集落遺跡である山之内遺跡[27]〔第2－1図Ⅱ〕をはじめ、今池遺跡[28]〔第2－1図Ⅲ〕、北花田遺跡[29]〔第2－1図Ⅳ〕、大和川・今池遺跡[30]〔第2－1図Ⅰ〕などが分布することから、狭山池の築造（六二〇年前後）より古いとみるのが妥当であろう。

地形型の状況から依網池の灌漑域は、大きく北東側の氾濫原と、北西側の中位段丘面に区分されることから、当初、築堤が一〇ｍの等高線を結んだ形でおこなわれ、氾濫原の灌漑にとどまっていたと考えられる。その後、さらに堤体を南と西に延長することにより依網池の規模を拡大し、東堤体の東側及び北堤の北側の中位段丘面の灌漑に及んだ、二乃至三段階築堤説をとることが可能である。このことは『日本書紀』で、依網池の築造の記事が崇神天皇六十二年十月条と推古天皇十五年冬条に、『古事記』では崇神天皇条と仁徳天皇条にみられることから、二・三段階築堤説を裏付ける根拠ともなりうる。こうみた場合、依網池の灌漑用水は、当初、氾濫原に供給され、次いで中位段丘面に拡大したことになる。近世期初頭の依網池の規模・形態を、そのまま古代依網池に描写することはできないにしても、こういったことから、五～六世紀頃には依網池の用水によって、上町台地南辺部である我孫子台地周辺の開墾が進んでいったことが想定される。

第三節　依網池の復原と確定

1．池岸線と堤線の確定

「依羅池古図」は、大正八年（一九一九）に他の水利絵図とともに、前堀村（第2－1図ウ）の田代家が大依羅神社へ寄贈したもので、その経緯を述べた添え書きには、伝・文明年間（一四六九～一四八七）とある。原図はところどころ剝落しているため、記載文字・数値をすべて判読することができない。北堤と東堤にはそれぞれの長間尺値、南・西池岸線は屈曲に応じて間尺値が記入されている。池中は青系で彩色され、その中に蓮と葦のようなものが中央部を除き、ほぼ全面に描かれる。かなり細微にわたり、依網池の大きさをとらえようとする配慮がうかがえる（写真2―1）。

「依網池往古之図」は文政七年（一八二四）写とあり、光竜寺川からの取水井路、狭山池西除川筋からの取水井路、矢田部村池へ流出する除筋井路など、依網池を中心に周辺部が描かれ、池岸線の屈曲に応じ間尺値が記入されている。池溝は水色系で彩色され、依網池の池中には蓮が大きく描かれている（写真2－2）。さらに藩政村名とともに、知行領主・代官名が示され、それぞれの領した年代は、ある一定の時期に完全に重ならず、村落によっては遡って知行領主・代官名を記したものと考えられる。記載された知行領主・代官の領した年代は、一六八〇年代から大和川付け替え（一七〇四年）の前後期までであることから、「依網池往古之図」に描かれた背景の時期は、一六

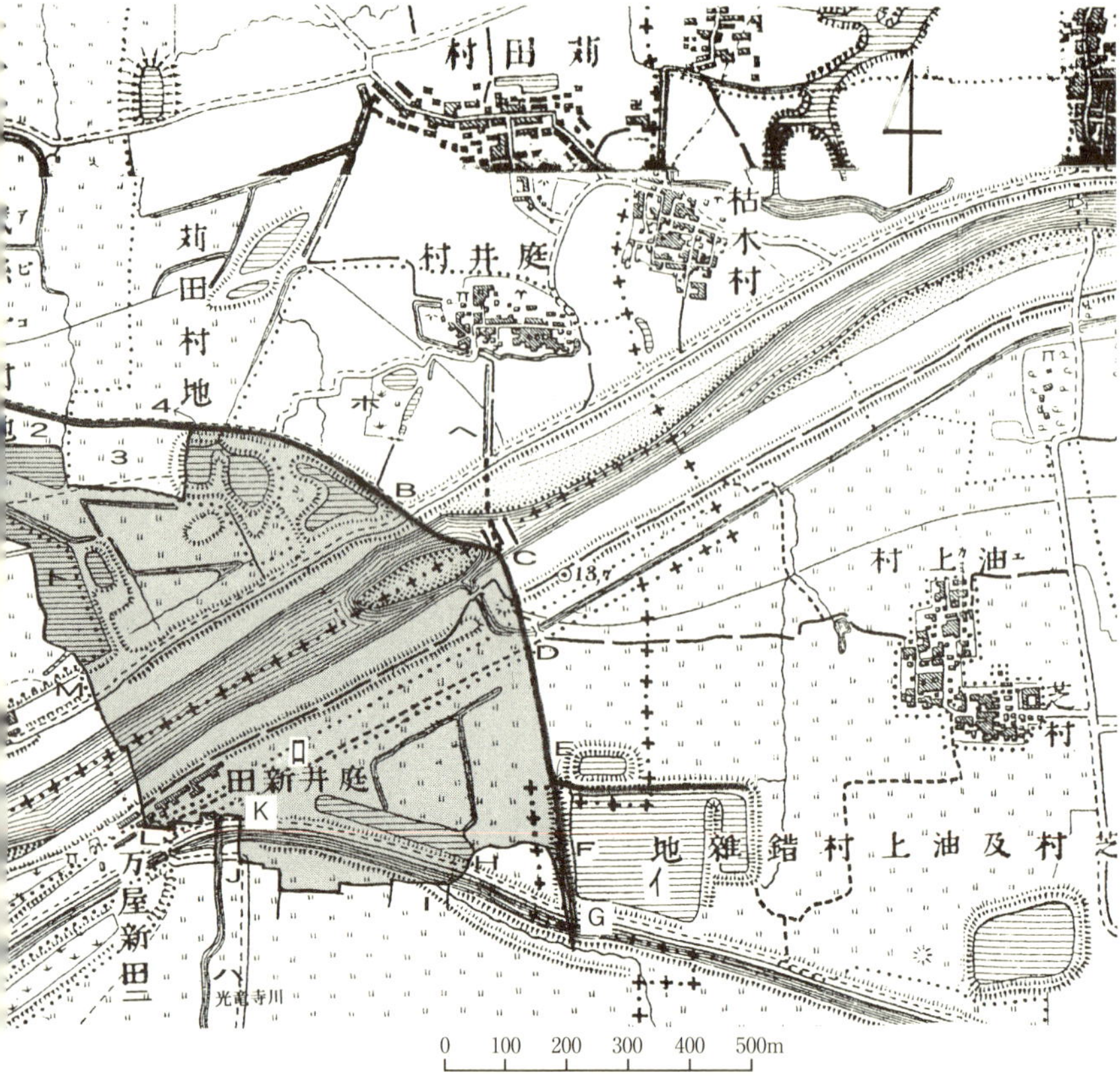

第２－７図　依網池池岸線・堤線確定図

資料：陸地測量部１：20,000仮製図〔金田村図・1887年、天王寺村図・1886年〕をもとに作成。

注）各記号については、本文第三節「依網池の復原と確定」の１.「池岸線と堤線の確定」を中心に参照。

九〇年代中頃から一七〇〇年前後とみなされる。(31)

南・西池岸の地形の屈曲した部分をはじめ、誤記載と思われるものが幾つかみられるものの、両絵図の間尺値はほぼ一致し、(32)池の形状も類似していることから、細微に描かれた「依羅池古図」をもとにして、依網池を中心とする周辺の流域に及んだ「依網池往古之図」を描いたものとみられる。(33)「依羅池古図」の場合、添え書きに作図は伝・文明年間（一四六九〜一四八七）とあるものの、測量はかなり細微におこなわれていること〔第三節2〕、「依網池往古之図」では、狭山池用水との関連を強調しており、この地域一帯の水利体系は慶長一三年（一六〇八）に、狭山池が大改修され水利再編がなされている(34)ことと考え合わせ、慶長期以降、状況によっては宝永元年（一七〇四）の大和川付け替えのため、そのほとんどが原形をとどめず廃池されることから、この期に池の周囲を測量し、形態を後世に示しておく必要性から、描かれたものではないかとも推察される。

両絵図をもとに、陸地測量部：明治二〇年（一八八七）製版の二万分の一図と比定することにより、池岸線を確定することが可能となる。依網池内北西部の開田化されたとみられる水田地(35)〔第2－7図1・2・3〕、北堤線〔第2－7図A－B〕と西池岸線〔第2－7図A－L〕の北の部分〔第2－7図A－M〕は、「依羅池古図」・「依網池往古之図」に描かれた、そのままの形で認めることができる。東側は芝・油上村〔現松原市〕立合の今池〔第2－7図イ〕が第2－4・5図イに描かれ、同池の西堤線〔第2－7図E－F〕と一致し、これより北に徒小径道が延びていることから〔第2－7図D－Eの部分〕、これが依網池の北寄りの東堤体跡と推定され、東堤線〔第2－7図D－F〕の部分が明らかとなる。

南池岸線については、寺田家所蔵絵図のなかに、狭山池西除川筋の流路変更にともなう新井堰の設置や、依網池床開田にともなう用水井路の設置をめぐって、その状況を図示した享保九年（一七二四）の「庭井村・北花田村・船堂村・奥村争論噯絵図」〔第2－8図：トレース図〕が残されている。この絵図は大和川貫通により分断された南側の、池跡の領分をめぐる唯一の絵図である。それには依網池南側の池床の新田開発、及び古田地の所有権村落区分が示されている。この絵図には、流路変更によって西流に付け替えられた狭山池西除川筋の南側に庭井新田が描かれ〔第2－8図B〕、ここが依網池の最南限であったとみられる。この部分を、土地区画整理事業以前の堺市全図〔昭和四〇年（一九六五）・一万分の一図、第2－9図〕と照合すると、南池岸線が明瞭に浮かびあがってくるのである〔第2－9図I－J〕。さらに西除川の井堰より内沓池〔第2－8図F〕へ取水する和談井路の南側が、北花田村川越八ケ所田地〔第2－8図A〕となっており、古田地であったことがとらえられる。ここはもともと池中であったが、依網池が狭山池西除川筋より取水していた三間幅の井路〔第2－4・5図A〕により、長年の間に土砂が堆積し、北花田村川越八ケ所田地として古くより開発された土地であると考えられる。この和談井路のところが狭山池用水の取水井路で、依網池との境界部であったとみなすことができる〔第2－7図F－G－H〕。

次に、付け替えられた西除川の河床部、光竜寺川〔第2－7図ハ〕流入部、大和川河床部〔西池岸線南部分と北堤東部分〕の位置にあたる池岸線をとらえねばならない。西除川の河床部は、距離も短く「依羅池古図」・「依網池往古之図」を類推することにより、第2－7図H－Iのように結ばれる。光竜寺川は小流であるが、依網池築造との

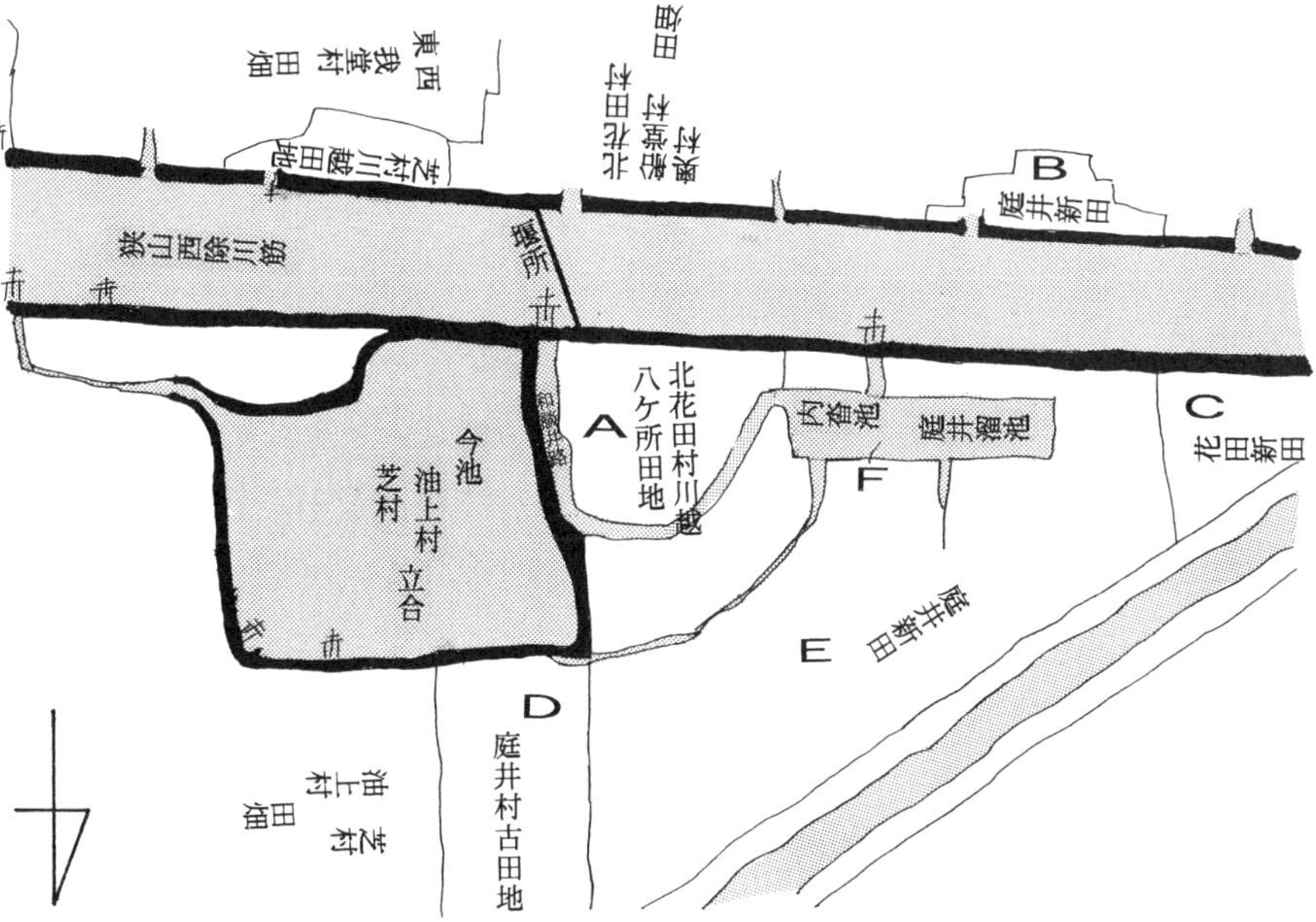

第２－８図　庭井村・北花田村・船堂村・奥村争論嗳絵図（トレース図）

資料：寺田家所蔵絵図〔享保９年（1724)〕。

注）各記号については、本文第三節「依網池の復原と確定」の　1.「池岸線と堤線の確定」を中心に参照。

関わりが最も強い自然河川である。第２－４・５図Ｂの光竜寺川河口部が池中に張りだしていることから、長い年月を経て土砂の堆積が相当量に及び、沖積地が形成されていった状況をとらえることができる。大和川付け替え後、南側の約五町歩余りは地代金を徴して、新田開発願人に払い下げられている[36]。そのうち花田新田[37]〔第２－８図Ｃ〕は、光竜寺川河口部北側の依網池床を開発したもので、第２－７図Ｊの北方向への延長部がその東限にあたり〔第２－７図Ｊ－Ｋ〕、南限は付け替えられた西除川辺りまで及んだことが、「庭井村・北花田村・船堂村・奥村争論嗳絵図」よりとらえられることができる。西除川が屈曲して大和川と平行に流下しているが、その屈曲あたりの地点まで依網池の池岸線が及んでいたものとみなされる〔第２－７図Ｋ－Ｌ〕。

大和川南側の依網池床の主要部を開発して生まれたのが庭井新田[38]〔第２－８図Ｅ〕であ

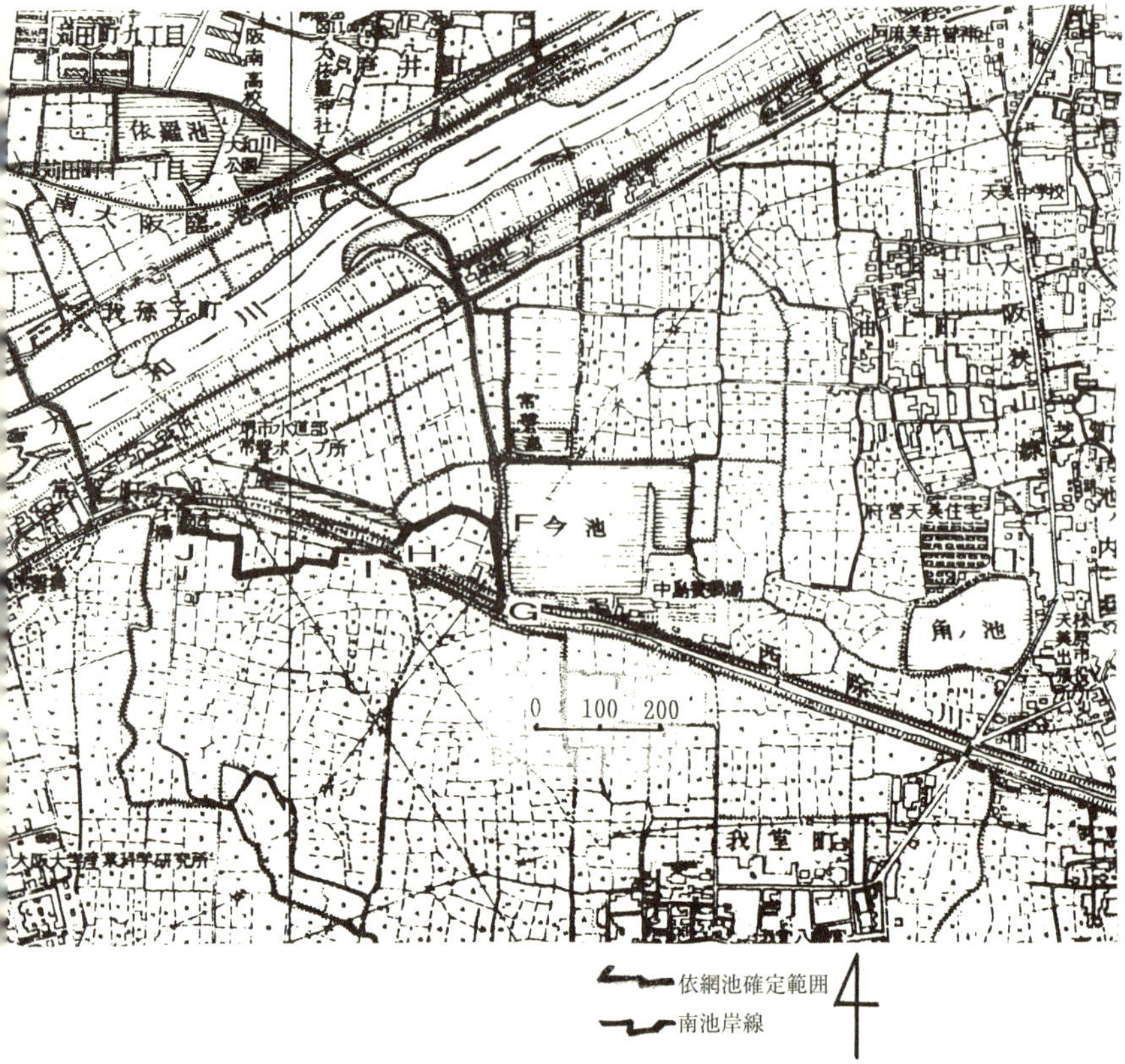

第２－９図　依網池南池岸線確定図

資料：国際航業株式会社調製、大阪府企業局発行、堺市全図１：10,000〔1965年〕をもとに作成。

注）各記号については、本文第三節「依網池の復原と確定」の　1.「池岸線と堤線の確定」を中心に参照。

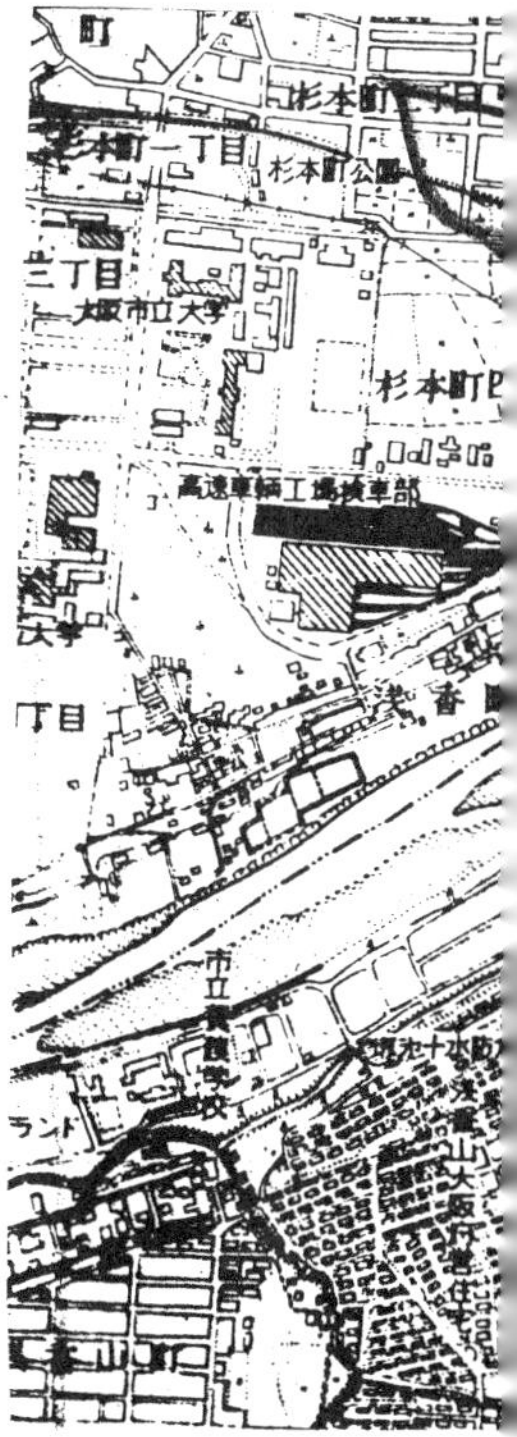

る。庭井新田の集落〔第2－7図ロ〕は、花田新田の北側の大和川の堤に沿って立地しているため、池岸線内に含まれるが、享保七年（一七二二）に開発された万屋新田[39]の集落〔第2－7図ニ〕は、庭井新田の集落の西隣、浅香丘陵寄りに立地していることから、池岸線はここまで及ばなかったものとみられる。大和川河床部の池岸線については、西池岸線南部分は「依羅池古図」・「依網池往古之図」を類推し、第2－7図L～Mを結んだところに、北東堤線の部分は第2－7図Bと第2－7図Dの延伸、そして、その交点にあたる第2－7図Cは北寄りに幾分か張りだし、庭井村へ通ずる農道〔第2－7図ヘ〕が延びていたと判断される。

依網池の南池岸線については、「寺田家：大和川池中貫通見取図」〔第2－2図〕は西除川を越えて描かれているが、「大依羅神社：大和川池中貫通見取図」〔第2－3図〕では、西除川までにとどめられている。南池岸線の部分は、水位が少し低下しただけで、池床がたえず露呈したために、違った描き方になったものと考えられる。[40]日下は、依網池の南限を微地形の特徴から、西除川の南までに広がっていた可能性があるとしていたが、南限のどのあたりまでに池岸線が及んでいたのか、その確証を把握することができていなかった。[41]それが「庭井村・北花田村・船堂村・奥村争論曖絵図」によって、ほぼ確定することができたのである。近世初期の依網池の池岸線については、第2－7図に示した範囲を想定することができるのである。それは、日下が推定した池岸線より、幾分かコンパクトにおさまるものとみられる。

2．「依羅池古図」の精測性

「依羅池古図」に記載の間尺値について、依網池を確定した第2－7図、及びそれをもとに作成した第2－9・10図をもとに照合してみたい。この作業を通して「依羅池古図」の測量値の精度が確認される。

第2－4図ロの苅田村開発田地と依網池の境が「九拾間」と記載されている〔第2－4図d〕。第2－7図の概要計算によると、この間の距離は約一七〇mにあたる。この「九拾間」は太閤検地で使用の間竿の基準である一間＝六尺三寸の場合一七一・八m、延宝検地で使用した一間＝六尺一分では一六三・九mとなる。北堤と東堤の分岐点第2－4図1と、苅田村用水樋第2－4図2とみなされる距離が、「北堤長貳百五拾三間半」とあるが〔第2－4図a〕、第2－7図C点を起点とする苅田村用水樋〔第2－7図4〕までが約四七〇mで、「貳百五拾三間半」は太閤検地で四八三・九m、延宝検地で四六一・六mとなる。何れの間竿によって測量されたのか判断は尽きかねるが、こういった結果から「依羅池古図」の間尺値は直線的な距離では、ほぼ正確に計られているものとみなすことができる。

第2－4図記載の「此朱引留……」「北堤長……」「東堤長……」の間尺値は、剝落している箇所がみられるため、どの位置からの計測値であるのか、特に此朱引留記載の間尺値の場合、それらを判断することはできない。しかし、総合しておよその周程を把握することは可能である。それは第2－4図1から5の北堤は、3から5の部分が「長百□□半」とあり〔第2－4図c〕、判読できない部分がみられるものの、北堤2から3の部分が「長百三拾間半」とあり〔第2－4図b〕、3から5は2から3の部分より若干短いことから長百拾間半とみなし、北堤の1から2の「長貳百五拾三間半」を加え、北堤の総長は四九四・五間となる。東堤1から今池〔第2－4図イ〕の北堤〔第2－4図9〕まで「長貳百拾貳間半」とあり、堤体の総長は七〇七間、太閤検地での間竿を基準とすれば一、三四九・六m、延宝検地では一、二八七・五mである。但し、依網池と今池の境の堤は含まれておらず、第2－4図に「五拾四間」とあることから〔第2－4図8～9〕、これを加えると七六一間、太閤検地での間竿で一、四五二・七m、延宝検地では一、三八五・八mとなり、第2－7・9・10図における概要計算では一、四〇〇m程度であるため、ほぼ一致するのである。第2－4図5から6までの西池岸線の総計値は四六九間、南池岸線の6から7の総計値は二八八間半、7から8の総計値は二六一間半で、これらの値を加えると、周程は一、七八〇間となり、太閤検地での間竿を基準とすれば三、三九七・八m、延宝検地では三、二四一・四mとなる。第2－7・9・10図では西・南池岸線の屈曲部分までとらえることは難しいが、その概要計算では三、二〇〇m程度の値がでるため、大きな齟齬はみられない。「依羅池古図」の添え書きには、伝・文明年間（一四六九～一四八七）の作図とあるものの〔第三節1〕、こういった精度の高さからみて、慶長期以降、近世初期に作成された測量絵図といえる。

3．規模と水深

「依羅池古図」の分析、及び復原作業によって確定した依網池の規模は、北・東堤体長約一、四〇〇m、周囲約三、三〇〇m、満水面積約四二万八、〇〇〇㎡程度となる〔第2－1表〕。

依網池は等高線一〇mの位置のところに築造され、周辺は高低差四～五m程度の平地であるため、堤高は二mから最高三m余りの低い堤体が[42]、第2－7図Cを分岐点にして西、さらに南方向へ長く延びていた〔第2－7図C－B－A、C－D－E〕。依網池の堤高は、位置する地形型からとらえ、北堤西側への延伸部分が低く、一〇mと一〇mの等高線を結ぶ北東堤〔第2－7図B－C－D〕が最も高かったものとみられる。依網池の東堤の南部分〔第2－4図9－8、第2－7図E－F〕は、今池〔第2－1図B、第2－4・5・7図イ〕の西堤と接しており、その堤体の一部は両池で共用した可能性が高い。今池の跡地は下水処理場として転用されているが、北と西側の堤体は残置されており〔写真2－4、写真は西側の堤体〕、堤高九尺（二・七三m）、平均水深五尺（一・五二m）という資料が残されている〔第2－1表〕。「庭井村・北花田村・船堂村・奥村争論曖絵図」に記載されている今池には、東側の池床を分ける中堤が描かれておらず〔第2－8図〕、潰廃される以前の今池には中堤があるものの〔第2－1・7・9図〕、基本的な形態は当時と大きく変わっていない。大阪市地形図二千五百分の一図〔昭和五九年（一九八四）修正測図〕でとらえた今池の西側（依網池からとらえて東側）の堤体幅は二〇m～二五mである。庭井村依網池〔第2－1図a〕が、大阪府立阪南高等学校のグラウンドに処分される以前に測量した一千二百五十分の一図が残されている(43)〔昭和四三年（一九六八）〕。これによると堤体部上に敷設された道路幅は約五m程度であるが、その基底部を含む堤体幅は一〇～一七m程度であり、今池と共用したと推定される堤体〔第2－7図E－F〕と比べ狭小である。このことを勘案するなら、依網池の堤体面積は約二万五、〇〇〇㎡程度と推計され、広大な池であったものの貯水量が少なく、それを受けとめる堤体は、狭山池と比べ小規模なものであったといえる〔第2－1表〕。

依網池が位置する周辺地域の高低差は小さく、「依羅池古図」には池中に蓮と葦のようなもの、「依網池往古之図」には蓮が描かれており、池中に群生する水生植物のまこも（真菰）(44)苅の権利をめぐって、苅田村と我孫子村が争い、慶長三年（一五九八）に仲裁された文書(45)がみられることから、全体的にかなり水深の浅い池であったことがわかる。庭井村依網池〔第2－1図a〕が埋め立てられることになった昭和四二年（一九六七）一月に調査した水深データーによると、その最水深は二・八一mである(46)。大阪市地形図二千五百分の一図に標高点が記され、それによると依網池床内では庭井新田として開発された南側池床部分の七・九mが最低位である〔第2－10図k＝悪水排除筋（落し堀筋）の位置にあたる。大和川川床部を除く〕。この地域の土地改変は著しく、こういったデーターをそのまま適用することはできないにしても、近世初期の依網池の水深を考える一つの判断基準となる。地形型からとらえ、古代依網池が築造される以前、最低位付近は光竜寺川〔第2－11図B〕や東南端方向〔第2－11図A〕からの自然流

第2－1表　狭山池水下地域の主要溜池機能比較

溜 池 名	面 積	貯 水 量	灌漑区域(受益面積)	備 考
1．狭山池 昭和大改修期以前	満水面積 394,042㎡ 堤体面積 52,185㎡ 計 446,227㎡	1,294,632㎥	12,374,092㎡へ親池としての配水	周囲 3,254m 本堤体長 809m※A 最水深 11.51m(南端0.45m)
昭和大改修期以後	満水面積 394,123㎡ 堤体面積 78,959㎡ 計 473,082㎡	1,786,584㎥	旧区域 12,434,587㎡ 新加入区域 14,700,425㎡ へ親池としての配水	周囲 2,927m 本堤体長 1,045m 堤高 18.18m※B 平均水深 10.61m※B
2．太満池 昭和大改修期以前	満水面積 96,403㎡ 堤体面積 14,884㎡ 計 111,287㎡	162,750㎥		狭山池東川筋は、太満池を経由して各村に配水。 周囲 1,673m
昭和大改修期以後	満水面積 101,369㎡ 堤体面積 15,769㎡ 計 117,138㎡	337,698㎥	南野田、北野田、阿弥 981,819㎡※B	周囲 1,364m 堤高 4.55m※B 平均水深 3.03m※B
3．船渡池	満水面積 86,212㎡ 堤体面積 13,147㎡ 計 99,359㎡	115,964㎥	黒山、阿弥 うつし池も含め 684,298㎡※D	堤高 3.64m※B 平均水深 1.82m※B
4．大座間池	満水面積 148,000㎡※F	230,000㎥※F	岡、新堂、立部	堤高 2.50m※G
5．大海池	満水面積 170,701㎡※E 堤体面積 14,985㎡※E 計 185,686㎡※E	140,000㎥※F	三宅 793,389㎡※B	堤高 1.21m※B 平均水深 0.91m※B
6．花田池	満水面積 61,560㎡ 堤体面積 .8,063㎡ 計 69,623㎡	124,513㎥	太井、大保、丹南、今井 446,281㎡※B	堤高 3.64m※B 平均水深 2.42m※B
7．長池	満水面積 89,798㎡ 堤体面積 12,771㎡ 計 102,569㎡	268,848㎥	金田(金岡) うつし池の九頭神池を含め 590,678㎡	堤高 5.15m※B 平均水深 1.82m※B
8．大泉池	満水面積 126,942㎡※B	600,000㎥※C	南花田 1,190,083㎡※B	堤高 6.06m※B 平均水深 4.85m※B
9．今池	満水面積 40,000㎡※F 堤体面積 6,000㎡※F 計 46,000㎡※F	75,000㎥※F	芝・油上 396,694㎡※B	堤高 2.73m※B 平均水深 1.52m※B
10．依網池	満水面積 428,000㎡※H 堤体面積 25,000㎡※H 計 453,000㎡※H 新田開発地33,000㎡※H	500,000㎥※H	庭井、我孫子、苅田、前堀、杉本 約1,000,000㎡※H	周囲 3,300m※H 堤体長 1,400m※H 堤高 2～3m※H 最水深 3～3.5m※H 平均水深1～1.5m※H

資料：1．無印＝『狭山池改修誌』1931年、大阪府による。
2．※A＝末永雅雄『池の文化』所収、安政4年（1857年）正月の調査資料による。
3．※B＝『溜池ニ依ル耕地灌漑状況』1935年、大阪府経済部による。
4．※C＝『ため池施設調査報告書』1962年、大阪府農林部耕地課による。
5．※D＝『大阪府におけるため池の実態調査』1971年、大阪府農林部耕地課による。
6．※E＝松原市三宅町土地改良区資料による。
7．※F＝『松原市ため池台帳』1976年、松原市経済振興課による。
8．※G＝『羽曳野市ため池実態調査報告書』1971年、羽曳野市総合基本計画策定資料による。
9．※H＝第2－7図　依網池池岸線・堤線確定図、その他調査資料による推計値。

注）1．溜池番号は、第2－6・11図を参照。
2．1町＝9917.36㎡、1歩＝3.3058㎡、1間＝1.818m、1尺＝0.303m、1立方尺＝0.02783㎥、1立方坪＝6㎥の値により換算。
3．堤体面積は、溜池によって池中島・その他施設の面積を含む。

水の排水が悪く、滞留して小沼地を形成していた可能性がある。したがって近世初期の依網池の水深は、最も深いところで三m〜三・五m程度、平均水深は一m〜一・五m程度ではなかったかとみなされる。

特に依網池の西池岸・南池岸・北堤西辺部ではかなり浅く、池床の露呈が相当に及んでいた。依網池の主な取水口は、光竜寺川〔第2－4・5図B、第2－7図ハ〕と西除川の取水口にあたる二箇所〔第2－4・5図A、第2－7図G〕であるが、地図からもその河口は三角州状になった状況がとらえられ、長年の間に土砂がかなり堆積した様子がわかる。特に第2－8図では、西除川取水口の三角州状の土地を北花田村川越八ケ所田地〔第2－8図A〕として記載し、北花田村に帰属する古田地で、早くより開発されていたことが知れる〔第三節1〕。同様に北堤西辺部では、苅田村開発田地〔第2－4図ロ〕、苅田村田地〔第2－4図ハ〕、我孫子村田地〔第2－4図ニ〕とあり、北堤の池中にあって、常時水没していなかったところを開田した様子がうかがえる[47]。

このような状況から、満水時の貯水量は最大五〇万m^3程度とみられ、池敷面積では昭和大改修直後〔昭和六年〈一九三一〉〕の狭山池と同規模であるが、貯水量は四分の一〜三分の一程度であった。第2－1表に狭山池、及び狭山池水下地域に位置する主要溜池の機能表を掲載した。それぞれ抽出資料が異なり、掲載した主要溜池の近代になってからのデーターと、近世依網池の推定値を比較するには難があるものの、狭山池水下地域での依網池の機能の位置づけを把握することができる〔第四節〕。

4．現況景観との比定

確定した依網池の池床、及び周辺の現況の改変はあまりにも著しい。景観の名残をとどめないにしても、文献から復原した状態を現況景観との比定のなかで、その投影を試みることは復原作業とともに重要な営みであり、今の状況から依網池の変遷過程を考察することにつながる。第2－7図をもとに、国土地理院・一万分の一地形図〔平成七年〈一九九五〉修正測図〉に堤線と池岸線の描写を試みた〔第２－10図〕。この地形図の状況から、依網池と関連づけられる幾つかの痕跡をみることが可能となる。

第２－10図の東南に今池〔第２－10図イ、写真２－３〕が位置する。「依羅池古図」・「依網池往古之図」にも描かれ、依網池の東南部の堤線をとらえる貴重な役割を果たし、依網池を復原するにあたって、重要な位置づけがなされることについてはすでにふれてきた〔第三節１〕。写真２－３が処分される前の昭和五二年（一九七七）の今池の景観である。今池の西堤の一部が依網池と境を接し、今もこの堤体は残置され、東南角に西除川より取水した井路がこの位置にあたる〔写真２－４、第２－10図ｂ〕。この堤体の一部は、今池と共用されていたことが「依羅池古図」・「依網池往古之図」より類推され、さらにこの延長部分が依網池の東堤に連なることになる。そして第２－７図に示したＣ地点の堤より、庭井村へ通ずる農道〔第２－７図ヘ〕が分岐していたことがとらえられる。この農道は、今は拡幅されているものの、大和川の堤防下より庭井村の集落へ延び、その位置を明瞭におさえることができる〔第２－10図ｃ、写真２－５〕。

現在の周辺の状況から、依網池を類推する最大の景観は大依羅神社〔第２－７図ホ、第２－10図ｄ〕である。同社の創祀は不明であるが、現在の社伝によると祭神は底筒之男命、中筒之男命、上筒之男命の他、建豊波豆羅和気王《たけとよはずらわけおう》と明治末年に近郊地域の郷社の祭神六柱を合祀したという。『延喜式』に記載され「大依羅神社四座」とあり、官幣の名神大社百二十七座に列していた大社であったことが知れる[48]。祭神の建豊波豆羅和気王は『古事記』開化天皇条によると、同天皇の皇子であり、「依網の阿毘古等の祖なり」とある[49]。それだけに天皇直轄地の依網屯倉の水田の開発の背景となった依網池と、大依羅神社との関係がとらえられる。中世期以降、大依羅神社は衰微し、南北朝乱後、依網氏一族の滅亡とともに、社務は神宮寺であった吾彦観音の別当に委ねられるようになったとされる[50]。社運衰微したとはいえ、旧表参道は依網池の北堤より延び〔写真２－６〕、同池との関係が今も偲ばれる。旧表参道は、

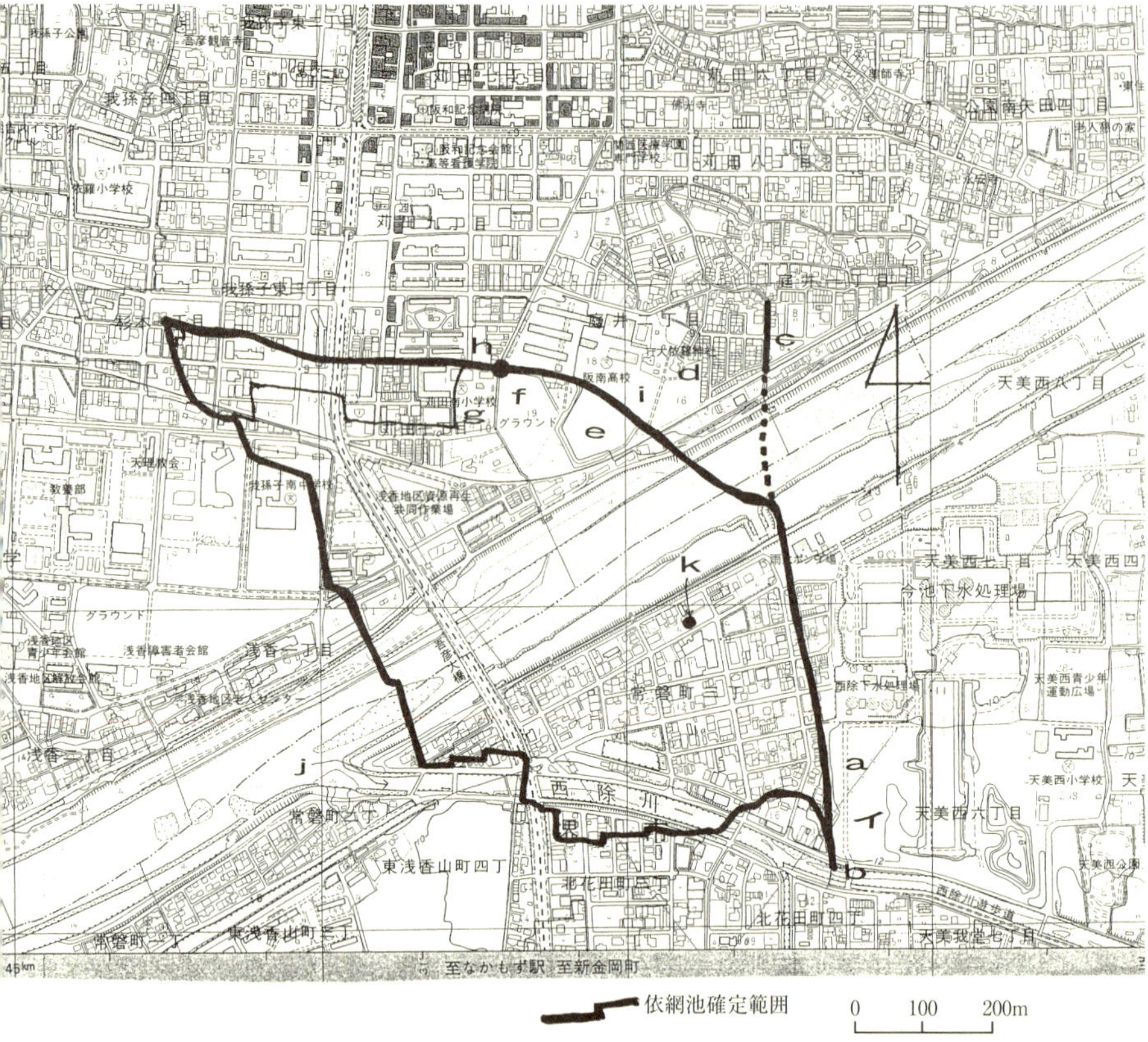

第２－10図　依網池周辺現況図

資料：国土地理院１：10,000〔長居図1996年〕をもとに作成。

注）各記号については、本文第三節「依網池の復原と確定」４.「現況景観との比定」を中心に参照。

写真２－３　芝・油上立合池：今池

今池西南の堤体部より北東方向を望む。昭和52年（1977）筆者撮影。

写真２－４　今池西堤体部

道路の位置が、依網池狭山用水井路の取水口にあたる〔第２－４・５図Ａ、第２－７図Ｆ－Ｇ、第２－10図ｂ〕。平成６年（1994）筆者撮影。

写真２－５　大和川右岸堤防下より庭井村集落へ通ずる農道跡

現在の農道は拡幅されている〔写真中央道路、第２－７図へ、第２－10図ｃ〕。平成６年（1994）筆者撮影。

写真２－６　大依羅神社旧表参道
左右の道路は、依網池北堤体跡、手前の石碑は、依網池址碑〔第２－５図ロ・第２－10図ｄ方向を望む〕。平成10年（1998）筆者撮影。

写真２－７　庭井村依網池跡
大阪府立阪南高等学校〔第２－10図ｉ〕の南側〔写真右の部分・第２－10図ｅ〕が拡張された同校グラウンド。それまでは依網池北堤体跡に東西に敷設されていた道路が、周回するような形で付け替えられている（写真右へ）。写真左の杜が、大依羅神社旧表参道。平成６年（1994）筆者撮影。

写真２－８　苅田村依網池跡
グラウンドが第２－10図ｆ、手前の道路のところが依網池北堤体跡。写真右の建物が、大阪市立苅田南小学校〔第２－10図ｇ〕、グラウンドと苅田南小学校の依網池北堤体跡の道路のところが、依網池苅田村用水樋〔第２－４図２、第２－10図ｈ〕の位置にあたる。平成６年（1994）筆者撮影。

北堤跡の道路から望むことができ、「依網池往古之図」に大依羅神社へ通ずる参道が描かれている〔第2－5図ロ〕。近世初期の景観だけでなく、大依羅神社は古代史に遡りうる依網池との関係をみる貴重な歴史遺産といえる。

大阪府立阪南高等学校が大依羅神社の西に隣接して位置するが、依網池北堤の中央部北東側にあたる〔第2－10図 i〕。昭和四三年（一九六八）に同校の校地拡張にともない、依網池の残池であった庭井村依網池〔第2－1図 a〕を買収しグラウンドに転用している〔第2－10図 e〕。それまで北堤体跡をほぼ東西方向に敷設されていた道路が、グラウンドを周回するように付け替えられている様子がわかる。写真2－7は同校の校舎より、グラウンドに転用された庭井村依網池跡を撮ったものである。

写真2－8は阪南高等学校より西南側の景観をとらえ、道路は直線化されているがほぼ北堤体跡の位置にあたる。手前のグラウンド〔第2－10図 f〕、及び後方の大阪市立苅田南小学校〔第2－10図 g〕は苅田村依網池〔仁右衛門池、第2－1図 b・c〕の池跡である。丁度、この池の間に苅田村用水樋〔第2－4図2〕があり、北に中筋苅田村通井路が延びていた。苅田村用水樋はグラウンドと苅田南小学校の間の道路、そして北堤体跡道路の交差するところにあったことになる〔第2－10図 h〕。交差する道路敷の地下に苅田村用水樋の樋管が、依網池の悪水除（余水吐）については苅田南小学校の校地内に、埋没されている可能性がある。「依羅池古図」・「依網池往古之図」によると、余水吐の幅は「拾一間」、長さ「九間」と「五間」となっており、一箇所のみの設置である〔第2－4図チ、第2－5図ニ〕。狭山池の余水吐は東西二箇所あり、昭和大改修以前の西除川へ通ずる余水吐は堰幅五十尺（約八間余）ということである。[51] 依網池の余水吐の具体的な構造は不明であるが、狭山池のこの余水吐と比べ堰幅は長大で、かなり大型のものであったといえる。

樋や余水吐の構造をみることによって、池の歴史や規模を考察することができるため、地中に埋没している可能性のある依網池の水利施設について、発掘することが難しいだけに空虚な思いが過ぎる。唯一、今池と共用した可能性がある東堤体が残置されていることから、この断面体の築堤調査によって何らかの依網池に関わる資料が得られるものと期待される(52)。

依網池のように地域変貌が著しく、現在の景観のなかに歴史的景観をみることが困難ではあっても、史資料の探査とともに地域のフィルドワークを怠ってはならない。存在形態がなくとも、依網池跡であったことが推察できる景観を探ることによって、現存する依網池と結びつく関連施設をとらえ、その文化財としての位置づけを高めることが可能となる。フィルドワークによって現実の地域の諸問題と対峙する視点が醸成され、現代の地域の都市計画のあり方に提起できる、歴史地理学の指針の一つがみいだせる。

第四節　依網池の集水範囲と取水

1．集水と取水

灌漑用溜池としてその機能を果たす良否は集水によって左右され、上流域の水源からいかに多くの用水を集・取水するかにかかってくる。集水条件の良い溜池ほど貯水された用水の反復利用に優れ、用水不足に陥ることは少ない。依網池は、述べてきたように面積の割には、水深の浅い溜池であった〔第三節3〕。しかし、これほどの大規模な池の貯水量を確保するためには、大きな集・取水にたよらねばならない。依網池に流入する井路は「依羅池古図」に七ケ所程描かれているものの、重要な取水井路は二ケ所である。その一つは光竜寺川〔第2－4・5・11図B〕からの取水で、あと一つは依網池の東南端の井路〔第2－4・5・11図A〕より取水した。光竜寺川の河口は「依羅池古図」に川巾武間と記されており、小川の類であり大きな集水を期待することはできない。それだけに東南端の井路の取水にたよらねばならないが、これも光竜寺川同様に流路は短く、上流からの余水を集水するにすぎない。したがって、大きな集水源として西除川より取水する必要があった。「依網池往古之図」に我孫子村・庭井村・苅田村・前堀村の四ケ村立合とした狭山池用水取樋〔第2－5図ハ〕が描かれ、東南端の第2－5図Aの井路に合流させている様子がとらえられる（以下、依網池狭山用水井路と呼称）。西除川より常時、取水することによって依網池の貯水が確保できたのである。河口の川巾はわずか三間で、光竜寺川よりわずかに広い程度であるが、「依羅池古図」には大きく描かれ、重要な位置づけがなされていたことがわかる。

依網池の集水範囲は、光竜寺川流域と依網池狭山用水井路流域の直接集水区域、そして、これら二つの流域の後背地の部分にあたる間接集水区域、用水の不足を補塡する西除川筋からの狭山池集水の三つにまとめられよう〔第2－11図〕。ここに西除川筋より導水する依網池の集水・取水構造の特徴がとらえられ、狭山池用水との関係が生じることになるのである。

2. 狭山池用水との関係

依網池狭山用水井路の堰口は、寛永一四年（一六三七）の「狭山池水路図」[53]によると、庭井村・我孫子村・苅田村樋として描かれ、高木村樋と芝村・油上村樋の中間に位置する〔第四章第4－5図〕。したがって、西除川の第2－11図Cの付近に取樋があったものと推定される[54]。

西除川流域の村池の一般的な慣習として、非灌漑期に西除川の流下水を導水し、春彼岸頃までに満水にし、灌漑期において降雨状況を勘案しながら用水として利用している。当然、依網池においても同様の構図が想定される。この地域一帯の水不足は深刻で、それだけに厳しい水利秩序が形成され、それをめぐって幾多の水争いがくりかえされてきた[55]。こういった経過のなかで、地域の水利体系は狭山池〔第2－6図1・第2－11図1〕を頂点として組み立てられていくことになる。

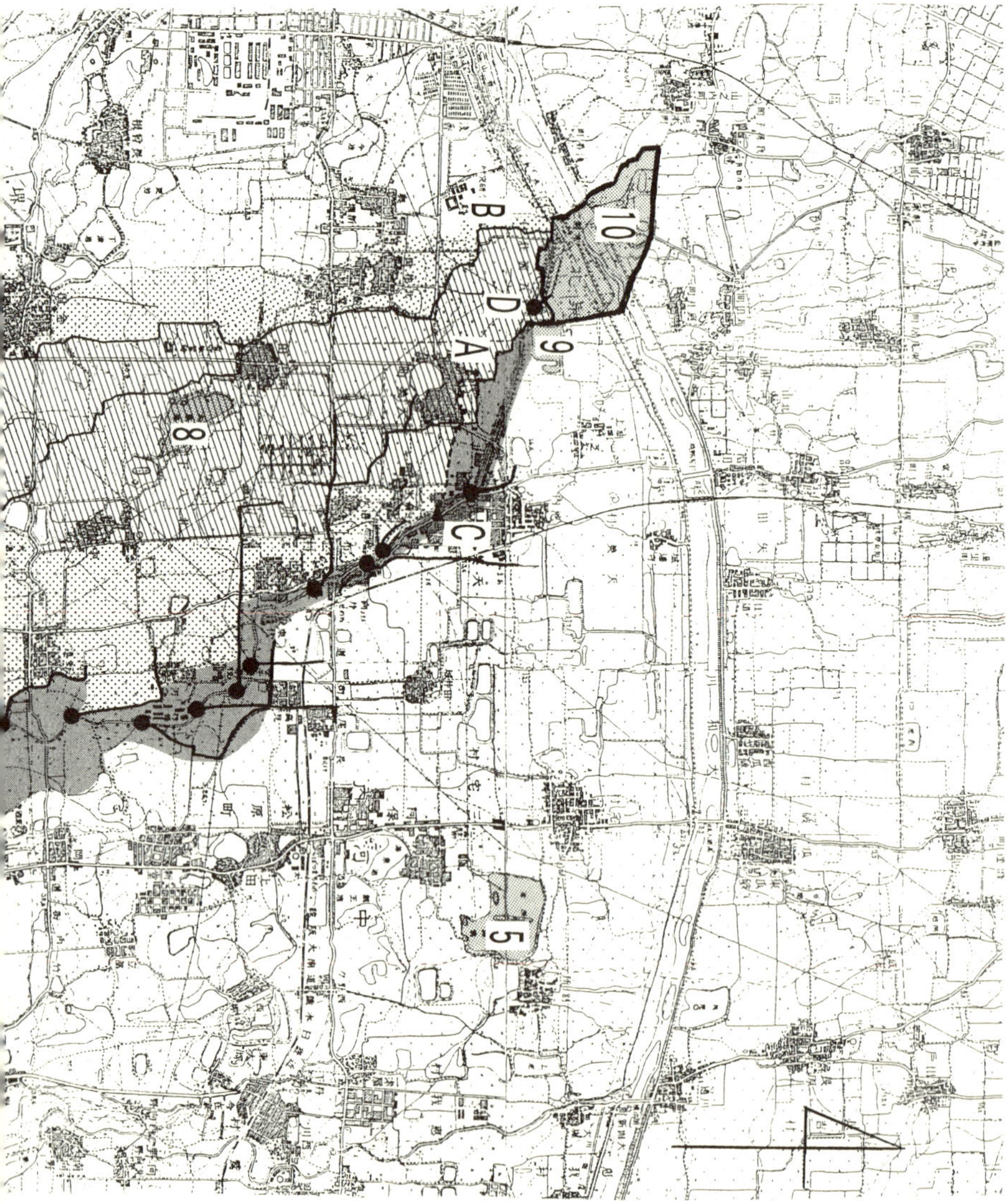
10
B
D
A
9
8
C
5

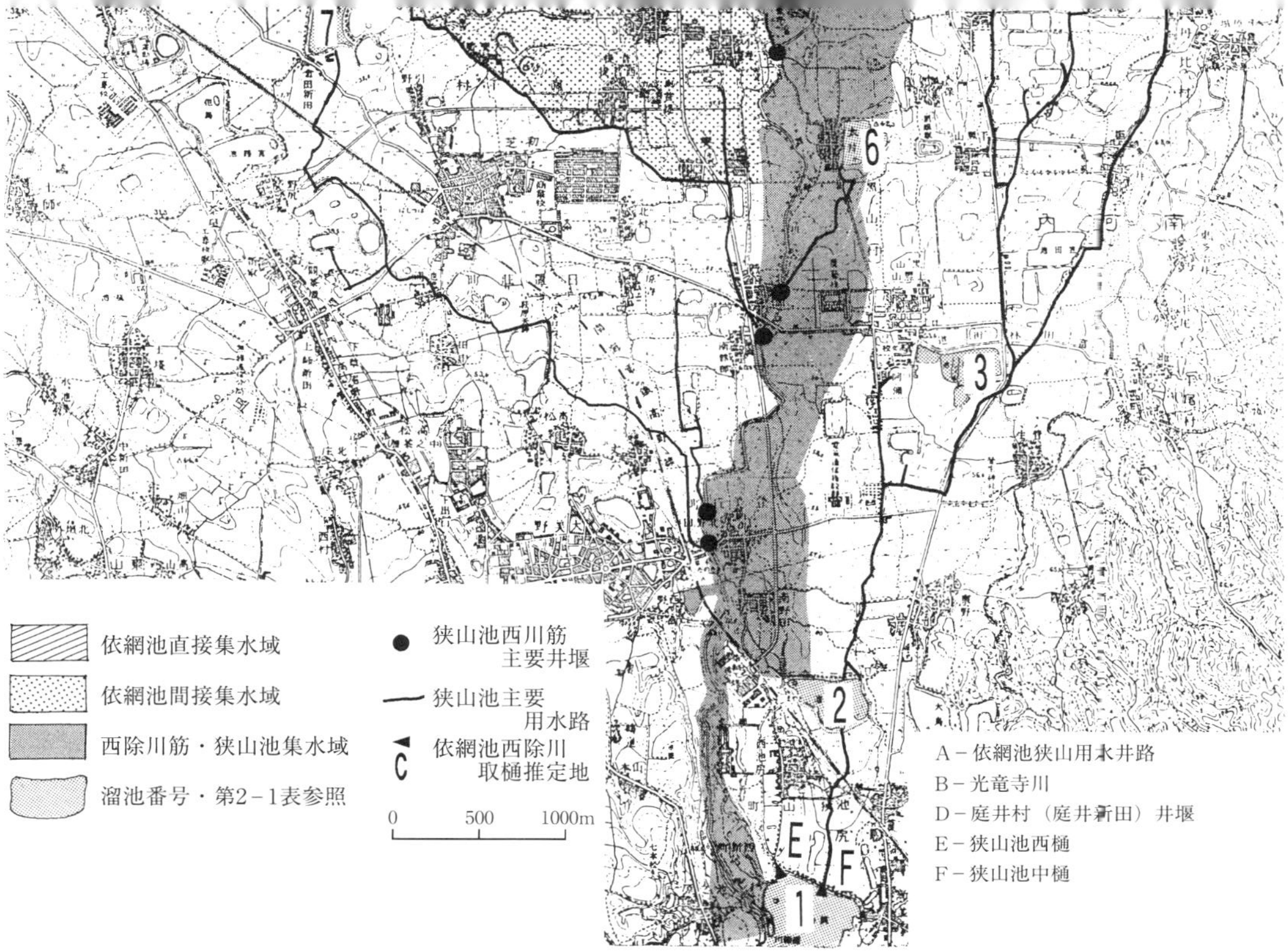

第２－11図　依網池集水地域概要図

資料：地理調査所１：25,000〔大阪東南部図1951年、古市図1954年〕をもとに作成。

注）図中記号Ａ～Ｆについては、本文第四節「依網池の集水範囲と取水」の１.「集水と取水」、２.「狭山池用水との関係」を中心に参照。溜池番号１～10は、第２－１表参照。

狭山池用水は西樋〔第２－11図Ｅ〕と中樋〔第２－11図Ｆ〕を通じて水下地域へ配水される。西樋からの取水は西除川を流下し、各井堰〔第２－11図〕を通じ、各村落の溜池（うつし池）へ導水する。この西樋からの配水が西川筋（大樋筋）にあたり、依網池は西川筋より受水した。中樋からの配水は東川筋（中樋筋）となる。狭山池用水は春彼岸に樋門を閉じ秋彼岸に開放する。開放中の余水を各溜池に送水する慣習を客水と呼ぶ。水下地域の溜池が満水に達していない場合、この客水を受水することになる。樋門を閉じている灌漑期において、各村落の溜池の用水を使い尽くした時に、親池としての狭山池用水を放流するのが原則である。その配水は各村落一定の時間と順番を定め、関係者立合のうえ水量を測定しつつ、各溜池（うつし池）に分水するのが慣習であった。これを番水と称し、その時間割を水割符と呼んでいる。こういった番水制度による用水の配分は、近世期以降永続される狭山池用水の基本の水利秩序である。[56]

狭山池は慶長一三年（一六〇八）に片桐且元によって大改修がおこなわれている。[57] 慶長一七年（一六一二）に番水が敷かれ、それ以降、水割符帳が残されている。第２－２表は依網池周辺村落を抽出し、狭山池用水の番水水割高の推移を示したものである。山崎は貞享五年（一六八八）の「除所出入曖済手形之事」によって、依網池の関係村を庭井〔第２－１図イ〕各村と北花田〔第２－１図カ〕、奥〔第２－１図ア〕、我孫子〔第２－１図エ〕、前堀〔第２－１図ウ〕、苅田〔第２－１図オ〕、杉本〔第２－１図ク〕各村の七ケ村をあげている。[58] この文書は余水吐の構造や堤体の高さをめぐって、苅田領の堤新普請の嵩置について壱尺取り除くことを交わしたもので、堤の北東にあたる庭井・我孫子・前堀・苅田村と池岸の南・西にあたる北花田・奥・杉本村との紛擾である。依網池の堤は全体的に低く、水深の浅い溜池だけに、堤体を嵩上げし余水吐の構造を変えることにより、周辺村落に大きな影響を及ぼした。この場合、上堤の一部の嵩置によって満水時には、北花田・奥・杉本村の南・西池岸線に近い田地が、水漬かりの危機に瀕したのであろう。北花田村と奥村は依網池の池上にあたるため、池敷にたいする何らかの権利はあったと

第2－2表　依網池周辺村落の狭山池用水・番水水割高推移

年／村落名	慶長17年（1612）	承応2年（1653）	延宝4年（1676）	元禄9年（1696）	享保2年（1717）	明和6年（1769）	享和元年（1801）	文化3年（1806）	文政元年（1818）	安政5年（1822）
依網池直懸かり村落										
杉本村	3.5時									
我孫子村	4.0	751.2石	751.2石	751.2石						
庭井村	1.6	305.1	305.101	305.1	◎	5.0時	6.0時	6.0時	6.0時	
苅田村	4.1	788.54	788.54	788.54						
前堀村	0.6	116.5	116.5	116.5						
依網池北辺村落										
堀村	3.2	156.516 湯屋島分の記載	156.516 湯屋島分の記載	156.516 ※B						
依網池南辺村落										
南花田村	8.7	1,690	1,690	1,690						
北花田村	10.0 船堂村含	1,000	1,000	1,000						
船堂村		912	912	912	西村・野尻村へ入	西村・野尻村へ入		9.0西村・野尻村へ入	9.0西村・野尻村へ入	
大豆塚村	2.0									
依網池東辺村落										
砂（芝・油上）村	3.4	659.5	659	659	◎	11.0	14.0	14.0	14.0	1,235石
城連寺村	2.4	466.5	466.503	466.5						
枯木村	2.0	398	398	398	北村へ入	北村へ入		北村へ入	北村へ入	
矢田部村	5.1	983.9	983.9	983.9						
鷹合村	4.55	879.3	879.3	879.3	石原村へ入	石原村へ入		9.0大饗村へ入	9.0大饗村へ入	
湯屋嶋村	2.45	463.484	463.484	463.484						
住道村	4.5	872.7	872.7	872.7						
瓜破村（西）	2.5	500	500	500						
平野郷町	8.25※A									

資料：『狭山池―史料編―』（1996年、狭山池調査事務所）掲載「水出す割符帳」、「水懸御領私領高書帳」などの資料、『狭山池改修誌』（1931年、大阪府）変遷資料をもとに抽出作成。

注）1．1時は2時間分の受水。
2．※A＝平野郷町は東川筋（中樋筋）より、さらに22.2時を受水。
3．※B＝元禄9年（1696）での堀村の番水水割高に湯屋島分の記載はなかったが、承応2年（1653）・延宝4年（1676）と同様に、湯屋島分からの受水高とみなされる。
4．享保2年（1717）は「狭山池分水極置申一札」文書で、受水高未記載のため◎印で示す。

みられるものの、直接の水懸かりの権利はなかったと考えられる。したがって、依網池の直接の水懸かりは杉本・庭井・我孫子・前堀・苅田の各村で、慶長一七年（一六一二）の狭山池番水は、これらの村に加え堀村〔第2－1図セ〕が依網池を経由して受水している。しかし、杉本村については依網池用水の利水の仕方は、北堤側に位置する各村とは異なった構造をもっていた〔第五節5〕。杉本村を除いて狭山池との関係は、宝永元年（一七〇四）の大和川付け替えまで続いたことがとらえられる〔第2－2表〕。

こういった狭山池と依網池の関係は慶長期以前よりみられたものであろうか。依網池狭山用水井路の河口部が、陸化され堆積が相当量に及んでいることから、かなり早い時期より西除川より取水していたものと考えられる。依網池は上町台地の南辺部の我孫子台地段丘面の土地開発を担い、時代の経過とともに灌漑域の村々の共有池として機能し、上流部に築造された狭山池の貯水量の増強とともに、狭山池を頂点とする水利体系に組み込まれていったとみなされる。

建仁二年（一二〇二）に東大寺の重源上人が狭山池の改修をおこなっている。その改修碑が、狭山池治水ダム化事業にともない、狭山池北堤の中樋〔第2－11図F〕の遺構部分より発見された。その碑文のなかに「摂津河内和泉三箇国流末五十余郷人民之誘引、大和尚南無阿㫂陁《弥陀》仏行年八十二歳時、自建仁二年歳次壬戌春企修復、即以二月七日始堀《掘》土、以四月八日始伏石樋、同廿四日終功」とある。[59] 鎌倉期での流末五十余郷は、近世の村落構成とは異なるため、その分布範囲を確定することはできない。しかし、摂津河内和泉三箇国とあることから、当時、相当の範囲が狭山池水下地域に組み込まれていたものであろう。摂津国にあたる依羅郷[60]の幾つかの村落も変遷はあるものの、この時期までに狭山池との関係が生じていたとみられる〔第四章第三節〕。

近世初期の依網池は、親池としての狭山池のうつし池の一つであるが、苅田・庭井・我孫子・前堀・杉本村を灌漑域にもつ準親池的な溜池として位置づけられる。

第五節　依網池の灌漑区域

1．苅田村の灌漑特質

依網池に設置された苅田村の取水樋は、北堤の中央部に位置する第2－4図2と、その西南側にあたる第2－4図トの二つの樋が描かれている。西南側の樋は池田樋と呼ばれ〔第2－12図A〕、その呼称の通り苅田村開発田地〔第2－4図ロ〕の東南端の池中にあり、余水吐の西に接した井路より、北堤の池外の井路を通り、第2－4図2の苅田村用水樋より流出する中筋苅田村通井路に合流している様子がとらえられる。池田樋は池中の苅田村開発田地〔第2－4図ロ〕・苅田村田地〔第2－4図ハ〕への灌漑の他、池中に残った用水を取水するため、池田樋を設置したとも考えられる。したがって、北堤中央の苅田村用水樋が上樋、池田樋が底樋の役割を果たしたものとみられる。

「依網池往古之図」には、北堤中央部の苅田村用水樋より東側に位置する二つの樋について、苅田村樋として記され〔第2－5図a・b〕、「依羅池古図」では庭井村用水樋〔第2－4図〕となっており、違った記載になっている。大和川開削によって、依網池の北側は享保一五年（一七三〇）以後、関係村に分割され北堤のこの位置に庭井村依網池が残されていることから、「依羅池古図」の庭井村樋とした記載が正しいものと判断される。「依網池往古之図」は苅田村の庄屋である寺田家所蔵絵図であることから、この二つの樋から用水を受ける苅田村田地が一部みられたため苅田村樋と記したものであろう。苅田村の依網池の用水は、第2－4図2の北堤の中央に位置する苅田村用水樋を主とし、池田樋を補助として中筋苅田村通井路に送水され、これを幹線井路として苅田村の集落の北方向、及び東側に広がる苅田村田地に灌漑された。それは北部の微高地の畑地を除いて苅田村のほぼ全域に及んだものとみられる。享保一四年（一七二九）の「苅田・前堀村用水出入曖絵図」〔第2－12図：トレース図、寺田家所蔵〕が残

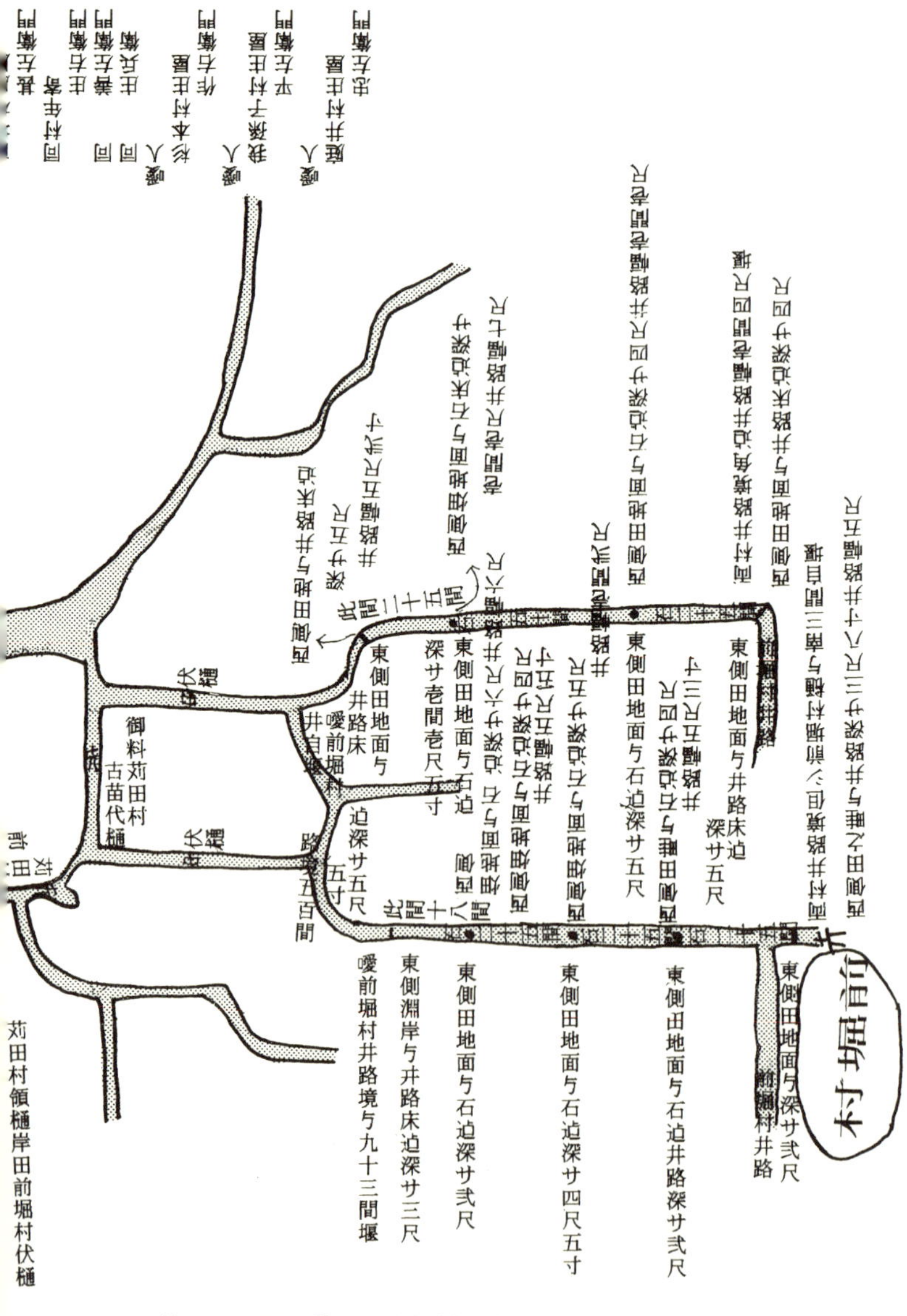

第２－12図　苅田・前堀村用水出入嘆絵図（トレース図）

資料：寺田家所蔵絵図〔享保14年（1729）〕。

注）図中記号Ａについては、本文第五節「依網池の灌漑区域」の１．「苅田村の灌漑特質」を参照。

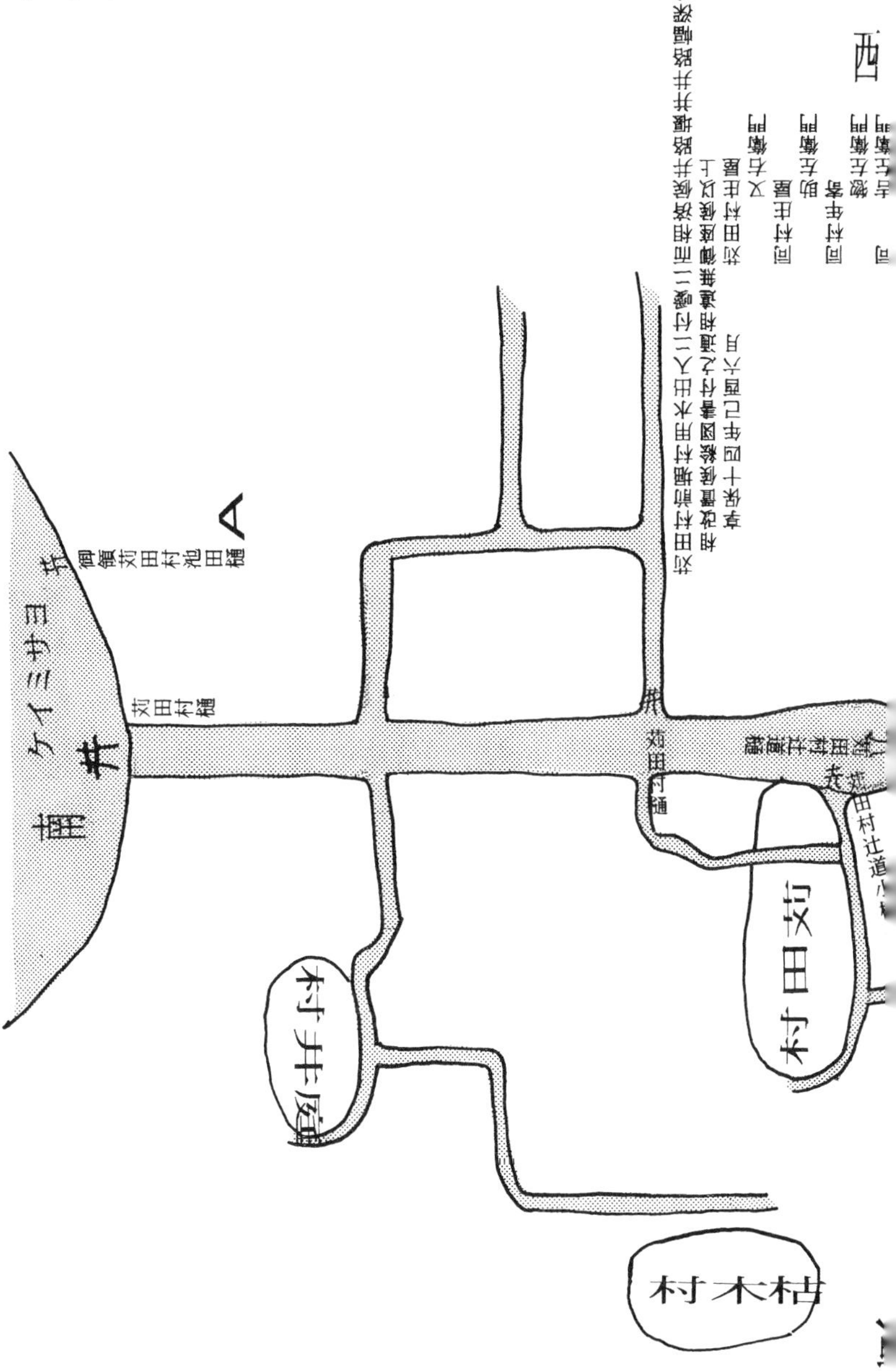
西
苅田村前堀村用水出入ニ付曖ニ而相済候井路堰并井路幅深サ
相改置候絵図書付之通相違無御座候以上
享保十四年己酉六月
苅田村庄屋　又右衛門
同村庄屋　助左衛門
同村年寄　惣左衛門
同　吉左衛門
御領苅田村池田樋
A
苅田村樋
南
井
苅田村
枯木村

されている。この絵図は大和川付け替え後、北側に残された依網池の水利機能の著しい低下によって、前堀村の用水が不足したことから、通水することになる苅田村用水井路の深さ、幅を改めて確認したものである。取り決めを結んだ年は、苅田村、庭井村、前堀村、杉本村の四ケ村で、村高に応じ北側に残された依網池床の分割文書[61]をだした、享保一五年（一七三〇）の前年にあたる。したがって、この絵図記載の井路経路は、近世初期の依網池の苅田村の灌漑域を示すものである。「苅田・前堀村用水出入曖絵図」には、幹線井路の脇にあるマス池〔第2－1図E〕、八反池〔第2－1図F〕について何ら記されていないことから、この時期には築造されていなかったのではないだろうか。苅田村域に位置する多くの溜池は、大和川が付け替えられ、残った北側の依網池床が享保一五年（一七三〇）に関係村に分割されて以降、悪化した苅田村の水利安定のため順次築造されていったとみられる[62]。

享保一五年（一七三〇）の依網池床の分割では、三町五反壱畝四歩が割りあてられ[63]、その位置が北堤中央の苅田村樋を中心とするところで、苅田村依網池〔第2－1図b・c〕として残置された。これによって苅田村依網池（仁右衛門池）を親池的な扱いとして、マス池〔第2－1図E〕、八反池〔第2－1図F〕、仁《に》池〔第2－1図G〕、今池〔第2－1図H〕などを築造し、それぞれの溜池の水懸かりを定め、苅田村の水利体系が再編された経緯を推察することができる。

苅田村の寛永～正保期（一六二四～一六四八）の摂津国高帳では高七八八石余である。

2．庭井村の灌漑特質

「依羅池古図」には北堤に四ケ所、東堤に三ケ所の庭井村用水樋が描かれる〔第2－4図〕。中筋苅田村通井路にたよる苅田村の依網池の灌漑と異なり、堤直下に多くの田地が展開する庭井村の灌漑には、池面積が広大で水深の浅いところに貯められた依網池の用水を、効率よく利水するためには、多くの樋を設置して送水する方法が逸水も少なく、池内の残水の配水には適していたものとみられる。各樋ごとにそれぞれ水懸かりを持ちながらも、第2－1図よりとらえられるように、大依羅神社周辺の田地は北堤の四ケ所の樋より、東堤の東側の田地は東堤三ケ所の樋より灌漑され、この中間にあたる庭井村集落の南東側の田地へは、両方からの配水が可能である相懸かりの土地であったと考えられる。庭井村の田地は、ほぼすべてが依網池の用水によって賄われ、苅田村とともに依網池の水元としての位置づけがなされた。

大和川の付け替えによって、庭井村は六町三反六畝・九一石余が川床となり、田地は南北に分断される。寛永～正保期（一六二四～一六四八）の摂津国高帳では高三〇五石余で、その潰地は石高にして三〇％に及ぶ。川南に残された依網池東堤より灌漑した田地は四二石余で、第2－8図Dの庭井村古田地がこれにあたり、依網池潰廃にともなう水利機能の低下から、芝・油上村の今池〔第2－1図B〕の北側に常磐池〔第2－1図J〕が築造される。享保一五年（一七三〇）の依網池床の分割では、壱町五反四畝二七歩が割り当てられ、その内訳は上ケ土芝山二反歩、三反四畝二七歩が荒地、壱町歩が水溜りとなっている(64)。この時点で北に残された依網池は相当荒廃している様子がとらえられ、この水溜り壱町歩が庭井村依網池〔第2－1図a〕として残置され、庭井村の共有池として川北の一七〇石余の灌漑機能を果たしていくことになる。

大和川床南側の依網池床の部分は新田開発がなされ、享保二〇年（一七三五）の摂河泉石高調では、庭井村の石高は三四四石余で、うち新田一〇七石余、流作二四石余となっている。新田一〇七石余のほとんどが依網池南側を開発した第2－8図B・Eの庭井新田にあたる。こういったことから川南に集落が形成され〔第2－7図ロ〕、明治八年（一八七五）に川南の庭井村古田地、庭井新田地、庭井流作地（大和川河川敷）が合併し庭井新田村が成立する。大和川の付け替えにより、依網池への狭山池用水の導水関係は断ち切られるが、庭井村のみ文政元年（一八一八）まで受水している〔第2－2表〕。これは大和川付け替えにより西除川が西流することとなり、この流路が潰廃された依網池の南側を貫流したため、その位置に新しく設置された井堰〔第2－11図D〕より庭井新田へ導水された番水である。この様子は「庭井村・北花田村・船堂村・奥村争論曖絵図」〔第2－8図〕によっても確認することができる。

3．前堀村の灌漑特質

前堀村は依網池の中筋苅田村通井路〔第2－4図2〕より、苅田村の井路を経て灌漑される。享保一四年（一七二九）の「苅田・前堀村用水出入曖絵図」〔第2－12図〕にみられるように、前堀村より苅田村に対して、用水井路の利用について改善を求め争論になった経緯がある〔第五節1〕。それだけに前堀村は、灌漑用水の導水について苅田村の動向に大きく左右され、上流域にあたる苅田村に対して水利権は弱い立場に置かれていたといえる。前堀村の村域は東西に長い三角状をなして形成され、第2－1図に一五池程の淵・小溜池の分布を確認することができる。こういった小溜池の分布は北接する堀村にも及んでいた。前堀村全域が依網池水懸かりに含まれていたとみなされるが、大和川付け替えによる依網池の水利機能の低下によって著しい用水の不足をきたし、小単位の田地に付随する小溜池を築造することによって、その不足分を補ったものとみられる。

北接する堀村は、依網池の直接の水懸かりではなかったが、慶長一七年（一六一二）に狭山池番水を受水していることから〔第2－2表〕、依網池とは余水受を通じ密接な関係にあったことが考えられる。堀村の用水は苅田村、前堀村を経て集水し、三ケ村にわたって導水・分水する中筋苅田村通井路が、依網池のなかで最大の灌漑域をもち、重要な役割を果たしていた。

前堀村の寛永～正保期（一六二四～一六四八年）の摂津国高帳では高一一六石余で、享保一五年（一七三〇）の依網池床の分割では、四反七畝一七歩が割り当てられ新田開発がなされている。

4．我孫子村の灌漑特質

「依羅池古図」によると我孫子村用水樋は、依網池北堤西寄りに三ケ所の樋が設置され、村域の最も東辺が第2－4図3の樋より、我孫子村の集落の東寄りの田地が第2－4図4の樋より、村域の西辺の田地は第2－4図5の樋によって導水され、ほぼ三つの水懸かりに区分できる。依網池は土地条件から、北堤を西に延長して築造した可能性があり、北西辺の水深が浅くなる〔第三節3〕。したがって我孫子村の用水樋は、北堤の中央に位置する苅田村用水樋〔第2－4図2〕と比べ、その取水量は少なかったとみられる。なかでも、第2－4図5の我孫子村用水樋は、杉本村田地〔第2－4図ホ〕を囲むような形で西端まで井路を延長し、我孫子村西辺と集落南の田地に灌漑している様子がうかがえる。第2－4図3の我孫子村用水樋は、池中の奥深くまで井路を延ばしており、依網池内に新たに築堤して、用水の確保に努めようとしている様子がとらえられる。「依羅池古図」では、剝落している部分がみられるため、池中の堤の輪郭をすべてとらえることはできないが〔第2－4図へ〕、「依網池往古之図」では、その部分を明瞭に把握でき〔第2－5図ホ〕、それは第2－2・3図イにも描かれ、大和川付け替え以前より機能していたことがわかる。我孫子村では依網池の全体の水位が低下した時には、この池中を堤防で囲った水利施設（小池）より取水したものとみなされる。第2－4図3の我孫子村用水樋から流出した余水は、仕吉大社の南を西流する細井川〔第2－1図N〕に排水され、これが同村の幹線井路の役割を果たしていた。

我孫子村には数葉の村絵図が残され、そのうち大和川付け替え後の「我孫子村絵図」に注目したい〔第2－13図：トレース図、寺田家所蔵[65]、第三章では「後：我孫子村絵図」として記載〕。この村絵図には、ほぼ全域にわたって黄色で着色された田畑、田畑日損場、第2－4図3と4の用水樋より流出する井路、依網池中の小池〔第2－13図a〕などを描いており、大和川付け替えにより用水が不足した現状を訴えた絵図とみられる。現に依網池水懸かりの村落のなかで、いち早く享保八年（一七二三）に依網池の水利権を放棄し、池床を村高に応じた自村分二町一反余り

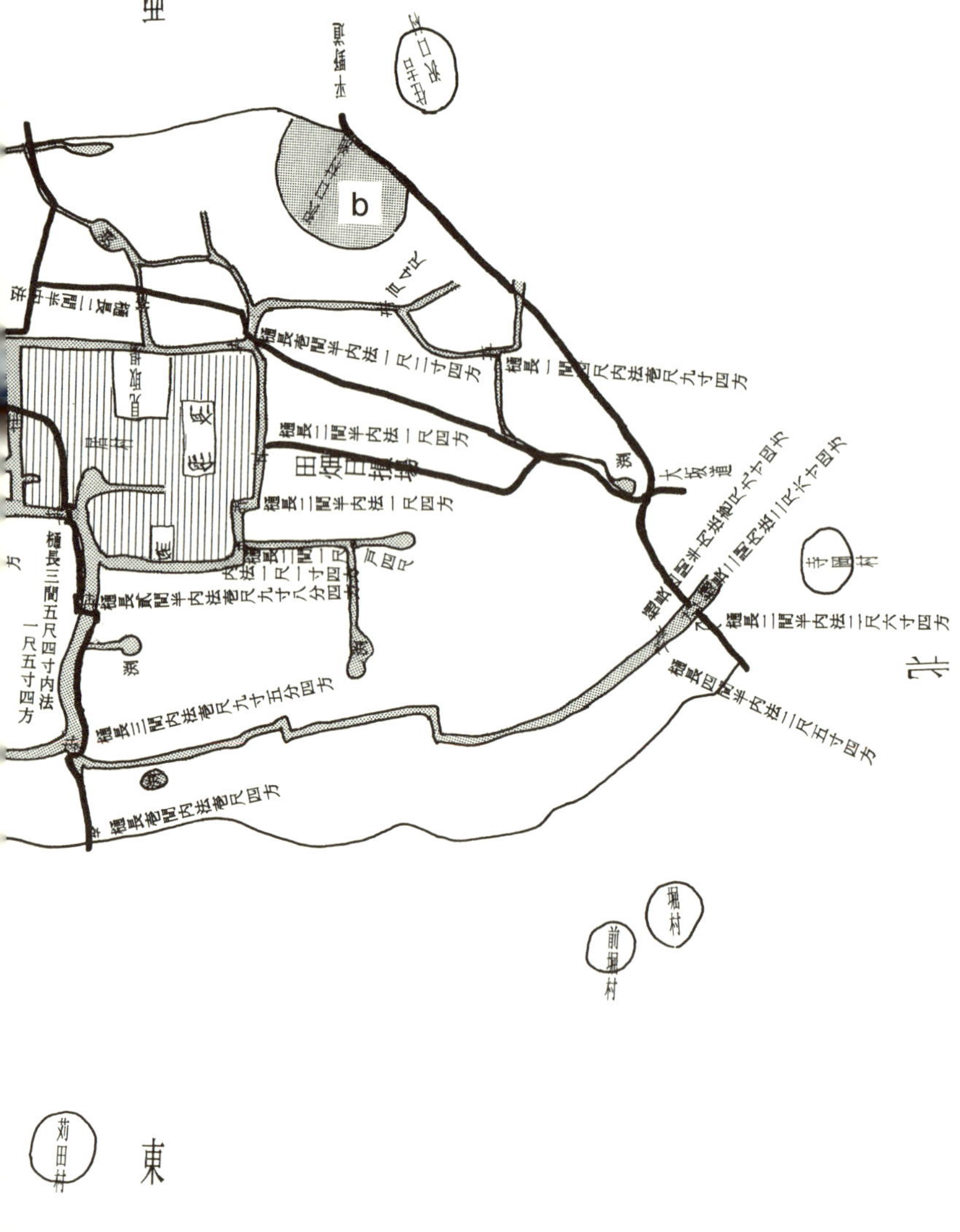

第２－13図　我孫子村絵図（トレース図）

資料：寺田家所蔵絵図〔作成年不詳、1720年前後期〕。

注）図中記号ａ・ｂについては、本文第五節「依網池の灌漑区域」の４.「我孫子村の灌漑特質」を参照。

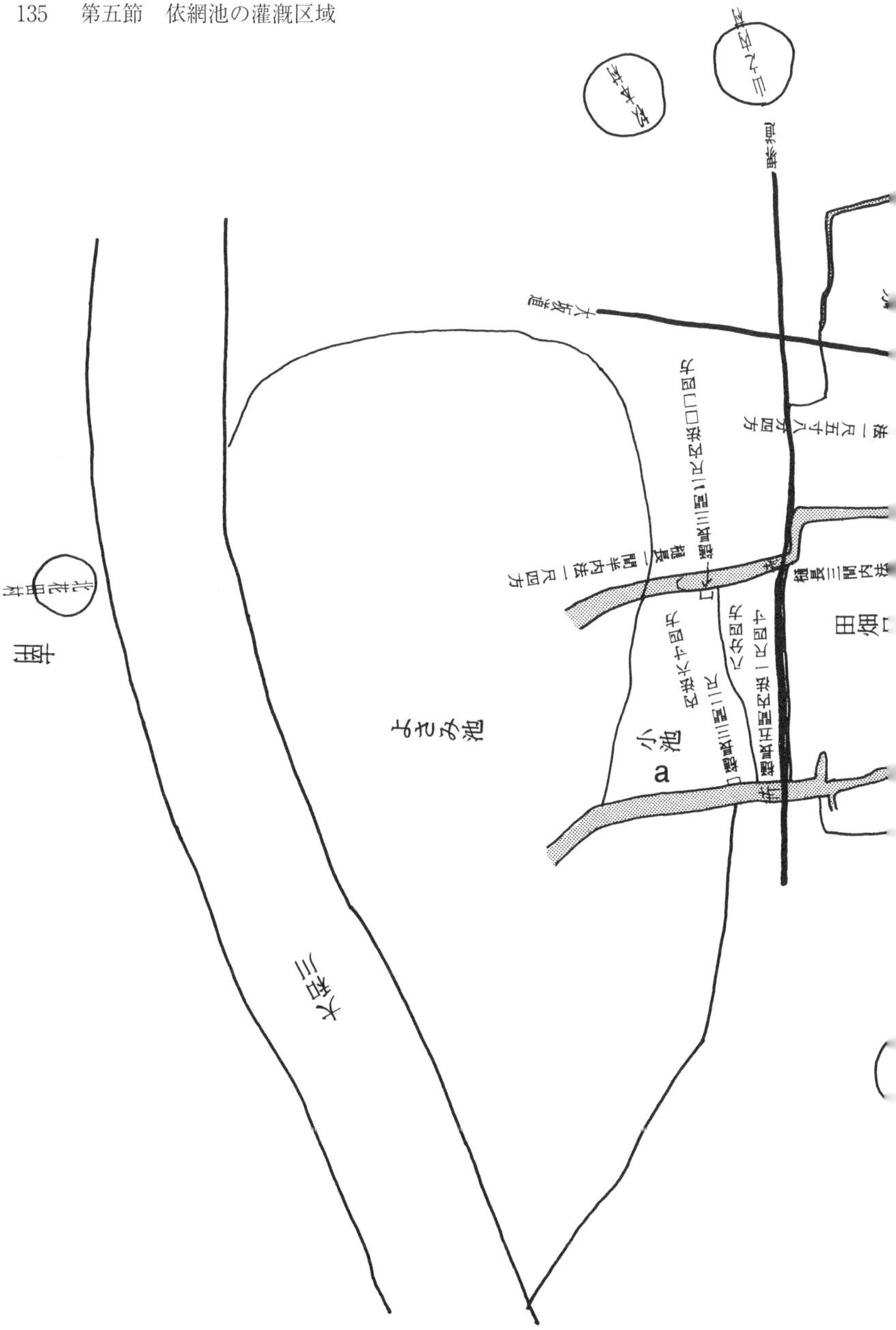
南

を開発している。[66] 絵図に淵は記されているものの、第2－1図にみえる蓮田池〔第2－1図K〕、また池〔第2－1図L〕などの溜池は描かれていない。西接する沢口村池〔第2－1図M、第2－13図b〕が描かれ、絵図の全体の構成からとらえても作為的に自村の村池を省いたとは考えられない。大和川付け替え後、小池〔第2－13図a〕を中心として我孫子村の水利再編がおこなわれたものの、水利困難は深刻で、その現状を訴えるために「我孫子村絵図」が描かれたものであろう。この村絵図の作成年代は不明であるが、大和川付け替え以後の一七二〇年代頃とみられ、大和川付け替え前後期の我孫子村の水利背景を想定することができる。

我孫子村の集落の北寄りの位置が等高線一二・五mで、我孫子台地で最も高位所にあたる〔第2－1図〕。北堤西寄りの樋口からの取水は、苅田村や庭井村と比べ効率が悪く、大和川付け替えによって著しい用水困難に陥り、二二四石余りが手余地として放棄されている。[67] 我孫子村の寛永～正保期（一六二四～一六四八年）の摂津国高帳では高七五一石余であり、天明二年（一七八二）の村明細帳によると本村分は高五三七石余で、[68] 耕地のうち畑方が五割弱を占めており、水利事情の変化が読みとれる。

5．杉本村の灌漑特質

杉本村の依網池からの取水は、北・東堤に設置された各樋口より導水した苅田、庭井、前堀、我孫子の四ケ村とは構造的に異なる。「依羅池古図」には、杉本村域の西池岸線に樋は描かれていない〔第2－4図〕。杉本村の田地は、集落の南にかけて展開し、高位一一m前後であるがやや西に向けて高く、依網池は村域の東辺に位置している〔第2－1図〕。こういった地形型であるため、依網池用水を全村域の田地に導水することはできない。

杉本村は慶長二年（一五九七）に検地がおこなわれ、その後に作成されたとみられる「杉本村絵図」〔第2－14図：トレース図、染谷家所蔵〕が残されている。[69] 検地高は「六百九十石五斗三升」とあり、この絵図によって大和川付け替え以前の同村の水利構造の概要が把握できる。東にみゑも池〔依網池・第２－14図A〕が大きく描かれ、村域の中央部から西・南辺にかけて大小八池程の溜池がみられる。苅田村や我孫子村では、村域の多くの溜池は大和川付け替え以後、依網池の用水機能の低下とともに築造されてきたことを述べてきたが、杉本村の場合、依網池と併立した幾つかの溜池の分布が確認できる。「杉本村絵図」より判断すると、村域の東辺の田地は依網池の灌漑域、上流にくずはら池〔葛原池・第２－14図B〕・うと池〔第２－14図C〕を配置して南西の田地に灌漑し、ちゃつ池〔第２－14図D〕、あまご池〔東尼池、西尼池・第２－14図G〕に流下させることにより、さらに北西の田地に灌漑した様子がとらえられる。ながぶち池〔長淵池・第２－14図E〕は、ちゃつ池、ぶ志ゃでん池〔仏生田池・第２－14図F〕より余水を受け、その北部の田地に、ぶ志ゃでん池については、その周辺の田地を灌漑したものであろう。

残置された杉本村の依網池〔第２－７図ト〕について、享保九年（一七二四）、寛政二年（一七九〇）、文化八年（一八一一）、文政七年（一八二四）、天保七年（一八三六）などに池浚工事を実施した記録がある。[70]依網池の西池岸の部分の池床は浅く、満水時のみ杉本村の田地に用水を送水することができ、水位が低下するとその役割を果たすことはできなかったのではないか。「杉本村絵図」には依網池の灌漑域は水損場とあり、水位があがりすぎると田地に水が漬き、水位が低下すると送水ができず、水を損なう厄介な田地であったことが知れる。したがって、樋を設置しても意味がなかったのであろう。仏生田池には二ケ所の樋が描かれ、池の周囲に堤体が廻らされている。仏生田池は、用水が貯水されていない場合、依網池の満水の水を導水できたのではないだろうか。ふれてきたような依網池の灌漑事情や、第２－14図に描かれた仏生田池の様子から推察し、ある一定の水位になると樋門を閉じ長淵池より余水を受けて満水にし、灌漑時には樋門を開け依網池に通ずる井路へ逆水灌漑の役割をもっていたようにも思える。

大和川の付け替えによって、杉本村では依網池だけではなく葛原池・うと池が川床となり潰廃されている〔葛原

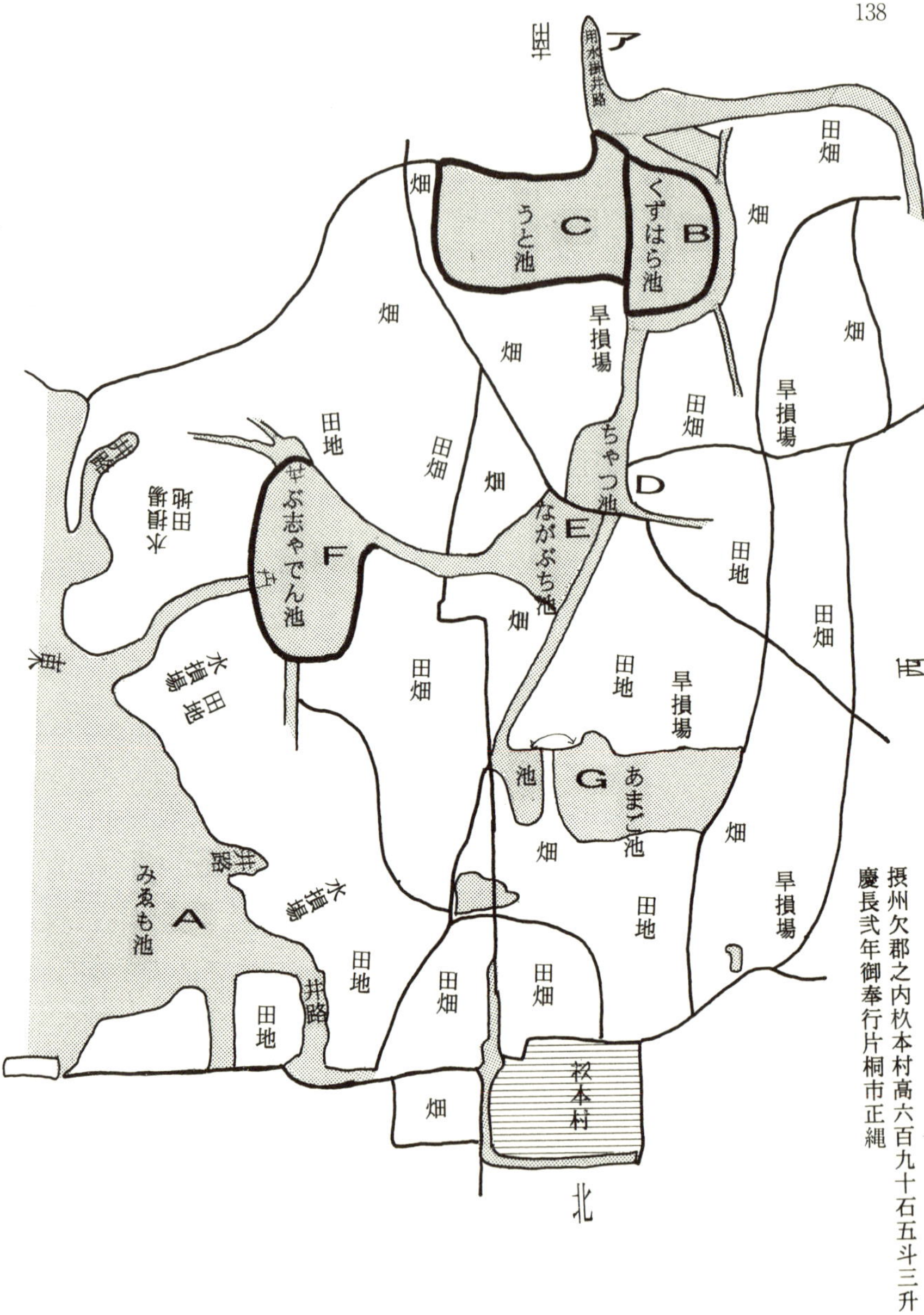

第2－14図　杉本村絵図（トレース図）

資料：染谷家所蔵絵図〔作成年、慶長2年（1597）の検地以降、1600年代初頭〕。
　　山崎隆三編著『依羅郷土史』大阪市立依羅小学校創立八十五周年記念事業委員会、1962年、掲載図「第8図大和川付替以前（その三）：杉本村古絵図」をもとに作成。

注）図中記号ア、A～Gについては、本文第五節「依網池の灌漑区域」の5.「杉本村の灌漑特質」を参照。

池は大和川に接し一部残存)。「杉本村絵図」に葛原池・うと池の用水掛井路が描かれ〔第2－14図ア〕、南辺の奥村〔第2－1図ク〕・大豆塚《まめづか》村〔第2－1図ケ〕方向より導水されていることがわかる。杉本村では大和川付け替えによって著しい用水不足に陥るが、それは一部が川床にかかる依網池の潰廃よりも、葛原池・うと池の潰廃に大きな原因があったとみられる。葛原池・うと池は杉本村の最上流に位置し、余水はちゃつ池、尼子池、仏生田池に流下させ、その親池としての役割を果たしていたとみなされる。

杉本村は、慶長一七年（一六一二）に狭山池番水を受水している〔第2－2表〕。それは七月二四日から二五日にかけて、堀村からはじまり前堀村、杉本村、我孫子村、庭井村、苅田村の順番で依網池へ導水された(71)。しかし、杉本村への狭山池番水の依網池への導水は、どれほどの利水をもたらしたのであろうか。ふれてきたように杉本村の依網池からの灌漑は、水位が比較的高い時のみに可能であったとみられること、それに杉本村の用水樋が設置されていないことから〔第2－4図〕、依網池の用水が不足しその貯水量が少ない時に送水される番水を導水しても、杉本村の田地に灌漑することはできなかった。杉本村ではこれ以降、狭山池番水を受水していないことから、その効果は少なく、依網池直懸かり四ケ村とは狭山池用水の利水の仕方に、構造的な違いのあったことが察せられる(72)。

大和川の付け替えによって杉本村は、一四町七反三畝・一七一石余が川床となる。寛永～正保期（一六二四～一六四八）の摂津国高帳では高六九〇石余、延宝検地では七八六石余、その潰地は延宝検地の石高に比して二二％に及ぶ(73)。

6．灌漑範囲と余水の流下

依網池の直接の水懸かりは、旧石高を勘案して苅田村・約六〇町歩、庭井村・約二〇町歩、前堀村・約八町歩、我孫子村・約六〇町歩、杉本村については約三分の一を依網池懸かりとして約二〇町歩、計・約一七〇町歩近くに及ぶことになる。しかし、杉本村では慶長二年（一五九七）の検地高を示した「杉本村絵図」からとらえられるように、畑地や旱損場が多く、大和川付け替え以前より水利困難な土地が広がっていた。杉本村の延宝七年（一六七九）の田畑別地積では、田地は三七町六反余、畑地は二五町八反弱となっている。[74]我孫子村では杉本村と比べ、幾分田地の割合が高いと思われるものの類似した状況にあったとみられる。したがって、依網池の直接の水懸かり面積は、近世初期において約一〇〇町歩前後、多くとも一二〇町歩程度であったと推定される。

依網池の用水が安定的に得られたのは苅田村と庭井村で、依網池に対する権利関係は比較的強かったものの、水利において不安定な状況に置かれたのが我孫子村である。前堀村は水懸かり面積が小さいこともあり苅田村の動向によって大きく左右された。杉本村は依網池用水の利水の仕方は異なり、依網池に依存する水懸かりが小さく、全面的に依網池の水利と関わる苅田・庭井・我孫子村と比べ弱い立場に置かれていたものとみられる。

依網池の余水の主な流下は、中筋苅田村通井路より分流して庭井村から、行基池〔第２－１図A〕を経て巨麻川〔駒川、第２－１図C〕へ流下し、枯木村〔第２－１図ス〕、矢田部村〔第２－１図ソ〕周辺に大きな影響を及ぼした。「依網池往古之図」では、その様子が具体的に描かれ、南田辺・北田辺村の南辺までに及んでいることがとらえられる〔第２－５図〕。

堀村は依網池の直懸かりではないが、慶長一七年（一六一二）に六二〇石・三二時の狭山池番水を受水しており〔第２－２表〕、苅田村の用水井路より分流水する余水にたより、依網池に対する依存度は高かったものとみられる〔第五節３〕。あと、細井川〔第２－１図N〕方向への余水の流下も、第２－１図などから推察し相当量に及んだことがわかる。このように直接の水懸かりだけでなく、依網池の貯水にたよる地域はその周辺一帯に及び、余水利用を含めた依網池を中心とする水利体系が確立されていたとみなされる。

第六節　まとめ

近世初期の依網池の規模・形態を復原し、その集水・灌漑事情を中心に分析してきた。「依羅池古図」・「依網池往古之図」をはじめ、関係絵図の作成背景や記載内容を精査に検討するなかで、歴史地理学の遡及的方法によって、近世初期の依網池の具体的な姿態が明らかにされた。しかし、依網池の研究の目的はこれにとどまるのではなく、日本の最古の溜池として古代依網池の景観、及びその水利構造、さらに中世での依網池の実像に迫らねばならない。復原した近世依網池の姿態を、そのままの形で古代依網池に照映することは好ましくないものの、遡及的方法によって、古代依網池の研究に弾みをつけることが可能となる。そして、古代の依網池を基点に、本稿で明らかにされた近世初期の依網池へ辿る継時的・正叙的方法を複合・応用させることによって、次のとらえるべき視点が定められる。

今後の依網池研究の課題として、周辺地域に分布する弥生遺跡との関連、狭山池をはじめとする古代に遡る池溝開削との比較、河内平野沖積低地部の治水や土地開発との関連、周辺域に展開する前方後円墳築造との関わり、現存する大依羅神社と依網池の歴史的経緯の分析、古代住吉津に流下した細井川（住吉掘割）との結びつき、巨麻川（駒川）方向へ自然流下した古代依網池の灌漑機能、古代から近世に及んだ依網池と狭山池との一連の経緯、など多くの検討事項をあげることができる。古代・中世の依網池関連の史資料が限られるため、依網池周辺で展開・集約された関連する諸資料の発掘とともに、地域に密着して検討していく素因を探索し、古代依網池の開削の実態に迫っていかねばならない。河内平野沖積地での水田耕作と結びついた灌漑・治水をはじめとして、上町台地南辺部から河内平野南部の段丘面に及んだ、この地域一帯での古代の土地開発の特質を解明するとともに、近世初期の依網池の復原をもとに、大和川付け替えにともなう依網池床の変貌過程と水利改編の分析に橋渡ししていく営みが求められる。多くの検討事項が横たわるなかで、その幾つかに的を絞って整理し、筆者の依網池研究の新たな指針をみつめていきたい。

なお、本稿脱稿後に「依網池描写我孫子村絵図」（第三章での「我孫子村絵図」）の所在が確認され、これによって依網池水利の新たな側面がとらえられる。特に第五節4．我孫子村の灌漑特質を補正する形で、「第三章　我孫子村絵図にみる依網池水利の特殊性」として集約した。

注

（1）『日本書紀』崇神天皇六十二年七月条に「丙辰、詔曰、農天下之大本也。民所恃以生也。今河内狭山埴田水少。是以、其国百姓怠於農事。其多開池溝、以寛民業」とある。この池溝開削の記録は、河内狭山となっており、狭山池との関連を類推することは可能であるが、直接、同池の造池についてふれたものではない。続けて『日本書紀』崇神天皇六十二年十月条に「造依網池」、『古事記』崇神天皇条に「又是之御世、作依網池、亦作軽之酒折池也」とあり、池溝開削の具象名として依網池が初見であるといえる（引用は、黒板勝美・国史大系編集会編『新訂増補国史大系日本書紀前篇』吉川弘文館、一九八一年、倉野憲司校注『古事記』岩波書店、一九六三年による）。
　よさみ池の表記には「依網池」と「依羅池」の記述がみられる。本稿では「依網池」の表記を基調とし、絵図等の名称において「依羅池」と記されている場合、その表記を用いることとした。

（2）前掲（1）以降の池溝開削の主要な記述として、『古事記』垂仁天皇条に狭山池をはじめとする造池、『古事記』仁徳天皇条に茨田堤・依網池などの築造、『日本書紀』仁徳天皇十四年条に石河（石川）より引水した感玖の大溝の掘削、『日本書紀』推古天皇十五年冬条に依網池を含む倭《やまと》国、河内国での造池、山背国での栗隈大溝の掘削などの、幾多の記録をあげることができる。

（3）狭山池の築造年代については、さまざまな見解がみられたが、狭山池治水ダム化事業にともなう文化財調査で、平成六年（一九九四）に北堤の東北端より伝説の樋とされてきたカナ樋（東樋）が発掘され、二つの樋管が確認された（東樋上層遺構、東樋下層遺構）。これらの年輪年代法測定を実施し、東樋下層遺構の樋管材の伐採年代は六一六年の春から夏にかけてという結果が得られている。東樋下層遺構は、狭山池築造当時の遺構とされていることから、狭山池築造年代は七世紀初頭に限定された見方に、ほぼ固まったといえる。

①市川秀之「最古の溜池―大阪狭山池の築造について―」歴史と地理四八四、一九九五年、六七頁。

②光谷拓実「狭山池出土木樋の年輪年代」、『狭山池―埋蔵文化財編―』所収、狭山池調査事務所、一九九八年、四七〇・四七一頁。

（4）山崎隆三編著『依羅郷土史』大阪市立依羅小学校創立八十五周年記念事業委員会、一九六二年。

（5）出水睦己『松原市の史蹟・天美編』松原市教育委員会・松原市郷土史研究会、一九七〇年、八頁。

（6）『古代を考える8』古代を考える会、一九七六年、五三頁、「丹比道の検討・討論の部」において、堅田直氏の発言。

（7）（8）前掲（4）五八頁。

（9）寺田家所蔵「寺田家：大和川池中貫通見取図」は、大和川が依網池のなかを貫通した状況を図示したものである。これによると、大川床やそれに沿った悪水排除筋、土捨場筋、当作潰地筋、狭山西除川筋、さらに北堤の井堰、依網大明神地内、関係村落などが描かれる。同種の絵図に大依羅神社所蔵「大依羅神社：大和川池中貫通見取図」がある。描写意図は共通しているものの、「寺田家：大和川池中貫通見取図」には描かれている西除川筋南側の池床が、「大依羅神社：大和川池中貫通見取図」では描写されておらず、こういった違いから土砂の堆積が著しく進行した、依網池の南池岸線の池床の状況を推察することが可能となる〔第三節1〕。

（10）今池は松原市の芝・油上村立合池で、本稿でとらえた「依羅池古図」や「依網池往古之図」に隣接して描かれている。下水処理場の建設にともない昭和五四年（一九七九）に売却されたが、今も北・西部の堤体部が残され、近世初期の依網池を考察するにあたって、重要な位置づけがなされる〔写真2－3〕。

（11）堺市常磐町から、松原市天美西町にまたがる古墳時代の集落遺跡。昭和五二（一九七七）年に大和川下流西部流域下水道：今池処理場・第1処理棟が堺市側に建設されることにより、それにともない埋蔵文化財包蔵地確認調査が実施されている。これにより地表下三〇～五〇cmに遺物包含層が認められ、調査会が組織されて「大和川・今池遺跡」と名付けられ、大規模な発掘調査がおこなわれた。第一地区の一万五、七〇〇㎡の発掘調査では、五世紀末～六世紀末の一四棟の掘立柱建物、溝、井戸状遺構、それ以降の井戸・杭列を多数検出した。その後、発掘調査は第二・三・四・五地区へと及んだ〔『大和川・今池遺跡―第一地区発掘調査報告書―』大和川・今池遺跡調査会、一九七九年。『大和川・今池遺跡Ⅱ―第三・四・五地区発掘調査報告書―』大和川・今池遺跡調査会、一九八〇年。『大和川・今池遺跡Ⅲ―発掘調査報告書―』大和川・今池遺跡調査会、一九八一年〕。

(12) ①森村健一「記紀にみる依羅池について」、『大和川・今池遺跡―第一地区発掘調査報告書―』所収、大和川・今池遺跡調査会、一九七九年、一八二～一九三頁。

②森村健一「記紀にみる依羅池について」、『大和川・今池遺跡Ⅱ―第三・四・五地区発掘調査報告書―』所収、大和川・今池遺跡調査会、一九八〇年、二二三～二二五頁。

(13) 日下雅義『歴史時代の地形環境』所収、第四章「依網池付近の微地形と古代における池溝の開削」古今書院、一九八〇年、二九四～三〇四頁。

(14) 宝永元年（一七〇四）、近世依網池内を大和川が貫通した付け替え以後、残置された依網池床の権利が関係藩政村に順次分割され、それに応じて依網池床が新田開発、もしくは各村共有池として分割残置されることになる。森は、そのうち現存する依網池として大阪市住吉区庭井町共有池を依網池としてあげている〔庭井村依網池・第2－1図a・後掲(15)、八四三頁〕が、同池は昭和四三年（一九六八）に大阪府立阪南高等学校の校地拡張にともない埋め立てられている〔第2－10図e〕。庭井町の依網池に隣接して、近世依網池床内に住吉区苅田町共有池の苅田村依網池（仁右衛門池）があり、近世依網池の名残をとどめていたが、昭和四三年（一九六八）に苅田南小学校の用地〔第2－1図c・第2－10図g〕、昭和五三年（一九七八）に大阪市営グラウンドの用地〔第2－1図b・第2－10図f〕として埋め立てられ、今は近世依網池に遡る溜池は現存しない。

庭井村依網池の埋め立て経過については、①田中清隆「地理B・地域の調査と研究の指導方法について―依網池をどう教えるか―」大阪府立阪南高等学校・阪南教育二二、一九九六年、六頁による。
(15) 森浩一「生産の発展とその技術」、『大阪府史第一巻』所収、大阪府、一九七八年、八四三頁。
(16) 前掲（4）五三頁。
(17) 前掲（12）②二四頁。
(18) 前掲（13）三〇二頁。
(19) 谷岡武雄『歴史地理学』古今書院、一九七九年、一・三一七頁。
(20) ①藤岡謙二郎『先史地域及び都市域の研究―地理学における地域変遷史的立場―』柳原書店、一九五五年、四二一～五八頁。
②前掲（19）二頁。
(21) 直木孝次郎「律令制以前の丹比地方―土地の開発―」、『松原市史第一巻』所収、松原市、一九八五年、一〇一～一〇三頁。
(22) 前掲（4）九～一二頁。
(23) 亀田隆之『日本古代用水史の研究』吉川弘文館、一九七三年、四頁。
(24) ①服部昌之「難波周辺の台地と低地」、『新修大阪市史第一巻』所収、大阪市、一九八八年、四七頁。
②上田宏範「我孫子古墳群」、『新修大阪市史第一巻』所収、大阪市、一九八八年、三八五頁。
(25) 前掲（13）三〇三頁。
(26) 狭山池水下地域での弥生遺跡の分布は、下流域の氾濫原及び沖積段丘〔第2－6図〕に顕著で、松原市域には城連寺遺跡、池内遺跡、天美南遺跡、上田町遺跡、高見の里遺跡、東新町遺跡、高木遺跡、三宅遺跡、三宅西遺跡、阿保遺跡、河合遺跡などがあげられる〔「松原市文化財分布図」平成六年（一九九四）松原市編纂〕。なかでも高木遺跡では弥生時代の竪穴式住居・掘立柱建物・井戸跡が、上田町遺跡では弥生時代後期の水田・溝・井堰跡が確認されている。狭山池に近い美原町域（堺市美原区）の中位段丘面では、真福寺遺跡、太井遺跡、丹上遺跡などにみられるように八世紀以降に集落が営まれ、西除川左岸においては、鎌倉時代以降の遺跡が飛躍的に増加していることがあげられている〔鋤柄俊夫「中世丹南における職能民の集落遺跡―鋳造工人を中心に―」国立民族博物館研究報告第四八集、一九九三年、一八九〜一九五頁〕。

(27) 山之内遺跡の範囲は、JR阪和線杉本町駅を中心とした約一・五㎢と推定されている。弥生時代前期から中期初頭にかけての土壙墓状遺構をはじめ、古墳時代の掘立柱建物や土坑なども検出され、弥生前期から長期間にわたって営まれた拠点的な集落遺跡とみられている〔『日本歴史地名大系第二八巻・大阪府の地名Ⅰ』平凡社、一九八六年、七三一頁〕。

(28) 今池遺跡は、大和川の南に位置し、中位段丘面と浅い開析谷にまたがる弥生時代後期から古墳時代中期の複合遺跡。昭和五一年（一九七六）に発掘調査が実施され、溝六基、落込み一基が検出された。なかでも幅一〇ｍの大溝から、弥生時代後期から六世紀に至る長期間の遺物が検出され、出土状態、施設された土留などから水霊祭祀の遺構と推定されている〔『日本歴史地名大系第二八巻・大阪府の地名Ⅱ』平凡社、一九八六年、一二九七頁〕。

(29) 北花田遺跡は、依網池の自然流入河川である光竜寺川の流域に分布すると推定され、弥生時代の土壙と多数の土器片が発掘されている。一三〜一四世紀の瓦器片も混じり、遺跡の全容を知るまでに至っていない〔『大和川・今池遺跡Ⅲ―発掘調査報告書―』大和川・今池遺跡調査会、一九八一年、四〜七頁〕。

(30) 前掲（11）参照。

その他、依網池西北に、弥生遺跡とされる住吉遺跡が確認されているが、数次の試掘調査によっても明瞭さに欠けるとされているため、第2－1図ではその概要範囲を省略した。

(31) 各知行領主・代官名記載のなかで、土浦藩主：土屋相模守（土屋正直）は、大坂城代に補職した貞享元年（一六八四）に二万石の加増を受け、「依網池往古之図」に記載の南田辺村、北田辺村、砂子村、鷹合村を元禄四年（一六九一）まで領している〔『日本歴史地名大系第二八巻・大阪府の地名Ⅰ』平凡社、一九八六年、七一〇〜七一一頁〕。苅田村は寛永一七年（一六四〇）より高槻藩領で、同村に記載の永井近江守（永井直種）は、延宝八年（一六八〇）に高槻藩を継ぎ、元禄八年（一六九五）に歿している〔『日本人名大辞典』平凡社、一九七九年（復刻版）、五一七頁〕。同じく苅田村記載の大坂御船手：小浜民部は、貞享二年（一六八五）から宝永二年（一七〇五）まで、村高七八八石余のうち九一石を受けている〔『日本歴史地名大系第二八巻・大阪府の地名Ⅰ』平凡社、一九八六年、七二八頁〕。佐倉藩主：戸田山城守（戸田忠昌）は、元禄七年（一六九四）に河内国で一万石を加増された時に矢田部村を領し、老中職のまま元禄一二年（一六九九）に歿している〔『国史大辞典第九巻』吉川弘文館、一九八六年、三七五頁〕。こういったことから、これらの領した時期は完全に重ならず、大和川付け替えに業を成した杉本村記載の代官：万年長十郎が、元禄七年（一六九四）に任じられている〔『松原年代記』松原市役所市史編さん室、一九七五年、七七頁〕こととと考えあわせ、「依網池往古之図」の時代背景は、一六九〇年代半ば以降、大和川付け替え前の一七〇〇年前後期を描写したものと推定される。

(32)「依羅池古図」に間尺値が詳しく記載されているが、ところどころ剝落しているため、「依網池往古之図」によって、その部分の間尺値を補正することができる。第2－4図は補正間尺値を記載してトレースしたものである。また、両図を対比してみると、「依羅池古図」では七間、三間とあるのに、「依網池往古之図」では十間、五間と記載され、同じ箇所で齟齬する間尺値の部分がみられる。これは「依羅池古図」の間尺値が判読しにくかったため、「依網池往古之図」を描く時に、類似数値を誤記載したものと考えられる。「依網池往古之図」では、明らかに誤記載と思われる間尺値であっても、判読通りの数値によって図示した〔第2－5図〕。

(33)前掲(31)(32)の考察とともに、「依網池往古之図」は文政七年（一八二四）写とあるが、それは「依羅池古図」をもとに、周辺地域に拡大してその時に写したものか、すでに原図として存在した別の「依網池往古之図」をもとに写したものか、その判断が尽きかねる。原図がみつかっていないこと、各知行領主・代官の領した時期は完全に重なってこないことから、文政七年（一八二四）に「依羅池古図」をもとに、一六九〇年代半ば～一七〇〇年前後期を想定して写したものと考えられる。

(34)水下農民の、時の領主：秀頼公への陳訴により、慶長一三年（一六〇八）、片桐且元が林又右衛門・小島吉右衛門・玉井助兵衛の三人を普請奉行とし、五人の下奉行の監督の下、狭山池の大修築をおこなっている。この普請が狭山池慶長の大修理である。この時の事業内容の詳細は不明であるが、その後、下奉行の一人田中孫左衛門を池守とし、三七人の樋役人をおいて狭山池用水の管理に細心を払い、また、狭山池の西にあたる岩室村をはじめ、上流部の村々の三四町歩に匹敵する土地が、土採場・池床に使用されたことがとらえられており、かつてみなかった大修理であったことがうかがえる〔『狭山池改修誌』大阪府、一九三一年、二〇七〜二一三・四九五頁〕。慶長一七年（一六一二）の「狭山池大樋水出ス割符帳」・「狭山池中樋水出ス割符帳」によると、狭山池用水の分水は水高五万四、五七六石三斗九升、村数八〇ケ村に及んでいた。大樋筋では、依網池懸かりにあたる苅田・庭井・我孫子・前堀村はもとより、平野郷村（大阪市平野区平野）までに及んで分水したことがとらえられる〔『狭山町史―本文編―』狭山町、一九六八年、四八七・四九二頁〕。

(35)　第2－7図3は苅田村田地であるが、堤線に近い北側の部分と、池中に近い南側の部分とが区分され、北側の水田地を苅田村田地〔第2－4図ハ〕、南側を苅田村開発田地〔第2－4図ロ〕と記されていることから、北側の苅田村田地はかなり以前より開発された水田地であることがとらえられる。同様に第2－4図ニ・第2－7図2の我孫子村田地、第2－4図ホ・第2－7図1の杉本村田地についても、古い時期より水田地であったことが推察できる。この杉本村田地は、北西端の我孫子村用水樋〔第2－4図5〕に至る井路が敷設されねばならなかったため、この井路と北堤西端との延長部の中に組み入れられるような形になったが、むしろ、池外の古田地であったとみなされる。

(36)　庭井村は、宝永元年（一七〇四）の大和川付け替えによって南北に分断され、石高九一・五七三石・反別六町三六畝八歩の地が潰地になった〔前掲（4）、四六頁〕。この時、川南に分断された土地が第2－8図Dの庭井村古田地である。その後、大和川南の依網池床が庭井新田として開発されるが、これが第2－8図B・第2－8図Eにあたる（石高一〇七石余）。庭井村より住居を移し、庭井新田の集落（明治九年〈一八七六〉一月一日の人口は五六人）が花田新田〔後掲（37）参照、第2－8図C〕の北、大和川左岸堤沿いに形成されるようになる〔第2－7図ロ〕。明治八年（一八七五）五月に、庭井村古田地（石高四二石余）と、大和川左岸河川敷を開発して生まれた庭井村流作新田（石高二三石余）を合併する〔『大阪府全志巻之五』清文堂出版（復刻版）、一九二二（一九七六）年、二七四頁〕。明治一四年（一八八一）三月五日に庭井新田、花田新田、万屋新田〔後掲（39）〕が聯合して大字庭井となり、明治二二年（一八八九）四月一日に大鳥郡（明治二九年〈一八九六〉四月一日泉北郡に）五箇荘村に属する。その後、昭和二年（一九二七）に五箇荘村常磐となり、現在の堺市常磐町に至る。

(37) 花田新田は、宝永元年（一七〇四）の大和川付け替えにともない依網池床を開発して生まれた新田地。旧高旧領には北花田村・船堂村立合とあり、両村の立合によって開発された新田と考えられる〔『角川日本地名大辞典二七・大阪府』角川書店、一九八三年、九八三頁〕。旧石高は六・八一石、明治八年（一八七五）の有租地反別は六町六五畝一二歩、明治九年（一八七六）一月一日の人口は零であり住家がなかったことから〔『大阪府全志巻之五』清文堂出版（復刻版）、一九二二（一九七六）年、二八二頁〕、北花田村・船堂村の出作地であったことを推察することができる。現在、堺市常磐町。

(38) 前掲（36）参照。

(39) 万屋新田は享保七年（一七二二）に、堺の万屋善兵衛の開発した新田地〔『大阪府全志巻之五』清文堂出版（復刻版）、一九二二（一九七六）年、二七五頁〕である。万屋善兵衛は大和川左岸の浅香丘陵西の段丘（西万屋新田）と、大和川左岸の落し堀筋を開発している〔『角川日本地名大辞典二七・大阪府』角川書店、一九八三年、九三六・一、二六一頁〕。落し堀筋の開発として、瓜破村地南と依網池床部の開発がとらえられる。依網池床外に位置する第2－7図ニが、落し堀筋を開発した万屋新田の集落にあたる。聞き取り調査では、万屋新田の山本家の田地は種筋（苗代の生育に適した土地であったことからの語源か、落し堀筋にあたる）に所有したことが知れる（堺市常磐町在住〈庭井新田〉・川口寅吉氏聞き取り調査による）。万屋新田の集落地〔第2－7図ニ〕は大和川左岸沿いの庭井新田の集落〔第2－7図ロ〕の西の浅香丘陵の東端近くに位置し、「依羅池古図」・「依網池往古之図」の池の形態から位置範囲を類推しても、近世依網池床外に立地したものと考えられる。旧石高は九・五〇五石、明治八年の有租地反別は九町一一畝一五歩、明治九年（一八七六）一月一日の人口は三四人である〔『大阪府全志巻之五』清文堂出版（復刻版）、一九二二（一九七六）年、二八二頁〕。昭和五七年（一九八二）八月の豪雨災害にともなう河川激甚災害対策特別緊急事業として西除川の改修がすすめられ、大和川への流入部分が開削〔第2－10図・j〕されることになり、これにともない万屋新田の旧集落の一部が移転している。現在、堺市常磐町。

(40) 前掲（9）参照。

(41) 前掲（13）三〇〇頁。

(42) 大阪府立阪南高等学校の昭和三七年（一九六二）の卒業アルバムに、校舎全景を撮影した写真が残されている。その背景に庭井村依網池〔第2－1図a〕と苅田村依網池〔第2－1図b・c〕の一部が写され、さらにその背景に大和川がみられる。これに写された庭井村依網池と苅田村依網池の北堤体は、周囲の景観からとらえ、大和川右岸の堤防と比べかなり低く、満水面より最大一m程度のレベルとみられる。

(43) 前掲（14）①一二頁。

(44) 真菰は水辺に群生し、稈の長さが約一・五mに成長する。葉で筵を編み、果実は円柱形で細長く、牛馬の飼料や食用として用いられた。

(45) 慶長三年（一五九八）に、「見よも池まこも生候分三つニふミわけくしとりに仕北壱分あひこへ取申候、残而二分ハかりたの分也、又まこも一切はへふ申所も堤の内ノ根ゟ水きわまての間を三つニふミわけくし取ニ仕北壱分あひこへとり申候、残而二分ハ苅田の分也、……」と、両村でとりきめた文書がみられる〔前掲（4）二八・二九頁〕。さらに延宝五年（一六七七）に、我孫子・苅田両村の他に、庭井村が真菰苅の苅取権に割り込もうとして紛擾が発生している〔前掲（4）五五頁〕。

(46) 大阪府立阪南高等学校の校地拡張にともなう盛土工事図（昭和四四年〈一九六九〉）をもとに、田中清隆氏作成の高低測量図の資料による。

(47) 前掲（35）参照。

(48) ①大谷雄一「二つの大依羅神社」大阪府立阪南高等学校・阪南教育二一、一九九三年、三〇～三二頁。
②井上正雄『大阪府全志巻之三』清文堂出版（復刻版）、一九二二（一九七六）年、一二四～一二五頁。

(49) 倉野憲司校注『古事記』岩波書店、一九六三年、九八頁。

(50) 前掲（48）①三二頁。②一二五頁。

(51) 『狭山池改修誌』大阪府、一九三一年、一二一頁。

(52) 芝・油上村立合の今池は、依網池の東堤に隣接して四囲を堤体で廻らされた方形状の溜池であり、条里に規制されて築造されたことがとらえられる。名称から同じ芝・油上村立合の角の池〔第2－1図D、一九六二年に廃池〕より、後世に築造されたことが知れる。依網池と共用したとみられる今池の堤体幅の基底は約二〇〜二五ｍで、庭井村依網池の北堤体幅（一〇〜一七ｍ程度）より大きいことから〔第三節３〕、今池を築造する際、依網池の東堤の東側法面に補強堤したのではないかとも考えられる。残置されている今池の堤体断面の土質調査などによって、四囲の堤体調査を比較することにより築堤工法がとらえられ、依網池の東堤体の構造が明らかになる可能性が秘められている〔写真２−４、今池西堤体部〕。

(53)『絵図に描かれた狭山池』大阪狭山市教育委員会・狭山池調査事務所、一九九二年、二三頁に掲載の神戸市博物館所蔵「狭山池水路図」〔寛永一四年〈一六三七〉〕〔第四章第４−５図〕による。「狭山池水路図」は、その他、同種のものが何葉かみられる。大依羅神社、寺田家においても同種の水路図を所蔵している。

(54) 延宝七年（一六七九）の高木村〔第２−１図コ〕の村絵図が残され、田畑・集落などの地番と面積が描かれ、これによって依網池狭山用水井路と西除川の取樋の位置を復原することは可能であるとみられる。

(55)『松原市史第五巻』松原市、一九八八年。『美原町史第三巻』美原町、一九九三年。『狭山池―史料編―』狭山池調査事務所、一九九六年。に掲載された狭山池関連をはじめとして、多くの水争いの史料がみられる。

(56) ①前掲（51）六一頁。
②川内眷三「近・現代における狭山池水下地域の導水経路の状況と溜池環境の変貌」、『狭山池―論考編―』所収、狭山池調査事務所、一九九九年、二八〇頁。

(57) 前掲（34）参照。

(58)「依網池除所出入曖済手形之事」には、次のように記される。「一．苅田領堤新普請上置壱尺取のけ、一．橋床明所三間ニいたし、一．うて堤明所三間ニいたし立石、一．除所ノふち高き所ニ而四分取ひき候所江ならし其並ふち一面に分石ふせ、」として、代官所の命令で、天王寺・阿倍野・喜連・枯木、道祖本村の五ケ村の庄屋が曖人となって、北花田・奥・杉本村と庭井・我孫子・前堀・苅田村との間での、池堤の高さをめぐる紛争での調停条件を示した文書である〔前掲（４）五六〜五八頁〕。

(59)『狭山池―埋蔵文化財編―』所収、第二章二「樋の調査」狭山池調査事務所、一九九八年、七八頁。

(60)『和名類聚鈔』に摂津国住吉郡大羅郷《おおよさみごう》とあるが、河内国丹比郡にも依羅郷があり、依羅郷は広範に及んでいたものと考えられる。大羅郷の所属郷は、近世初期の村名でとらえれば苅田・庭井・我孫子・前堀・杉本村の他、堀・山之内・寺岡村などの住吉郡の東部地域がそれにあたるといわれる〔『日本歴史地名大系第二八巻・大阪府の地名Ⅰ』平凡社、一九八六年、七一五・七二九頁〕。本稿での依羅郷の範囲は、大羅郷の地域を示すことになる。

(61)享保八年（一七二三）に、我孫子村は依網池の用水権を放棄し、池床を村高に応じて自村分二町一反余を新田開発にしている。これに続き苅田・庭井・前堀・杉本村では、享保一五年（一七三〇）二月に村高に応じて池床を分割し、各村の持池について普請することも、新田開発にすることも自由という文書をだしている〔前掲（4）五九～六一頁〕。

(62)苅田村の西、我孫子村との境界に接した位置にワキス池〔第2－1図Ⅰ〕がある。三〇a程度の長方型の小池で、水深四～五mの湧水池であった。こういった湧き水によって集水された淵・小溜池を除いて、苅田村の用水は依網池に支えられ、同池潰廃以後に苅田村域に各溜池が、順次築造されていったものと考えられる。

(63)(64)前掲（4）六〇頁。
　庭井村の依網池床分割反別の内訳集計では、一町五反四畝二七歩となるが、『依羅郷土史』記載の数値は、一町五反二七歩と記され、誤記載されたものとみられる。

(65)後世に我孫子村庄屋家の継嗣が離村の際に、隣村の苅田村庄屋であった寺田家に関係絵図を預託した経緯が推察される。

(66)前掲（61）参照。

(67)(68)我孫子村では大和川付け替え後、耕地の荒廃が著しく、手余地として放棄されていた。これを明和九年（一七七二）に西成郡今在家村：源左衛門が幕府に願い出て請負人となり、以後、この土地は源左衛門請所として本村分と分離されている〔前掲（4）四九・五〇頁〕。

(69)「杉本村絵図」には、「摂州欠郡之内杦本村高六百九十石五斗三升慶長弐年御奉行片桐市正縄」とあり、慶長二年（一五九七）に検地がおこなわれていることがわかる。しかし、絵図に記載されている「くすはら」〔くずはら池・第

2―14図B〕、「仏生田西かわ」〔ぶ志やでん池・第2―14図Fの西側の池床部分の拡張か〕の池は、「元和七年（一六二一）片桐出雲守領知時分池成」であり、「うと」〔うと池・第2―14図C〕は、「寛永一三年（一六三六）片桐出雲守領知之時分池成」であったとある〔前掲（4）三五・三六頁〕。こういったことから、「杉本村絵図」は太閤検地以降、近世初期での新田畑開発時に、溜池の開削とともに作成された絵図とみられる。

(70) 前掲（4）六四頁。

(71)『狭山池―史料編―』所収、「三．近世の水利慣行　B．割符・番水、狭山池大樋水出ス割符帳」狭山池調査事務所、一九九六年、一六七～一六九頁による。

(72) 杉本村の慶長一七年（一六一二）の番水の受水について、第2―14図アの用水掛井路より導水したという見方もできる。しかし、番水の受水の順番につき、同年の「狭山池大樋水出ス割符帳」では、杉本村は堀村、前堀村の次に受水し、その後我孫子村、庭井村、苅田村へと続いていることから、各村と同様に依網池に導水したとみられる。

(73) 前掲（4）四六頁。

(74) 前掲（4）六二頁。

第三章　我孫子村絵図にみる依網池水利の特殊性

第一節　はじめに

筆者は「依羅池古図」〔第二章写真2－1、第2－4図〕、「依網池往古之図」〔第二章写真2－2、第2－5図〕をはじめ、旧依羅《よさみ》村（大阪市住吉区）に現存する各種絵図を分析するなかで、宝永元年（一七〇四）の大和川付け替えによって分断され、池床のほとんどが順次潰廃されていった依網池《よさみいけ》の復原研究をおこなってきた〔第二章〕。

これによって、①依網池の位置と形態が確定され〔第二章第2－7図〕、②その位置する土地条件から依網池の規模と水深、③依網池の集水と狭山池用水との関係、④依網池の水懸かり範囲と灌漑特質、⑤復原した現況比定から依網池を類推する景観を検証し、近世初期の姿態を具象化することができた。

『記紀』における池溝開削に関する初見が依網池であり、崇神期から推古期にかけて依網池関連の記事を度々みることができる[1]。近世初期での依網池を復原することによって、その時期での水利事情の分析のみにとどまらず、日本の古代史上、重要な位置づけがなされる河内平野沖積低地部の治水とともに、上町台地南辺から河内平野南部の段丘面に及んだ、古代土地開発の解明につながる。

第二章での依網池の復原研究において、その規模は満水面積：約四二万八、〇〇〇㎡、堤体面積：約二万五、〇〇〇㎡で、池敷面積は昭和大改修以前の狭山池と同規模程度の大池であったことを検証してきた[2]。しかし、立地する地形型の状況から推察して〔第３－２図、第３－３図〕、水深は平均一～一・五ｍ程度と極めて浅く、貯水量は五〇万㎥以下であったとみなされる(3)。近世初期の依網池は、親池としての機能をもつ狭山池のうつし池の一つであるが、上町台地南辺の我孫子台地に位置する苅田村〔第３－２図ウ〕、庭井村〔第３－２図エ〕、前堀村〔第３－２図オ〕、我孫子村〔第３－２図ア〕、杉本村〔第３－２図イ〕の五ケ村に及んで、約一〇〇～一二〇町歩程度の灌漑域をもっていたものと推定される(4)。

今回、新たに一七世紀末の作成とみなされる「依網池描写我孫子村絵図(5)」〔森村健一氏所蔵、写真３－１、第３－１図：トレース図、以下「我孫子村絵図」と呼称〕の所在が確認され、これに大和川付け替え以前の依網池と我孫子村全域の水利網が描かれている。筆者が第二章で引用した「依羅池古図」、「依網池往古之図」で分析できなかったことが「我孫子村絵図」に描写され、依網池の新たな水利システムを知見することができる。

こういったことに鑑み、本稿では「我孫子村絵図」に描写・記載された事項を抽出して、①同絵図の作成背景を明らかにするなかで、②依網池での我孫子村の置かれた水利事情の背景、③我孫子村を中心に苅田、庭井村に及んだ水利調整の態様、④狭山池用水の依網池への導水事情と慶長期に実施された狭山池大改修事業の背景、⑤極めて浅い依網池床の埋積の経緯、を中心に分析する。

第二章での依網池の復原と集水・灌漑事情を中心とする研究の一部を補正するなかで、「我孫子村絵図」よりとらえられる水利空間の変貌経緯と、明らかにされた依網池の水利特性を把握するものである。近世初期での依網池の新たな水利事情を解明することにより、古代に遡る依網池研究の展開に弾みをつけたい。

第二節　「我孫子村絵図」の作成背景

1. 作成年代と背景

「我孫子村絵図」（縦・南北一m三五cm×横・東西一m）は数葉に剥離して南西の部分が遺失し、ところどころ虫食い状に剥落している（写真3－1）。しかし、遺失した部分は依網池の南西端の箇所であり、我孫子村域の描写については、第二章で引用した一八世紀初期の作図とみられる「我孫子村絵図」（以下、「後：我孫子村絵図」と呼称、寺田家所蔵：第二章第2－13図）の構成と酷似している。したがって剥落している文字・数値については、「後：我孫子村絵図」の記載内容と、「我孫子村絵図」記載の文章内容の前後を類推しておよそ全容を把握することができる（第3－1図）。[6]

「我孫子村絵図」は、依網池の全域と村全域を描き、同池から三本の通水井路より四方に分水した導水井路が描かれる。村域の田畑は黄土系色、居村は薄桃色、用水路・溜池は水色、道路は朱色、堤上は道路になっているため朱色と黒色で彩色されている。導水井路に二〇ケ所の分堰樋がみられ、それぞれ樋長の丈尺が記される。我孫子村の屋敷数は不鮮明ではあるが九九軒と把握でき、居村域は竹藪と井路で囲繞されており、環濠集落の形態を保っている。[7]居村内に中ノ坊とあるが、これは僧空海が再興した中の坊の寺伝がある大聖観音寺（我孫子観音）にあたる。[8]また、両道場の記載が二ケ所にわたってみられるが、今の浄土真宗本願寺派円満寺、真宗大谷派引接寺を指すのであろう。

居村内の東に、御除地として氏神牛頭天王が鎮座する。これは明治四〇年（一九〇七）に大依羅神社に合祀された旧我孫子神社のことで、中世我孫子城址のあったところとされ、その後大聖観音寺の境内となっている。[9]さらに

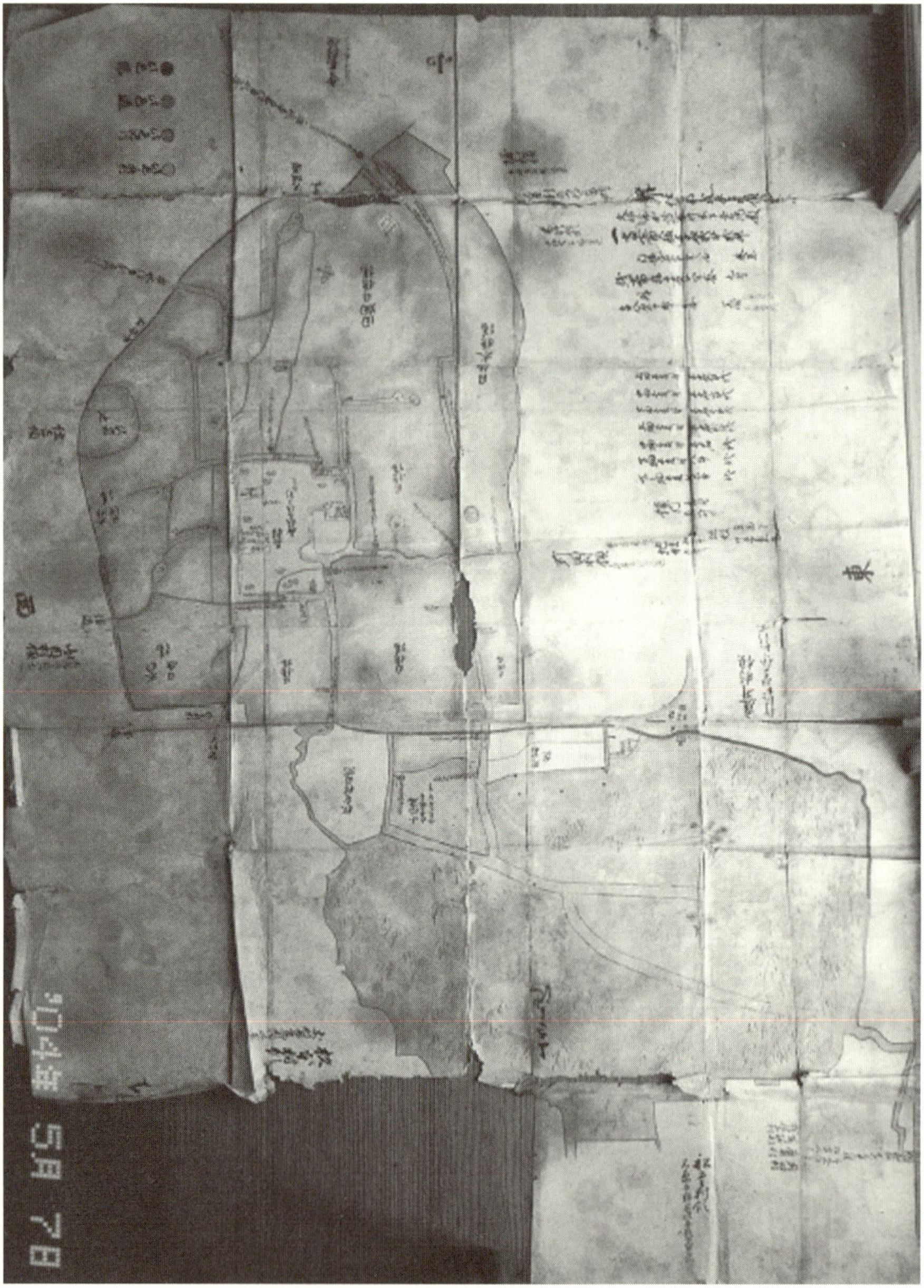

写真３－１　依網池描写我孫子村絵図

森村氏所蔵絵図〔作成年不詳、1690～1695年前後期〕

居村内の西には、御除地として伝馬屋敷がみえる。我孫子村は、堺から平野・八尾、堺から四天王寺へ至る街道が西の村境を通っており、伝馬役負担者の居住屋敷が設置され、地子免除の対象になっていたことが知れる。(10)

「我孫子村絵図」の余白に、文禄三年（一五九四）に検地奉行：木下与右衛門によって、太閤検地を受けた検分状況の概要が記されている。石高は七五一石二斗二升で内一九石五斗三升八合が永荒、残七三一石六斗八升二合が毛付取で、石盛は上田一反ニ付一石五斗代、中田は一石三斗代、下田は一石一斗代、上畑は一石二斗代、中畑は一石代、下畑は八斗代、下々畑は六斗代、外八石五斗二升一合は荒開とあり、下畑六斗代、下々畑は五斗代となっている。領内は東西六町、南北八町余、地形は西北高く、南東下り、東西下り、中辺南北高と記し、現行の地形とも共通する我孫子台地の状況がうかがえる。

こういった記載とともに「我孫子村絵図」には、我孫子村周辺村落の知行領主名が示されている。庭井村領には柳沢出羽守様御知行所とあり、柳沢吉保が従五位下出羽守に叙任されたのは貞享二年（一六八五）にあたる。元禄元年（一六八八）に側用人として昇進し一万石を加増され、この時に和泉、摂津で知行地を得て、(11)元禄七年（一六九四）の武蔵国川越入封時にもそのまま引き継がれている村落が多い。山ノ内村領〔第3－2図カ〕と寺岡村領〔第3－2図キ〕に太田摂津守殿御知行所とあり、延宝六年（一六七八）～貞享元年（一六八四）まで大坂城代に任ぜられた太田資次領で、(12)庭井村領記載の知行主の支配時期と、比定年代に若干の食い違いがみられる。これは、城代就任者の一時的転属が頻繁におこなわれたことから、「我孫子村絵図」の作成側で、旧領主名を記載するなど錯綜していたのではないかとみられる。

こういったことから「我孫子村絵図」は、一六九〇～一六九五年前後に描かれたものと推察される。『元禄郷帳』は元禄九年（一六九六）に調整するように命じられていることから、(13)「我孫子村絵図」は、この時に郷帳とともに差し出された付図の写しであったものとも考えられ、我孫子村は古検のまま高付されていたことが読みとれる。

第３－１図　我孫子村絵図（依網池描写、トレース図）

資料：森村氏所蔵絵図〔作成年不詳、1690～1695年前後期〕。

注）各記号については、本文を参照。

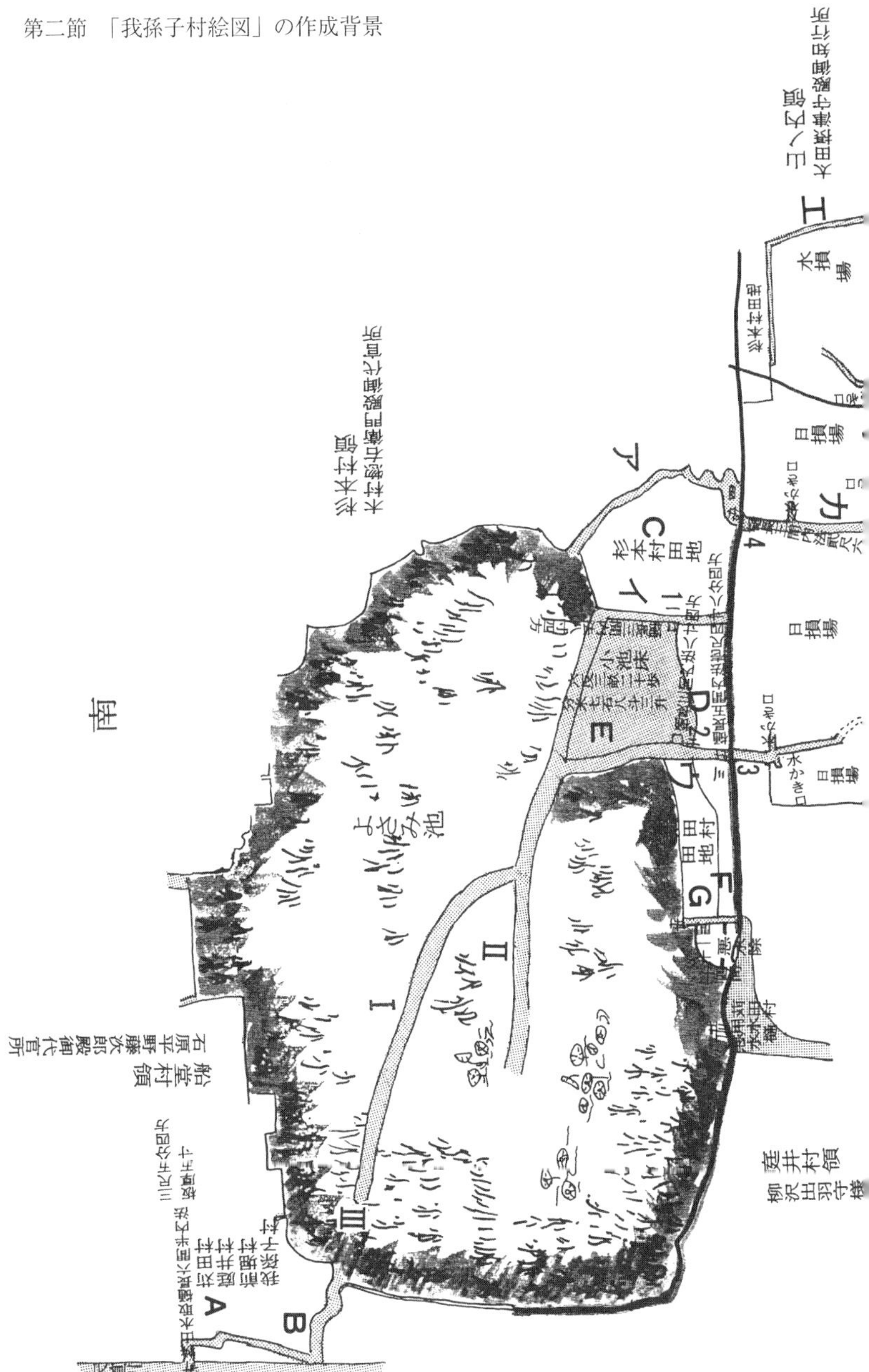

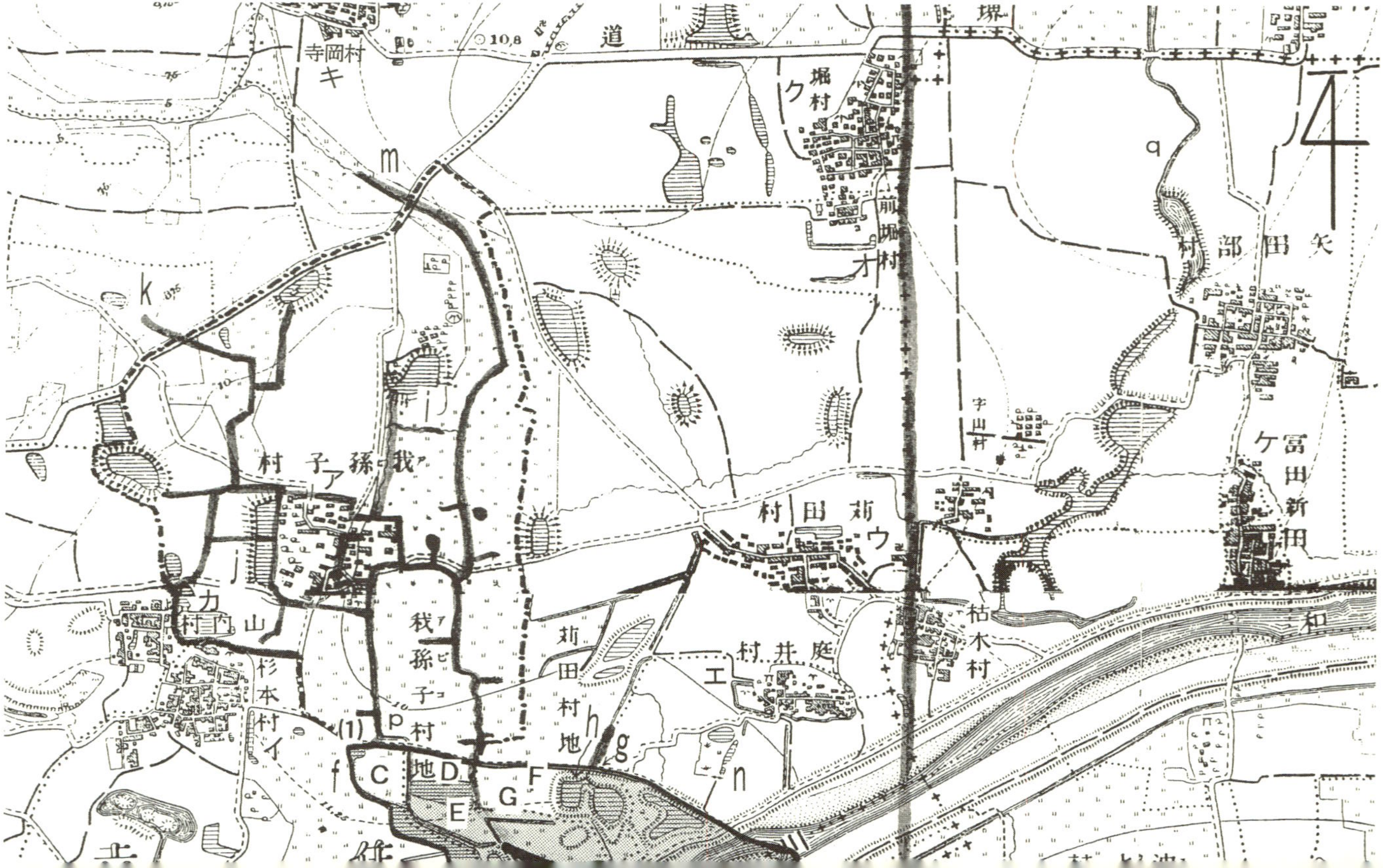

寺岡村
キ
道
堺
堀村
ク
前堀村
オ
矢田部村
q
4
m
k
我孫子村
ア
新田村
ウ
富田新田
ケ
枯木村
庭井村
エ
山内村
カ
杉本村
イ
我孫子村地
p
(1)
新田村地
h
g
n
f
C
D
E
F
G
和

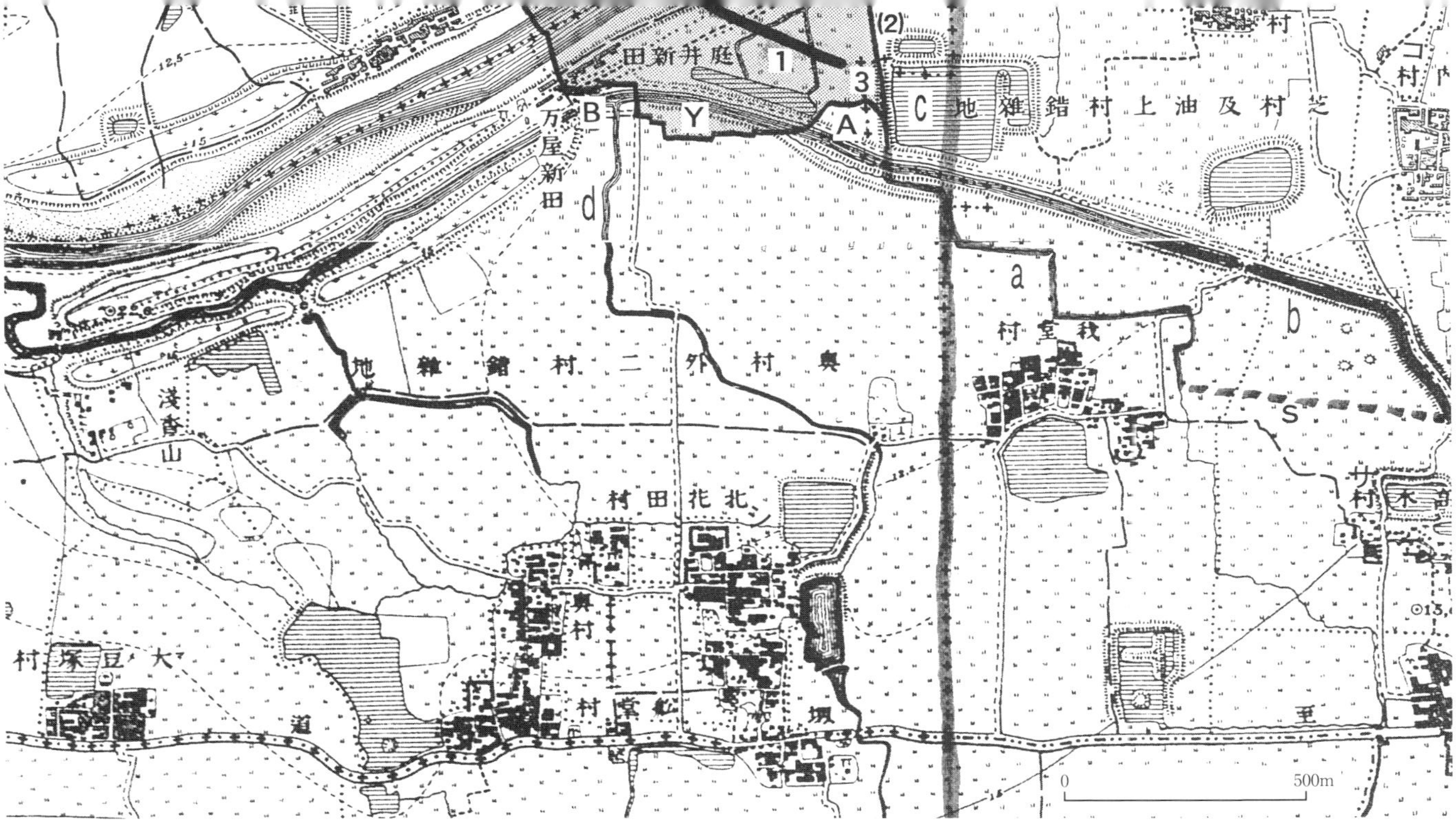

第3－2図　我孫子村絵図（依綱池描写）明治期比定図

資料：陸地測量部１：20,000仮製図〔天王寺村図・1886年、金田村図・1887年〕をもとに作成。
注）N＝難波大道推定跡、他の各記号については、本文を参照。

2．依網池池中の描写

「我孫子村絵図」には、依網池の全体が描かれている。大和川付け替えによって分断される前の依網池の全体を描いた絵図として、「依羅池古図」、「依網池往古之図」に続く三枚目となる。「依羅池古図」は、池岸線の屈曲に応じ間尺値が細かく記入され、その描写精度は極めて高い[14]。「依網池往古之図」は、文政七年（一八二四）写とあり、池岸線の屈曲に応じた間尺値の記入、及び全体の形態は「依羅池古図」と共通していることから、これをもとに依網池周辺域を含めて書写したものとみられる[15]〔第二章第三節1〕。

「我孫子村絵図」に描かれた依網池は、「依羅池古図」、「依網池往古之図」に描写された形とは若干異なり、池岸線の屈曲度も概略化され丸味を帯びる。「依羅池古図」と同様に池中に蓮が、さらに全体を覆うように菰類の繁茂している様子が描かれる。「依網池往古之図」の記載と同様に、狭山池からの取水井路〔第3－1図B〕が描かれ、その権利をうかがわせる導水村として苅田、庭井、前堀、我孫子村の四ケ村を記載している〔第3－1図A〕。

「我孫子村絵図」に描かれた依網池で最も特徴的なことは、池中に二本の井路〔第3－1図Ⅰ・Ⅱ〕が引かれ、これが合流して我孫子村の小池〔第3－1図E〕に集水され、同村へ導水されている様子をあげねばならない〔第三節2・3〕。「依羅池古図」、「依網池往古之図」にも小池の輪郭は示されているものの、依網池中の二本の井路は描かれていない。

依網池をあらわした三枚の絵図の作成年代は、「依羅池古図」が最も古く、測量精度からみて一六〇〇年前後から一六八〇年の間、「我孫子村絵図」が一六九五年前後、「依網池往古之図」は描かれた周辺村の知行領主名からとらえ、その時代背景は一七〇〇年前後とみなされる[16]。

第三節　「我孫子村絵図」にみる水利事情

1．水かき口と日損水損場

「我孫子村絵図」の我孫子村域内に水かき口が九箇所と、八箇所に及んで日損場、もしくは日損水損場と記される〔第3－1図〕。

水かき口は主要井路より分岐したところどころに示され、導水する井路よりも田地が地高で、何らかの方法で水を掻き入れねば用水を引水できず、その土地が広範に及んでいたことがわかる。それと同様に日損水損場が随所にみられることから、用水の不足していた土地が、我孫子村のほぼ全域にわたって展開し、「我孫子村絵図」に西北高く、中辺南北高と記されていた事情とも共通する。

「後：我孫子村絵図」で、田畑日損場の記載は二箇所のみであった〔第二章第2－13図〕。「後：我孫子村絵図」は、大和川が付け替えられて分断された依網池の状況を描いていることから、大和川付け替えにより用水が著しく不足して、その現状を訴えた絵図であったのではないかと推考していた〔第二章第五節4〕。しかし、大和川付け替え以前の絵図である「我孫子村絵図」での日損水損場の記載は八ケ所にものぼることから、我孫子村の水不足はすでに深刻な状態に置かれていたことがわかる。確かに大和川付け替えにともなう依網池の用水供給機能の減退によって、その後水利改編を余儀なくされているものの〔第四節〕、我孫子村の水不足はそれ以前より慢性的な状況下に置かれていたのである。

2．我孫子村小池の開削と導水経路

「依羅池古図」、「依網池往古之図」にも、池中に我孫子村の小池の輪郭が示されていた[17]。こういった様子から、第二章で、我孫子村は依網池の全体の水位が低下した時に、この依網池中を堤防で囲った水利施設（小池）の残水によって、用水を確保していたものと推測していたのである。さらに「後：我孫子村絵図」で小池がより明瞭に描かれていることから〔第二章第2－13図a〕、大和川付け替え後、依網池の水利機能を補う必然性から小池を再整備し、この時に我孫子村の水利システムが大きく再編されたとみていた〔第二章第五節4〕。

ところが、大和川付け替え以前の「我孫子村絵図」に整備された井路網が描かれ、小池の位置に、小池床六反三畝二十歩、分米七石八斗三升と記され、高付されていたことが判明したのである〔第3－1図E〕。依網池は築造当初より池床が浅く、永年の土砂堆積によって常時露呈した土地が目立つようになり、そのところを開田していた様子がうかがえる〔第三節4〕。我孫子村では第3－1図Dの土地に続いて、文禄三年（一五九四）の検地までに小池床のところがすでに開田され、それをその後、池として新たに機能させた経緯が読みとれる〔第三節3〕。

我孫子村での小池を中心とした水利システムは、依網池が分断される宝永元年（一七〇四）の大和川付け替え以降のことではなく、それ以前に開田されていた小池床のところを用水池として機能させ、依網池中に描かれた二本の井路を集水路〔第3－1図I・II〕として小池を支え、この時点で我孫子村の依網池用水をめぐる特異な水利特性が図られていたのである。

我孫子村では、依網池から三つの井路を経て導水している〔第3－1図ア・イ・ウ〕。第3－1図アの井路は、かなり早くより開田されていたと考えられる杉本村田地〔第3－1図C〕を西へ大きく取り囲み、この周辺での池床が極めて地高であるため、水流を確保することが困難になっていたものとみられる。思うように導水できなかった第3－1図アの井路に替え、小池の掘削とともに第3－1図イの井路を敷設した様子がうかがえる。「我孫子村絵図」では、イから四番の樋〔第3－1図4〕へ至る部分の井路は描かれていないが、大和川付け替え後の「後：我孫子村絵図」や比定図として用いた明治一九年（一八八六）仮製図では、その状況が明瞭に示され〔第二章第2－13図、第3－2図p〕、第3－1図イの井路からアの井路の北東端にある四番の樋へ導水していたことがわかる。依網池北西端の第3－1図アの井路は、「後：我孫子村絵図」〔第二章第2－13図〕に描かれていないことから、小池が築造されるとともにその役割が大きく後退し、満水時のみ杉本村と共同で我孫子村南西端の井路〔第3－1図エ〕の方向へ回すことができたのではないだろうか。

小池の築造に付随して第3－1図イの井路が新設され、それは依網池中の用水を導水するだけではなく、小池の一番の樋〔第3－1図1〕より流下した用水を四番の樋〔第3－1図4〕に導いて、我孫子村居村の東側の井路〔第3－1図カ－ケ〕に配水された。さらに居村の南で分水させ、西側の井路〔第3－1図カ－オ－ク－コ〕より北西の悪水住吉領流しへ落とされる〔第3－1図シ〕。第3－1図イの井路はアの井路に替わって、我孫子村居村を大きく取り巻いて分水するシステムがとられていたものと考えられる。しかし、その水懸かりは我孫子台地の尾根部にあたることから、全体的に地高で極度の水不足に陥り、水懸かりの半分程度しか用水を供給することができなかったものと推察される(18)。

一方、第3－1図ウの井路は、依網池中の用水を直接導水した他、小池の二番の樋〔第3－1図2〕より三番の樋〔第3－1図3〕、七番の樋〔第3－1図7〕で調節しサの井路に導水した。我孫子村の領域は東辺に低いことから、村域の東端部がこの井路の水懸かりとなり、さらにイの井路の余水がカからキの井路を経て流下したことがとらえられる。ウの井路の水懸かりは、第3－1図で日損水損場と記されているものの、我孫子村のなかでは比較的水持ちがよかったものとみられる。ウ・サの井路を通水した余水は、住吉大社〔第3－3図S〕南辺に至る細井川へ流下した〔第3－1図ス、第3－2図m、第3－3図H〕。

3．池中集水井路の設置と狭山池慶長期大改修事業

溜池が灌漑機能を増幅させるためには、その前提となる集水の如何に大きく左右される。それだけに依網池中に小池を築造する前提として、集水の確保が不可欠であった。「我孫子村絵図」の描写で最も特徴的なことは、小池の開削とともに依網池内を東西に二本の井路が描かれていることに集約される。一本は天道川（西除川）[19]からの狭山池用水の取水〔第3－1図A・B〕と結びつく井路〔第3－1図Ⅰ〕で、もう一本は池の中央北寄りの、位置する地形型から考えて依網池の最深部とみられるところより延びている井路〔第3－1図Ⅱ〕が明瞭に描かれている。この二本が合流して依網池中の小池に集水されている様子がとらえられる。依網池中に小池を設置することによって、その機能を増幅させるため集水が最大の課題であったことがわかる。

狭山池は、慶長一三年（一六〇八）に片桐且元による大改修にともない、水下地域の水利再編がおこなわれている[20]。狭山池用水は北堤に設置された西樋（西川筋）と、中樋（東川筋）を通じて水下地域へ配水される。依網池は西川筋にあたり、慶長一七年（一六一二）に番水が敷かれ[21]、杉本、我孫子、庭井、苅田、前堀村と堀村〔第3－2図ク〕が狭山池用水を受水している。我孫子村では、承応二年（一六五三）、延宝四年（一六七六）、元禄九年（一六九六）の番水時にも受水しており、狭山池との関係は大和川付け替えまで続いていた〔第二章第四節2〕。

慶長期の狭山池大改修時に、水下地域一帯ではこれに呼応するかの如く新たに溜池を築造している[22]。我孫子村もこの大改修事業に合わせて、文禄三年（一五九四）の検地で高付されていた依網池中の開田されていたところに小池を築造し、狭山池用水の取水に備えたものと考えられる。依網池中に描かれた第3－1図Ⅰの井路は、明らかに狭山水取樋〔第3－1図A〕から延びる取水井路〔第3－1図B〕を意識して設置されている。狭山池取水井路より依網池に流入した部分が途切れているが〔第3－1図Ⅲ〕、これは苅田村、庭井村、前堀村の狭山池用水の取水に対して妨害にならないように配慮したものと思われる。狭山池番水の受水時はもちろんのこと、西除川より用水を小

池に集水する時には、この途切れた部分に俵積みの土手を急造して取水しなければならなかった。依網池中の第3－1図Ⅱの井路は、池中の最深部の用水を集水するためのものであったとみられる。

依網池中の土砂堆積とともに、村域が全般的に地高である我孫子村では苅田、庭井村と比べ、依網池からの用水取得に支障をきたすようになっていた。旱魃時に送水される狭山池番水を取水しても、旧来の依網池の形態のままでは思うように我孫子村に導水できなかったのであろう。その機能を回復させるため、慶長期の狭山池大改修事業に合わせて小池が築造されたものとみなされる。その結果、依網池中に池があり、そして井路がある特異な様相を示すようになった。池中に設置された井路は俵積みで、半ば固定化されていたとみられるが、「依羅池古図」、「依網池往古之図」に池中の井路が描かれていないことから、依網池満水時に沈水した不安定なものであった。それだけに維持管理に相当の労務を費やし、苅田、庭井村との利害調整に努めたことが想起される。

4．池中埋積の経緯

依網池に流入する主な河川は、光竜寺川〔第3－2図d〕と東南端の狭山池用水を取水した井路〔第3－2図a〕である。細流であり狭山池と比べると、その土砂の流入量は相当少ない。しかし、依網池は築造当初より池床は浅く、「依羅池古図」に、池面のほとんどを覆うように蓮や菰類の水生植物群が描かれていることからも、池中埋積の様子が推察される〔第二章第三節3〕。同様に「我孫子村絵図」にもその様子が描かれ、依網池の復原とともに作成した第3－2図の様相から、池床の土砂堆積の状況を推測することは、用水池として機能してきた依網池の変貌の経過の一端を探ることにつながる。

河内・和泉の地域では用水を確保するために、水利施設の保全をめぐって村落水利共同体維持の前提ともなる、さまざまな水利労務を課し、幾多の管理上の慣行が醸成されてきた。なかでもたえず池床に土砂が堆積することから、用水池としての機能回復のために池浚の労務に努める必要があった[23]。

狭山池周辺の一帯では、土砂の除去は坪掘りといって、農家の所有反別ごとに坪単位で割り当てられ〔坪割り〕、採取した土砂を田地の肥沃維持のため散布する慣習がみられた[24]。依網池の場合、こういった池浚慣行が実施されても、池面積が広大であることから全池に及んで浚えることは困難で、時代の経過とともに池床に土砂堆積が進行し、満水になっても冠水しない土地がみられるようになっていった。

それはまず西南池岸の光竜寺川河口付近〔第3－2図B〕と、南東池岸の狭山池取水井路口付近〔第3－2図A〕にみられた。いわゆる池岸河口の三角州形成による土砂堆積である。光竜寺川河口は「依羅池古図」に「川幅貳間」と記され小流であったが、流入する唯一の自然河川であり、かなり早い時期より埋積していったとみられる。狭山池取水井路口のところは、第二章で引用した享保九年（一七二四）の「庭井村・北花田村・船堂村・奥村争論曖絵図[25]」〔寺田家所蔵、第二章第2－8図〕に、北花田村川越八ケ所田地として描かれている。こういったことから、この井路の河口部は古くより北花田村〔第3－2図シ〕領で、相当早くから西除川より取水し、埋積していたことが知れる。

さらに依網池の埋積は、北堤北西池床で顕著にみられる。依網池の位置する地形は、北西寄りに地高であることから杉本村と共用したとみられる我孫子村への導水井路〔第3－2図f〕が、杉本村田地〔第3－2図C〕を大きく取り囲んでいる。それだけにこの部分の池床は極端に浅く、かなり早い時期に杉本村田地として開田されていた。この杉本村田地は、状況によっては築堤当初より冠水しなかった古田地であったともみなされる〔第二章注記(35)〕。

北堤北西池床部の土砂堆積は、我孫子村田地として開田された第3－2図D、そして北堤中央寄りの苅田村田地として開田された北側の第3－2図Fの池床に及ぶ。さらにそれらと隣接する池中への土砂堆積が進むなかで、苅田村田地〔第3－2図G〕、我孫子村小池床〔第3－2図E〕のところの開田に連なっていったのである。
他に南池岸線〔第3－2図Y〕のところも、上流の小井路からの土砂流入で相当浅くなっていた。[26] 同様に、地高である西側池岸線〔第3－2図X〕のところも池床がたえず露呈し、杉本村の依網池からの灌漑は難渋を極めていた状況が推察される。[27]
築造されてから千数百年の間、依網池の土砂堆積は漸次広範囲に及び、近世初期の依網池の池岸線は必ずしも常に復原した状況にあったとは限らず、貯水状況が不安定で大きく様相を変化させていたものとみられる。

第四節　「我孫子村絵図」にみる水利空間の変貌

依網池は池中に池があり、そして井路がある特異な溜池であった。それは我孫子村が依網池用水を利水する過程のなかで形づくられてきた特殊性であり、我孫子村の水利空間のみにとどまらず、「我孫子村絵図」より一六～一八世紀の依網池周辺の水利事情が蘇る。「依羅池古図」、「依網池往古之図」では依網池の形態表示に力点が置かれ、灌漑域での水利事情は憶測の範囲でしか読みとれなかった。それが「我孫子村絵図」では、周辺に波及した水利背景が鮮明にとらえられたのである。

池中の井路敷設の状況、及び我孫子村の水利事情から、第二章で考察した以上に池床の埋積は著しく、用水の利水に相当支障をきたしていたことが明らかになった。それだけに一六・一七世紀の依網池用水をめぐって、比較的豊潤に利水できた苅田・庭井村と、地高で時代を追うごとに難渋を極めた我孫子村では、利水のうえでの構造的な違いが認められる。それが我孫子村の小池の築造、そして池中の二本の井路の敷設にあらわれ、前堀村や杉本村の利水を含め、その利害調整が依網池の新たな課題になっていったことが想起できる。

我孫子村小池床のところは高付されていたことから、依網池床の埋積→開田→小池開削といった過程のなかで、一六～一八世紀の我孫子村での依網池用水の利水の経緯が推測される。池中の埋積が進行していたことから、かなり早い時期より池床の開田化が図られ、我孫子村では一六世紀末までに小池床のところを新田開発していたものとみられる。その後、狭山池慶長期大改修事業のなかで、依網池利水の抜本的な見直しが急務となり、小池が開削され、それを中心とした水利システムがとられるようになった〔第3－1図〕。

大和川付け替え以前の依網池の用水供給機能はかなり低下していたが、池面積が広大で集水の役割は依然として大きく、我孫子村では依網池に依存するものの、苅田・庭井村と比べ用水の供給に困難をきたすようになり、水利再編を模索する必要性に迫られていたのではないか。こういったなかで、狭山池取水井路に連なった池中の井路からの集水の重要性とともに、慶長期に遡って狭山池大改修事業にともなう依網池周辺を含めた狭山池水下地域の水利再編の一端が、「我孫子村絵図」より推考できるのである。

宝永元年（一七〇四）の大和川付け替えによって依網池は分断されるものの、我孫子村では依網池を背景に小池を中心とした水利システムが依然として継続されている〔第二章第2－13図〕。しかし、依網池を背景にした小池への集水機能が衰えるなかで、我孫子村では享保八年（一七二三）に依網池の水利権を放棄して、池床を村高に応じて開田していくことに踏み切り、これがきっかけとなり享保一五年（一七三〇）の苅田、庭井、前堀、杉本村での依網池床分割につながっていく。[28] これ以降、我孫子村では小池を親池として、村域内に新たに築造された村池をうつし池として、大和川付け替え後の水利改編が実施されていくのである。[29]

こういった「我孫子村絵図」に描かれた我孫子村を中心とした水利事情は、明治一九年（一八八六）仮製図をもとに作成した比定図によって、その背景が浮き彫りにされる〔第3－2図〕。我孫子村域内の西辺の井路〔第3－2図f からk方向〕周辺の一部、及び西除川に近い狭山池取水井路〔第3－2図s〕の部分は推測の描写になるものの、我孫子村のそれぞれの井路ごとの三つの灌漑域に区分される第一次水利空間、我孫子村が集水する小池を含んだ第二次水利空間、小池を補完する集水域としての依網池を含んだ第三次水利空間、苅田、庭井、前堀、杉本村に及んだ依網池全灌漑域の第四次水利空間、西除川からの取水に広げた第五次水利空間、周辺地域との利害のなかで広域の狭山池用水を取り込んだ第六次水利空間、そして、これらの水利空間とは別途の巨麻川〔駒川、第３－２図ｂ〕に余水が流出する範囲での水利空間、を想定することができるのである。こういった水利空間が互いに絡みあって、変貌していったこの地域の水利事情の経緯が、「我孫子村絵図」に描写されているのである。

第五節　古代依網池への展望（まとめに代えて）

近世初期の依網池の復原研究を基にして、今後の依網池研究には二つの視点が定められる。一つは大和川付け替え以後の依網池の動向と近代に至るまでの変遷過程[30]、あと一つは中世から古代に遡る依網池の開削の歴史である。

依網池の開削については、『記紀』に度々記載されていることもあって、その時期をめぐって幾つかの見解がみられる[31]〔第二章第二節〕。その多くは『日本書紀』仁徳四十三年九月条の「依網屯倉阿弭古捕異鳥」の記事から[32]、五世紀初期頃に依網屯倉が池溝の開削によって営まれていたとしており、この考え方が定説になっているといえる[33]。しかし、いずれも『記紀』記載の概要をとらえたのみで、具体的な根拠をもって論証されてはいない[34]。

筆者は、上流にある狭山池が近年の治水ダム化事業による埋蔵文化財調査によって、六二〇年前後に築造されたと確定されている[35]こととと関連させ、開析谷を堰き止めたアースダム形式の狭山池の形態と比べ、依網池は立地する地形型〔第３－３図〕から低い堤体が連続しており、比較的容易に築堤できたこと、周辺に弥生前期から古墳時代にかけての集落遺跡の分布が多くみられること、依網池の灌漑域が氾濫原から中位段丘面の漸移地帯に及んでおり

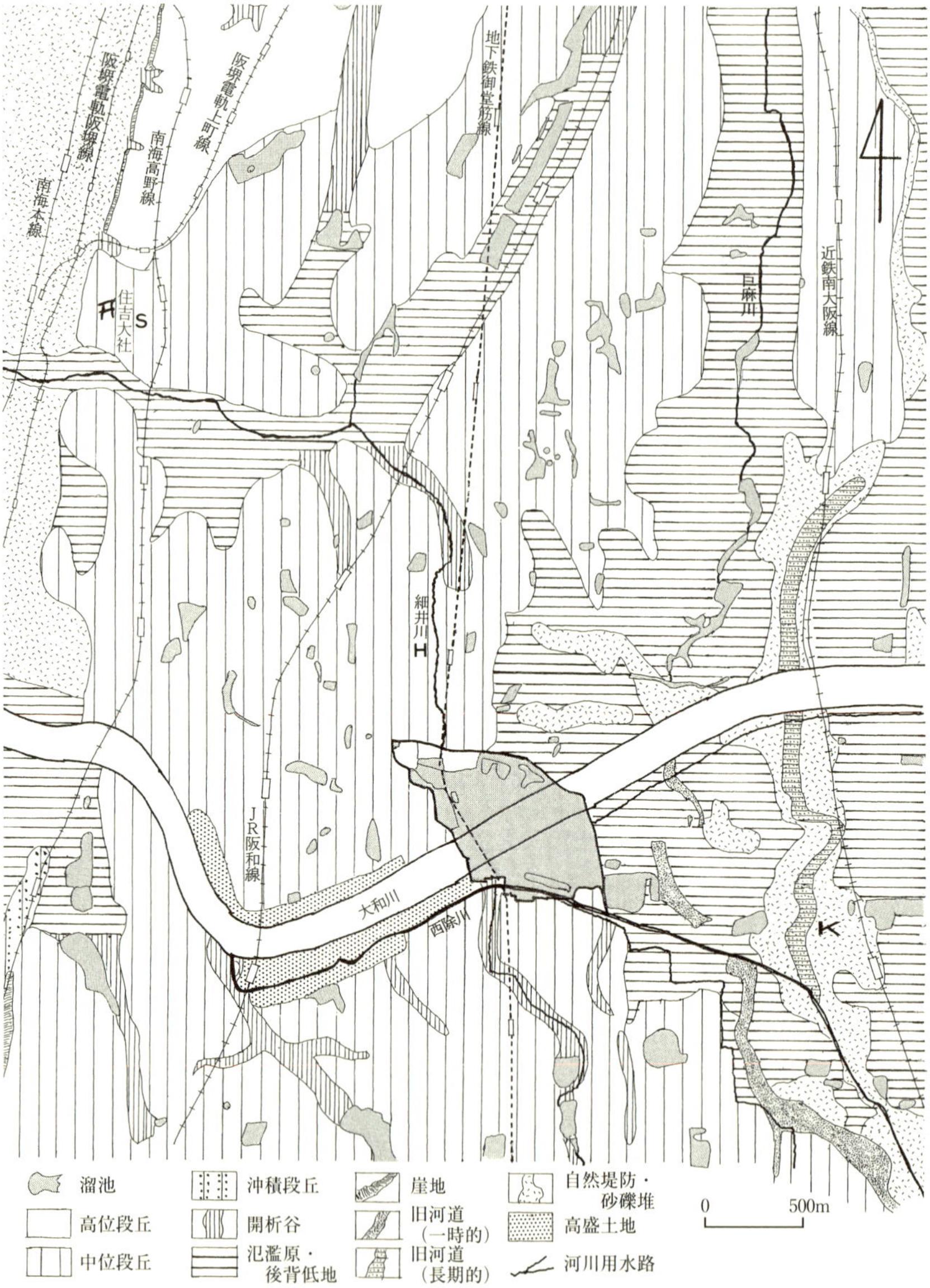

第３－３図　依網池周辺土地条件図

資料：国土地理院１：25,000大阪東南部土地条件図〔1983年〕をもとに作成。
注）各記号については、本文を参照。

〔第3－3図〕、河内・和泉地方の高燥な段丘面の開発がはじまる五世紀中期前後、遅くとも六世紀初期頃までには築造されたものとみている。(36)

さらに依網池の築造について、立地する地形型の状況から二段階乃至三段階築堤説をとり、西に〔第3－2図⑴〕、南に〔第3－2図⑵〕堤を延長して機能を増強していったと考えている〔第二章第二節〕。依網池の築堤延長・増強は、五、六百年以上も隔てて後世におこなわれたものではなく、依網池の灌漑域が、我孫子村の中位段丘面に拡大した時期、それが依網池の水利機能の増強の最終段階であり、これが近世初期の復原した依網池の形態と結びつくのではないかとみている。

『日本書紀』で、推古天皇十五年（六〇七）冬条に依網池の築造、推古天皇二十一年（六一三）冬十一月条に難波より京に至る大道の設置、皇極天皇元年（六四二）五月に河内国の依網屯倉の前で射猟を観る、の記事がみられる。(37)大道については依網池東の隣接するところを、南北に貫いた古道跡が発掘されており、これが難波大道〔第3－2図N〕と確定されていることから、(38)七世紀初期頃までには、近世初期の復原した形態に連なる依網池が形づくられていたとみておきたい。

依網池関連の中世での史資料が乏しく、近世初期の依網池の形態から、土地経営、用水支配の形態など基本的に異なる古代に遡ってとらえる疑点は残るものの、やはり日本最初の池溝開削である古代依網池の姿態をとらえていくことが依網池研究の重要な課題であると考える。

それは現存する大依羅神社〔第3－2図n〕の歴史的経緯や位置関係、狭山池をはじめ『住吉大社神代記』に記載される針魚大溝《はりおのおおうなで》など、(39)近辺での古代に遡る歴史をもつ池溝開削との比較、大仙陵池など古墳周濠との立地形態〔第六章〕、及び周辺に分布する諸溜池との利水や立地からの検討、(40)周辺地域に分布する弥生～古墳時代の遺跡の分析、ふれてきた『記紀』記載の難波大道との生産・流通の側面からの考察、条里制など古代の土地制度との関連、依網池の復原した現況景観との比定から、残存する幾つかの依網池痕跡の探査と発掘調査への期待[41]、池床面のボーリング調査による地質データーの蒐集・分析など、さまざまな側面からのアプローチが求められる。

個人研究のなかで、その方法によっては調査・蒐集・分析に限界・困難が付き纏うものの、第二章での近世初期の依網池の復原研究、本稿での「我孫子村絵図」から得られた依網池の水利の特殊性の分析をもとに、古代に遡る依網池の地表空間を具体的に実証する時期にきているように思える。大胆にも仮説をたて、現在の景観から過去の景観を再構成する歴史地理学の手法によって、古代依網池の開削について検証していくことを今後の課題としたい〔第四章〕。

注

(1)『記紀』における依網池・狭山池の池溝開削の記述として、以下の記事をあげることができる（読み下し文掲載）。

①『日本書紀』崇神天皇六十二年七月条
丙辰に、詔して曰はく、農のなりはいは天下の大いなる本となる也。民の恃を以て生ける所也。今河内の狭山の埴田水少し。是を以て、其国の百姓、農の事に怠れり。其れ多に池溝を開りて、以て民の業を寛めよ。

②『日本書紀』崇神天皇六十二年十月条
是の月、依網池を造る。

③『古事記』崇神天皇条
また是の御世に、依網池を作り、また軽の酒折池を作る。

④『古事記』垂仁天皇条
凡そ此の天皇の御子等、十六王なり。男王は十三、女王は三。（中略）印色入日子命は、血沼池を作り、また、狭山池を作り、また日下の高津池を作りたまひき。

⑤『古事記』仁徳天皇条

此の天皇の御世に、（中略）。また秦人を役ちて、茨田堤及び茨田三宅を作り、また丸邇池・依網池を作り、又難波の堀江を掘りて海に通わし、また小椅江を掘り、また墨江の津を定めたまひき。

⑥『日本書紀』推古天皇十五年（六〇七）冬条

是歳の冬に、倭国に、高市池・藤原池・肩岡池・菅原池を作る。山背国に、大溝を栗隈に掘る。且河内国に、戸苅池・依網池を作る。亦国毎に屯倉を置く。

依網屯倉、及び依網池周辺に関連するものとして、以下の記事がある。

⑦『古事記』仁徳天皇十四年冬条

是の歳、大道を京（難波高津宮）の中に作る。南の門より直に指して、丹比邑に至る。

⑧『日本書紀』仁徳天皇四十三年九月条

庚子の朔に、依網屯倉の阿弭古、異しき鳥を捕て、天皇に献りて曰す、「臣、毎に網を張りて鳥を捕るに、未だ曾て是の鳥の類を得ず。故、奇びて之を献る」と曰す。天皇、酒君を召びて、鳥を示せて曰はく、是、何鳥ぞや。酒君、対へて言わく、此の鳥の類、多く百済に在り。馴け得つけば能く人に従ふ。亦捷く飛びて之諸の鳥を掠む。百済の俗、此の鳥を号けて倶知と曰す。是、今時の鷹なり。乃ち酒君に授けて養馴せしむ。幾時もあらずして馴け得たり。酒君、則ち韋の緡を以て其の足に著け、子鈴を以て其の尾に著けて、腕の上に居ゑて、天皇に献る。是の日に、百舌鳥野に幸して遊猟したまふ。時に雌雉、多く起つ。乃ち鷹を放ちて捕らしむ。忽に数十の雉を獲つ。

⑨『日本書紀』仁徳天皇四十三年九月条

是の月に、甫めて鷹甘部を定む。故、時人、其の鷹養ふ処を号けて、鷹甘邑と曰ふ。

⑩『日本書紀』推古天皇二十一年（六一三）十一月条

冬十一月に、掖上池・畝傍池・和珥池を作る。又難波より京に至るまでに大道を置く。

⑪『日本書紀』皇極天皇元年（六四二）五月条

己未に、河内国の依網屯倉の前にして、翹岐等を召びて、射猟を観せしむ。

（引用は、倉野憲司校注『古事記』岩波書店、一九六三年、黒板勝美・国史大系編集会編『新訂増補国史大

系日本書紀前篇・後篇』吉川弘文館、一九八一年による。）

上記①の池溝開削の記事は、河内狭山と記述されており、狭山池の関連を類推することは可能であるが、直接、同池の築造についてふれたものではない。また、池の呼称として『古事記』孝元天皇条に、同天皇の御陵として「剣池の中の岡の上にあり」とでてくるのが初出であるが、池溝開削との関連についてはふれられていない。したがって、池溝開削の具象名の初見は依網池といえる。

（2）（3）（4）〔第二章第三節3・第五節6〕。
大正一五年（一九二六）～昭和六年（一九三一）におこなわれた昭和大改修事業での狭山池の規模は、満水面積：約三九万四、〇〇〇㎡、堤体面積：約七万九、〇〇〇㎡で、貯水量は約一七八万六、〇〇〇㎥であった。集水域が広大で、貯水量でははるかに凌ぐ狭山池と比べ、依網池の用水供給機能は劣るが、池面積では同程度といえる。

（5）「依網池描写我孫子村絵図」（本稿では「我孫子村絵図」と呼称）は、大和川・今池遺跡の発掘調査に携わった堺市埋蔵文化財センター：森村健一氏が所蔵する。堺市美原区南余部在住の天見昌弘氏より依網池研究の一助になればということで譲渡を受けたもので、同氏の尊父天見幾太郎氏が古書店で購入したという経緯がある。

（6）「後：我孫子村絵図」は、村全域と大和川付け替えによって分断された依網池の北の部分が描かれる。村域の構成は「我孫子村絵図」と酷似し、これを原図として「後：我孫子村絵図」が描かれたものと思われる。大和川付け替え後に北部に残置された依網池の全域が描かれ、第3－2図にみえる我孫子村の村池が描写されていないことから、大和川付け替え後の水利改編がおこなわれる直前、一七二〇年前後期の作成とみられる。

（7）我孫子村だけではなく、この周辺の村落の多くが環濠集落としての形態をもつ。第3－2図の明治一九年（一八八六）仮製図においても、村によって環濠部分の残影がみられる。

（8）（9）井上正雄『大阪府全志巻之三』清文堂出版（復刻版）、一九二二（一九七六）年、一三二・一三三頁。

（10）「後：我孫子村絵図」〔第二章第2－13図〕では見取場となっており、「我孫子村絵図」〔第3－1図〕の伝馬屋敷の記載とは異なる。主要街道の宿駅でないため、領内巡検の際の検見場としての役割をも果たしたものとみられる。

（11）『日本歴史人物辞典』朝日新聞社、一九九四年、一、七二六頁。

(12)『日本歴史地名大系第二八巻・大阪府の地名Ⅰ』平凡社、一九八六年、七二七頁。

(13)『国史大辞典第五巻』吉川弘文館、一九八四年、四四九・四五〇頁。

(14)「依羅池古図」は、大正八年（一九一九）に他の水利絵図とともに、前堀村の田代家が大依羅神社へ寄贈したものである。その経緯を記した添え書きには、伝・文明年間（一四六九～一四八七）の作図とある。北堤と東堤には長間尺値、南・西池岸線は屈曲に応じて間尺値が記入されている。その測量値の精度は高く、細微にわたって描こうとした配慮がうかがえる。こういったことから、早くとも太閤検地以降、状況によっては宝永元年（一七〇四）の大和川付け替えによって分断される可能性があることから、この期に依網池の周囲を測量し、形態を示しておく必要性から描かれたものとも推察される。本稿では、慶長一三年（一六〇八）に狭山池が大改修され、この地域一帯の水利再編がなされていること、「依羅池古図」が依網池の全体をとらえた原図とみなされることから、慶長期以降、近世初期の作図とした〔第二章第三節1・2〕。

(15)(16)「依網池往古之図」は、文政七年（一八二四）写とある。それは「依羅池古図」をもとに、周辺地域に及んでその時に書写したものか、すでに原図として存在した別の「依網池往古之図」をもとに写したものか、その判断が尽きかねる。原図がみつかっていないこと、記されている各知行領主・代官の領した時期が完全に重ならないことから、「依羅池古図」をもとに一六九〇年代半ば以降一七〇〇年前後期を想定して写したものと考えられる〔第二章第三節1〕。

(17)「依羅池古図」では、小池の西南の堤の部分が剥落しているものの、その輪郭の部分が推測される。「依網池往古之図」では、三角形状の堤が明瞭に描かれ、長さ二十五間、五十八間、八十五間の間尺値が示される。両図とも小池という名称の記載はみられない。

(18)我孫子台地は我孫子村居村の北西側が最も高く、この南北が尾根部となる。標高は高いところで一三m程度であるが、第3－1図4の樋の位置で一一m余であり、依網池水懸かりのなかでは最も導水が困難なところであった。

(19)我孫子村絵図には天道川と記載。大和川付け替え後、狭山池用水を導水する西除川の流路は西に変更された〔第3－2図b〕。それ以前は北流し、第3－3図によって旧河道跡〔第3－3図K〕を確認することができる。高木村

〔松原市、第3－2図サ〕に至り布忍川、池内村〔松原市、第3－2図コ〕を経て富田新田〔大阪市東住吉区、第3－2図ケ〕に出て天道川、喜連村（大阪市平野区）の西を流れて息長川《おきながかわ》と呼ばれ、さらに北の桑津村（大阪市東住吉区）の東で、依網池の余水を流下させる巨麻川〔駒川、第3－2図q〕と合流する〔前掲（8）（9）三頁〕。

(20)　慶長期の狭山池大改修事業は、水下農民が時の領主である豊臣秀頼公への陳訴により、片桐且元が林又右衛門、小島吉右衛門、玉井助兵衛の三人を普請奉行とし、五人の下奉行の監督の下でおこなわれている。狭山池の西にあたる岩室村（大阪狭山市）をはじめ、上流の村々の三四町歩にあたる土地が土採場、池床になったことがとらえられており、かつてみなかった大改修であったことが知れる。これによって狭山池用水の分水高は「五万四千五百七拾六石三斗九升」、村数八〇ケ村に及んだ〔『狭山池改修誌』大阪府、一九三一年、二〇七～二一三頁・四九五頁〕。

(21)　狭山池用水は、春彼岸に樋門を閉じ秋彼岸に開放する。開放中の寒水を水下地域の村池に貯える慣習を客水と呼ぶ。樋門を閉じている期間中は、村池の用水を使い尽くした時に狭山池用水を配水する。各村一定の時間と順番を決め、関係者立会いのうえ時間を測定して村池に分水し、これを番水と称し、その時間割を水割賦と呼んでいる。慶長一三年（一六〇八）の大改修後の慶長一七年（一六一二）に番水が敷かれ、その状況を記した水割賦帳が残されている。これ以降、各水割賦帳などによって狭山池とその利水をめぐる水下地域の変遷状況を知ることができる。

(22)　慶長五年（一六〇〇）に、三宅村（松原市）では深淵池と大海《おおがい》池、更池村（松原市）では新池が築造されている〔『松原年代記』松原市史編さん室、一九七五年、二・三頁〕。他に、慶長一七年（一六一二）に狭山池の余水の貯水を目的に、西除川下流一・五km左岸の位置に轟《とどろ》池の造池がみられる〔寛文九年〈一六六九〉廃池〕。轟池は大仙陵池をはじめ、石津村、万代（百舌鳥）村、長曾根村（いずれも堺市）の「一万六千八百石」に導水された〔『堺研究九』所収「老圃歴史（上）」堺市立図書館、一九七五年、一〇・一一頁〕。こういった事例のように、慶長期の狭山池大改修事業にあわせ、主要溜池の築造がみられる。

(23)　大和川付け替え後、残置された杉本村の依網池〔第3－2図e〕の管理をめぐって、享保九年（一七二四）、寛政二年（一七九〇）、文化八年（一八一一）、文政七年（一八二四）、天保七年（一八三六）に池浚工事を実施した記録がみられる〔①山崎隆三編著『依羅郷土史』大阪市立依網小学校創立八十五周年記念事業委員会、一九六二年、六五頁〕。

（24）『金田風土記』堺市金岡町自治連合会・金岡町文化協会、一九八七年、一〇頁。及び狭山池水下地域での聞き取りによる。

（25）大和川付け替え後、依網池南池床部は主に庭井村の新田地として開田されるが、その時に同時に流路が付け替えられた西除川筋での井堰の設置をめぐって取り交わした文書の付図が「庭井村・北花田村・船堂村・奥村争論噯絵図」である。大和川付け替え後の南池床部の各村の境域及び権利関係を示した唯一の絵図といえる〔第二章第2－8図〕。

（26）大和川付け替え直後期とみられる二つの「大和川池中貫通見取図」が現存する。「寺田家：大和川池中貫通見取図」では、大和川付け替えによって、同時に流路が変更された西除川筋の南側に及んで、依網池の南池岸が描かれている。「大依羅神社：大和川池中貫通見取図」では、西除川筋のところで南池岸はとめられている。南池岸の部分は池床がたえず露呈した状況であったために違った描き方になったものと考えられる〔第二章第2－2図、第2－3図〕。

（27）杉本村では、依網池の西の部分を村池として残置し〔第3－2図e〕、その西に展開する地高の杉本村田地に灌漑しなければならなかった。我孫子村と同様に依網池からの導水は難渋したものと推察される〔第二章第五節5〕。

（28）我孫子村は享保八年（一七二三）に依網池の権利を放棄し、池床を村高に応じて自村分二町一反余りを新田開発にしている。これに続いて、苅田、庭井、前堀、杉本村では享保一五年（一七三〇）に村高に応じて池床を分割し、各村の持池について普請することも、新田開発にすることも自由という文書をだしている〔前掲（23）①五九～六一頁〕。

（29）大和川付け替え以前の「我孫子村絵図」、付け替え後の「後：我孫子村絵図」とも沢口村池〔第3－1図H、第二章第2－13図b〕がみられるにも関わらず、村域内の溜池が描かれていない。第3－2図では蓮田池〔第3－2図i〕、また池〔第3－2図j〕の他、村域内に幾つかの溜池が開削されている様子から、一七二〇年以降に我孫子村では依網池に見切りをつけ、集水機能が衰退した小池の補助として、村域内にうつし池を築造し、水利改編がおこなわれたものとみなされる。新しく開削された村池の分布は、村域中辺から西辺に偏っており、水利事情が困難であった第3－1図イの井路懸かりと重なっていることがわかる。

（30）本稿脱稿後に新稿として、寺田家所蔵の絵図をもとに、大和川付け替え以降の依網池の変容をまとめた論文がだされた。付記しておきたい。

市川秀之「大和川付け替えと依網池の変容」大阪府立狭山池博物館研究報告二、二〇〇五年、一三～二三頁。

(31) 依網池の開削について、直木孝次郎は『日本書紀』推古天皇十五年冬条の記事に依拠して、七世紀初期に築造されたととらえている〔『松原市史第一巻』松原市、一九八五年、一〇一～一〇三頁〕。多くの見解は、山崎隆三が『日本書紀』仁徳天皇四十三年九月条の依網屯倉阿弭古捕異鳥の記事から四～五世紀に〔前掲(23)①九～一二頁〕、亀田隆之も依網屯倉の設置に合わせて用水地が相前後して五世紀初頭頃に〔『日本古代用水史の研究』吉川弘文館、一九七三年、四頁〕、同様に服部昌之と上田宏範が依網屯倉の設置、有力豪族阿弭古の居住地との関係から五世紀前半の仁徳期に造られた可能性が高いとしている〔『新修大阪市史第一巻』大阪市、一九八八年、四七・三八五頁〕。このように五世紀初期の開削とする見方が定説になっている。しかし、いずれも『記紀』記載記事の背景を想定したものであり、概要の範疇にとどまっているといえる。

(32) 前掲(1)⑧。

(33)(34) 前掲(31)。

(35) ①市川秀之「最古の溜池—大阪狭山池の築造について—」歴史と地理四八四、一九九五年、六七頁。②光谷拓実「狭山池出土木樋の年輪年代」、『狭山池—埋蔵文化財編—』所収、狭山池調査事務所、一九九八年、四七〇・四七一頁。

(36) 河内・和泉の高燥な段丘面の開発がはじまる五世紀中期前後に、依網池が築造されたとする考え方は日下雅義によって展開された〔①『歴史時代の地形環境』古今書院、一九八〇年、三〇三頁〕。筆者は、依網池が氾濫原から中位段丘にかけて立地する地形型の状況を鑑み〔第3-3図〕、周辺地域の土地条件から検証することを、課題の一つとして定めている。

(37) 前掲(1)⑥⑩⑪。

(38) 依網池の東接した位置に、一九七八～一九八〇年にかけて両側溝に挟まれた幅一八m、総延長距離一七〇mの古道が検出され、これが難波宮の中軸線上に至ることから難波大道跡であると推定されている〔第3-2図N、前掲(1)⑩〕。東側溝より検出された須恵器・杯身が六〇〇～六七〇年に比定され、それまでに難波大道が設定されていたとみられている〔森村健一『大和川・今池遺跡Ⅲ発掘調査報告書』大和川・今池遺跡調査会、一九八一年、九〇～一〇〇頁〕。大道の記事は、『日本書紀』仁徳天皇十四年条にもみられ〔前掲（1）⑦〕、依網屯倉経営地の生産・流通の側面から、依網池と難波大道を関連づけた考察が俟たれる。

(39)『住吉大社神代記』に記された、針魚大溝の以下の記述について、南河内の段丘の開発を想起させる。

我が田我が山に、潔浄水を錦織・石川・針魚川より引漑はせて、榊の黒木を以て能く吾に斎祀れ。覬覦けむとする謀あらむ時には、斯くの如きに斎ひまつれ」と詔宣したまひき。亦、山預かりの石川錦織許呂志が仕へ奉る山名は所所に在り。（中略）仍りて御田に引漑がむと欲し、針魚をして溝谷を掘り作らしめむと思召す。大石小石を針魚、掘返して水を流し出でしむ。亦、天野水あり、同じく掘り流す。水の流れ合ふ地を川合と云ふ。此れ山堺の地なり、大神誓約ひて詔宣はく、「我が溝の水を以って引漑がしめ、我が田に潤けて其の稲実を獲得ること石川の河の沙瀝石の如く、……」〔田中卓『訓解住吉大社神代記』国書刊行会、一九八五年、一七二・一七六頁〕。

日下は、針魚大溝について土地割と小字名によって東除川左岸の羽曳野市恵我之荘付近より、北西方向に掘削し天野水（西除川）を合わせ、依網池を経て住吉掘割に流下したと推論している〔前掲（36）①一八三～一九三頁〕。住吉掘割は本稿でとらえた我孫子村域を貫通する細井川〔第3－1図ス、第3－2図m、第3－3図H〕にあたる。針魚大溝について『住吉大社神代記』記載の社領範囲や依網池との関連のなかで、さらなる検討の余地が残されている。

(40) 川内眷三「近・現代における狭山池水下地域の導水経路の状況と溜池環境の変貌」、『狭山池―論考編―』所収、狭山池調査事務所、一九九九年、二七九～三三五頁。

(41) 近世初期での依網池の復原から、大依羅神社をはじめ、今池〔第3－2図c〕と共用したとみなされる東堤の一部が残置され、さらに北堤跡の位置に苅田村樋〔第3－2図g〕、余水吐〔第3－2図h〕が埋没している可能性が高い。余水吐や樋の構造から池の歴史や規模を考察することができ、なかでも今池の堤体断面の土質調査によって、築堤工法がとらえられる。こういった見地に立っての埋蔵文化財調査は、狭山池を例外として、ほとんど実施されていないのが現状である。

第四章　復原研究にみる古代依網池の開削

第一節　はじめに

『古事記』崇神天皇条に、依網池《よさみいけ》の記事が初出し（1）〔第4－1表4〕、さらに『日本書紀』崇神天皇六十二年十月条〔第4－1表5〕、『古事記』仁徳天皇条〔第4－1表9〕、『日本書紀』推古天皇十五年（六〇七）冬条〔第4－1表19〕にふれられている。その内容は屯倉の設置に関連して、造池による水利機能の増進を想起させ日本最古の溜池として位置づけることができる（2）。

筆者は今までに「依羅池古図」〔大阪市住吉区庭井：大依羅《おおよさみ》神社所蔵（桜谷吉史氏）、第二章写真2－1・第2－4図：トレース図〕、「依網池往古之図」〔大阪市住吉区苅田：寺田孝重氏所蔵、第二章写真2－2・第2－5図：トレース図〕をもとに、旧依羅村（大阪市住吉区東南部）に現存する各種絵図を分析するなかで、宝永元年（一七〇四）の大和川の付け替えによって分断され、池床のほとんどが潰廃されていった依網池の復原研究をおこなってきた〔第二章〕（3）。その規模は周囲約三、三〇〇m、満水面積約四二万八、〇〇〇㎡、堤体面積二万五、〇〇〇㎡にも及ぶ巨池であり、立地する地形型の類推から、近世初期での依網池の水利実態を分析することができた（4）。この復原研究の後に知見することとなった一七世紀末の作成とみなされる「依網池描写我孫子村絵図」〔森村健一氏所蔵、第三章写真3－1・第3－1図：トレース図、第三章での表記は「我孫子村絵図」〕に依網池が描かれ、これによって我孫子村を中心とす

第４－１表　『記紀』にみる依網池周辺での主要記事（水利・治水を中心に）

史　料	年　代	記　事　の　概　要	備　考
1．古事記	孝元天皇条	この天皇の御年、五十七歳。御陵は劒池の中の岡の上にあり。	池名の初出
2．古事記	開化天皇条	建豊波豆羅和気王は、依網の阿毘古の祖なり。	
3．日本書紀	崇神天皇六十二年七月条	詔して曰はく、農のなりはいは天下の大いなる本となる也。民の恃を以て生ける所也。今河内の狭山の埴田水少し。是を以て、其国の百姓、農の事に怠れり。其れ多に池溝を開りて、以て民の業を寛めよ。	
4．古事記	崇神天皇条	また是の御世に、依網池を作り。また軽の酒折池を作る。	
5．日本書紀	崇神天皇六十二年十月条	依網池を造る。	
6．古事記	垂仁天皇条	凡そ此の天皇の御子等、十六王なり。男王は十三、女王は三。（中略）印色入日子命は、血沼池を作り、また、狭山池を作り、また日下の高津池を作りたまひき。	
7．古事記	応神天皇条	水溜る、依網の池の、堰杙打ちが、挿しける知らに、蓴繰り、延へけく知らに、我が心しぞ、いや愚にして、今ぞ悔しき。〔水たまる依網の池に、堰杙打とうとしてふみこめば、菱の実が足を刺すとは知らず、長い縄のようにのびた蓴菜がからむとは知らなかった。姫のことでは、我は、みごとに息子にしてやられた。愚かな父だ。今となっては悔しい。〕	応神天皇の御歌
8．日本書紀	応神天皇十三年九月条	水溜る、依網の池に、蓴凝り、延へけく知らに、堰杙著く、川派江の、菱殻の、刺しけく知らに、我が心し、いや凝にして。〔依網池で蓴菜を手繰って、ずっと先まで気を配っていたのを知らずに、また岸辺に堰杙の杭を打つ、川派の江の菱殻が、遠くまで伸びていたのを知らず、（天皇が髪長媛を賜うように、配慮されていたのを知らないで）私は全く愚かでした。〕	皇子大鷦鷯尊（仁徳天皇）の返歌
9．古事記	仁徳天皇条	秦人を役ちて、茨田堤及び茨田三宅を作り、また丸邇池・依網池を作り、又難波の堀江を掘りて海に通わし、また小椅江を掘り、また墨江の津を定めたまひき。	
10．日本書紀	仁徳天皇十一年四月	郡臣に詔して曰はく。今朕、是の国を視れば、郊沢曠く遠く、而して田圃少く乏し。且河の水横に逝れて、流末駛からず。聊に霖雨に逢へば、海潮逆上りて、巷里船に乗り、道路亦泥あり。故、群臣、共に之を視て、横しまてに源を決りて海に通せて、逆流を塞ぎて田宅を全せよ。	
11．日本書紀	仁徳天皇十一年十月条	宮の北之郊原を掘て、南の水を引て西の海に入る。因りて其の水を号けて堀江と曰ふ。又将に北の河の澇を防かんとして、茨田の堤を築く。是の時に両処之築かば乃ち壊れて之塞ぎ難し。	
12．日本書紀	仁徳天皇十三年九月条	始て茨田の屯倉を立つ、因りて舂米部を定む。	
13．日本書紀	仁徳天皇十三年十月条	和珥池を造る。是の月に、横野の堤を築く。	
14．日本書紀	仁徳天皇十四年十一月条	大道を京（難波高津宮）の中に作る。南の門より直に指して之、丹比の邑に至る。又大溝を感玖に掘る。乃ち石河の水を引て、上鈴鹿・下鈴鹿・上豊浦・下豊浦、四処の郊の原に潤けて、墾りて之四万余頃の田を得たり。故、其の処の百姓、寛に饒ひて、之凶年の患無し。	

15. 日本書紀	仁徳天皇四十三年九月条	依網屯倉の阿弭古、異しき鳥を捕て、天皇に献りて曰す、「臣、毎に網を張りて鳥を捕るに、未だ曾て是の鳥の類を得ず。故、奇びて之を献る」と曰す。天皇、酒君を召びて、鳥を示せて曰はく、是、何鳥ぞや。酒君、対へて言わく、此の鳥の類、多く百済に在り。馴け得つけば能く人に従ふ。亦捷く飛びて之諸の鳥を掠む。百済の俗、此の鳥を号けて倶知と曰す。是、今時の鷹なり。乃ち酒君に授けて養馴せしむ。幾時もあらずして馴け得たり。酒君、則ち韋の緡を以て其の足に著け、子鈴を以て其の尾に著けて，腕の上に居ゑて、天皇に献る。是の日に、百舌鳥野に幸して遊猟したまふ。時に雌雉、多く起つ。乃ち鷹を放ちて捕らしむ。忽に数十の雉を獲つ。	
16. 日本書紀	仁徳天皇四十三年九月条	甫めて鷹甘部を定む。故、時人、其の鷹養ふ処を号けて、鷹甘邑と曰ふ。	
17. 日本書紀	安閑天皇元年十月条	難波屯倉と郡毎の钁丁を以て、宅媛に給貺す。	
18. 日本書紀	宣化天皇元年五月条	河内国茨田郡屯倉の穀を加へ運ばしむ。	
19. 日本書紀	推古天皇十五年冬条	倭国に、高市池・藤原池・肩岡池・菅原池を作る。山背国に、大溝を栗隈に掘る。且つ河内国に、戸苅池・依網池を作る。亦国毎に屯倉を置く。	607年
20. 日本書紀	推古天皇二十一年十一月条	掖上池・畝傍池・和珥池を作る。又難波より京に至るまでに大道を置く。	613年
21. 日本書紀	皇極天皇元年五月条	河内国の依網屯倉の前にして、翹岐等を召びて、射猟を観せしむ。	642年
22. 日本書紀	皇極天皇二年七月条	茨田池の水、大いに臭りて、小なる虫水に覆へり。其の虫は、口は黒くして身は白し。	643年
23. 日本書紀	皇極天皇二年八月条	茨田池の水、変りて、大いに臰りて藍の汁の如し。死たる虫水を覆へり。溝瀆の流、亦復し凝結れり。厚さ三四寸ばかり。大小の魚の臭れること、夏に爛れ死にたるが如し。是に由りて、あたら喫にならず。	643年
24. 日本書紀	皇極天皇二年九月条	茨田池の水、漸く変へりて白色に成りぬ。亦臭き気無し。	643年

資料：倉野憲司校注『古事記』岩波書店、1963年、黒板勝美・国史大系編集会編『新訂増補国史大系日本書紀（前篇）・（後篇）』吉川弘文館、1981年により関連記事を抽出して作成。

る水利の特殊性がみられ、「近世初期の依網池の復原と水利機能」の研究の見方の一部を補正して、池床が浅くなり池内に新たに池を造る特異な依網池の水利実態をとらえてきた〔第三章〕(5)。

『記紀』に記される古代依網池の開削については、山崎隆三が『日本書紀』仁徳天皇四十三年九月条の依網屯倉阿弭古《あびこ》捕異鳥の記事に依拠して〔第4－1表15〕、四～五世紀の古墳時代前期に阿弭古と称する氏族が、皇室と深い関係をもって繁栄したものと推定し、依網屯倉がこの時期に池溝の開削によって営まれていたことを推察している(6)。同様に亀田隆之も五世紀初頭頃に、依網屯倉と用水池は相前後して成立したのであろうとし(7)、服部昌之と上田宏範は依網屯倉の設置、有力豪族阿弭古の居住地との関係から、五世紀前半の仁徳朝期に造られた可能性が高いとしている(8)。日下雅義は狭山池より早い時期に築造され、河内・和泉の高燥な段丘面の開発がはじまる五世紀中葉前後と考えられるととらえている(9)。これらに対して直木孝次郎は、『日本書紀』推古十五年冬条の記事に依拠して〔第4－1表19〕、七世紀初頭の築造が妥当とする見方を立てている(10)。

上流に位置する狭山池〔第4－6図へ〕の「狭山池治水ダム化事業」の大改修工事〔昭和六三年〈一九八八〉一二月～平成一三年〈二〇〇一〉三月〕がおこなわれ、この時の文化財調査で北堤の東端より上下二本の樋管が出土し〔東樋上層遺構、東樋下層遺構〕、年輪年代法によって東樋下層遺構の樋管材の伐採年代は六一六年の春から夏にかけてという結果が得られている(11)。これによって狭山池の築造は七世紀初頭に比定される見方が有力となった。筆者はこれを受けて、狭山池より下流に位置する依網池が立地する地形型の特徴から、築堤は狭山池と比べはるかに容易であり、現行の大和川周辺にかけて弥生遺跡の分布が顕著であるという見地に立ち、狭山池より相当早い五世紀初・中頭説を支持してきた。依網池の築造については、「依羅池古図」などの絵図や小字地名、微地形と表層地層の特徴から、立地環境を重点に置いた日下の研究が、最も理論的に展開されている(12)。しかし、依網池の開削時期及びその水利システムの実態については、筆者の見解(13)をも含め、いずれも具体的な考証までに迫ることができていなかった。

こういったことに鑑みて本稿では、古代依網池の水利体系の考察を前提に、古代依網池の開削実態の検討をすすめ、その一端の考察を試みようとするものである。歴史地理学に立脚して、筆者の近世依網池の復原研究をもとに、過去へ向かう遡及的分析によって解明をおこなう。史資料が少なく、まして形状を残さない依網池の研究において、文献史学からの検討には限界がみられ、筆者が復原してきた近世初期の依網池の実態から、過去の依網池の態様を推察することが、より効果的な手法であると確信している。依網池周辺の土地改変は著しいものの、土地条件の基本型は古代よりその土地の素因となっているため、①河内平野沖積地〈以下本稿の展開内容に応じて、上流部で早くより沖積された土地を河内平野古沖積地〈部〉、下流部の低い土地を河内平野沖積低地〈部〉と呼称〉周辺の土地条件図〈地形分類図〉をもとに、弥生遺跡が分布する土地の特徴の違いから、依網池の置かれた立地要因を明確にし、②依網池周辺の土地条件図をもとに、これに近世の依網池の形状を照写し、③昭和四年〈一九二九〉の「修正測図：住吉一万分の一図」を中心にして作成した地形図に比定して、古代依網池の水利機能の推考をすすめる。前稿〈注記〈3〉〈5〉、第二・三章〉での土地条件の分析をさらに進展させることによって、依網池が立地する地形型の特徴から、④築堤の経緯、古代依網池の規模、取水と集水の事情、余水の流下、灌漑域の変遷について把握する。そして⑤『記紀』を中心とする古代依網池の記述と照合するなかで、土地条件を背景にした考察との整合性に努める。古代依網池はこの地域に単立的に造池されたものではなく、さまざまな事象の諸要因と結びついて存立してきた。難波宮・難波大道をはじめ、依網屯倉の経営、住吉津・住吉大社付近に流下する住吉掘割、さらに狭山池を通して行基集団・重源集団、などの関連性の事象が考えられる。これらのなかで、⑥依網池の近傍に行基池が位置していることを動機として、周辺地域での行基集団の動向を把握し、行基集団と併せて、⑦依網池と狭山池が結びついた経緯を重源集団との関わり、⑧依網池の東側を通る難波大道との関連性、に注視して検討をすすめる。上町台地・河内平野に展開される古代景観を地域空間として認識し、依網池を核に諸事象との結びつきを考察することによって、古代依網池の位置づけを検証する。

第二節　依網池開削の経緯

1．弥生遺跡の立地と河内平野の土地開発

河内平野沖積地の砂礫の埋積は、北部では淀川〔第4－1図タ〕・寝屋川〔第4－1図チ〕・古川〔第4－1図ツ〕、東南部では古大和川の平野川〔第4－1図サ〕・長瀬川〔第4－1図シ〕・楠根川〔第4－1図ス〕・玉串川〔第4－1図セ〕などの流れによって進行し、河川流域では流砂を堆積した自然堤防の形成がみられる。これら河川の流路はたえず変化し、自然堤防の地形の分布はそれを物語る〔第4－1図〕。(14)

河内平野沖積地には多くの弥生遺跡が発掘されている。(15)そのうち河内潟湖の北西に位置する森小路遺跡〔第4－1図A〕（大阪市旭区森小路）は、弥生中期以降の遺跡で微高地状の自然堤防のところに立地し、古淀川河口の潮の干満の影響の著しい地形であったことがわかっている。(16)大規模な発掘調査がおこなわれたのが瓜生堂遺跡〔第4－1図C〕（東大阪市瓜生堂・若江西新町・若江北町）で、弥生中期において河内潟湖の南縁にあたり、楠根川が流入する砂州の微高地上に位置している。(17)天満砂堆の北端に立地した崇禅寺遺跡〔第4－1図B〕（大阪市東淀川区東中島）は、砂のラミナ（砂の層の断面にみられる流れや波でできる縞模様）は西側に傾斜し、その形状は砂を運んだ水の流れ下った向きを示していることから、東から西に流れる古淀川が運搬した砂礫によって形成された土地条件のところであった。(18)

依網池の北辺約五kmのところに桑津遺跡〔第4－1図F〕（大阪市東住吉区桑津）がみられる。この遺跡は上町台

地〔第4－1図オ〕の中東辺の田辺台地〔第4－1図カ〕にあたり、標高三〜六mで東への緩やかな傾斜面に位置する。竪穴住居穴や井戸、方形周溝墓などが検出され、弥生中期に相当する集落が形成されていた。しかし、弥生後期の前葉になると遺構・遺物ともに激減することから、集落は急激に衰退したとみられている。(19)桑津遺跡には漁撈に関する漁具を出土していることから、河内潟湖の一部が同遺跡の近傍まで入り組んでいたのではないだろうか。東辺には駒川〔第4－1図イ〕、西除川（今川）〔第4－1図ウ〕が北流しており、これらの河川と平野川によって河口部に三角州が形成されていたとみなされる。田辺台地の段丘傾斜面に形成された集落に関連して、この東の沖積地のところに水田耕作地のあったことが想起される。

上流部にあたる古沖積地の位置では、依網池東辺にあたる瓜破遺跡〔第4－1図D〕（大阪市平野区瓜破西）があげられる。瓜破遺跡は段丘面に接するところに位置し、現大和川床一帯にかけての縄文晩期から近世に至る複合遺跡で、段丘面上には弥生前期中頃以降とされる大集落跡が確認されている。(20)さらに瓜破遺跡の東辺にあたる東除川〔第4－1図ケ〕流域に縄文土器と弥生土器が共存した長原遺跡〔第4－1図E〕（大阪市平野区長吉長原・長吉長原東・長吉川辺）が展開し、微高地状の埋没河川の自然堤防上に、竪穴式住居や井戸、ごみ捨て穴をともなう集落遺構が発掘されている。(21)

河内平野沖積地の弥生遺跡は、自然堤防などの微高地に集落、その後背低地には水田の立地を基本型として、度々洪水の土砂に埋まって放棄された事例が多数みつかっている。(22)長原遺跡では、稲の籾の痕が付着した縄文土器が出土し、縄文土器と弥生土器が数多く併存し、(23)かなり早い時期より継続して、多くの古墳跡が発掘された長原古墳群へと連接する。瓜破遺跡や長原遺跡では比較的洪水被害が少なく、用水確保の条件を前提として安定的な水田耕作を営むことができていたのであろう。河内平野沖積地のなかでは古沖積地の開発が早くよりみられ、埋積が進行するにしたがって不安定な沖積低地部の水田耕作へと伝播していったものと考えられる。

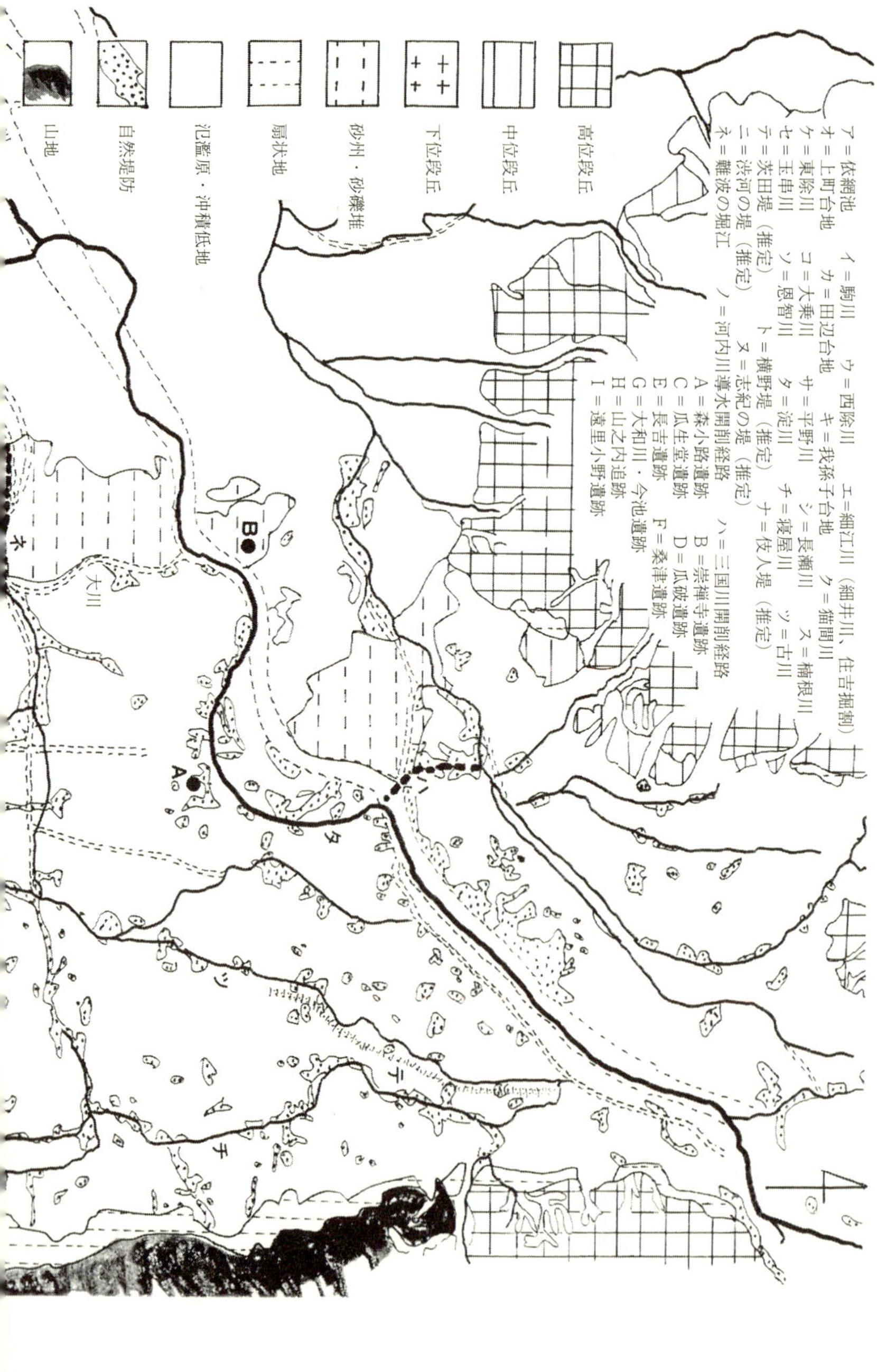

ア＝依網池　イ＝駒川　ウ＝西除川　エ＝細江川（細井川、住吉掘割）
オ＝上町台地　カ＝田辺台地　キ＝我孫子台地　ク＝猫間川
ケ＝東除川　コ＝大乗川　サ＝平野川　シ＝長瀬川　ス＝楠根川
セ＝玉串川　ソ＝恩智川　タ＝淀川　チ＝寝屋川　ツ＝古川
テ＝茨田堤（推定）　ト＝横野堤（推定）　ナ＝伎人堤（推定）
ニ＝渋河の堤（推定）　ヌ＝志紀の堤（推定）
ネ＝難波の堀江　ノ＝河内川導水開削経路　ハ＝三国川開削経路
A＝森小路遺跡　B＝崇禅寺遺跡
C＝瓜生堂遺跡　D＝瓜破遺跡
E＝長吉遺跡　F＝桑津遺跡
G＝大和川・今池遺跡
H＝山之内追跡
I＝遠里小野遺跡
高位段丘
中位段丘
下位段丘
砂州・砂礫堆
扇状地
氾濫原・沖積低地
自然堤防
山地
B
A
ネ
大川
タ
ツ
テ
チ

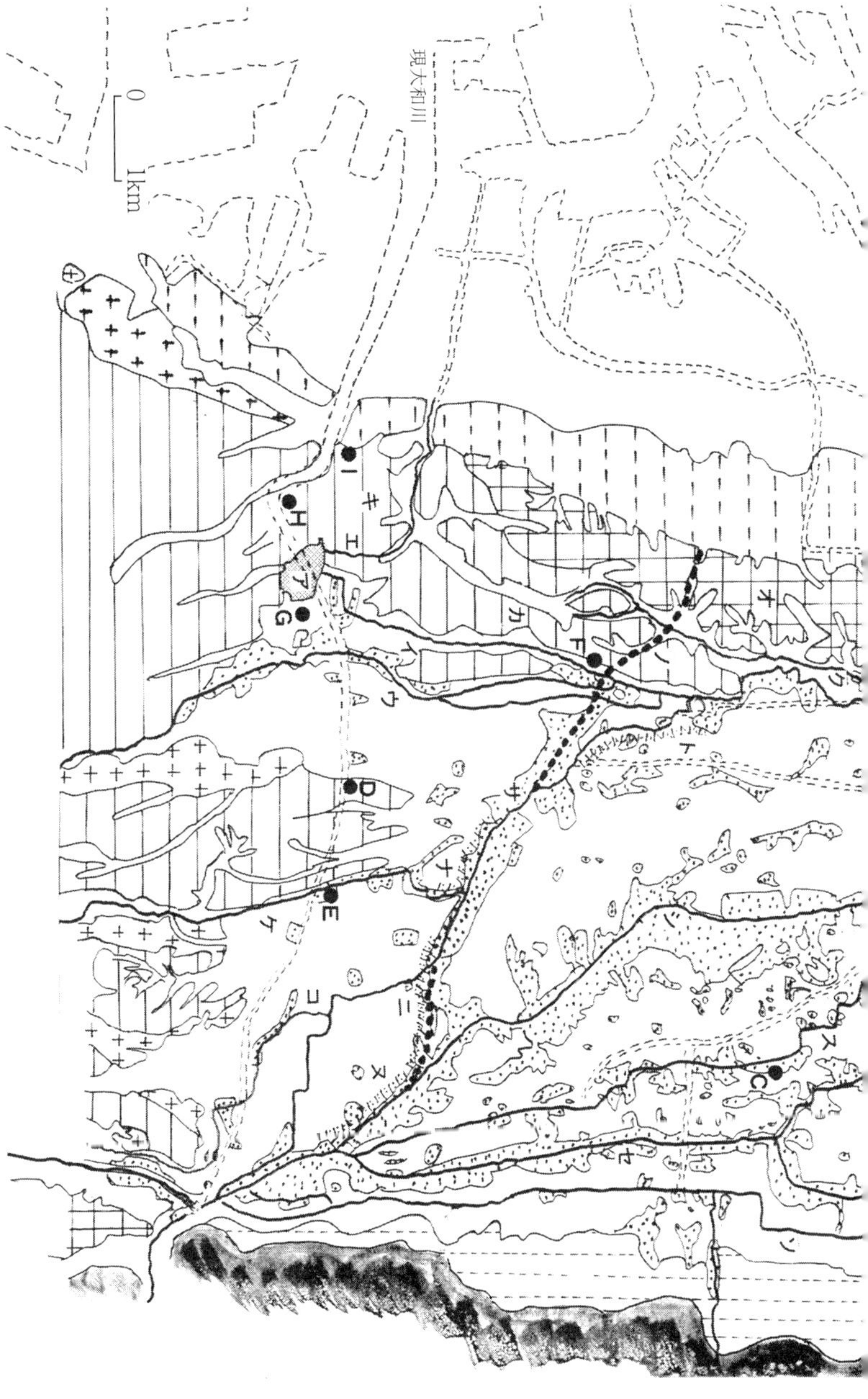

第４－１図　河内平野周辺の土地条件概要図

資料：国土地理院１：25,000大阪東南部・大阪東北部・大阪西南部・大阪西北部土地条件図をもとに修正して作成。

依網池周辺では瓜破遺跡と長原遺跡の他、古墳時代の集落跡が主である大和川・今池遺跡〔第4－1図G〕（堺市北区常盤町、松原市天美西）、我孫子台地〔第4－1図キ〕に山之内遺跡〔第4－1図H〕（大阪市住吉区山之内）、遠里小野遺跡〔第4－1図I〕（大阪市住吉区遠里小野）、狭山池水下地域下にあたる中位段丘面の位置では東浅香山遺跡（堺市北区東浅香山町、第4－1図での位置明示略以下同）、今池遺跡（堺市北区新堀町）、北花田遺跡（堺市北区北花田）、城連寺遺跡（松原市天美北）、池内遺跡（松原市天美北・天美東）、天美南遺跡（松原市天美東・天美南）、上田町遺跡（松原市上田）、高見の里遺跡（松原市高見の里）、東新町遺跡（松原市東新町・田井城）、高木遺跡（松原市北新町）、三宅遺跡（松原市三宅中）、三宅西遺跡（松原市三宅西・三宅中）、阿保遺跡（松原市阿保）、河合遺跡（松原市河合）など、多くの弥生遺跡があげられる[24]。まだ面的な拡がりではないものの、水利条件の恵まれたところを中心にして、小規模な水利施設を確保して水田耕作が営まれていたとみなされる。

桑津遺跡から上流部にあたる駒川流域の開析地状をなした氾濫原古沖積地のところの標高は七～九m程度である〔第4－4図〕。河内平野沖積地のなかでは比較的高燥であるため、早くより乾湿化して細流の駒川より用水を全面的に賄うことができなかった。依網池周辺地域では、多くの弥生遺跡がみられるように点的に水田耕作が展開し、応神・仁徳期での初期古代国家形成期の集権的勢力が台頭するとともに、屯倉の経営を促進するために水利を安定させることが不可欠となり、依網池を開削して駒川流域の用水供給に努めたものと考えられる。河内平野のなかでは溜池築造による水利安定の効果が最も顕著にあらわされる土地で、こういった事情は第4－1図の河内平野の土地条件図の位置関係からも明白に示され、依網池築造の素因をとらえることができる。そして依網池の築造と併行に、河内平野沖積低地部での不安定な水田耕作に対応する治水事業が遂行されることによって〔第4－1表9・10・11・13〕、これらを契機に河内平野の安定的な水田耕作が模索され、その開発が面的な拡大へと進展していったのである。

2．土地条件からの検討

「依羅池古図」を基本に、「陸地測量部：明治二〇年（一八八七）製版の二万分の一図（仮製地形図）」と比定して池岸線を確定して復原したのが第4－2図である。これを土地条件図のなかに、依網池の位置を落として描いたのが第4－3図で、都市化以前の依網池周辺が詳しく描かれる昭和四年（一九二九）の「修正測図：住吉一万分の一図」をもとに、古代依網池の池敷と灌漑域を想定して復原したのが第4－4図である。依網池が位置する周辺域の土地条件を検討することにより、同池の開削の経緯とともに水利機能を推考することが可能となる。

依網池は中位段丘面と氾濫原古沖積地の境のところに築造されており〔第4－3図〕、それはほぼ等高線一〇mの位置にあたる〔第4－4図〕。上流からの自然流入河川である光竜寺川〔第4－2図ア、第4－3図ア、第4－4図ア〕の流れが、この位置のところで滞留した様子が地形型より推察され、小規模な沼沢地を形成していた可能性が高い。依網池の北から西にかけては上町台地の基底部を形成する我孫子台地〔第4－1図キ、第4－3図オ、第4－4図オ〕の段丘性高燥地で、尾根部より北東側にかけて緩やかに傾斜し、自然流下水は氾濫原古沖積地の土地を北東流して、流路を北に向ける開析地状をなした駒川〔第4－1図イ、第4－3図ケ、第4－4図ケ〕に流下する。

依網池の当初の築堤は、この滞留した沼沢地を堰き止め、その有効利水を図るために造られたと考えられる。第4－4図に示したように駒川に流れでる部分の北東のところに築堤され、これが第一段階目の堤体としてとらえることができる〔第4－2図Ⓒ－Ⓓ－Ⓔ、第4－4図Ⓒ－Ⓓ－Ⓔ〕。近世初期の依網池は、絵図の池中に蓮や菰類の水生植物が描かれ、極めて水深の浅い溜池で、堤高は堤体の基底部より二m前後、最も水深の深いところからみても四m程度とみなされ、平均水深は一～一．五m程度であった[25]。第一段階目の築堤による池敷は、沼沢地を拡大するような形で堤体の北西から南西にかけて拡がり〔第4－4図Ⅰ〕、この位置の水深が最も深くなることについては、「我孫子村絵図にみる依網池水利の特殊性」の研究において実証してきた〔第三章第三節3〕[26]。この時の依網池の水

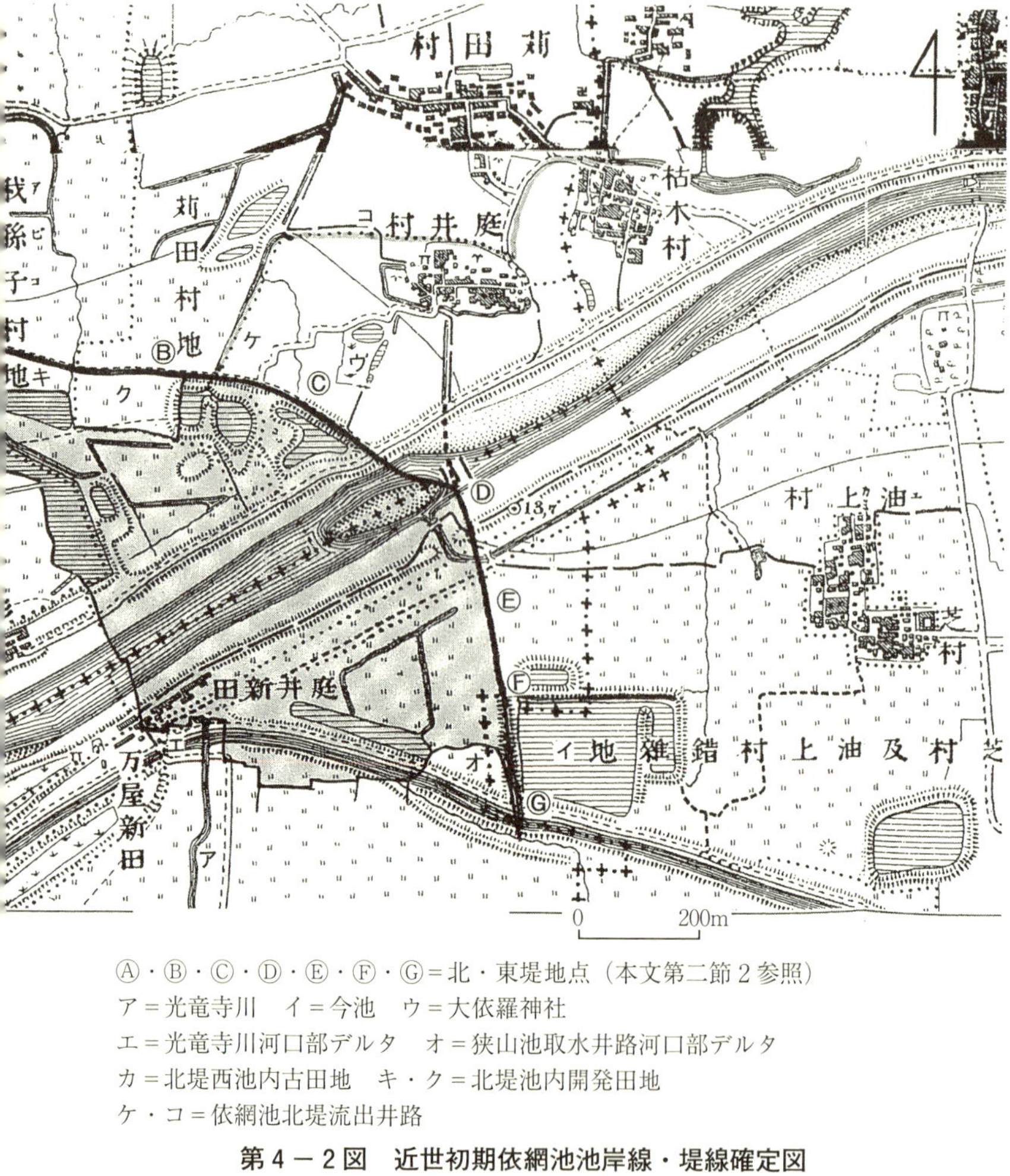

Ⓐ・Ⓑ・Ⓒ・Ⓓ・Ⓔ・Ⓕ・Ⓖ＝北・東堤地点（本文第二節２参照）
ア＝光竜寺川　イ＝今池　ウ＝大依羅神社
エ＝光竜寺川河口部デルタ　オ＝狭山池取水井路河口部デルタ
カ＝北堤西池内古田地　キ・ク＝北堤池内開発田地
ケ・コ＝依網池北堤流出井路

第４－２図　近世初期依網池池岸線・堤線確定図

資料：・陸地測量部１：20000仮製図「金田村図・1887年、天王寺村図・1886年」をもとに作成。

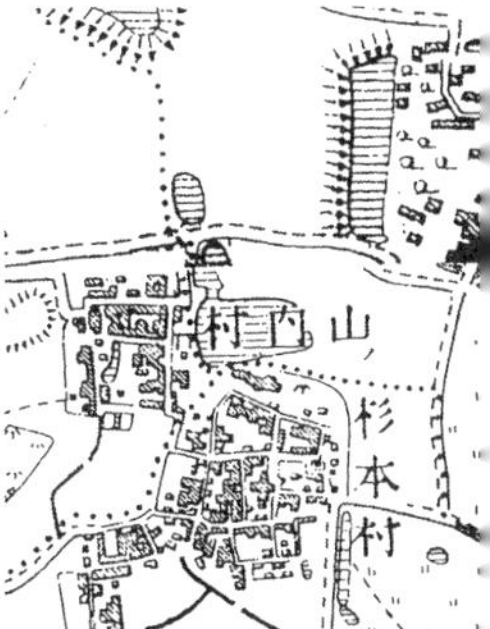

懸りは駒川上流域に展開していたとみなされる〔第4－4図①－1・①－2〕。

アースダム形式の狭山池と比べ、地形型の様子からわかるように依網池の築堤は比較的容易で、大規模な破堤はみられず、従来の堤体を若干補修するとともに、順次延伸して機能を拡充したことがとらえられる。それはまず南方向に延伸し〔第4－2図Ⓔ－Ⓕ、第4－4図Ⓔ－Ⓕ〕、依網池東側の水田地へ用水を供給し〔第4－4図②－1〕、さらに堤体を西に大きく延伸して〔第4－2図Ⓑ－Ⓒ、第4－4図Ⓑ－Ⓒ〕、我孫子台地の北東側に灌漑域を広げたのではないだろうか〔第4－4図②－2〕。第一段階目の築堤の時は、余水吐は駒川方向に流れでる北東辺りのところに築かれ、ここより駒川へ流下していたが〔第4－3図セ、第4－4図Ⓓ－シ〕、延伸した東堤と北堤に幾つかの樋が完備されるとともに、余水吐が北堤の位置に移されることによって、我孫子台地の北東側へ、用水を送水することが可能となり、余水はここより北から東に迂回するような形で、駒川に流下するように修築されたものと推察される〔第4－2図ケ・コ、第4－3図ソ・タ、第4－4図ス・セ〕。こういった営みを依網池の第二段階目の築堤とみなし、池敷は大きく拡大することとなる〔第4－4図Ⅱ〕。

第三段階目の依網池の築堤として、従来の堤体の補修とともに、土地が高い西に北堤が延伸されたことが地形図より想定される〔第4－2図Ⓐ－Ⓑ、第4－4図Ⓐ－Ⓑ〕。これによって我孫子台地で最も高燥の北西寄りの土地へ、

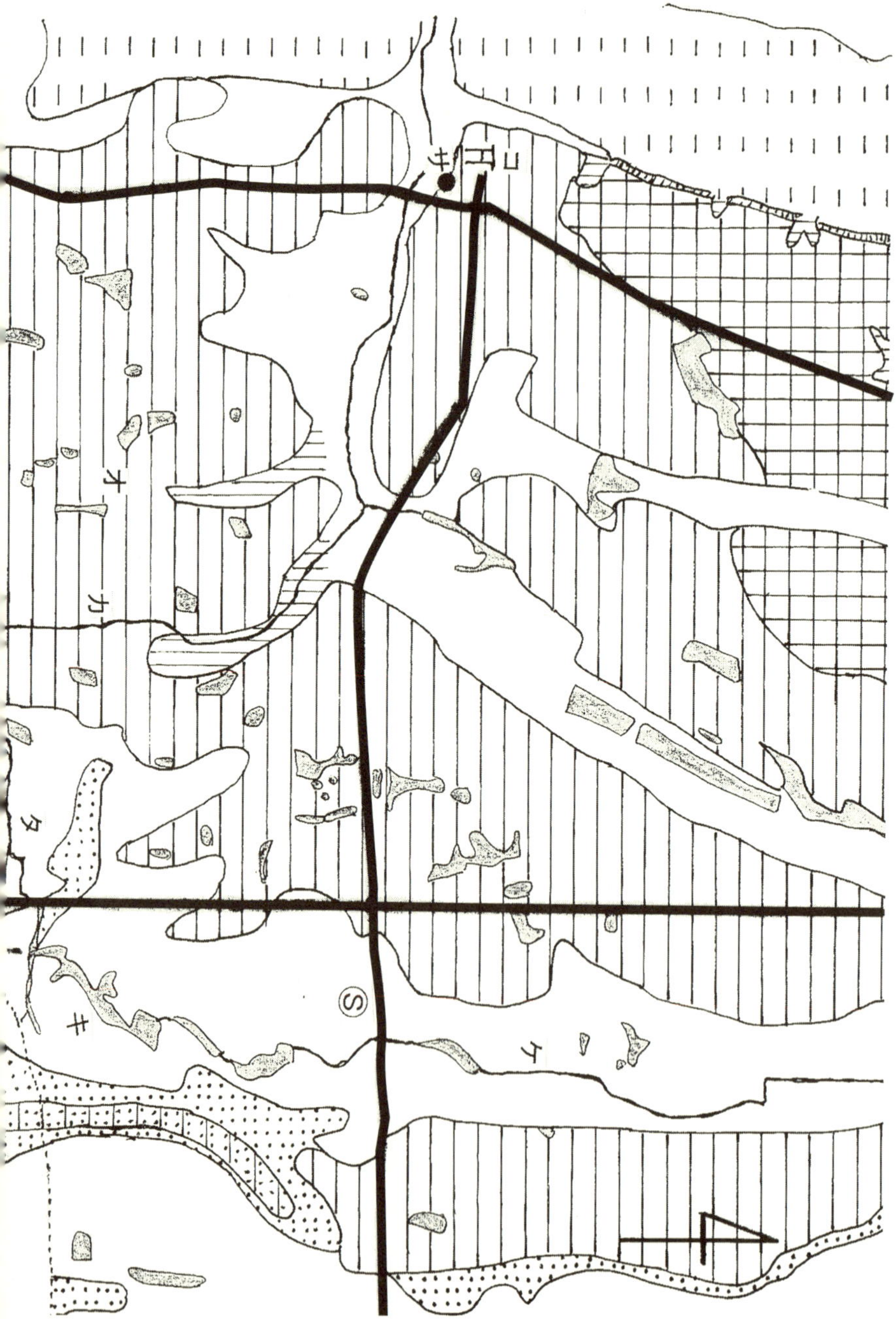
オ
カ
タ
S
キ
ケ

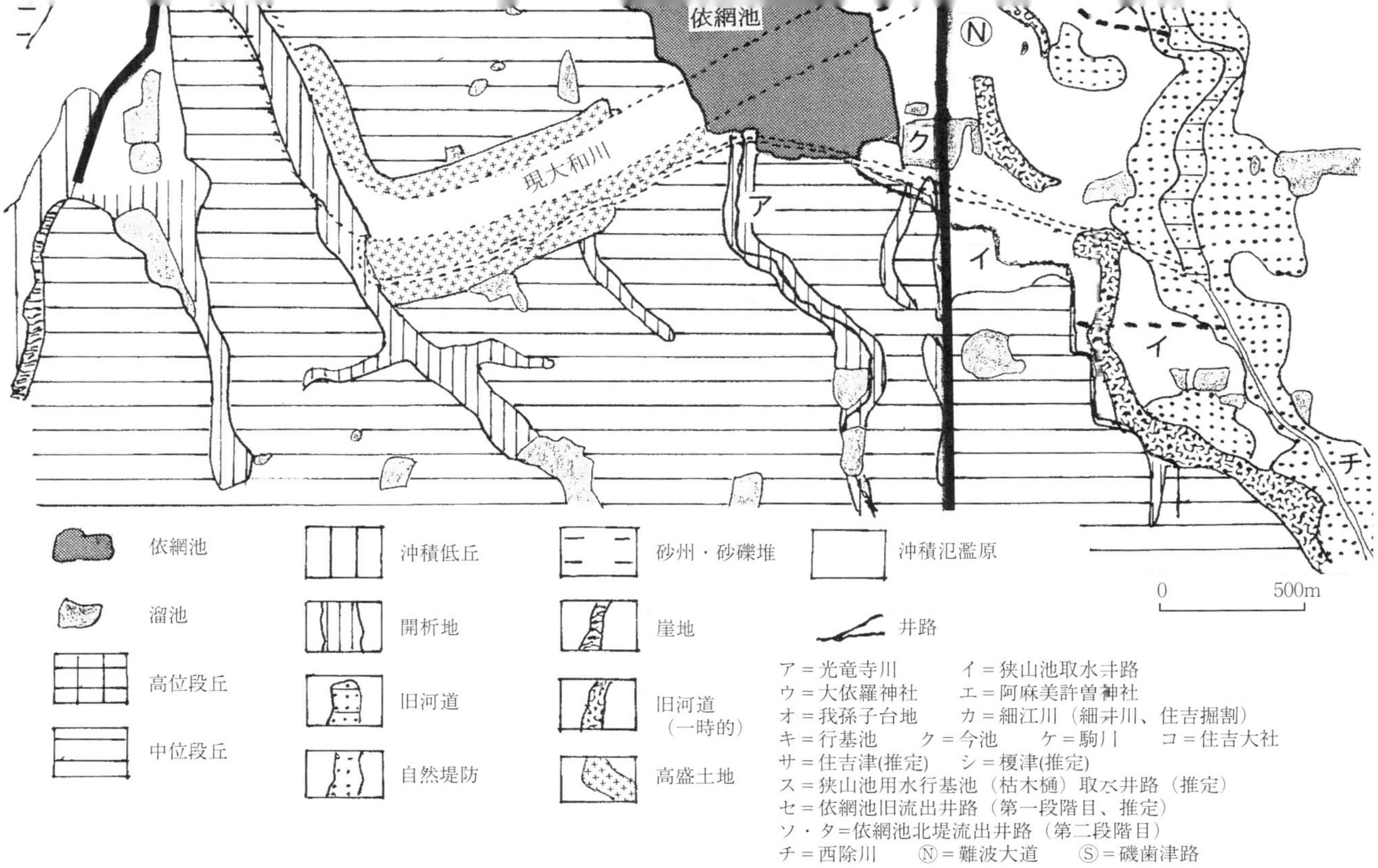

第４－３図　依網池周辺土地条件図

資料：国土地理院１：25,000大阪東南部土地条件図（1983年印刷）をもとに、現地調査によって作成。

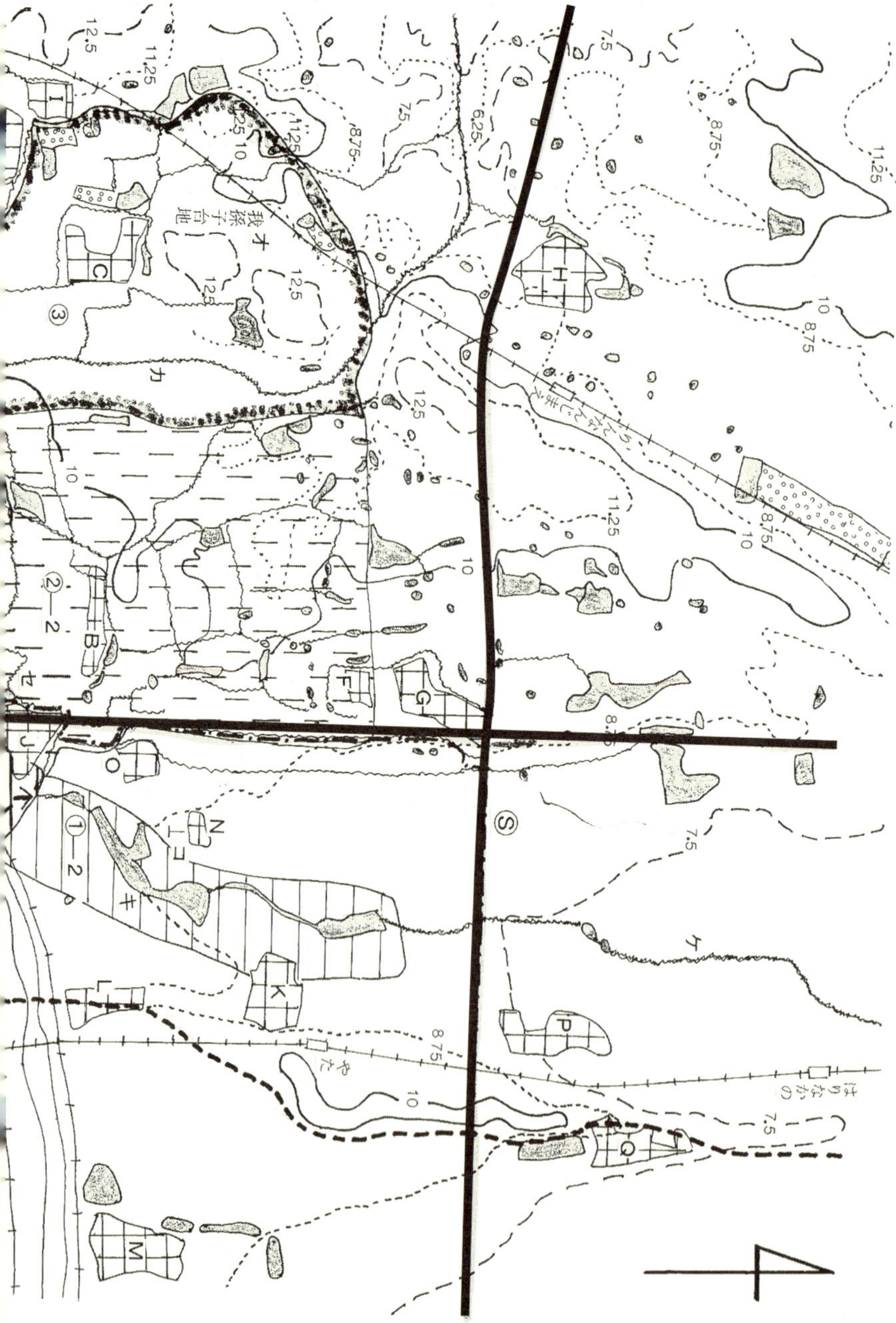
我孫子台地
オ
カ
③
②—2
①—2
セ
キ
ケ
Ⓢ
12.5
11.25
10
8.75
7.5
6.25

第４－４図　依網池周辺図（池敷・灌漑域の変遷を中心に）

資料：地理調査所１：10,000地形図「住吉・堺東部、1929年修正測図」をもとに、関係部分を抽出して作成。

依網池からの灌漑が可能になった〔第4－4図③〕。この時に設置された灌漑井路の末流は、細江川（細井川、住吉掘割）〔第4－1図エ、第4－3図カ、第4－4図カ〕に流下し、住吉大社〔第4－3図コ、第4－6図ト〕が位置する住吉津《すみのえつ》〔推定地、第4－3図サ、第4－6図ナ〕周辺に流出している。この第三段階目の築堤と前後して、依網池の北東、駒川の上流にあたる位置に行基池〔第4－3図キ、第4－4図キ、第4－6図B〕が築造されたものと確言してよいのではないだろうか〔第二節3ⓒ〕。ここに行基池が築造され、貯留水の増幅とともに余水が駒川へ流下し、その流域への水利安定に連動したことが、池溝の立地や配置関係を第4－3図・第4－4図よりとらえることによって想起できるのである。行基池の築造にともない、第4－4図①－2の灌漑域が依網池懸かりから行基池懸かりに移されることになる。

依網池北堤のさらなる西への延伸、行基池の築造による水利改変によって、依網池用水の我孫子台地北西寄りの灌漑域の拡大につながり、ほぼ近世初期にみられる庭井〔第4－4図A〕・苅田〔第4－4図B〕・我孫子〔第4－4図C〕・前堀〔第4－4図F〕を中心に、杉本〔第4－4図D〕・堀〔第4－4図G〕を灌漑域とする水利体系が形成されたことがとらえられる。

第一段階目の堤体を基軸に、順次延伸されたことが地形型より推察することできるため、第三段階目の築堤時の満水面の池敷が、古代依網池の最終段階の池の形態となる〔第4－4図Ⅲ〕。堤体の位置は古代での築堤より変更されておらず、北堤と東堤、それに土地が高い西池岸線は、近世初期の依網池の復原とほとんど変わっていなかったとみられる。光竜寺川の河口部〔第4－2図エ〕、狭山池用水を西除川より取水した井路の河口部〔第4－2図オ〕が、デルタ状に土砂が堆積されているため、この位置が早くより開発された古田地で、第三段階目の築堤の時期にはこれらのところは池敷であった。南池岸線のところの埋積も著しく、若干南に池岸線が広がっていたものと想定される〔第4－4図ソ〕。北堤北西端のところも相当土地が高かったため、古田地となっている部分がみられる〔第

4－2図カ〕。このところは北西端に長く延びる井路の状況から池内に含められるものの、第三段階目の北堤延伸時より満水時においても没しなかった土地であったかも知れない。依網池は築造当初より水深が浅く、北堤の北西部分において相当広く、池中に水田地の開発がおこなわれていた〔第4－2図キ・ク〕[27]。こういった埋積したところを池敷とみなして第三段階目の北堤の延伸時には、堤体を含め約五〇万㎡余りの満水面積を持つ巨池であった。しかし、我孫子台地に灌漑域を拡大したものの高燥な土地であったため、近世初期の依網池の用水不足は著しく不安定な水利状況下に置かれている[28]。依網池床の土砂の堆積は近世初期までに相当進行し用水機能を漸次減退させていったものの、古代においても我孫子台地を中心に水利困難な土地が未開墾地としてかなり広汎に及んでいたとみなされる。

堤体の延伸がおこなわれ池敷が拡大されることによって、自然河川の光竜寺川のみでは集水量に乏しく、第二段階、乃至第三段階目の堤体延伸時に、狭山池の用水が流下する西除川より取水井路〔第4－3図イ、第4－4図イ〕が敷設されたものと想定される。次節でふれる如く、第一段階目の築堤は仁徳期、第二段階日は狭山池の築造と同時期の推古期にあたり、第三段階目は行基集団による狭山池大改修の時期にあたると考えられるため、狭山池用水の灌漑機能がより強化された奈良期において、狭山池〔第4－6図ヘ〕との関係が生じていたとみなしておきたい〔第二節3(c)〕。

3．史料からの検討

古代の依網池について幾つかの貴重な記事が散見される。最初の記事は、『古事記』崇神天皇条〔第4－1表4〕と『日本書紀』崇神天皇六十二年十月条〔第4－1表5〕において記され、崇神天皇六二年は紀元前三六年にあたる[29]。依網池をはじめとする崇神・垂仁期での造池の記事は、『記紀』の素材となった『帝紀』・『旧辞』の編纂時以前での五～六世紀初頭頃にみられた造修池の事業を、より上代に遡らせて崇高化させるための所為であったと考えられ、これが仁徳期の記述に至り比較的具象化して表現されるようになる。

(a) 仁徳期の池溝開削と依網屯倉

『古事記』開化天皇条に記された皇子の建豊波豆羅和気王が「依網の阿毘古の祖」で〔第4－1表2〕、依網池の北堤のほぼ中間地に接して鎮座する延喜式内社の大依羅神社〔第4－2図ウ、第4－3図ウ、第4－4図ウ、第4－6図ニ〕の祭神が建豊波豆羅和気王であり、(30)依網屯倉の起端のことが知れる。さらに『古事記』応神天皇条に、同天皇が歌った「水溜る、依網の池の、堰杙打ち……」〔第4－1表7〕、『日本書紀』応神天皇十三年条に皇子大鷦鷯尊(仁徳天皇)の「水溜る、依網の池に、……堰杙著く……」〔第4－1表8〕の返歌が記されている。髪長媛をめぐる応神天皇と大鷦鷯尊の動向をとらえたもので、このなかでの「堰《い》杙《ぐひ》打《う》ち」と「堰《い》杙《ぐひ》著《つ》く」の表現は、明らかに依網池の水利施設である樋堰の設置が存在していたことを暗示させる内容となっている。

『記紀』での仁徳天皇については、ニュアンスに若干の違いがあるものの、幼時より聡明・叡智で、容貌美しく壮年に至り一層心広く慈悲深い人物、皇位継承の譲位の美談、竈の煙の有無をみて民の生活を気遣っての課役の免除、大殿を修理することもなく飾りつけを簡素にするなど、一貫して聖帝として描かれている。(31)こういった崇拝の描写とともに、依網池の築造〔第4－1表9〕、難波の堀江の掘削〔第4－1表9・11〕、茨田《まむた》の堤の築造〔第4－1表9・11〕、大道の設置〔第4－1表14〕、石河の水を引いての感玖大溝《こむくのおおうなで》の掘削〔第4－1表14〕、鷹狩の動向とともに〔第4－1表15〕、鷹甘部《たかかいべ》・鷹甘邑《たかかいむら》の設置〔第4－1表16〕など、土地開削関連の事績や政務上に関する動向の事柄が記される。鷹甘邑については、依網池の北にあたる駒川流域に鷹合村〔第4－4図P、大阪市東住吉区鷹合〕があり、鷹甘邑はこの地周辺に比定されている。異しき鳥を飼育して、これを天皇に献じた阿弭古が依網屯倉の管理者で、その土地は依網池周辺から駒川一帯に及んでいたとみなして差し障りはないであろう。

承平年間（九三一～九三八年）に成立した『和名類聚鈔』には、摂津国住吉郡大羅郷《おおよさみごう》と河内国丹比郡依羅郷《よさみのごう》がみられる。依網池北辺の明治期の旧依羅村〔寺岡〔第４－４図Ｈ〕・堀〔第４－４図Ｇ〕・前堀〔第４－４図Ｆ〕・苅田〔第４－４図Ｂ〕・庭井〔第４－４図Ａ〕・我孫子〔第４－４図Ｃ〕・杉本〔第４－４図Ｄ〕・杉本新田〔第４－４図Ｅ〕・山之内〔第４－４図Ｉ〕〕、大阪市住吉区東南部周辺〕の範域が摂津国住吉郡大羅郷に、駒川流域の南辺にあたる旧矢田村〔枯木〔第４－４図Ｊ〕・矢田部〔第４－４図Ｋ〕・富田新田〔第４－４図Ｌ〕〕の範域から、旧天美村〔池内〔第４－４図Ｕ〕・城連寺〔第４－４図Ｒ〕・芝〔第４－４図Ｓ〕・油上〔第４－４図Ｔ〕・我堂〔第４－４図Ｖ・Ｗ〕・堀、松原市天美周辺〕一帯にかけて河内国丹比郡依羅郷にあたり、鷹甘邑に比定される鷹合は摂津国住吉郡鷹合郷で北接したところに位置する。依羅宿祢を祭神とする田坐《たい》神社[32]が松原市田井城に、さらに松原市天美に東接した位置に河内国丹比郡三宅郷（松原市三宅）があり、ここに屯倉神社が鎮座し、天皇直轄地の経営地である依網屯倉は、依網池周辺からさらに上流の東南辺一帯に拡大していた可能性があり、阿弭古の一派の依羅宿祢の一系が掌握して管理にあたっていたと推察される。

以上のように仁徳期での池溝開削の記述は、屯倉の設置とともに比較的詳しく記されているため、これらの記事の信憑性も極めて高くなるといえるのではないか。『宋書倭国伝』のなかでの「倭の五王」、いわゆる讃・珍・済・興・武が、高祖武帝の永初二年（四二一）にはじまり、順帝の昇明二年（四七八）まで朝貢した記事がみられる[33]。済を允恭、興を安康、武を雄略と擬せられ、讃を応神または仁徳あるいは履中に、珍を仁徳か反正とする見方が有力であり[34]、「倭の五王」の時代は五世紀前半から後半に比定されるため、応神・仁徳期の実年代を五世紀初頭頃とみなして大過ないであろう。古墳の編年研究において応神陵〔第４－６図ヒ〕を含む古市古墳群がほぼ四世紀末～六世紀初頭に、仁徳陵〔第４－６図ハ〕を含む百舌鳥古墳群が四世紀末～五世紀末に比定されており[35]、地形型の微高地に土盛して葬送・埋葬のための古墳築造と、灌漑用水を目的として築堤し貯水池として機能する溜池と、土木構造上の違いはあるものの、古代土木事業としての総括的な共通性が認識でき、古墳築造との兼ね合いからとらえても、依網池の開削時期を五世紀初頭とみなして違和は感じられない。

上町台地周辺の土地条件の推考とともに、仁徳期に難波高津宮〔第4－6図タ〕の北の堀江を掘り〔第4－1図ネ、第4－6図チ〕、茨田の堤を築き、河内平野沖積低地部の治水とともに、依網池の開削による依網屯倉の土地開発が、五世紀初頭頃に推進されたとするのが妥当な見方といえる。それは難波高津宮の宮都の建設とともに、難波大道設置の記事からも推測することができるのである〔第四節〕。五世紀初頭頃での仁徳期の事業の一環が、依網池築堤の第一段階目〔第二節2〕にあたると推考しておきたい。

(b)狭山池の築造と推古期の池溝開削

狭山池〔第4－6図ヘ〕の築造時期は、推古期の六二〇年前後であることが確定されている〔注記（11）〕。『日本書紀』崇神天皇六十二年七月条の記事で、狭山池とせず「狭山の埴田水少し。……池溝を開《ほ》りて、民の業を寛めよ」〔第4－1表3〕としたのは、推古期の時期に当時の国威を示す大事業として狭山池の造池がおこなわれたが、より崇高性を持たせるために、崇神期に遡って狭山一帯のこととして、溜池の開削の必要性にふれたもので、推古期での狭山池築造の背景が隠見されているようにも思える。

推古期での狭山池の築造過程と連動するかのように、下流域にあたる依網池の機能の増幅に努めたことが推古天皇十五年冬条の記述によって確認され、これと同時に各地の屯倉経営を積極的に展開したことが示される〔第4－1表19〕。『日本書紀』皇極天皇元年条に、百済国王の皇子で大使として、家族共々住居していた翹岐等を召《よ》びて、依網屯倉で射猟を天覧させている〔第4－1表21〕。仁徳期の五世紀初頭以降に継続して、推古期の七世紀初頭に依

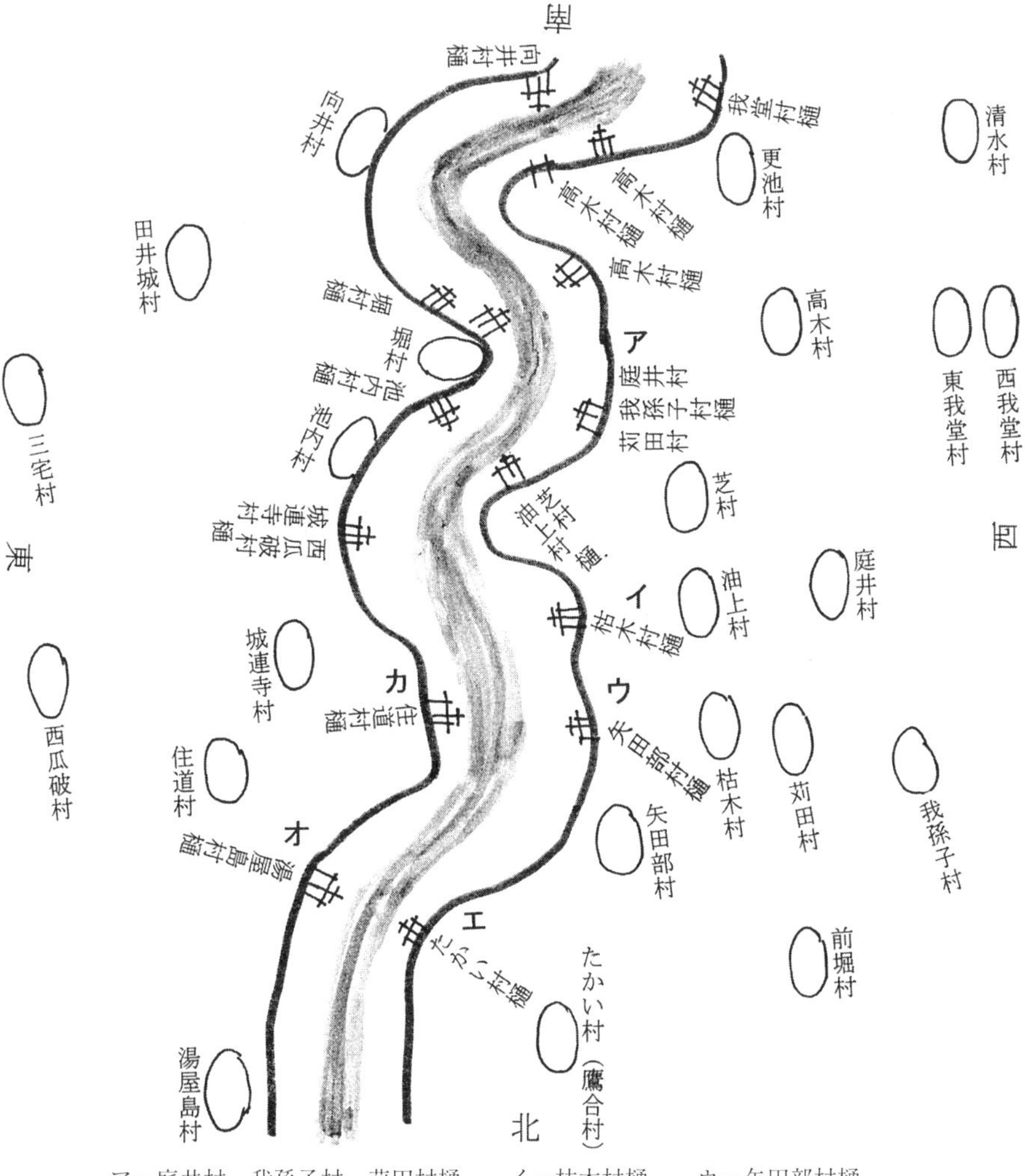

ア＝庭井村・我孫子村・苅田村樋　　イ＝枯木村樋　　ウ－矢田部村樋
エ＝鷹合村樋　　オ＝湯屋島村樋　　カ＝住道村樋

第４－５図　狭山池水路図（関連部分のみ抜粋、トレース図）

資料：大阪狭山市教育委員会・狭山池調査事務所編・発行『絵図に描かれた狭山池』1992年、23頁。図９「狭山池水路図」〔寛永14年（1637)、神戸市博物館所蔵〕をもとに関連部分のみを抜粋して作成。

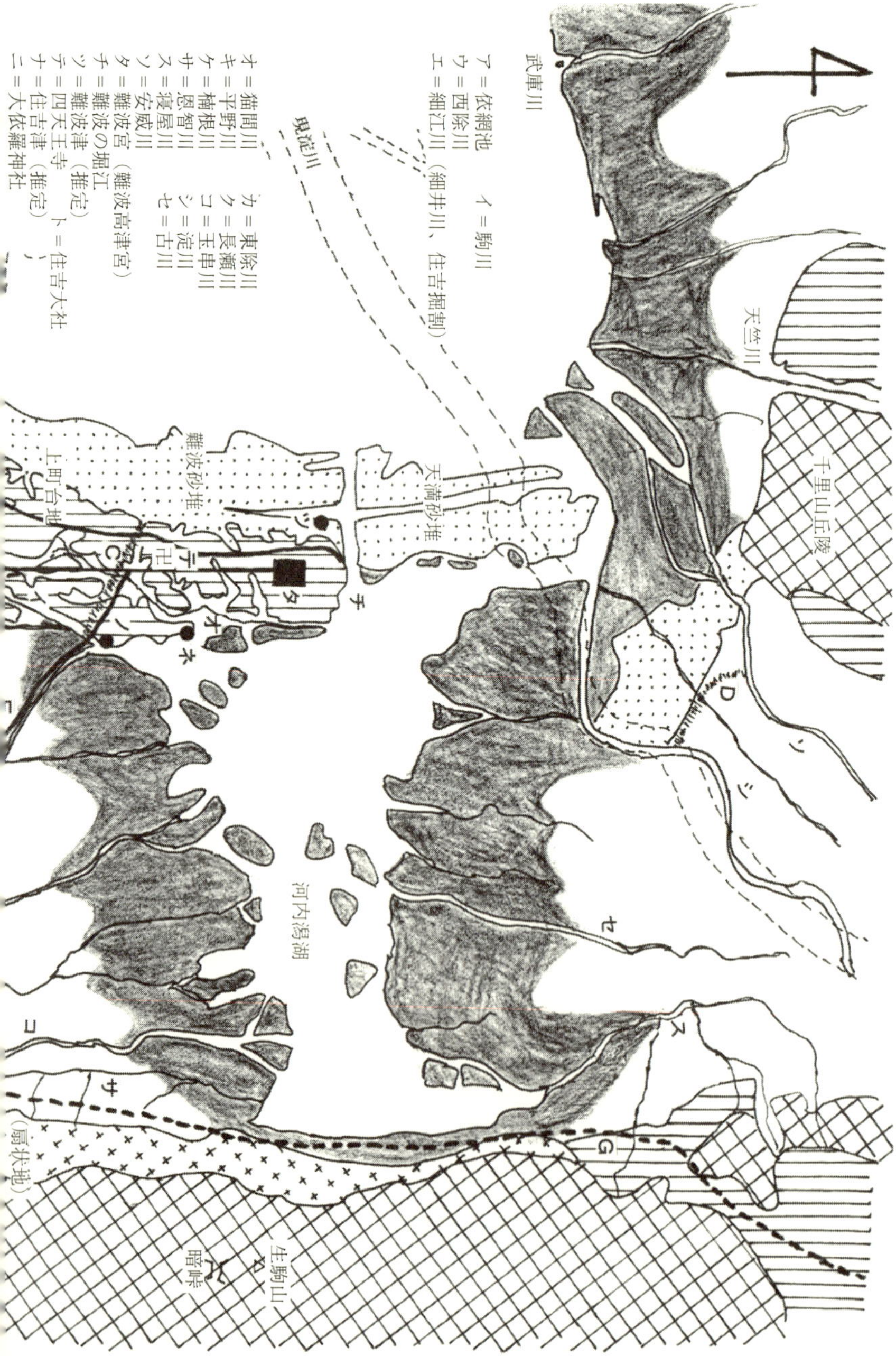
武庫川
ア＝依網池　イ＝駒川
ウ＝西除川
エ＝細江川（細井川、住吉掘割）
オ＝猫間川　カ＝東除川
キ＝平野川　ク＝長瀬川
ケ＝楠根川　コ＝玉串川
サ＝恩智川　シ＝淀川
ス＝寝屋川　セ＝古川
ソ＝安威川
タ＝難波宮（難波高津宮）
チ＝難波の堀江
ツ＝難波津（推定）
テ＝四天王寺　ト＝住吉大社
ナ＝住吉津（推定）
ニ＝大依羅神社
現淀川
天竺川
千里山丘陵
天満砂堆
難波砂堆
上町台地
河内潟湖
生駒山
暗峠
（扇状地）

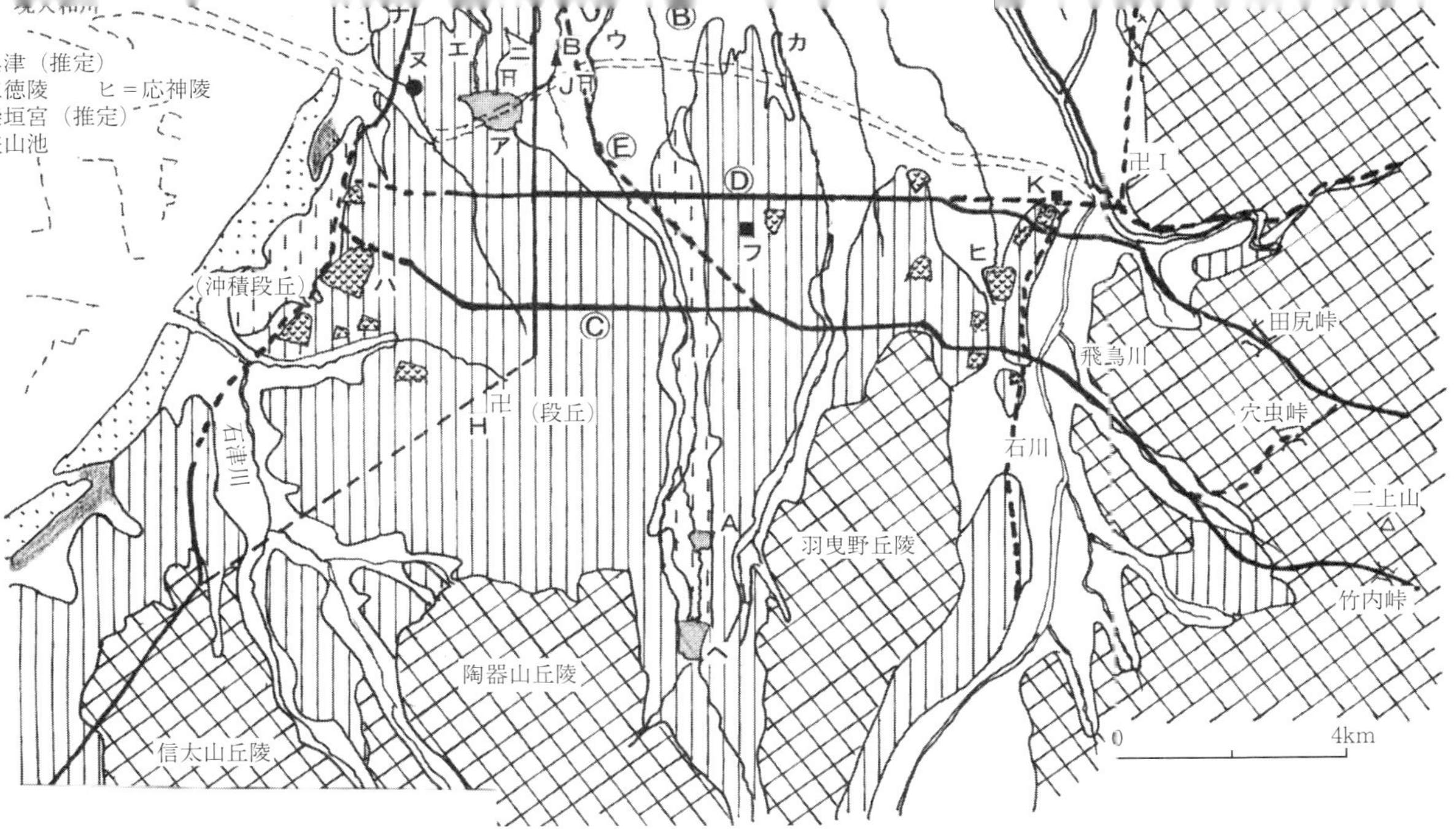

A＝狭山下池　B＝行基池　C＝河内川導水開削経路　D＝三国川開削経路　E＝渋河路　Ⓐ＝難波大道　Ⓑ＝磯歯津路　Ⓒ＝丹比道
F＝熊野道　G＝南海道　H＝大野寺　I＝智識寺　J＝阿麻美許曽神社　K＝河内国府　Ⓓ＝大津道　Ⓔ＝丹比斜向道（推定）

第４－６図　６－７世紀頃の上町台地・河内平野の景観図

資料：日下雅義『古代景観の復原』所収、「６－７世紀ころの摂津・河内・和泉の景観」中央公論社、1991年．挿入図をもとに、筆者考課の地形型の特徴を加味・補正して、上町台地・河内平野の古代景観を想定して作成。

注）後世での本稿に関連の事象事項を一部追記〔A−K〕。

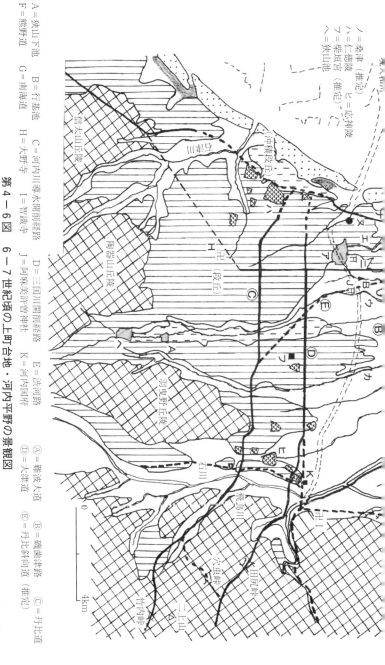

網池を含めた依網屯倉の経営に努めたことが、これらの記事よって推察される。狩猟場は仁徳天皇四十三年九月条にふれられてある百舌鳥野とともに、鷹狩を含めて依網池を含む依網屯倉が適地で、屯倉経営と同時に射猟に適した土地が展開していたのであろう〔第4－1表15〕。依網屯倉は依羅宿祢一系の管理地で、上町台地の仁徳期の難波高津宮の所在、難波津の立地、外国使臣の接待所である難波の大郡などの要所にも近く、推古期十六年秋八月条の大唐使人：裴世清が飛鳥に入京した際の導者が「物部依網連抱」で(36)、依網屯倉との関連性が類推される。

推古期には大和・山城・河内で池溝の開削を積極的に進め〔第4－1表19〕、要所である難波より大和の京に至る大道を設置している〔第4－1表20〕。この道は仁徳期での大道とも重なり〔第4－1表14〕、飛鳥に至る幹線道を改修したものと考えられる〔第四節〕。推古期には遣隋使が派遣され、大陸文化との交流が華々しく展開された時期で、大陸からの掌客を難波津で盛大に迎えている(37)。まさしく国威発揚の時期で、多くの土地経営の必要性から池溝の開削がその背景になったものとみられる。その最大の事業が狭山池の築造と依網池の修築であったと考えたい。

河内平野の茨田《まむた》屯倉が仁徳期に〔第4－1表12〕、さらに宣化の時にもみえる〔第4－1表18〕。難波屯倉は安閑期にふれられる〔第4－1表17〕。茨田屯倉は茨田堤〔推定地、第4－1図テ〕の整備によって成り立ち、北の河の澇を防がんとして茨田堤を築き〔第4－1表11〕、その調整池としての役割を担った茨田池が、晁って困難な状況に陥っていることが皇極期に〔第4－1表22・23・24〕、さらに茨田堤が奈良期に頻繁に決壊していることから〔第4－2表5・10・14〕、河内平野沖積低地部に拓かれた屯倉で、その後『和名類聚鈔』に記載の河内国茨田《まった》郡茨田郷に派生した土地である。その位置は旧中河内郡茨田町（大阪市鶴見区諸口・横堤・中茶屋・安田・茨田大宮など）辺りを中心に門真市・寝屋川市に及んだ範囲であったとされる。難波屯倉について具体的な比定地は不明であるが、上町台地東部にあたる猫間川〔第4－1図ク、第4－6図オ〕一帯に及ぶ沖積地辺りとみるのが、上町台地に展開した難波津の諸施設との関連から、至近距離でもあり無難な見方かと思われる。

河内平野沖積地に定着した水田は、次の段階として用水が得にくい地域へ伝播し、依網池の築造によって仁徳期の五世紀初頭頃までに、早くに乾湿化していた開析地状の古沖積地の駒川流域の土地を中心に拓かれ、推古期の七世紀初頭頃に依網池の北堤を延伸することによって、上町台地基底部にあたる我孫子台地の中位段丘面に拡大したとみなすことができる。これと併行にさらに上流の西除川〔第4－1図ウ、第4－3図チ、第4－6図ウ〕流域に広く展開する中位段丘面の耕地拡大策が急務となり、狭山池の築造につながっていったのであろう。河内平野沖積地から南部の中位段丘面に及んだ開発の経緯パターンがとらえられ、推古期の池溝開削はまさしく仁徳期以降に続く、治水・大道の整備を含め当時の国家大事業の一環であったと位置づけられる。依網池では第二段階目の築堤・修築が、こういった動向と重なってくるのである〔第二節2〕。

(c) 行基の狭山池改修と依網池周辺の行基集団

ふれてきたように河内平野沖積低地部では水が流下せず滞留し、それを原因として排水の調整池としての役割を担う茨田池の水昴・魚昴が続き〔第4－1表22・23・24〕、降雨時には排水不良による茨田堤の破堤が著しく、より治水が大きい課題となっている〔第4－2表5・9・14〕。それとは逆に、河内平野南辺の中・南部地域の段丘面では用水の確保が求められ、陶器山丘陵と羽曳野丘陵の狭隘部に狭山池を築造し、下流域の古期扇状地の地形にあたる段丘面の土地開発と密接に結びついてきた。狭山池の堤体の位置は築造期より変わることなく、堤を嵩置することによって機能を増幅させている[38]。しかし、アースダム形式の溜池で築堤には高度の技術を要するため堤体の維持が困難となり、度々破堤し貯水機能を喪失させることが生じている[39]。

奈良期の高僧行基は、河内・和泉・摂津・大和・山城一帯で、寺院の建立はもとより池溝・道橋・布施屋の増設に努め、その業績は安元元年（一一七五）に泉高父によって編纂された『行基年譜』[40]に記される。それによると天

第4－2表　8・9世紀における上町台地周辺での水利関連主要記事

史　料	年　代	記　事　の　概　要	備考（治世天皇）
1．行基年譜年代記	天平三年	行年六十四歳　聖武天皇八年　天平三年　辛未 狭山池院　二月九日起 尼院　　己上在河内国舟北（丹比の誤写か）郡狭山里	731年、聖武
2．続日本紀	天平四年	河内国丹比郡に狭山下池を築く。	732年、聖武
3．行基年譜年代記	天平六年	行年六十七歳　聖武天皇十一年　天平六年　甲戌 澄（隆）池院久米多　十一月二日起 在和泉国泉南郡下池田村 深井尼院香琳寺　在同国大鳥郡深井村 吉田院　在山城国愛賀（宕）郡 沙田院　不知在所　摂津国住吉云々 私、住吉ノ社大海神ノ北ニ南向ノ小寺云々 呉坂院　在摂津国住吉郡御津	734年、聖武
4．行基年譜十三年記	天平十三年	池十五所 狭山池　　在河内国丹北（丹比の誤写か）郡狭山里 土室池　　在　大鳥郡土師郷　　長土池　　在　同所 薦江池　　在　同郡深井郷　　檜尾池　　在　同郡和田郷 茨城池　　在　同郡蜂田郷　　鶴田池　　在　同郡早部（日下）郷 久米多池　在　泉南郡丹北里　　物部田池　在　同所 己上八所在和泉国	741年、聖武
5．続日本紀	天平勝宝二年五月条	京中驟かに雨ふり、水潦汎溢す、又伎人、茨田等の堤、往々決壊す。	750年、孝謙
6．続日本紀	天平宝字六年四月条	河内国狭山池の隄決す。単功八万三千人を以て修造す。	762年、淳仁
7．続日本紀	天平宝字六年六月条	河内国長瀬の隄決す。単功二万二千二百余人を発し、修造す。	762年、淳仁
8．続日本紀	天平宝字八年八月条	使を遣はして、池を大和、河内、山背、近江、丹波、播磨、讃岐等の国に築かしむ。	764年、淳仁
9．続日本紀	神護景雲四年七月条	志紀・渋川・茨田等の隄を修む。単功三万余人。	770年、称徳
10．続日本紀	宝亀三年八月条	朔日より雨ふり、加ふるに大風を以てす。河内国茨田の堤六処・渋川の堤十一処、志紀郡五処、並びに決す。	772年、光仁
11．続日本紀	宝亀五年九月条	天下の諸国をして、溝・池を修め造らしむ。	774年、光仁
12．続日本紀	宝亀五年九月条	使を五畿内に遣わして、陂・池を修め造らしむ。並に三位已上を差して検校とす。国ごとに一人なり。	774年、光仁
13．続日本紀	宝亀六年十一月条	使を五畿内に遣わして、溝・池を修め造らしむ。	775年、光仁
14．続日本紀	延暦三年九月条	河内国茨田郡の堤、一十五処を決す。単功六万四千余人に粮を給ひてこれを築かしむ。	784年、桓武
15．続日本紀	延暦四年一月条	使者を遣わし、摂津国の神下、梓江、鯵生野を掘りて、三国川に通ぜしむ。	785年、桓武
16．続日本紀	延暦四年九月条	河内国言す、洪水汎溢し、百姓漂蕩して、或は船に乗り、或は堤上に寓し、粮食絶乏して、艱苦良に深し、と。是に於て使を遣わし、監巡せしめ、兼て賑給せしむ。	785年、桓武
17．続日本紀	延暦四年十月条	河内国、隄防を破壊せること卅処。単功卅万七千余人、粮を給ひてこれを修築せしむ。	785年、桓武

18. 続日本紀	延暦五年八月条	従四位上和気の朝臣清麻呂を、民部大輔と為す。摂津大夫故の如し。	786年、桓武
19. 続日本紀	延暦七年三月条	中宮大夫従四位上兼民部大輔摂津大夫和気朝臣清麻呂言す。河内・摂津両国の堺、川を掘り堤を築き、荒陵の南より、河内川を導き、西の方海に通ぜむ。然らば則ち沃壌益々広く、以って墾闢すべし、と。是に於て、便ち清麻呂を遣わし、其の事を勾当せしめ、須ふべき単功廿三万余人に、粮を給し事に従はしむ。	788年、桓武
20. 日本後紀	延暦十八年二月条	清麻呂潜奏す。葛野の地に相遊獵し上託令しむ。更に都に遷上す。清麻呂、摂津大夫と為す。河内川を鑿ち、直に西海に通じ、水害を除かんと擬す。費す所巨多にして、功遂に成らず。私墾田一百町備前国に在り、永く賑給田を為す。郷民之に恵む。	799年、桓武
21. 日本紀略	大同元年十月条	河内・摂津両国の堤を定む。※堤は境の誤写か。	806年、平城
22. 日本後紀	弘仁三年七月条	山城・摂津・河内三国に新銭二百卅貫を賜ひ、出挙して利を取り、隄防の用に充てしむ。	812年、嵯峨
23. 類聚国史	弘仁十二年十月条	河内国の境、害を被ること尤も甚し。秋稼之を以て淹傷し、下民其れに由りて昏墊す。朕今、事に即して斯の地を経歴し、日に触れて憂を増す。兆庶何ぞ辜あらんやと云々。其の害を被る諸郡には、復三年を給はむ。尤も貧下なる者の、去年負へる租税の未だ報いざる、及び当年の租税は、亦蠲除せむ。其の山城・摂津両国は、地勢犬牙、此と相接す。此を見て彼を知る。害必ず汎濫せむ。水に浜へる百姓の資産を流出せる者は、今年の租税を出すこと勿れ、と。	821年、嵯峨
24. 日本紀略	天長九年八月条	大いに雨ふり、大いに風ふく。河内・摂津の両国、洪水汎溢れし、堤防決壊す。	832年、淳和
25. 続日本後紀	承和十二年九月条	河内・摂津両国に仰せて、難波の堀川に生ふる所の草木を刈り掃はしむ。石川・竜田両川の洪流を引きて、西海に通ぜしめんが為なり。	845年、仁明
26. 続日本後紀	嘉承元年八月条	使を摂津・河内両国に遣し、水災を被る者を巡検し、便近の倉庫を開き、之を賑給せしむ。	848年、仁明
27. 三代実録	貞観四年三月条	木工頭従五位上兼行左兵衛門権佐紀朝臣春枝・従六位下守右兵衛門大尉藤原朝臣好行を遣して、河内・摂津の両国の相争ふ伎人堤の事を弁析せしむ。	862年、清和
28. 三代実録	貞観十二年七月条	従五位上行少納言兼和気朝臣彝範を以て、検河内国水害堤使と為す。判官は一人、主典は二人。	870年、清和
29. 三代実録	貞観十二年七月条	従五位上守右中弁藤原朝臣良近を築河内国堤使長官と為し、散位従五位下橘朝臣時成・従五位下賀茂朝臣峯雄を、並びに次官と為す。判官は四人、主典は三人。	870年、清和
30. 三代実録	貞観十二年七月条	大僧都法眼和上位慧達・従儀師伝灯満位僧徳貞・将道師薬師寺別当伝灯大法師位常全・西寺権別当伝灯法師位道隆・元興寺僧伝灯法師位玄宗等を河内国に遣し、堤を築くを労視せしむ。	870年、清和
31. 三代実録	貞観十二年七月条	朝使を遣して河内国の堤を築かしむ。成功未だ畢らざるに重ねて水害有るを恐るるなり。是に由り、大和国の三歳神・大和神・広瀬神・竜田神に奉幣して、雨澇無きを祈る。河内の水源は大和国を出するを以てなり。	870年、清和
32. 三代実録	貞観十七年二月条	正五位下守右中弁兼行丹波権守橘朝臣三夏を以て、築河内国堤使長官と為す云々。	875年、清和

資料：黒板勝美・国史大系編集会編『新訂増補国史大系』吉川弘文館などをもとに編集した『美原町史第二巻』美原町、1987年、を中心に関連記事を抽出して作成。

平三年（七三一）に狭山池院・尼院を起こし〔第4－2表1〕、「天平十三年記」に池十五所の名を列挙し、「狭山池在河内国丹北（丹比か）郡狭山里」に携わったことが知れる〔第4－2表4〕。狭山池だけでなく、天平四年（七三二）に狭山下池（太満池）〔第4－6図A〕が下流に造池され〔第4－2表2〕、灌漑用水を段丘面へ拡大した事業の様子がとらえられる。[41]さらに天平宝字六年（七六二）の狭山池の堤の決壊により、単功八万三千人によって大改修事業がおこなわれている〔第4－2表6〕。これらの修堤によって、狭山池の堤体は当初の高さ五．四m・基底幅二七．二mから九．五m・五四mに増強され、[42]東西の段丘面上の標高約七八．五mまで達し、狭山池の汀線は大きく南側に拡大することとなる。堤体は段丘面の高さまでに達したため、新たに余水吐を設ける必要性が生じたことについてふれられている。[43]狭山池の用水を依網池へ送水するには、西除川〔第4－6図ウ〕を通水させねばならない。市川秀之はこの時に設置された余水吐の位置や、中樋及び東樋に加えて西除川へ落とす樋が存在したのか、検討課題のあることを示唆し、下流に築造された狭山下池の重要性についてとらえ、狭山池の中樋より同池で分水して西除川へ落とした可能性のあることに言及している。[44]奈良期の狭山池の修築と狭山下池（太満池）の築造によって灌漑域を大きく拡大させ、西除川への狭山池用水の流下は必然的に依網池と結びつくこととなる。

行基が依網池に関わったという直接の史料はみられない。筆者はかねてより依網池の東北側約七〇〇mのところに位置する行基池〔第4－3図キ、第4－4図キ、第4－6図B〕の存在に興味が注がれていた。行基池は駒川を堰き止めて造られ、水利権は枯木村〔第4－4図J〕（旧矢田村大字枯木、大阪市東住吉区公園南矢田）にあり、一九六〇年代初頭の記録では池敷面積一．五ha、貯水量一万四，四八〇㎥、灌漑面積八．二haで、現大和川に設置された枯木樋より取水し、[45]一九七〇年代初頭頃まで残置されていた。[46]西除川より取水する様子を描いた寛永一四年（一六三七）の「狭山池水路図」に枯木村樋が描かれていることから〔第4－5図イ〕、これが行基池への狭山池用水の取水井路で〔推定、第4－3図ス、第4－4図サ〕、大和川付け替え（一七〇四年）以前は芝・油上村〔第4－4図S・T、松原市天美西）東辺を流下する西除川より取水していたことがわかる。

行基池は、地元では行基の開削した池という伝承が定着し、大正一二年（一九二三）発行の『中河内郡誌』に「行基池あり広袤三町余りあり、池の北方に東西約二間、南北一間半位、高さ一間の封土ありて、之を行基塚と呼び居れり、その昔行基菩薩の住居せられし遺址なりと伝ふ」と記し、行基塚があったことにふれている(47)。矢田部村（旧矢田村大字矢田部、大阪市東住吉区矢田）の字地の北山〔第4－4図N〕の南に矢田矢田部山墓地〔第4－4図コ〕があり、その墓地に「南無行基大菩薩」〔写真4－1〕、東側の矢田富田町墓地に「行基菩薩之墓」〔写真4－2〕と、それぞれ刻印した石碑が現存している。『中河内郡誌』では「北山には十六戸の人家があり、其中福井姓を名乗る者二戸、上林姓二戸、天野姓を名乗る者一戸あり。此等は行基菩薩に従ひ来し者の遠孫と伝ふ、墓地の傍らに以前三昧院彌明寺と云ふ寺ありしが今は地名阿彌陀屋鋪を残して廃滅せり」と記し(48)、西側の墓地の「南無行基大菩薩」の石碑の刻字を転写し(49)、それには延享五年（一七四八）に行基入寂一千年御忌として、河州丹北郡矢田部邑彌明《やみよう》寺三昧聖中(50)の建立となっている。さらに「今（大正一二年〈一九二三〉）天野幸次郎氏宅（字北山）に聖武天皇の御影と行基菩薩の像とを蔵す、無款にして誰人の筆になるや知れざれど、その筆勢非凡にして可成年代を経たるものなり」とまとめている(51)。また、現大和川の南対岸の位置にある延喜式内社の阿麻美許曽神社〔第4－3図エ、第4－4図エ、第4－6図J〕の境内には、「行基菩薩安住之地」の石碑が建立されていることにも注視しておかねばならない〔写真4－3〕(52)。

このように行基池周辺には行基伝承・伝説を多く残し、これらについて吉田靖雄は「現代に増幅する行基伝承・行基信仰」として集約している(53)。吉田の論拠で注目すべきことは、神亀四年（七二七）に行基が建設をはじめた大野寺〔第4－6図H〕（旧東百舌鳥村土塔、堺市中区土塔町）の土塔から出土した瓦の刻銘の分析である。「矢田部連田々你古」が四点、「矢田部連龍麻呂」が八点、総計一二点の「矢田部連」の刻銘は、出土の刻銘瓦のなかで最大

写真４－１「南無行基大菩薩」石碑（右）

資料：2014年筆者撮影。

1．右：刻字転写文、〔注記（49）〕参照。

2．左：「為行清法師」延宝七年己未年施主聖村の刻字、俗名義清《のりきよ》である西行法師の墓碑とみられる。

写真４－２「行基菩薩之墓」石碑と地蔵像

資料：2014年筆者撮影。

地蔵像には文化４年（1807）の刻字。

写真４－３「行基菩薩安住之地」石碑

資料：2014年筆者撮影。

裏面に昭和三十一年五月五日之建の刻字。

の点数を占め、矢田部連は大野寺建立の際に多大の資材を寄付した氏族であったことを示唆し、同時に「依羅」とした刻銘瓦が一点あり、この氏族も丹比郡依羅郷か住吉郡大羅郷を本拠にしていたことにふれている(54)。こういったことから行基池周辺の伝承・伝説が、大野寺出土の刻銘瓦によって信憑性を帯びてくるのである。行基池の築造時期を確証する史料はないが、「矢田部連」の統率のもとこの地域の行基集団が造池に関わったという、仮説を立てることもできるのではないだろうか。

行基は天平三年（七三一）に狭山池院・尼院を起こしている〔第4－2表1〕。『続日本紀』に記される狭山下池〔第4－6図A〕の造池が天平四年（七三二）であることから〔第4－2表2〕、この前後に狭山池の修復に関わっていたとみなされる。これが天平宝字六年（七六二）の破堤決壊〔第4－2表6〕により、さらに大規模な狭山池の改修へと結びついていった。この期での狭山池の修築には狭山池院・尼院を信仰の場として、近在の行基集団が大きな役割を果たしたものと考えられる。大野寺を中心とする行基集団とも近く、もちろん「矢田部連」に統率された行基集団も、何らかの形で狭山池の改修に関わっていたものと想定され、大野寺土塔出土の刻銘瓦がそれを物語る。

『行基年譜』行年六十七歳　聖武天皇十一年　天平六年（七三四）に、久米田池の池院である澄（隆）池院、和泉国大鳥郡深井村の深井尼院香琳寺などとともに、沙田《すなだ》院の建立がみられ、泉高父は「不知在所　摂津国住吉云々」と記している。「私、住吉ノ社大海神ノ北ニ南向ノ小寺云々　呉坂院　在摂津国住吉郡御津」とある〔第4－2表3〕。この呉坂院との関連や「摂津国住吉云々」と記されていることから、沙田院の位置は住吉大社の北辺に所在したとする見方が一般的解釈のようである。[55] 泉高父が『行基年譜』をまとめたのは、行基没後約四〇〇年が経過しており、不知在所が基本の認識であることから、その位置を住吉大社付近にとらわれることはない。『和名類聚鈔』において、旧矢田村住道《すんじ》（大阪市東住吉区住道矢田、第4－4図M）の地は摂津国住吉郡住道郷となっている。住道は旧矢田村矢田部の東辺にあたり、矢田部は『和名類聚鈔』で河内国丹比郡依羅郷に属し、『和名類聚鈔』が編纂された一〇世紀初頭においては、この辺り一帯は摂津国住吉郡と河内国丹比郡の交錯地であったと考えられ、その後住道は、「中世国郡界の錯乱に依りて河内国丹北郡（丹比郡が丹北郡と丹南郡に分属）に転属せしもの」と記されている。[56] こういったことから摂津国住吉郡大羅郷と河内国丹比郡依羅郷の地は、五～八世紀頃までは依網屯倉を前提として成立した地域で、大羅郷から依羅郷が分属したとなっている。[57] こういった経緯からみて、沙田院を摂津国住吉郡大羅郷に隣接する行基池周辺にあててもよいのではないだろうか。矢田矢田部山墓地のところにあった三昧院彌明寺が沙田院の後身であったかも知れない。沙田院を「すなだ」と呼称しているが、「しゃた」と読むこともできる。「しゃた」は「やた」の表音にも通じ、「矢田部連」との関係が類推される。沙田院を中心とする行基集団が「矢田部連」の統率のもと狭山池の改修にも何らかの形で関わり、行基池の築造に直接関与することによって、これが依網池用水の改良とも連動し、これら奈良期での水利事業の一環の動きのなかで、依網池の第三段階目の築堤に結びつくことが管見できるのである〔第二節2〕。

なお、大野寺出土の刻銘瓦のなかに、土師姓と刻銘されたものがみられることについてふれられている。(58)大野寺周辺は、『和名類聚鈔』の和泉国大鳥郡土師郷の土地にあたり、土師氏は陵墓の築造や土師器の生産に関わった氏族である。土師氏につながる後世の土師集団が行基集団の一員として、狭山池の修築に何らかの形で関わったとみることもできる。古墳の築造だけではなく、仁徳期や推古期での池溝開削事業にも土木技術集団として、その当時の土師氏率いる土師集団が関与していたと類推することも可能である。

4．既発表論文に対しての提起

近世初期の復原研究をふまえて、立地する土地条件の分析により、灌漑機能を増幅させ我孫子台地に灌漑域を拡大させていった古代依網池の開削の背景を推察してきた。本稿の執筆以前に、依網池の築造期での機能についてユニークな見解のあることを紹介し、それについて若干の私見を示しておきたい。

依網池の分析を中心に据えた論稿ではないものの、古墳築造との関係のなかで、古代河内の溝渠の開発の特徴を史的に分析し、そのなかで依網池の造営にふれた丸山竜平の研究があげられる。丸山の依網池の築造動機の機能について「基本的には築堤によるものではなく、天野川の余水が旧我孫子村、庭井村、苅田村、杉本村にわたって一大湛水地帯、湿地帯を形成しており、その乾陸化が必要で、上町台地東方に広がる湿地帯及び旧大阪湾への自然排水では逆流、勾配のゆるい河川からくる湛水のため、根本的な対策が必要であった。このため設けられた施設が、住吉大社の南側において、長さ二粁に及ぶ上町台地の掘削、掘り割りであり、現大阪湾方面への排水であった」と集約している(59)。

小山田宏一は古代の開発と治水を総合的に分析し、依網池の築造期の目的について「西除川の河水を引き、低地にしてはあまりにも大規模な溜池である依網池には、洪水水量の低減と下流河道の負担を軽くする遊水池の姿が浮かび上がってくる」として、茨田堤や茨田屯倉に関連する茨田池についても、『日本書紀』皇極二年条に水の濁りを想起させる記述があり、これが自然堤防間の低地に機能する遊水地で、これと同様の観点から依網池も遊水池であったとの見方を示し、「上町台地を横断する「住吉の掘割」は、依網池に一旦貯められた洪水水量を大阪湾に放流する目的で開削されたにちがいない。依網池の働きは、大規模灌漑からほど遠いのである」とまとめている(60)。

確かに依網池の位置する地形型から判断して、沼沢地が自然的に形成され滞留水した可能性は否定できない〔第二節2〕。筆者が依網池周辺の土地条件を検証し、その背景となる史料の分析を通してとらえてきたように、河内平野沖積地の全体のなかで依網池が立地する土地条件をみつめ、その特徴をまず明確にしておかねばならない。河内平野沖積低地部にある茨田池と、我孫子台地と駒川へ流下する古沖積地の境に位置する依網池では、根本的に土地条件が異なる。当然、史料でも明らかなように灌漑機能を第一義に据えた古代依網池の姿態を前提に把握する必要がある。「住吉掘割」の開削にしても位置する地形型からわかるように依網池築堤の最終段階のことであり、まして丸山のとらえた築堤によるものではないという解釈は、あまりにも唐突な思いつきの感が過ぎり、何ら根拠のある見方に高められていない。近世初期の依網池用水の不足は著しく、灌漑機能を著しく低下させ深刻な状態に置かれていた〔注記(28)、第三章第三節〕。古代依網池の機能を乾陸化と、遊水池のみでとらえることはできず、史資料の少ない依網池の研究であっても、論述してきた近世初期依網池の復原からの遡及的分析によって、これら文献史学、考古学に立脚した研究に対して、論拠を示した提起ができる。両者のユニークな思いつきの発想についてては評価できるものの、基本的な方法論に大きな誤見のあることを指摘しておきたい。

第三節　依網池と狭山池の関連（重源との関わりを中心に）

狭山池水下地域での弥生遺跡の分布は、依網池に近い現大和川周辺域に多くみられるが、この時点ではまだ点的な展開で、池溝の開削によって水田耕作の安定化が図られていったとみなされる〔第二節1〕。その先駆けとなったのが依網池の築造である。鋤柄俊夫は、狭山池に近くなる美原町（堺市美原区）の中位段丘面では真福寺遺跡、大井遺跡、丹上遺跡などにみられるように八世紀以降に集落が営まれ、西除川左岸においては、鎌倉期以降の遺跡が飛躍的に増加していることをあげている(61)。依網池の築造は仁徳期での五世紀初頭とみなして〔第二節3(a)〕、狭山池はまだその時には存在していなかった。狭山池の築造は七世紀初頭の推古期の六二〇年前後で〔注記(11)、第二節3(b)〕、東樋下層遺構の樋や樋管の出土が築造年代の確定につながった。東樋下層遺構の樋・樋管の構造からみて、大規模的に広範囲にわたって送水する機能は持ち得ず、狭山池北方の池尻遺跡で発掘された集落跡と小区画水田跡が古墳時代前期～中期にまで遡り、これが狭山池築造以前に存在していたとみられていることから(62)、狭山池築造期の灌漑域は狭山池直下近傍の水懸かりにとどまっていたものと断定できる。

奈良期にかけて狭山池の堤が嵩置され、貯水機能を増強させ狭山下池〔第4－6図A〕の築造とともに、中樋筋の水懸かりを拡大していった様子がうかがえる〔第4－2表2・6〕。このことは鋤柄の美原町域での八世紀以降に集落が営まれた、とする見方とも一致してくる。こういった奈良期での狭山池の貯水機能の増強にともなって新たに余水吐が設置され、これが西除川に流下するとともに、狭山池用水が狭山下池（太満池）を分水して送水されたともみられ、依網池との関連が生じることについてはすでにふれてきた〔第二節3ⓒ〕。

　依網池と狭山池の関連を示す唯一の史料は、東大寺を再建した俊乗坊重源が大改修をおこなったことを記す建仁二年（一二〇二）の「重源狭山池改修碑文」である。重源が狭山池改修に携わったことについては、その生涯の事績をまとめた『南無阿弥陀仏作善集』に、建仁三年（一二〇三）頃として「河内国狭山池者、行基ササ《菩薩》の旧跡也。而るに堤は壊れ崩れて既に山野に同じ。彼を改複《復》せんが為に石の樋を臥す事六段也」と記される[63]。さらに慶長一三年（一六〇八）八月に樋の完成を記念して、比丘秀雅僧都筆による「重源改修碑文写」が、大阪狭山市池尻の田中家（田中俊夫氏）に所蔵されている[64]。これらによって重源が狭山池の改修に関わったことがとらえられてきた。『南無阿弥陀仏作善集』や「重源改修碑文写」の原典ともいうべき、樋文が記された「重源狭山池改修碑」が一九九三年一一月に狭山池ダム化工事の中樋遺構より出土したのである〔写真4-4〕[65]。慶長一三年（一六〇八）の大改修時に中樋の擁壁の一部として転用され、刻字面が伏せられていたこともあり残存状態が極めて良好で、その樋文は以下のような内容になる[66]。

　　敬白三世十方諸仏菩薩等
　　　狭山池修複《復》事
右池者、昔行基菩薩行年六十四
歳之時、以天平三年歳次辛未、初築
堤伏樋、而年序漸積及毀破、爰依摂津　………(1)
河内和泉三箇国流末五十余郷人民之
誘引、大和尚南無阿旀陁《弥陀》仏行年八十二
歳時、自建仁二年歳次壬戌春企修複《復》、

写真４－４　「重源狭山池改修碑」建仁２年（1202）

資料：『大阪府立狭山池博物館　常設案内展示図録』所収、「重源の改修　写真３」、2001年、38頁より引用。大阪府立狭山池博物館所蔵。

即以二月七日始堀(掘)土、以四月八日始伏石
樋、同廿四日終功、其間道俗男女沙旀(弥)少
児乞匃(丐)非人等、自手引石築堤者也、是
不名利偏為僥(饒)益也、願以此結縁□□
一仏長平等利益法界衆生、敬白　……(2)

(アバラカキヤ)
大勧進造東大寺大和尚
南無阿旀(弥)陁(陀)仏　……(3)
少勧進阿闍梨(バン)阿旀陁(弥陀)仏
(オンアボキヤベイロシヤ)浄阿弥陀□
(ナウマカーボダラマ)順阿□□□
(ニハンドマジンバラハラ)
(バリタヤウーン)□□□

阿

番匠廿人之内
造東大寺大工伊勢
守物部為里
造塘人三人之内　大工守保

依網池との関連で問題になるのは、上記⑴の摂津以降と、⑵の道俗男女以降であろう。⑴は、狭山池水下地域の摂津・河内・和泉三箇国五十余郷の人民の誘引によって、おこなわれた事業であることにふれている。大山喬平が重源の狭山池改修碑について検討し、慶長期の狭山池水下地域の動向と、『和名類聚鈔』記載の郷との比較検討から、「五十余郷」は新しい中世的な郷や、以前からの郷の下に成立した新しい村むらを指していた可能性が高く、個々に狭山池用水を請ける単位水利共同体であり、一三世紀になった時点で荘園制の枠組を越えて、共通の池によってつながる緩やかな地域共同体連合をなしていたとみている。(67)「五十余郷」について、一三世紀に存在した村むらとの具体的な対比検討が俟たれるが、狭山池水下地域の水利網の拡がりを考慮して、摂津国の郷として西除川より取水する古代からの住吉郡大羅郷と住道郷、それに古代での鷹甘邑を継承した鎌倉期にその名がみえる住吉郡鷹合郷が入っていることに、疑問を挟む余地はない。依網池を水利共同体とする大羅郷の村々は、重源の狭山池改修期以前には間違いなく狭山池水下地域に組み込まれていたのである。(68)狭山池の度々の破堤によってその機能は低下した時期もあったが、狭山池用水の奈良期の貯水機能の増強によってその関係が始まったとみて間違いないであろう〔第二節3ⓒ〕。大和川付け替え以前の寛永一四年（一六三七）の「狭山池水路図」に、西除川より取水した庭井村・我孫子村・苅田村と、枯木村、矢田部村、鷹合村、湯屋島村、住道村の各取水樋が描かれている〔第4－5図ア・イ・ウ・エ・オ・カ〕。これは慶長一三年（一六〇八）の狭山池大改修によって、水利再編がおこなわれた以降での取水樋の状況をあらわした絵図ではあるが、その以前に遡って西除川からの取水の起因を推察することが可能である。古代において狭山池用水をどういった時期に、どのような方法で取水したのかその判断は尽きかねるが、近世初期の依網池での著しく低下した灌漑機能を考えるなら〔注記(28)、第三章第二節〕、非灌漑期の狭山池用水の余水の取水であっても大きな効果が期待できたのである。

⑵の道俗男女以降は、狭山池の修築にあたって道俗男女、沙弥少児から乞丐非人に至る迄、総動員のもと自らの

手で石を引いて堤を築き、これは名利でなく偏に饒益のためで、結縁をもって完成したことについてふれている。さらに(3)以降に、修築に関わった人々の名前を列挙する。大山はこれらについて注目すべき見解を示し、大勧進造東大寺大和尚南無阿弥陀仏（重源）の他、少勧進阿闍梨（𑖪𑖽《バン》）阿弥陀仏、浄阿弥陀仏、順阿弥陀仏といった重源の同行の人々が第一グループで、「番匠廿人之内」の造東大寺大工伊勢某・守物部為里の両人と、「造塘人三人」に含まれる大工守保等の大工集団が第二グループをなしているとしている。[69] 東大寺を再興した重源は、度々入宋して相当な土木技術を持っていたことについては周知されていた。重源を筆頭に、（𑖪𑖽《バン》）阿、浄阿、順阿といった人々を統率者として、「番匠廿人」と「造塘人三人」が現場責任者として、仏道に帰依している俗人男女、在家沙弥・童子、物乞の修業僧、特定職能民の非人、を一般労働者としてその奉仕によって、狭山池修築にあたらせたとみなされよう。いわゆる重源集団によって鎌倉期の狭山池改修事業が完工したのである。狭山池水下地域より道俗男女、沙弥少児が加わり、行基信仰が根強く残る依網池周辺の五十余郷にあたる河内国丹比郡依羅郷の村むらからも参集した様子が想起される。中世では特定職能民としての非人である河原者や坂の者が特殊な技能を有し、この層が土木工事の重要な担い手であったことにも注視しておく必要がある。三浦圭一は、正和四年（一三一五）の和泉国日根荘（泉佐野市日根野）の「和泉国日根野村絵図」[70]に、古作の田地に「坂の物」の所在が描かれ、池を築いて日根荘の開発に先鞭をつけたことにふれている。[71] 非人層が現場作業での造池・修池に長けた土木工事の専門的技術労働者で、これを重源集団のなかに取り込むことによって修築事業が大きく進行し、この如何が工事の成否を左右したのではないだろうか。

　重源が狭山池改修に携わった時期は中世初期であるが、「重源狭山池改修碑文」の内容から、古代の狭山池水下地域の動向、古代での依網池と狭山池の関係を推察することができる。完成を記念しての碑文ということから、幾分賞詞された表現が感じられるものの、重源の狭山池改修事業績を記す貴重な史料といえる。

なお、『和名類聚鈔』に記載されている郷で、碑文の「五十余郷」に含まれる河内国丹比郡には、ふれてきた依羅郷の他、三宅郷、丹下郷、土師郷、八下《やしも》郷、黒山郷、田邑郷、丹上郷、菅生《すごう》郷、狭山郷が対象となり、黒山・丹上郷を中心にして展開した中世の丹南鋳物師の本貫地が狭山池水下地域の核心部に位置し、丹南鋳物師集団と重源集団との関係にも興味が注がれる。「五十余郷」のうち和泉国での郷としては、大野寺の所在する土塔の集落の北接のところに菰池があり、狭山池より配水を受けた井路が今も確認され、大野寺を含む北辺のところに展開した和泉国大鳥郡土師郷をその対象としてあげておきたい。

第四節　依網池と難波大道

本稿でのこれまでの土地条件を起因にした古代依網池の水利機能の考察と、構成内容が若干異なるものの、『日本書紀』での仁徳期と推古期に記されている大道と依網池の関連についてみておかねばなるまい。

仁徳天皇十四年条での大道の設置は、仁徳期の宮都である難波高津宮の南門より、丹比邑に至るとふれられている〔第4－1表14〕。推古天皇二十一年条の記事は、難波より宮都のある飛鳥までの道を指している〔第4－1表20〕。これらの記事より難波からの大道の存在が知られてきた。この大道の経路について、的確に指摘したのが岸俊男である。岸は『記紀』を中心として万葉集などをもとに、道に関連する事象を抽出して、大和・河内の古道の背景を分析する。[72] そのなかで難波の古道について、発掘調査の進んだ難波宮の内裏・朝堂院中軸線を真南に延長し、天王寺区の大道の地名、さらにその延長線が東住吉区と住吉区の境界、大和川の南では松原市と堺市の境界となり大津道〔長尾街道〕〔第4－6図Ⓓ〕から、金岡神社〔堺市北区金岡町〕に接する丹比道〔竹之内街道〕〔第4－6図Ⓒ〕に達していることをとらえている。[73] 大和川下流流域下水道今池処理場建設にともなう大和川・今池遺跡発掘調査に

写真４－５　大和川・今池遺跡　難波大道跡

資料：森村健一『大和川・今池遺跡Ⅲ発掘調査報告書』所収、「第66図難波大道」大和川・今池遺跡調査会、1981年、99頁より引用。

よって、一九七八〜一九八〇年にかけて両側溝に挟まれた幅一八m、総延長距離一七〇mの古道が発掘され〔写真４－５〕、その古道跡が難波宮の中軸線に至ることが判明し[74]、岸の推論がほぼ齟齬なく実証されたのである。これによって難波大道が確定され〔第４－３図Ⓝ、第４－４図Ⓝ、第４－６図Ⓐ〕、東側溝より検出された須恵器・杯身が六〇〇〜六七〇年に比定されていることから、その時期は推古天皇二十一年条に大道を置いた記事とも重なってくる。藤原京の道路幅は、朱雀大路の宮南面では約二四m、大路が約一六m、大路と大路の間の坊間路（南北）・条間路（東西）が約九m、大路と坊間路・条間路の間の小路が約六・五mとなっている。[75] 難波大道の発掘地点での道幅一八mは、藤原京の朱雀大路・大路と匹敵し、明らかに難波から京へ至る幹線道路としての役割を担う。

仁徳期での難波高津宮の所在は不明で、仁徳天皇十四年条に記載の宮都の南門からの大道が、推古期の大道と同一であったかどうか、当然ながら疑問視されるものの、『古事記』に難波高津宮での大嘗に際して、墨江中王の反逆に遭遇した記事がみられ、その時の逃避経路である多遅比野に到った時、波邇賦坂より難波の宮を望みて、火なお炳焉し、当岐麻路より廻って倭の石上神宮に坐した、と記される。[76]『日本書紀』にも河内国埴生坂に到って、難波の方を見て火の光の情景に驚愕していることにふれている。[77] 波邇賦坂は羽曳野丘陵の北端にかかる埴生野の坂（羽曳野市野々上付近）で、今もその地の南の高台の位置から上町台地を遠望することができ、履中天皇が難波大道から丹比道へ到った様子を想像できる景観が展開する。この光景が仁徳期の宮都である難波高津宮の南門より、丹比村に至った大道とも重なり、難波高津宮の造影が推古期に根強く残り、外国使節との交流がきっかけになって国家威信高揚のために、仁徳期の大道をさらに拡張しておく必要が生じたとみておきたい。

推古天皇十六年条六月に、遣隋使小野妹子に従って大唐の使人裴世清と下客一二名が来朝し、難波津の入江で迎え飾船三〇艘で歓待している情景が『日本書紀』に描かれる(78)。八月に裴世清達は京に入っているが、海石榴市《つばいち》に飾馬七五匹を遣わして迎えたという。海石榴市は三輪山の麓、大和川（初瀬川）の右岸側に位置し、この時の宮は飛鳥の小墾田宮《おはりだのみや》（奈良県明日香村雷丘周辺）であることから、裴世清の随行は難波津より舟運で入京したと考えられている。『隋書倭国伝』には大業四年（推古一六年〈六〇八〉）のこととして、倭王が裴世清を迎えた様子を記し、倭王の言葉として「今故らに道を清め館を飾り、以って大使を待つ。冀くは大国維新の化を聞かんことを」と記している(79)。裴世清を迎えるにあたって、道路や館の整備にあたり、小徳阿輩臺を遣わし、数百人を従え、儀仗を設け、鼓角を鳴らして迎え、十日後には、又大禮可多毗を遣わし二百余騎を従え郊労したとある(80)。郊労とあり郊外で慰労したととれることから、海石榴市から入京したのであろう。結果的には推古期での難波大道の修治は遅れたためか（裴世清入京：推古天皇十六年条、難波大道の設置：推古天皇二十一年条）、舟運主体の道程となったとも推察される。白雉四年（六五三）六月に、百済と新羅が使いを遣わし、この時に各所の大道を修治している(81)。これは孝徳天皇の時で、改新の詔のあった前年の大化元年（六四五）に都を難波長柄豊碕に遷し、小郡の建物を壊し新宮を造り、白雉二年（六五一）一二月に難波の大郡より遷って新宮に入っている(82)。百済・新羅の使者を迎えたのは、この新宮の時になる。外国使節の賓客を迎えるにあたって、この大道の整備・修治の動向に注視しなければなるまい。ともかくも大和・河内での大道整備が緊急の課題で、真っ先に枢要地域である難波と飛鳥を結ぶ大道の修治が求められていた。

難波大道は、依網池東堤の約一五〇m東のところを南北に貫通する〔第4－3図Ⓝ、第4－4図Ⓝ、第4－6図Ⓐ〕。依網池の南東に接して芝・油上共有池の今池〔第4－2図イ、第4－3図ク、第4－4図ク〕が位置するが、同池は難波大道が廃道となった跡のところに築造されたことになる。依網屯倉の経営地を通り難波宮〔難波高津宮〕〔第4－6図タ〕・難波津〔推定地、第4－6図ツ〕を結び、住吉大社〔第4－6図ト〕・住吉津〔推定地、第4－6図ナ〕より延びる磯歯津《しはつ》路《みち》〔第4－3図Ⓢ、第4－4図Ⓢ、第4－6図Ⓑ〕、南へは近世の長尾街道に継承される古代大津道〔第4－6図Ⓓ〕、竹之内街道に継承される古代丹比道〔第4－6図Ⓒ〕とも直交した。難波と飛鳥へのただ単なる往来だけでなく、生産・流通の側面からも検討されねばならない。軍事の側面からの考察も求められよう。依網屯倉の経営地にとっては物資の運搬路として重要な役割を担った大道で、その背景に依網池が立地したのである。仁徳天皇四十三年条の鷹狩りの様子や〔第4－1表15〕、皇極天皇元年の翹岐を招いての射猟の際にも〔第4－1表21〕、この難波大道が頻繁に利用されたことであろう。百舌鳥野にもこの大道を使って行くことができた。依網屯倉の拡大とともに、仁徳期での依網池の築造〔第二節3ⓐ〕、推古期での依網池の修池〔第二節3ⓑ〕が難波大道と密接に関わる。依網池造池の記事と大道を置いた記事は、仁徳期、推古期の二度にわたって重なるが、これはただ単なる偶然ではなく、地域整備にともなう動向が背景となり、依網池の造池、依網屯倉の経営とも結びつくのである。

難波大道はいつまで継続したのか、なぜ廃道になったのか、そのことを記した関連史料はみられない。やはり難波の地のその後の衰退とともに、平城京そして平安京へ遷都したことによる立地上の問題があげられる。奈良時代に難波から南東の旧平野川沿いにあったとみられる渋河路〔第4－6図E〕が整備され、これが奈良街道の前身とみられることから、これにとって代わられたという見方もできる。平安期に至り熊野道〔第4－6図F〕の整備とともに、この往来が頻繁になったことも廃道の一因につながったかも知れない。近世に至って竹之内街道や長尾街道などは堺方面からの伊勢道として利用されるが、難波大道にはそういった機能上の変化もなかった。近世初期の作成とみられる「依羅池古図」の南東に、芝・油上の今池が描かれており〔第二章第2－4図：トレース図〕、難波大道は同池敷を通っていることから、いくら遅くともその造池までに廃道になっていたことになる。近世初期の国絵図などに記載される街道筋との関連から、これと対比できれば廃道になった時期が特定される可能性がある。ここでは、平城京の遷都、奈良期での後期難波宮の廃止とともに、急激に役割が減退し漸次耕地化され、平安期のかなり早い時期までに主要道としての機能を喪失したとみておきたい。

なお、岸の難波大道の見方をふまえ、丹比道について松原市内を斜めに横切った、阿麻美許曽神社〔第4－6図J〕に至る斜向道の痕跡をとらえ〔第4－6図Ⓔ〕、これが『日本書紀』仁徳天皇十四年条の人道を作って丹比邑に至った記述〔第4－1表14〕との整合性を追求して、この地域の古道復原研究に大きなインパクトを与えた足利健亮の見解のあることを付記しておきたい[83]。

第五節　今後の課題（まとめに代えて）

本稿で論じてきた事象のうち六～七世紀を中心に、状況によってその後の重要な事象をも含めて、上町台地・河内平野周辺の古代景観の歴史地図を作成するなら、第4－6図のように描かれる。この図は日下作成の「6－7世紀ころの摂津・河内・和泉の景観[84]」を参考に、状況によって筆者が考える地形型の特徴を加味・補正して上町台地周辺の古代景観を想定したものである。日下研究の踏襲であり、すでに他分野においても度々引用され新鮮味に欠けるが、全体の構成力の優れたこういった図に照写することによって、研究対象とする事象が地域のなかに複合的に位置づけられ、古代の歴史舞台となった上町台地・河内平野周辺のそれぞれの事象が立体性をもって浮きあがってくる。地図上に事象の存在をただ単に記すだけでなく、平面的な地域空間が立体・連体感をもってあらわすことができ、依網池を取り巻く各事象との古代景観のつながりが蘇り、地域のなかで連続性をもった考察が可能となる。

依網池〔第4－6図ア〕は、河内平野沖積地の一部とみなされる駒川〔第4－6図イ〕流域の氾濫原古沖積地と、上町台地裾部段丘面（我孫子台地）の間に立地する。依網池の水懸かりが依網屯倉の一部にあたり、堤体延伸・池敷拡大とともに灌漑域を我孫子台地の段丘面に広げ、末流は住吉掘割〔第4－6図エ〕に流下し、住吉大社〔第4－6図ト〕、住吉津〔推定地、第4－6図ナ〕との関連性が生ずる。依網池と大依羅神社〔第4－6図ニ〕の関係も大切な視点である。古代港の榎津《えなつ》〔推定地、第4－6図ヌ〕とも近く、仁徳陵〔第4－6図ハ〕をはじめとする百舌鳥古墳群ともつながる。これらを結びつけるのは難波大道〔第4－6図Ⓐ〕であり、大津道〔第4－6図Ⓓ〕、丹比道〔第4－6図Ⓒ〕、磯歯津路〔第4－6図Ⓑ〕である。難波大道は難波宮〔第4－6図タ〕と直道で結ばれ、難波津〔推定地、第4－6図ツ〕ともつながり猪飼津〔推定地、第4－6図ネ〕、桑津〔推定地、第4－6図ノ〕とも至近距離にある。上流には狭山池〔第4－6図ヘ〕が築造され、西除川〔第4－6図ウ〕への導水を媒体として依網池との関連性が生じる。行基池〔第4－6図B〕とは、最も結びつきが強くなる駒川を通じてつながり、古代依網池の基本の水利システムが読み取れる。後世の事業ではあるが和気清麻呂の河内川導水の開削経路〔第4－1図ノ、第4－6図C〕とも近い〔第八章〕。渋河路〔第4－6図E〕や熊野道〔第4－6図F〕が整備されるとともに、難波大道に影響を及ぼしたことも考えられる。本稿はこのように、依網池周辺を基軸に広域的に拡がる土地条件や、上町台地及び河内平野で展開されたさまざまな古代での政治・経済を含めた社会事象など、地域を構成する古代景観の認識を基本パターンとしてこれらに照準を合わせ、そのうちの幾つかに的を絞って論じてきた。

しかし、こういった狙いはあまりにもスケールが大きく、筆者の力量不足から多くの課題が山積されている。それを列挙するなら、①依網池の開削時期については、依網池の近世の復原資料をもとに土地条件で読み取れることと、『記紀』の記載の内容のことを照写したもので、『記紀』にあらわれる屯倉の成立をはじめ、阿弭古や依羅宿祢、矢田部連などの古代氏族など、さまざまな背景の分析ができ得ず、単調な展開に終始したきらいがある。②依網池周辺の行基信仰・行基集団と狭山池での行基の修築事業を課題にしてきたが、これも狭山池水下地域下での行基信仰の展開を地域に密着して、さらに調査を重ねる必要があった。それに行基集団に関連して、③大野寺の土塔より発掘された出土の刻銘瓦の分析をはじめ、④行基四十九寺院の一つである沙田院の関連から、矢田部村周辺域に及んでの行基信仰の伝承地の調査が不足し、表面的な考察にとどまっている。⑤河内平野沖積地での弥生遺跡の立地から、河内平野の土地開発の経緯をとらえたが、一部の弥生遺跡のみにとどまり、考古学で発掘された遺跡関連の各種資料の分析が不十分であった。さらに⑥依網池に東接し、難波大道跡を発掘した大和川・今池遺跡は古墳時代の集落遺跡であることから、古墳時代の遺跡と依網池開削の関連性の考課が欠落している。⑦狭山池修築の関係で重源集団を課題にして、依網池との関連をとらえようとしたが、重源の各地での水利事業の事績をはじめ、行基集団と重源集団の特徴など、基本的な内容の把握が欠けていた。⑧裴世清を歓待する入京の背景を『隋書倭国伝』の記載記事のなかで、難波大道や依網池との関連性をみつめようとしたが、その結びつきが必ずしも十分でなく遊離した印象を与える展開となり、古代古道の成立・機能や構造上のことなど、基本の分析からの追考が必要であった、などの事象が課題としてあげられる。

今後、筆者が取り組める許容として、⑴古代から近世に及んだ依網池と狭山池との一連の経緯とその位置づけ、⑵大和川付け替えによって大きく変化した、依網池周辺以北の西除川筋の流路跡と取水井路の復原、⑶「重源狭山池改修碑文」に記載の五十余郷の比定の検討、⑷行基伝承・信仰について、狭山池水下地域を中心とした調査と集約など、これらに重点を置いて考察することを当面の課題として、さらなる依網池研究の検討を重ねていきたい。

注

（1）よさみ池の表記には「依網池」と「依羅池」の記述がみられる。『和名類聚鈔』の地名表記では、摂津国住吉郡大《おお》羅郷《よさみごう》と河内国丹比郡依羅郷《よさみのごう》である。本稿では『記紀』での記述に準じて「依網池」の表記を基調とし、絵図などの名称において「依羅池」と記されている場合、その表記を用いることとした。

（2）池名としては『古事記』孝元天皇条に、同天皇の崩御に際して御陵を剣池の中の岡、とした記事が最初である〔第4－1表1〕。これは御陵の周濠としての記載であり、水利機能を示唆した造池についてふれたものではない。『日本書紀』崇神天皇六十二年七月条に、河内狭山の池溝開削を促す記事がみられる〔第4－1表3〕。しかし、この表記は河内狭山であり、狭山池の造池について直接ふれたものではない。池溝開削の具象名としては、依網池が初見であるといえる。

（3）川内眷三「近世初期の依網池の復原とその集水・灌漑について」四天王寺国際仏教大学紀要三五、二〇〇三年、一九～五三頁。

（4）前掲（3）三一・三七～四六頁。

（5）川内眷三「一七世紀末我孫子村絵図にみる依網池の水利特性について」四天王寺国際仏教大学紀要四〇、二〇〇五年、二九～四八頁。

（6）山崎隆三編著『依羅郷土史』大阪市立依羅小学校創立八十五周年記念事業委員会、一九六二年、九～一二頁。

（7）亀田隆之『日本古代用水史の研究』吉川弘文館、一九七三年、四頁。

（8）①服部昌之「難波周辺の台地と低地」、『新修大阪市史第一巻』所収、大阪市、一九八八年、四七頁。
②上田宏範「我孫子古墳群」、『新修大阪市史第一巻』所収、大阪市、一九八八年、三八五頁。

（9）後掲（12）三〇三頁。

（10）直木孝次郎「律令制以前の丹比地方―土地の開発―」、『松原市史第一巻』所収、松原市、一九八五年、一〇一～一〇三頁。

（11）光谷拓実「狭山池出土木樋の年輪年代」、『狭山池―埋蔵文化財編―』所収、狭山池調査事務所、一九九八年、四七〇・四七一頁。

（12）日下雅義『歴史時代の地形環境』所収、第四章「依網池付近の微地形と古代における池溝の開削」古今書院、一九八〇年、二九四～三〇四頁。

(13) 前掲（3）二六頁。
(14) 河内平野の河川の変遷過程については、考古学の見地からとらえた阪田育功の論文があげられる。阪田育功「河内川平野低地部における河川流路の変遷」、柏原市古文化研究会編『河内古文化研究論集』所収、和泉書院、一九九七年、九九～一二二頁。
(15)『大河内展―弥生社会の発展と古墳の出現―』大阪府文化財調査研究センター、二〇〇二年によると、河内平野沖積地に約四〇ケ所の弥生遺跡があげられている。
(16) 永島暉臣慎「市域の弥生遺跡」、『新修大阪市史第一巻』所収、大阪市、一九八八年、二七九頁。
(17) 瀬川芳則「旧大和川水系平野部の大遺跡」、『大阪府史第一巻』所収、大阪府、一九七八年、四九二頁。
(18) 趙哲済「河内低地と弥生人」、大阪市文化財協会編『大阪遺跡』所収、創元社、二〇〇八年、四六・四七頁。
(19) ①前掲（16）三一九・三二〇頁。②田中清美「桑津遺跡の弥生時代」、大阪市文化財協会編『大阪遺跡』所収、創元社、二〇〇八年、六〇・六一頁。
(20) 前掲（17）五〇七頁。
(21) 高橋工「河川と河内の原風景」、大阪市文化財協会編『大阪遺跡』所収、創元社、二〇〇八年、四八・四九頁。
(22) 前掲（18）四七頁。
(23) 前掲（16）三〇四・三〇五頁。
(24)「松原市文化財分布図2011」松原市教育委員会、二〇一一年。
(25) 前掲（3）三一頁。
(26) 前掲（5）四〇頁。
(27)「依羅池古図」によると第4－2図キの位置が我孫子村田地として、「依網池描写我孫子村絵図」では依網池池内の小池床〔第4－2図キの南〕と、さらにその南の水田地のところも我孫子村田地として開田されていた経緯が確認できる。第4－2図クの北部分は苅田村田地の古田地で、南部分は苅田村開発田地となっている。
(28) 前掲（5）三六頁。

（29）大谷光男「第一〇代崇神天皇」、『歴代天皇総覧』所収、秋田書店、一九九三年、六〇〜六五頁、での西暦年による。
（30）生田百濟『大依羅神社誌』出版社名不詳、明治四三年（一九一〇）草稿、一〜四頁。
（31）①倉野憲司校注『古事記』岩波書店、一九六三年、一五六・一五七頁。
②黒板勝美・国史大系編集会編『新訂増補国史大系日本書紀前編』吉川弘文館、一九八一年、二八九〜二九九頁。
（32）田坐神社は延喜式内社で、現在は柴籬神社（松原市上田七丁目）に合祀され、松原市田井城五丁目の旧社地に改めて田坐神社が祭られている。タヰと読むのが正しいとされ、天武一〇年（六八一）に連の姓を賜わった田井直吉麻呂との関係がとらえられている〔『松原市史第一巻』松原市、一九八五年、二〇三・二〇四頁〕。なお、柴籬神社の祭神は、正殿が多遅比瑞歯別命（反正天皇）、相殿が菅原道真と依羅宿祢である。
（33）（34）和田清・石原道博編訳『魏志倭人伝・後漢書倭伝・宋書倭国伝・隋書倭国伝』所収、「宋書巻九七夷蛮伝・倭国（宋書倭国伝）」岩波書店、一九五一年、六一〜六六頁。
（35）白石太一郎「百舌鳥・古市の陵墓古墳について」、『百舌鳥・古市の陵墓古墳―巨大前方後円墳の実像―』所収、大阪府立近つ飛鳥博物館、二〇一一年、八〜一八頁、掲載の編年図による。
（36）黒板勝美・国史大系編集会編『新訂増補国史大系日本書紀後編』吉川弘文館、一九八一年、一五〇頁。
（37）前掲（36）一四八〜一五一頁。
（38）市川秀之「北堤堤体の調査」、『狭山池―埋蔵文化財編―』所収、狭山池調査事務所、一九九八年、一五〜三五頁。
（39）天平宝字六年での破堤〔第4－2表6〕をはじめ、「重源狭山池改修碑文」〔第三節〕での毀損した経緯、足利末期に至り河内国城主安見美作守の荒廃する狭山池の復旧事業の挫折など、幾多の破堤の様子がうかがえる〔『狭山池改修誌』所収、「後篇狭山池志」大阪府、一九三二年、一八七頁〜〕。
（40）『行基年譜』は平安時代末に、行基に関する諸史料を編年順に集成したもので、行基に関する最も基本的な史料である。延暦二三年（八〇四）に菅原寺が提出した記録（「天平十三年記」）や「皇代記」・「年代記」の他、『行基菩薩伝』・『三宝絵詞』もしくはその同系統史料、和泉の行基関係遺跡に伝わった諸記録とされる。「天平十三年記」については、当時の政府が行基起用にあたって提出させた公文書であり、その記録内容は天平一三年（七四一）までの行基の事業を記録した一次史料であることが明らかにされ、「年代記」についても古代の史料として、信頼すべき内容を含む指摘がなされている〔鈴木景二「Ⅳ史(資)料　第一節行基年譜」、『行基事典』所収、国書刊行会、一九九七年、二五二～二五五頁〕。

(41) 狭山下池については太満池（大阪狭山市池尻北、半潰池）と、轟《とどろ》池（堺市東区南野田・西野所在、全潰池）をあてる見方があった。轟池は慶長の狭山池大改修の折に、堺廻りの村落への送水を目的に築造されたものであり、太満池が狭山池の下、北一㎞の位置にあたることから狭山下池とみなされる。狭山池の中樋筋より太満池を経由して送水され準親池的機能を保有し、狭山池水下地域での重要な溜池としてその役割を担ってきた〔川内眷三「一九世紀初頭・狭山池水下絵図の現況比定による溜池環境の考察」四天王寺国際仏教大学紀要四二、二〇〇六年、一～三二頁〕。

(42) 前掲（38）一七頁。

(43) 市川秀之「発掘成果からみた各時代の狭山池」、『狭山池―埋蔵文化財編―』所収、狭山池調査事務所、一九九八年、五〇〇頁。

(44) 市川秀之『歴史のなかの狭山池―最古の溜池と地域社会―』所収、「狭山池の形態の変化」清文堂出版、二〇〇九年、八八～九三頁。

(45) 『東住吉区史』東住吉区役所、一九六一年、一二九～一三二頁。

(46) 行基池周辺では昭和初期より耕地整理事業が実施され、これに併せて用水路・溜池の整備が進行し、行基池より流下した駒川の流路も、この周辺では早くより確認することはできなくなっている。耕地整理事業にともなって、行基池の東接した位置にその補助として新池が新設されている。『大阪市詳細区分地図東住吉区六千分の一』（和楽路屋、一九六一年）に行基池の形は変容すれども描かれ、『大阪市東住吉区詳細図一万分の一』（日地出版、一九七二年）に南半が埋め立てられた状況で描写され、『東住吉区・平野区図一万分の一』（ナンバ出版、一九七三年）には描かれていない。こういったことから、行基池は池の形態を変化させながらも一九七〇年代初頭頃まで残置されていたものとみられる。

(47) 『中河内郡誌』大阪府中河内郡役所、一九二三年、四〇七頁。

(48) 前掲（47）四〇五・四〇六頁。
(49) 前掲（47）四〇六頁。

南無行基大菩薩　（正面）

御年七十八而為大僧正此任始千墓
天平勝宝元己丑正月皇帝受菩薩
戒及皇太后皇后乃賜号大菩薩　（以上右側）

同二月二日八十二於菅原寺東南院入寂
矣旹延享五年歳次戊辰二月二日
奉修一千年御忌者也　（以上左側）

河州丹北郡矢田部邑
彌明寺三昧聖中　（以上裏面）

(50) 行基没後一千年目の命日にあたる建碑として、筆者が水利調査をした狭山池水下地域では、矢田矢田部山墓地の彌明寺三昧聖中が建立したものと、堺市美原区大保の浄土寺墓地にある「行基大菩薩塔」がみられる。三昧聖は、中世の後半から近世にかけて規模の大きい共同墓地（惣墓）、もしくはその近傍に定住した半僧半俗の民間宗教者（聖）である。三昧聖が近世における行基信仰の担い手であり、行基系の三昧聖の他、空也系、時宗系、高野山系などに分類されている。三昧聖の行基信仰の成立について、中・近世にとどまらず、行基系三昧聖では東大寺との関係が行基当初からの継続だとして、奈良時代とする見方がある〔吉井克信「行基を慕った近世畿内の三昧聖たち」、『行基事典』所収、国書刊行会、一九九七年、四〇八頁〕。矢田矢田部山墓地の三昧院彌明寺について、行基池北西池岸に近い矢田部村の北山の字地の位置であり、微高地状の地形のところに近世期まで存続したが、明治期に入り廃仏毀釈の折に廃寺になったものと考えられる。天野幸次郎氏宅（北山）に蔵したとされる〔後掲（51）〕、聖武天皇の御影と行基菩薩の像は、三昧院彌明寺の廃寺にともなって同家に継承されたものであったかも知れない。北山の集落の位置は矢田矢田部山墓地の北であるが、周辺は区画整理・都市化が著しく進行し、上林姓・福井姓はみられたが、天野姓は転宅したためか、同地に所在しなかった。
(51) 前掲(47)四〇六頁。
(52) 阿麻美許曽神社にある「行基菩薩安住之地」の石碑は、先々代の宮司が昭和三一年(一九五六)に行基の伝承が当神社を中心に残されていることから、氏子の協力を得て建立したものである。廃仏毀釈の折、境内にあった神宮寺の止住僧が持ち出したためか、当神社の関連資料は残されていない。明治期のはじめに勧請され春日大社より入って六代目にあたる(阿麻美許曽神社での聞き取りによる)。なお当神社の氏地は、枯木〔第4-4図J〕、富田新田〔第4-4図L〕、矢田部〔第4-4図K〕、芝〔第4-4図S〕、油上〔第4-4図T〕、城連寺〔第4-4図R〕、池内〔第4-4図U〕の七郷で、河内国丹比郡依羅郷にあたる。大同年間(八〇六~八〇九年)に創建されたとされる延喜式内社である。
(53) 吉田靖雄『行基―文殊師利菩薩の反化なり―』所収、「現代に増幅する行基伝承・行基信仰」ミネルヴァ書房、二〇一三年、二一九~二二七頁。
(54) 前掲(53)二一九・二二〇頁。
(55) 沙田院について、具体的に比定地を論じたものはみられない。住吉大社の近傍に呉坂院をとらえ、摂津国住吉ということからか、その北方に沙田院の位置を描いたものが基本の見方としてあげられる〔千田稔『天平の僧行基―異能僧をめぐる土地と人々―』所収、「図46行基ゆかりの土地」中公新書、一九九四年、一六一頁〕。
(56) 井上正雄『大阪府全志巻之四』清文堂出版(復刻版)、一九二二(一九七六)年、六五五頁。
(57) 吉田東伍『大日本地名辞書第二巻(上方)』冨山房、一九〇四年、四〇七頁。
(58) 『行基の構築と救済　大阪府狭山池立博物館図録五』所収、「土塔の世界」大阪府立狭山池博物館、二〇〇三年、五八頁。
(59) 丸山竜平「河内における二つの画期―溝渠の築造と県、屯倉の成立をめぐって―」日本史論叢5、一九七五年、五三頁。
(60) ①小山田宏一「古代の開発と治水」、『狭山池―論考編―』所収、狭山池調査事務所、一九九九年、二一四~二一六頁。

②小山田宏一「古代治水構築物とその技術」帝京大学山梨文化財研究所研究報告第一四集、二〇一〇年、一七～二四頁。

(61) 鋤柄俊夫「中世丹南における職能民の集落遺跡―鋳造工人を中心に―」国立歴史民俗博物館研究報告四八、一九九三年、一八九～一九五頁。

(62) 市川秀之「下流遺跡の調査：池尻遺跡(1)」、『狭山池―埋蔵文化財編―』所収、狭山池調査事務所、一九九八年、四三〇頁。

(63) 『大阪狭山市史第五巻史料編狭山池』大阪狭山市役所、二〇〇五年、二五頁。

(64) 前掲（63）三七・三八頁。

(65) 市川秀之「樋の調査：中樋遺構」、『狭山池―埋蔵文化財編―』所収、狭山池調査事務所、一九九八年、七七～八二頁。

(66) 前掲（65）七八頁に碑文が掲載される。二〇一四年に「重源狭山池改修碑」が重要文化財の指定を受けて、特別記念展が実施され、この時に改めて碑文の翻刻がおこなわれている〔大阪狭山市教育委員会編『重源と東大寺』所収、「図版解説Ⅰ重源狭山池改修碑拓影」大阪狭山市、大阪狭山市郷土資料館、二〇一四年、四二頁〕。

(67) 大山喬平「重源狭山池改修碑について」、『狭山池―論考編―』所収、狭山池調査事務所、一九九九年、三三～六〇頁。

(68) 摂津国住吉郡では鷹合郷（鷹合村）と住道郷（住道村）、大羅郷のうち我孫子村、苅田村、庭井村と、これらの北に位置する堀村は中世の南北・戦国期にはその村名がみえ、鎌倉期初期に存在したものとみられ、五十余郷のなかに入れられよう。

(69) 前掲（67）三五頁。

(70) 天福二年（一二三四）九条家領として日根荘が立券され、『政基公旅引付』・『九条家文書』をはじめとする古文書や絵図が残されている。こういった貴重な史料をもとに多くの中世史・近世史研究がなされてきた。これらの研究には、荘園の民衆の生活、荘園村落成立過程とその性格、農民の闘争など多岐にわたっている。これら絵図のなかで特に貴重であるのが、正和四年（一三一五）の「和泉国日根野村絵図」（宮内庁所蔵）で、溜池、社寺、開田などの景観が描かれ、中世荘園の背景をとらえることができる〔川内眷三「泉佐野市樫井川流域の溜池環境と水利転用について」法政地理二〇、一九九二年、五一頁〕。

(71) 三浦圭一「技術と信仰」、三浦圭一編『技術の社会史―古代・中世の技術と社会―』所収、有斐閣、一九八二、二〇六〜二一〇頁。

(72) 岸俊夫「古道の歴史」、『古代の日本五・近畿』所収、角川書店、一九七〇年、九三〜一〇七頁。

(73) 前掲（72）一〇四頁。

(74) 森村健一『大和川・今池遺跡Ⅲ発掘調査報告書』大和川・今池遺跡調査会、一九八一年、九〇〜一〇〇頁。

(75) 林部均「藤原京の条坊制―その実像と意義―」、『都城制研究(1)』所収、奈良女子大学二一世紀COEプログラム、二〇〇七年、四三頁。

(76) 前掲（31）①一六八〜一七〇頁。

(77) 前掲（31）②三二二・三二三頁。

(78) 前掲（36）一四八〜一五一頁。

(79) 和田清・石原道博編訳『魏志倭人伝・後漢書倭伝・宋書倭国伝・隋書倭国伝』所収、「隋書巻八一東夷伝・倭国（隋書倭国伝）」岩波書店、一九五一年、七六頁。

(80) 前掲（79）七五頁。

(81) 前掲（36）二五四頁。

(82) 前掲（36）二五一・二五二頁。

(83) 足利健亮「律令制下の丹比地方―条里制―、条里を斜断して走る古道、東北東―西南西の斜向古道」、『松原市史第一巻』所収、松原市、一九八五年、一七一〜一七八頁。

(84) 日下雅義『古代景観の復原』所収、中央公論社、一九九一年、巻頭挿入図。

第五章　一九世紀初頭狭山池水下絵図にみる水利空間と溜池環境の考察

第一節　はじめに

狭山池は『記紀』に記載され、現存する日本最古の溜池とされる。[1] 泉北丘陵（東辺部を陶器山丘陵）と羽曳野丘陵の狭隘部を堰き止め（第5－2図）、河内平野南部段丘面の開発と密接に関わり、日本の古代の土地開削において重要な位置づけがなされてきた。[2]

近年、狭山池水下地域下での都市化による農地の著しい減少から、狭山池の灌漑機能としての役割が弛緩し、洪水調節機能を増幅させることを目的にした「狭山池治水ダム化事業」の大改修工事が昭和六三年（一九八八）一二月に着工され、平成一三年（二〇〇一）三月に竣工している。[3] この事業は狭山池下流域の洪水対策を主目的として、狭山池が地域のシンボルとして保全する「狭山池ダム景観整備基本計画」として着手された。こういったことから、大阪府が提唱する「ため池整備基本構想―オアシス構想―」の理念とも結びつき、地域環境のなかに溜池を位置づけたモデルづくりとしてとらえられる。[4] しかし、こういった計画は親池である狭山池に力点を置くあまり、長い歴史のなかで培われ、幾多の水利秩序が形成されてきた水下地域の水利空間を無視し、地域の利益と一体化した観点での環境整備として結びついてこないきらいがみられる。水下地域に分布した二二四池にも及ぶ子池・孫池群は、[5] 調査すら実施されず埋め立てられているのが現状である。

狭山池水下地域は大阪狭山市、南河内郡美原町（二〇〇五年二月一日堺市に合併、以下本稿では堺市美原区と称す）、堺市東南部、松原市、羽曳野市西部の四市の範囲に及ぶ。一部では早い時期より土地区画整理事業が実施され、この地域での農地の他用途への転用はスプロール的に著しく進行している。しかし、農地が幾分残存する水下地域にあっては、圃場整備とともに大規模な水利改編がともなう農業構造改善事業の対象外であったためか、その耕地割、溜池・井路などの水利施設に、近世期より永続された景観をみつめることが可能である。

本稿では狭山池水下地域の近世での水利体系を機軸に、その変貌過程をとらえ現在に永続されている水利景観を把握する。その考察手段として一九世紀初頭とみなされる「狭山池水下絵図」（写真5－1：『絵図に描かれた狭山池』大阪狭山市教育委員会・狭山池調査事務所、一九九二年、掲載図。狭山池土地改良区所蔵：南北一四六cm・東西七二・五cm、以下文章の構成を考慮し、状況によって絵図と表記）に着目する。

狭山池に関連して幾葉かの近世絵図が残されている。[6] そのうち「狭山池水下絵図」には、新大和川以南の水懸かり村落と、水取口（井堰）・導水井路（用水路）・溜込池（うつし池）・集落・主要街道などが彩色されて描かれ、当時の狭山池水下地域の範囲と水利事情の背景がみつめられる。本稿で分析対象とする絵図に描写された水下地域の部分をトレースしたのが第5－1図である。これをもとに各市町の二千五百分の一地形図、国土地理院発行二万五千分の一地形図によって一九八三・一九八四年に現地調査を実施し、さらに一九九三年と二〇〇五年に補正調査をおこない第5－2・3図の比定図を作成した。

これらの調査・作業を通じて、①「狭山池水下絵図」に描かれた水取口・導水井路・溜込池と関連させて当時の水懸かり村落を把握し、これをもとに、②絵図作成の目的と作成年代を検討する。そして、③絵図に描かれた水利背景から、狭山池水下地域の水利空間の特性をとらえる。水利空間を把握することによって、④絵図に描かれた水取口・導水井路・溜込池の現況を探り、その変貌の特徴を明確にする。こういったことを通して、⑤現在に永続さ

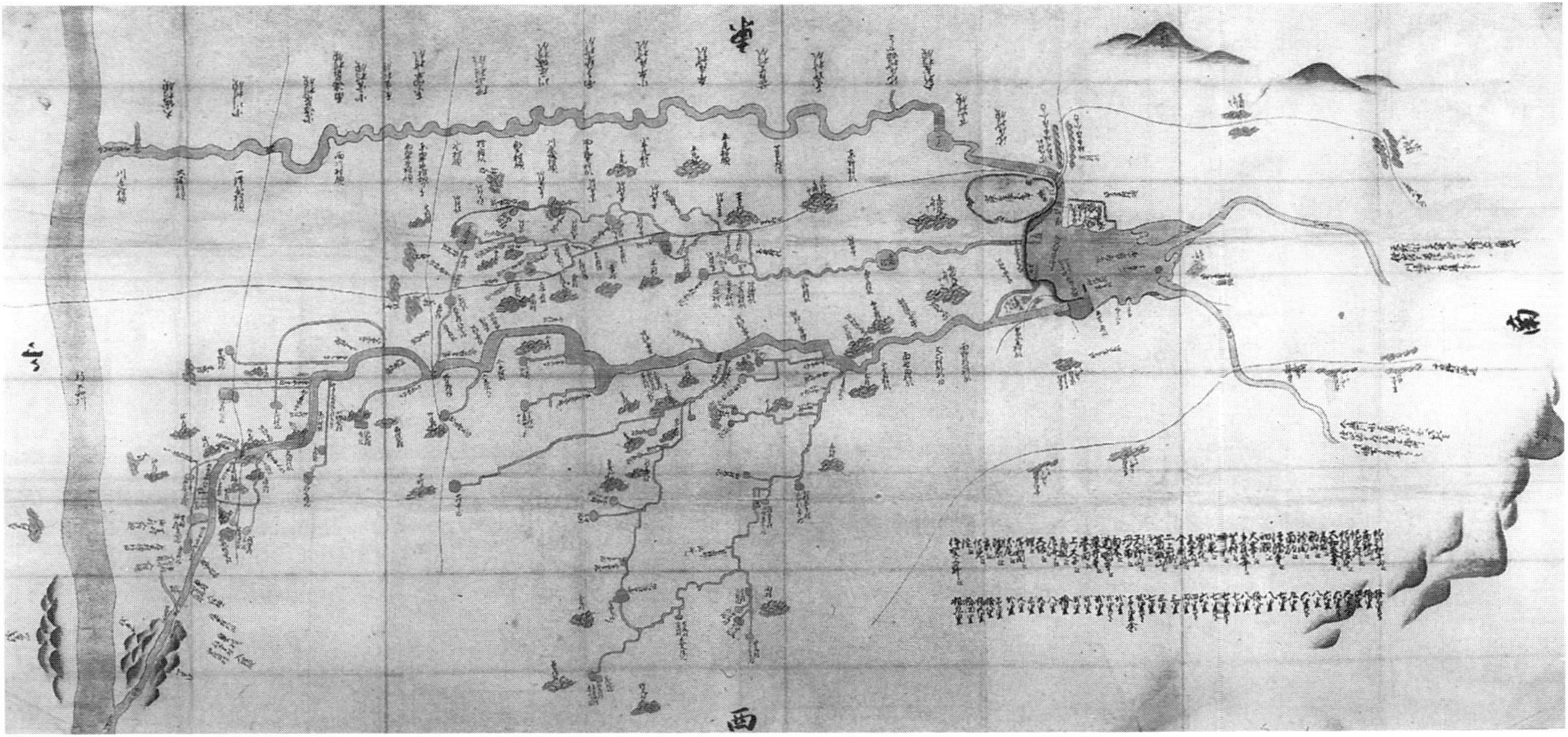

写真５－１　狭山池水下絵図

資料：『絵図に描かれた狭山池』大阪狭山市教育委員会・狭山池調査事務所、1992年、掲載図より転載。
狭山池土地改良区所蔵（作成年不詳。1800年代初頭）。

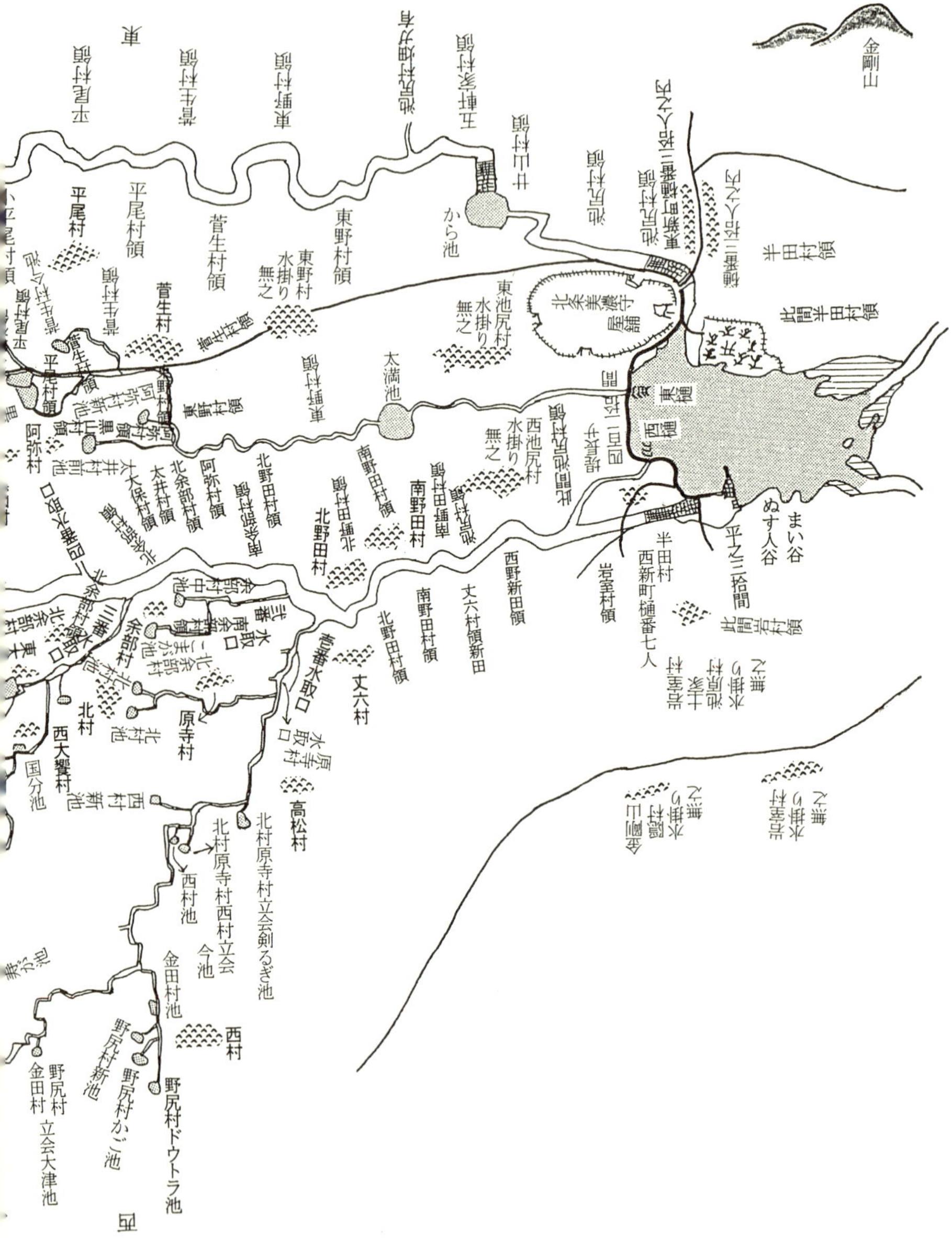

第５－１図　狭山池水下絵図（トレース図）

資料：『絵図に描かれた狭山池』大阪狭山市教育委員会・狭山池調査事務所、1992年、掲載図より関連部分をトレース。

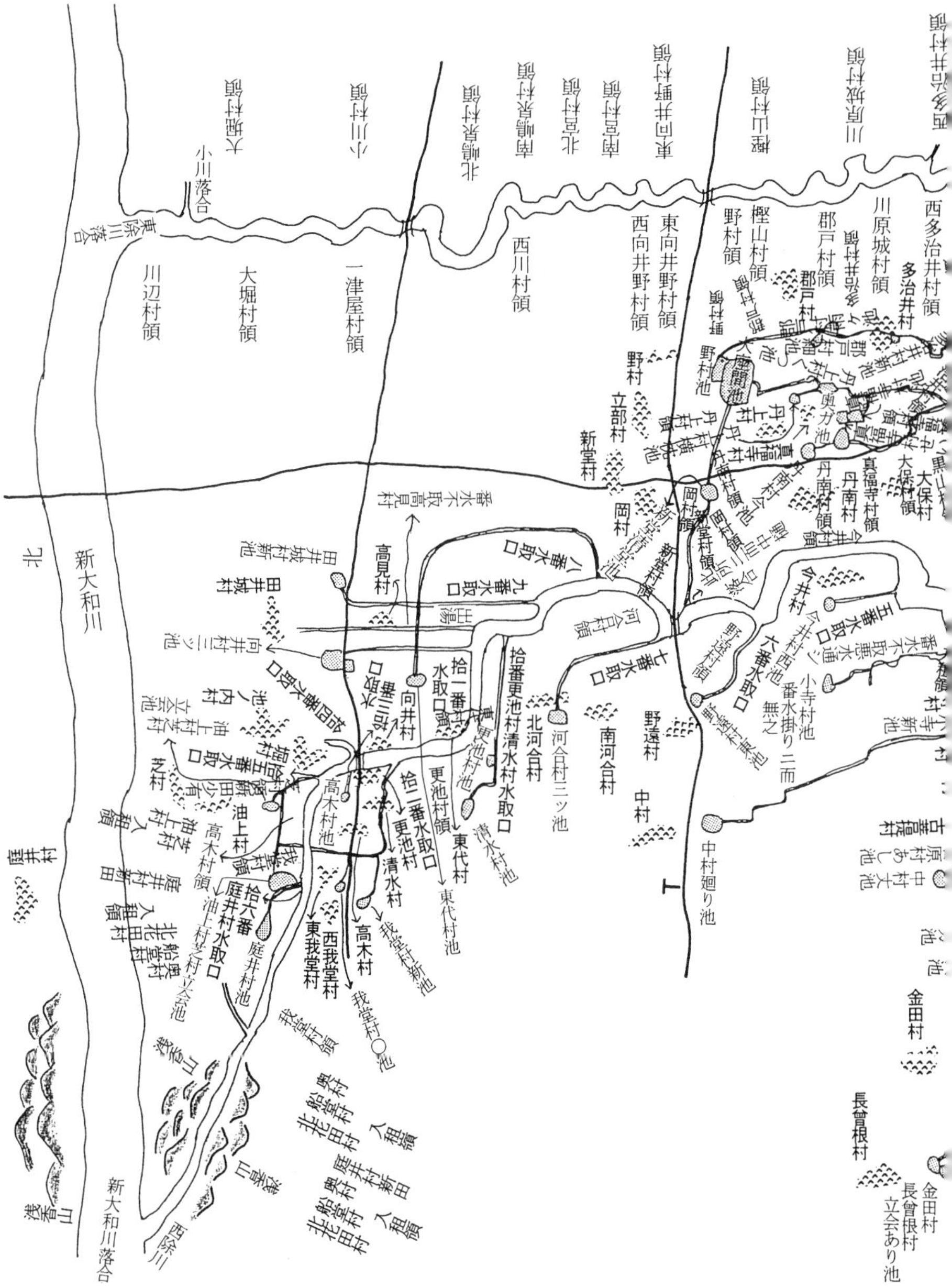
小川落合
東條川落合
川辺村領
大堀村領
一津屋村領
西川村領
東向井野村領
西向井野村領
野村領
郡戸村領
川原城村領
西多治井村領
多治井村領
多治井村
野村
立部村
新堂村
丹上村
丹南村
丹南村領
真福寺村領
大保村
大保村領
岡村
岡村領
高見村
田井城村
八番水取口
九番水取口
河合村領
七番水取口
五番水取口
六番水取口
今井村
拾一番水取口
拾番更池村清水村水取口
北河合村
南河合村
河合村三ッ池
野遠村
中村
中村廻り池
向井村
更池村領
東代村
東代村池
清水村池
拾二番水取口
更池村
清水村
高木村
高木村池
高木村領
西我堂村
東我堂村
我堂村池
拾六番庭井村水取口
庭井村池
油上村
庭井村新田
北花田村
船堂村
古市村
古嘉根村
金田村
長曾根村
金田村長曾根村立会あり池
新大和川
新大和川落合
西除川
北

れている水利施設の現況把握から、都市化が著しく進行したこの地域での、水環境を再生する側面から考察を深める。それは「狭山池治水ダム化事業」との関連をふまえ、水下地域のまちづくりの観点から、今後の水下地域での溜池を中心とする水利施設の地域環境としての役割をみつめ、歴史地理学の視点から若干の問題提起を試みるものである。

筆者は今までに、溜池の立地が卓越する大阪府中・南部を中心に地域調査をおこない、その潰廃が地域にどういった影響を与えてきたのか若干の実証研究を重ねてきた(7)。それは各調査事例地域での都市化の進行状況、農業生産の様式、溜池灌漑システムの形態、溜池が立地する地形や池敷の広狭、行政の池敷に対する土地利用の思惑、水利管理者の動向、などの諸条件に左右され、潰廃のされ方及びその進行度合いは異なってくる。こういったことをふまえ、溜池潰廃の要因を媒介として、溜池の伝統的な環境要素を見直すなかで、溜池の新規環境保全機能を析出してきた(8)。

これらの研究事例を援用し、狭山池水下地域のように都市化の影響が著しく、今後の都市農業生産の役割が大きく期待できない地域下にあって、伝統的な水利システムが継続されているところでは、近世での経緯から、農業水利の変貌・崩壊過程をとらえ、地域環境の素因ともなりうる事象を把握し、水環境再生施策の新たな課題を探り、それを地域のなかに位置づけ構築していく営みが求められる。

第二節　検討絵図について

狭山池用水は、西樋〔大樋：第5－2図A〕と中樋〔「狭山池水下絵図」では東樋と記載(9)：第5－2図B〕を通じて水下地域へ送水される。西樋からの配水が西川筋、中樋からの配水が東川筋となる。狭山池は慶長一三年（一六〇八）に、片桐且元によって狭山池慶長期大改修事業が実施され、同時に水下地域の水利再編がおこなわれている。[10]

狭山池用水は、春彼岸に樋門を閉じ秋彼岸に開放されるが、開放中の余水を各溜池に送水する慣行が「客水」である。狭山池の樋門を閉じている期間中、各水下村落の溜池の用水を使い尽くした時に、一定の時間と順番を定め、関係者立会いのうえ水量を測定して、各村落の溜込池に配水される。この通水制度が「番水」[11]である。慶長の狭山池大改修事業以降、番水を敷いた時の各種水割賦帳が残されており、各村落への用水分配高（水割刻）、配水順番などが示され、狭山池水下地域の変遷過程がとらえられる〔第5－1・2表〕。

こういった水下地域の変遷と、第5－1図：トレース図をもとに作成した比定図〔第5－2図〕によって、「狭山池水下絵図」に描かれた当時の水利背景を、以下検討する。

1．絵図記載の水懸かり村落と導水井路

ⓐ西川筋

西除川《にしよけがわ》〔第5－2図Ⓝ〕は狭山池の除川としての役割とともに、西樋より取水した用水を流入させ、各井堰を通じて水下地域へ導水させる西川筋としての灌漑機能を兼ね備える。「狭山池水下絵図」に壱番から拾六番水取口（井堰）より分水して、水懸かり三四ケ村[12]の溜込池に導水されている様子が描かれる〔第5－1図・第5－2図〕。

壱番水取口〔野田堰：第5－2図①・第5－3表①、以下井堰番号のみを記す〕からの取水は八ケ村に及ぶ。丈六村〔第5－2図ア〕と高松村〔第5－2図イ〕の溜込池が描かれていないことから、これらの村落では導水井路周辺に展開する水懸かりに、直受水していたものとみられる。原寺村〔第5－2図ウ〕は、井路から分岐した位置に二つの水取口が描かれ、これを通して直受水し、さらに北村〔第5－2図エ〕との立会池である剣るぎ池〔剣《つるぎ》池：第5－2図・第5－4表溜池番号1、以下溜池番号のみを記す〕、北村・原寺村・西村〔第5－2図オ〕との立会池：今池

第五章　一九世紀初頭狭山池水下絵図にみる水利空間と溜池環境の考察　248

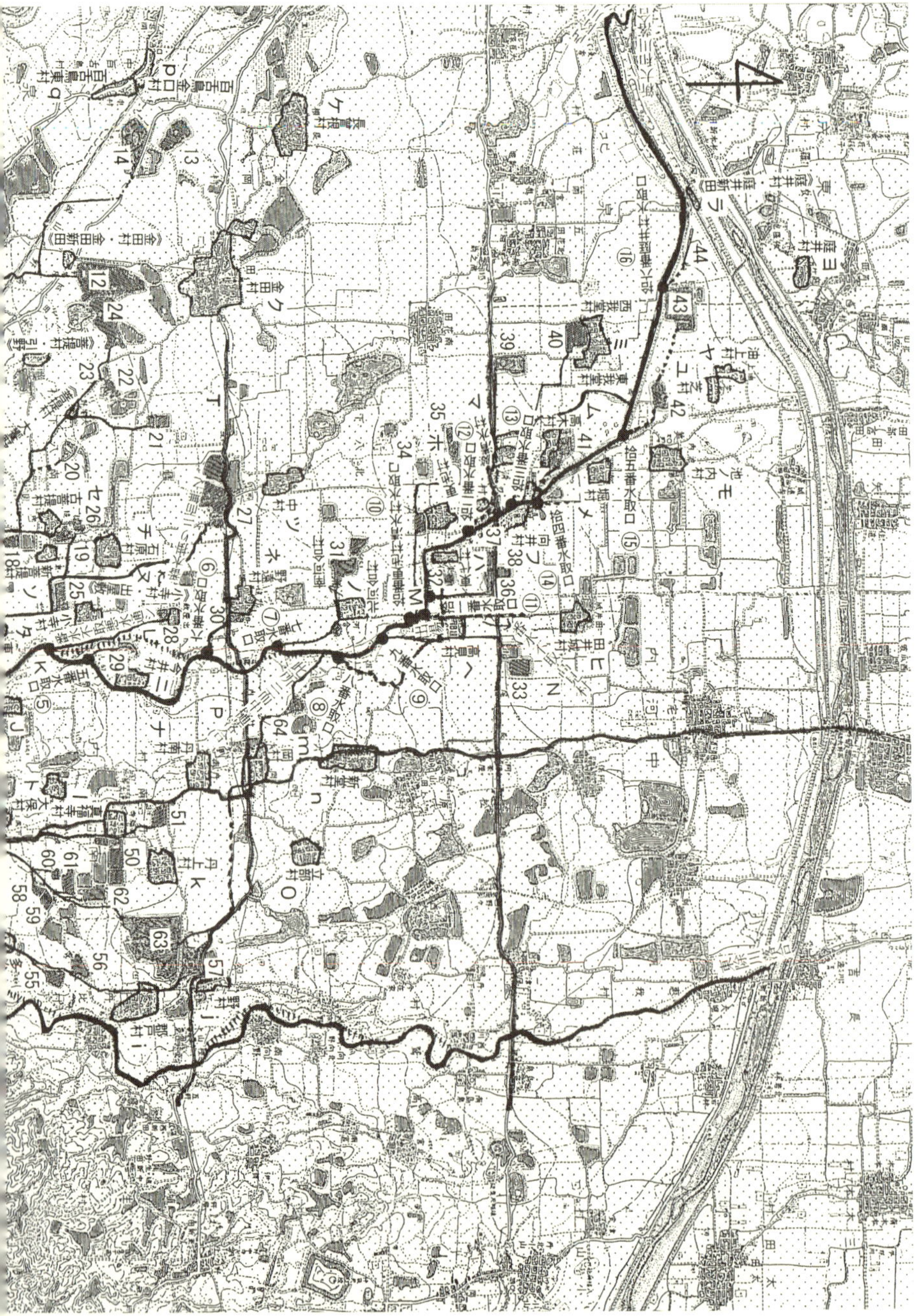

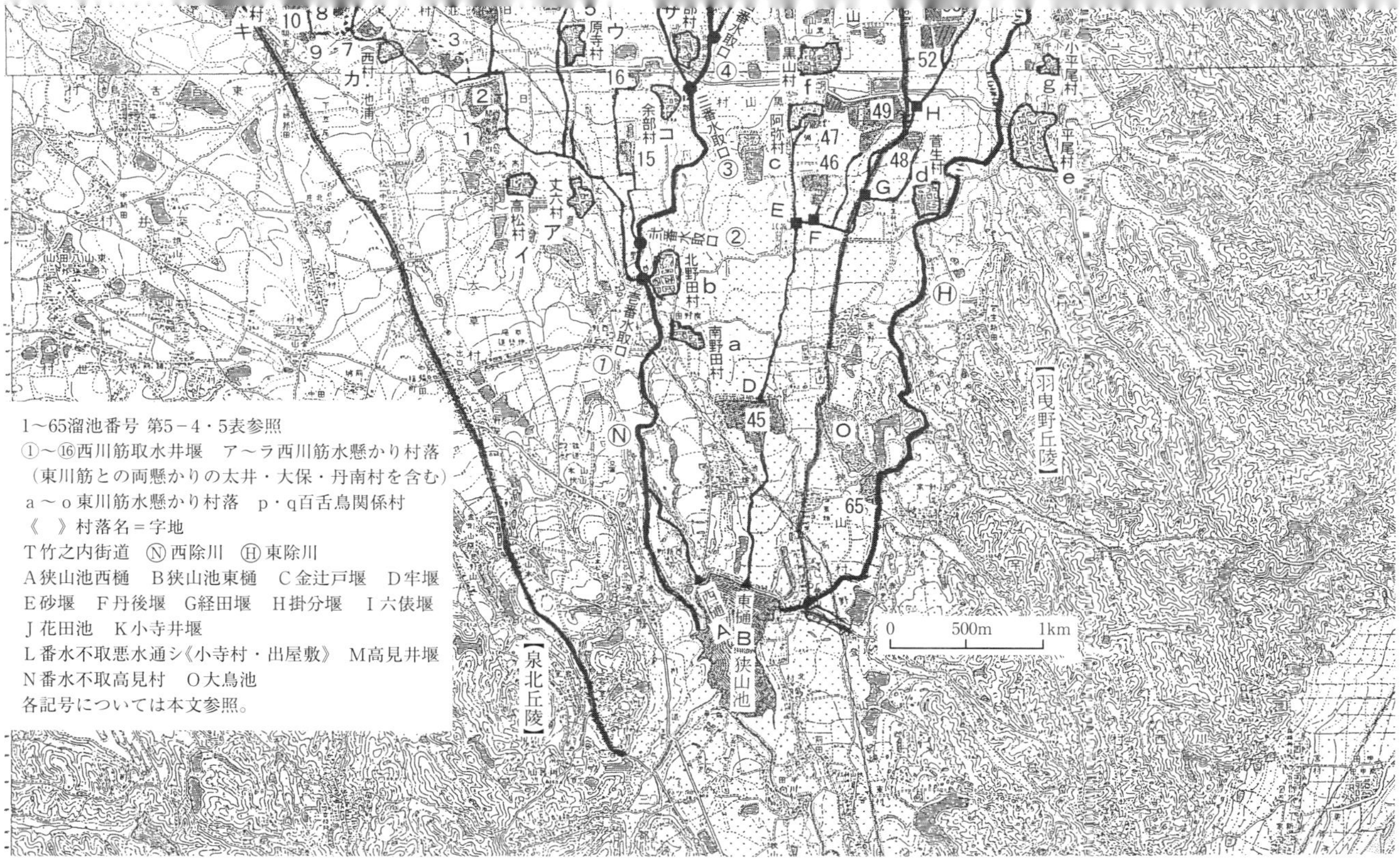

第５－２図　狭山池水下絵図　明治末期比定図

資料：大日本帝国陸地測量部１：20,000図〔1908年測図「金田」・「狭山」〕をもとに、関連部分を抽出して作成。
注）溜池番号は第５－４・５表を参照。

〔2〕へ導水した様子がとらえられる。北村は剣池の他、二つの北村池〔東池：5・西池：6〕に、西村は今池の他、その北に位置する西村池〔アタラシ池：3〕と西村新池〔4〕に導水されている。絵図での西村の村落は、導水井路より西に隔てて描かれているが、これは西村の字地である池浦〔第5－2図カ〕にあたり、第5－2図オの西村の位置と齟齬する。

さらに野尻村〔第5－2図キ〕の新池〔8〕、ドウトラ池〔下土塔池：9〕、かご池〔加合里《かごり》池：10〕へ、金田《かなた》村西井路を通じて金田村〔第5－3図ク〕の金田村池〔羽室《はむろ》池：7〕、大津池〔11〕、長池〔12〕へ、長曾根村〔第5－2図ケ〕のあり池〔蟻池：13〕と、万代《もず》村池〔信濃池：14〕まで配水されている。大津池は野尻村と金田村の立会、あり池は金田村と長曾根村の立会となっている。[13]

弐番水取口は余部《あまべ》堰〔②〕で、余部村〔南余部：第5－2図コ〕の余部村中池〔新池：15〕、北余部村〔第5－2図サ〕の北余部村こまが池〔胡麻ケ池：16〕に導水されている。

三番水取口は、大饗《おわい》村が水元となる大饗堰〔③〕にあたる。近世初期には西大饗村〔第5－2図シ〕、東大饗村〔第5－2図ス〕と菩提《ぼだい》村の三ケ村で大饗村を構成していた。[14] 慶長一七年〔一六一二〕の狭山池大樋筋〔西川筋〕の水割賦帳には、「大饗村水懸高千弐百石」とあり、[15] 石高からとらえ東西の大饗村と菩提村の三ケ村分であると判断される。一八〇〇年前後期の菩提《ぼだい》村は古菩提村〔西菩提村：第5－2図セ〕と新菩提村〔東菩提村：第5－2図ソ〕に分かれている。[16] 絵図で西大饗村、東大饗村、古菩提村、新菩提村の四ケ村に区分して描かれているが、名称記載なしの池〔前ケ池に比定：17〕、国分池〔18〕、石池〔19〕の溜込池に大饗・菩提の村名が付されていないことから、これらの溜池は四ケ村の立会として水利上統括されていた様子を推察することができる。狭山池用水の配水は、まず前ケ池に、金辻戸堰〔第5－2図C〕で分水して国分池に導水された。

金辻戸堰から北へ辿ると、東大饗村を経て小寺村〔第5－2図タ〕の小寺新池〔大池：25〕、さらに石原村〔第5

－2図チ〕の石原村池（新池：26）、中村〔第5－2図ツ〕の中村廻り池（大池：27）へ導水される。金辻戸堰から西流は金田村東井路となり、金田村のドウガ池（堂ケ池：22）、金田池（松池：23）、金田村寿ガ池（菅池：24）へ、金田村東井路より分水して、石原村あし池（芦池：20）、中村丈池（21）へ導水された様子がとらえられる。金田村は反別二七七町歩にも及ぶ狭山池水下地域最大の村落で、壱番水取口からの西井路と、三番水取口からの東井路の二つの経路より受水していた。

四番水取口（太井堰《たい》：④）より、花田池〔第5－2図J〕に導水した。花田池は太井村〔第5－2図テ〕、大保《だいほ》村〔第5－2図ト〕、丹南村〔第5－2図ナ〕、今井村〔第5－2図ニ〕の立会池であるが、客水の導水が主であったためか、絵図にその溜込池としての様子は描かれていない。今井村は五番水取口（今井堰：⑤）から今井村西池（29）に導水されている。今井村の番水は主に西池に受水したことがうかがえる[17]。

四番と五番の水取口の中間の井堰〔小寺堰：第5－2図K〕に「番水不取悪水通シ」〔第5－2図L〕とあり、これより小寺村池（デジボ池：28）に導水され「番水掛リニ而無之」と記される。この井堰は小寺村の字地である出屋敷〔第5－2図ヌ〕の権利が強く、小寺村の狭山池番水の取水は三番水取口の大饗堰より、小寺新池（大池：25）に導水されていたことが読みとれる。

六番水取口は野遠《のと》堰（⑥）で、野遠村〔第5－2図ネ〕の野遠村東池（30）に導水された。「狭山池水下絵図」では東池を街道〔竹之内街道：第5－1図T〕より南側に描いているが、本来の位置は北側にあたる〔第5－2図T、30〕。

七番水取口は河合堰（⑦）で、河合村三ツ池（31）に導水されている。この三ツ池は東池・古池（大池）・尻池（西地）をさしたものとみられるが、河合村〔第5－2図ノ〕の中心的な役割をもつ古池に導水されたものであろう。河合村は慶長一七年（一六一二）には三領主に支配され、延宝（一六七三～一六八一）の頃は幕府領一四五石余、片

第五章 一九世紀初頭狭山池水下絵図にみる水利空間と溜池環境の考察　252

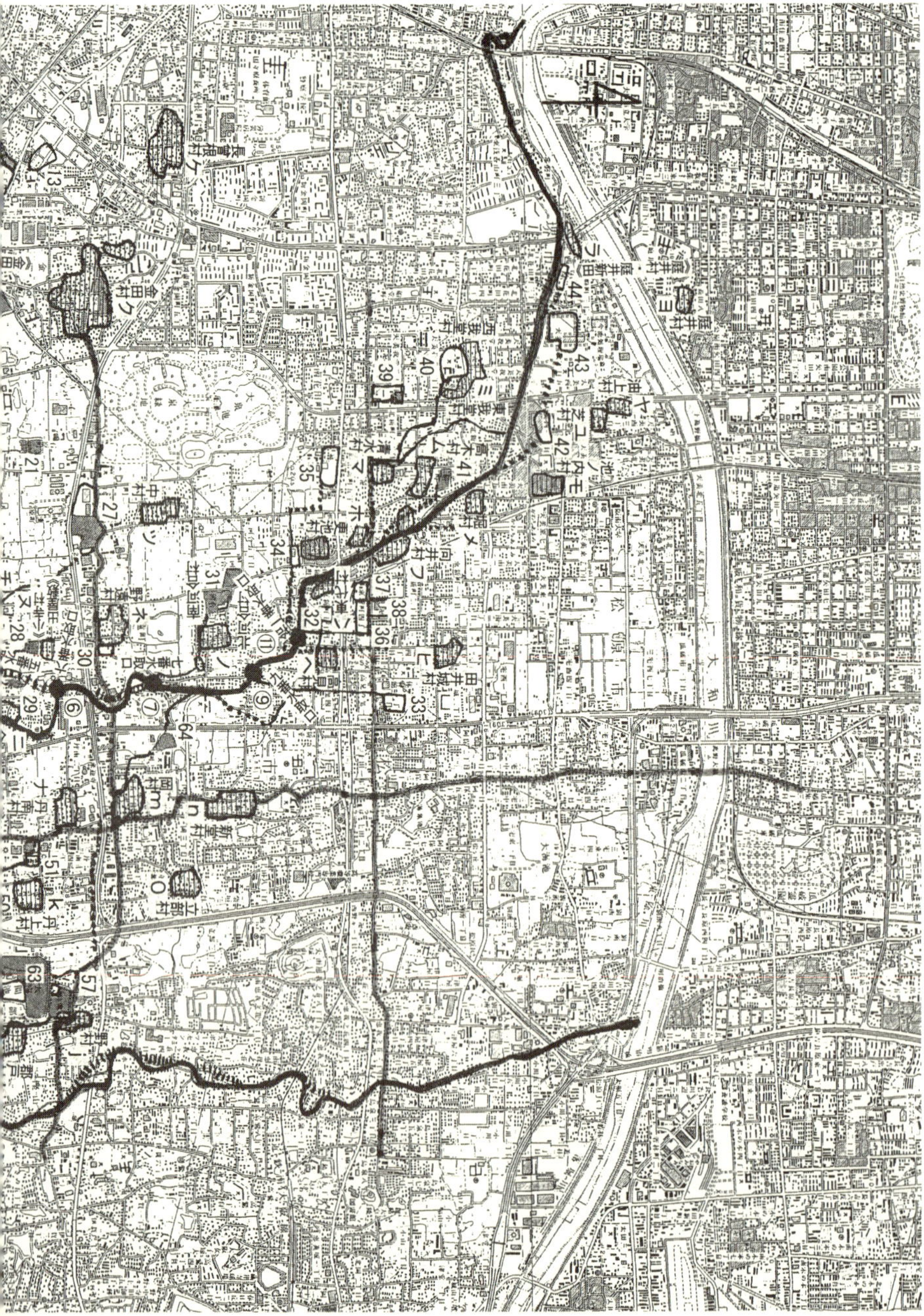

第５－３図　狭山池水下絵図　現況比定図

資料：国土地理院１：25,000図〔古市図2001年修正測図、大阪東南部2001年修正測図、富田林2001年修正測図〕をもとに、関連部分を抽出して作成。

注）溜池番号は第５－４・５表を参照。

第5－1表　狭山池水下絵図記載村落の水懸かり変遷（西川筋）

網かけ＝絵図記載村落名	慶長一七年 一六一二年	承応二年 一六五三年	延宝四年 一六七六年	元禄九年 一六九六年	享保二年 一七一七年	明和四年 一七六七年	明和六年 一七六九年	享和元年 一八〇一年	文化三年 一八〇六年	文化一〇年 一八一三年	文政元年 一八一八年	安政三年 一八五六年	安政六年 一八五九年	明治二年 一八六九年	明治四年 一八七一年	明治三三年 一九〇〇年	昭和四年 一九二九年	昭和四三年 一九六八年	平成一一年 一九九九年
壱番水取口																			
丈六村	●	●	●	●	●	●	●	●	●	●	●	●	●	●	●	●	◎※	◎	◎
高松村	●	●	●	●	●	●	●	●	●	●	●	●	●	●	●	●	◎※	◎	◎
原寺村	●	●	●	●	●	●	●	●	●	●	●	●	●	●	●	●	◎	◎	◎
北村	●	●	●	●	●	●	●	●	●	●	●	●	●	●	●	●	◎	◎	◎
西村	●	●	●	●	●	●	●	●	●	●	●	●	●	●	●	●	◎	◎	◎
野尻村	●	●	●	●	●	●	●	●	●	●	●	●	●	●	●	●	◎	◎	◎
金田村	●	●	●	●	●	●	●	●	●	●	●	●	●	●	●	●	◎※	◎	
長曾根村	●	●	●	●	●	●	●		○		○	○		○	○		※		
弐番水取口																			
南余部村	●	●	●	●	●	●	●	●	●	●	●	●	●	●	●	●	◎※	◎	◎
北余部村	●	●	●	●	●	●	●	●	●	●	●	●	●	●	●	●	◎※	◎	◎
三番水取口																			
東・西大饗村	●	●	●	●	●	●	●	●	●	●	●	●	●	●	●	●	◎	◎	◎
新・古菩提村										●	●	●	●	●	●	●	◎	◎	◎
小寺村	●	●	●	●	●	●	●	●	●	●	●	●	●	●	●	●	◎	◎	◎
石原村					●	●	●		●	●							※		
中村	●	●	●	●	●	●	●	●	●	●	●	●	●	●	●		※		
金田村	●	●	●	●	●	●	●	●	●	●	●	●	●	●	●	●	◎※	◎	
四番水取口																			
（太井村）															●	●			
（大保村）																			
（丹南村）																			
（今井村）																			
五番水取口																			
今井村	●	●	●	●	●	●	●	●	●	●	●	●	●	●	●	●	◎※	◎	◎
六番水取口																			
野遠村	●	●	●	●	●	●	●	●	●	●	●	●	●	●	●	●	◎	◎	◎
七番水取口																			
河合村	●	●	●	●	●	●	●	●	●	●	●					●	◎	◎	◎
（南河合村）												●	●	●	●				
（北河合村）								●	●		●	●	●	●	●				
八番水取口																			
東代村	●	●	●	●	●	●	●	●	●	●	●	●	●	●	●	●	◎	◎	
九番水取口																			
高見村	●	●	●	●	●	●	●	●	●	●	●	●	●	●	●	●	◎	◎	◎
田井城村	●	●	●	●	●	●	●	●	●	●	●	●	●	●	●	●	◎	◎	◎
拾番水取口																			
更池村	●	●	●	●	●	●	●	●	●	●	●	●	●	●	●	●	◎		
清水村	●	●	●	●	●	●	●	●	●	●	●								
拾一番水取口																			
向井村	●	●	●	●	●	●		●	●	●	●	●	●	●	●	●	◎	◎	◎

拾二番水取口																			
東・西我堂村	●	●	●	●	●	●	●	●	●					○			※		
拾三番水取口																			
高木村	●	●	●	●	●	●	●	●	●	●	●						※		
拾四番水取口																			
堀村	●	●	●	●	●	●	●	●	●	●	●						※		
池ノ内村	●	●	●	●	●	●	●	●	●	●	●						※		
拾五番水取口																			
砂村	●	●	●	●	●	●	●	●											
（芝村）									●	●	●			●			※		
（油上村）									●	●	●			●			※		
拾六番水取口																			
庭井村	●	●	●	●	●	●	●	●	●	●	●	○		○	○				
絵図不記載村落																			
松原村	●	●	●	●															
瓜破村	●	●	●	●															
大豆塚村	●																		
南花田村	●	●	●	●													※	※	※
北花田村	●	●	●	●															
堀村（欠郡）	●	●	●	●															
前堀村	●	●	●	●															
杉本村	●																		
我孫子村	●	●	●	●															
苅田村	●	●	●	●															
城連寺村	●	●	●	●															
枯木村	●	●	●	●	○	○	○		○		○								
矢田部村	●	●	●	●															
住道村	●	●	●	●															
鷹合村	●	●	●	●	○	○	○		○		○			○					
湯屋島村	●	●	●	●															
平野村	●																		
船堂村		●	●	●	○	○	○		○										
三宅村		●	●	●	○	○	○●		○			○	○	○	○				
《川辺村》		○	○	○	○	○	○		○		○								
東百舌鳥新家																	※	※	
東百舌鳥土師																	※		
東百舌鳥土塔																	※		
百舌鳥梅																	※	※	※
百舌鳥高田																	※		
百舌鳥西																	※	※	※
百舌鳥百済																	※	※	※
八下（堺市八下町・出屋敷）																		■	■
日置荘田中																		■	■

注）1．『狭山池―史料編―』狭山池調査事務所、『狭山池改修誌』大阪府、『狭山池土地改良区50年の歩み』狭山池土地改良区、「狭山池土地改良区事業報告書」、掲載の史・資料によって作成。

2．●印は分水を受けた村落、○印は自村水高分を他村へ移譲した村落。享和元年（1801）「狭山池西樋筋水割刻付帳」、文化10年（1813）の「狭山池東西当村水割高附帳」、安政6年（1859）の「山方・池川方・用水方用水留」には移譲村落名記載なし。

3．川辺村は東川筋に位置するが、承応2年（1653）以降、分水の権利を西川筋の我堂村へ移譲しているため西川筋に記載される。元禄9年（1696）の水割について、他村へ移譲した旨記載されていないが、承応2年（1653）・延宝4年（1676）と同様に移譲したものとみなし○印を付す。

4．昭和4年（1929）は、狭山池昭和大改修によって水下地域が再編成され、◎印は旧来からの番水区域、※については新規に組み込まれた水懸かりがある新番水区域を示す。

5．「狭山池水下絵図」記載の村落については記載通りの村落名を用いる。絵図不記載村落については現継続呼称名を基調とし、表記できない場合慶長17年（1612）記載の村落名による。但し、昭和43年（1968）・平成11年（1999）の新規加入地区名については現呼称名とし■印で示す。

6．昭和43年（1968）・平成11年（1999）の南花田村は現・堺市北区蔵前を含む。

桐領二一一石余、大坂東町奉行与力地行所一六三石余で、元文二年（一七三七）の「河内国村々高帳」には、秋元領二一三石余、片桐領三五五石余の相給で幕末まで続いている。[18]こういったことから狭山池番水は、享和元年（一八〇一）より南河合村と北河合村に分けて取水され〔第5－1表〕、絵図にも二村として描かれているが、村落居住域は一塊村であった。

右岸に八番、九番、拾一番、左岸に拾番の四つの水取口が連続する。八番は東代堰《ひがしだい》（⑧）で東北から西に迂回して東代村〔第5－2図ハ〕の東代村池（新地：32）に、九番は田井城堰《たいじょう》（⑨）で田井城村〔第5－2図ヒ〕の田井城村新池（33）に、拾一番は向井堰（⑪）で向井村〔第5－2図フ〕の向井三ツ池に導水されている。向井三ツ池は長池（36）・西池（37）・寺池（38）の総称で、狭山池番水は向井の中心的な機能をもつ長池に導水されたとみられる。右岸の九番と拾一番水取口の中間に、高見堰〔第5－2図M〕が描かれ「番水不取高見村」とある〔第5－2図N〕。高見村〔第5－2図ヘ〕は東代村、向井村、田井城村に対して西川筋の水元としての権利を有し、慶長一七年（一六一二）より途絶えることなく狭山池番水を取水している〔第5－1表〕。高見村より田井城村へと続く配水順であることから、その取水上の便宜を考慮して高見堰によらず、九番の田井城堰より導水したことが絵図より想定される。現在もこの田井城堰の位置に現存する井堰を高見堰とも呼ばれていることから、絵図記載の高見堰は高見村の番水を取らず、普段は西除川の流水を取水していたものとみられる。左岸の拾番水取口は更池堰《さらいけ》（⑩）で、更池村〔第5－2図ホ〕の更池村池（新池：34）から、清水村〔第5－2図マ〕の清水村池（蓮池：35）に導水されている。

さらに西川筋左岸に拾二番、拾三番、右岸に拾四番、拾五番の水取口が続く。拾二番は我堂堰《がどう》（⑫）で我堂村〔第5－2図ミ〕の我堂村新池（39）、我堂村〇池（池名判読不明、前ケ池に比定：40）に導水される。我堂村は絵図で東我堂村と西我堂村に分れて描かれる。文禄三年（一五九四）から慶長三年（一五九八）の間に東西に分れているが、それ以降でも二村を我堂村として呼ばれることが多く、[19]狭山池番水は我堂村として受水している〔第5－1表〕。

拾三番は高木堰（⑬）で、高木村〔第5－2図ム〕の高木村池（大池：41）に導水される。右岸の拾四番の水取口は堀村〔第5－2図メ〕の堀堰（⑭）で、導水した溜込池の記載はない。北接する池内村〔池ノ内村：第5－2図モ〕の井堰が、大和川付け替えにともなう西除川の流路変更によって廃止され、それ以降、堀堰は同村と共有したものとみられる。拾五番は芝・油上《ゆがみ》堰（⑮）で、油上村芝村立会池（角の池：42、今池：43）に導水される。芝村〔第5－2図ユ〕と油上村〔第5－2図ヤ〕は一村で砂村と称し、両村に分かれた経緯は不明であるが[20]、狭山池番水の取水は、享和元年（一八〇一）まで砂村として受水し、文化三年（一八〇六）の「狭山池西樋筋水割割賦帳」では、拾四時（一時は二時間、計二八時間分、以下同じ）のうち三時を長曾根水として砂村が貰請け、「芝・油上村に入る」と付記される[21]。絵図では芝村と油上村の村名が逆になって示されている。

拾六番水取口は庭井堰（⑯）で、庭井村池（長池：44）に導水されている。庭井堰は宝永元年（一七〇四）の大和川付け替えによって、流路が変更され西流した西除川より取水されたものである。この地域最大の池敷面積をもつ依網《よさみ》池は、宝永元年（一七〇四）の大和川付け替えで南北に分断され、南池床部分に新田開発がなされた。庭井村池はこの新田開発地のところに新たに開削された溜池である。大和川の付け替えによって、依網池への狭山池用水の導水関係は完全に断ち切られるが、庭井村〔第5－2図ヨ〕のみ文政元年（一八一八）まで番水を受水していた〔第5－1表〕。この番水は拾六番の庭井堰より庭井村の新田開発地に取水した様子がとらえられ、その地に庭井新田〔第5－2図ラ〕の村落が形成されている〔第二章第五節2〕。狭山池番水は、この庭井新田に配水されたものであることが絵図より判読できる。

(b) 東川筋

東川筋は中樋より太満《たいま》池（45）に溜め込み、牢堰〔第5－2図D〕より流下する導水井路を枝分流させて、水懸かり一八ケ村の溜込池に貯水された様子が「狭山池水下絵図」に描かれる。

太満池は南野田村〔第5－2図a〕と北野田村〔第5－2図b〕の水懸かりに配水するだけでなく、狭山池番水を東川筋へ送水する基点としての役割を果たし、牢堰から砂堰〔第5－2図E〕で分流して太井村〔第5－2図テ〕の太井村前池（前ケ池：47）に導水される。太井村の狭山池番水は、西川筋の四番水取口（太井堰）によったものでなく、東川筋の太井村前池へ導水されたことが読みとれる〔第5－2表〕(22)。

東川筋の主井路は砂堰で東流し、途中の丹後堰〔第5－2図F〕で阿弥村〔第5－2図c〕の阿弥村新池（46）に導水する。大鳥池〔第5－2図O〕の水懸かりからの余水井路と合流して北流し、経田《きょうでん》堰〔第5－2図G〕で菅生《すごう》村今池（平尾新池に比定：48）に導水している様子がとらえられる。この菅生村今池は絵図で描かれた位置の状況から、平尾村〔第5－2図e〕の平尾新池に比定した。平尾新池の懸かりは菅生村領と平尾村領の錯綜地で、菅生村〔第5－3図d〕にも水利権のあったことがうかがえる。さらに黒山村〔第5－2図f〕の船など池・黒山村池（船渡《ふなと》池：49）に導水し、掛分堰〔第5－2図H〕で小平尾村〔第5－2図g〕、多治井村〔西多治井村：第5－2図h〕、郡戸《こおず》村〔第5－2図i〕、野村〔第5－2図j〕に至る丹比《たじひ》井路に分流する。

丹比井路は小平尾村領の水懸かりを経て、西多治井村池（刎《はな》池：52・笠田池：53）と多治井村新池（54）に、郡戸村雨ケ池（55）と郡戸村細池（56）に、さらに野村池（新池：57）に導水されている。絵図には狭山池番水を導水した関係村の村落位置が示されているが、平尾村と小平尾村の集落は東除川《ひがしよけがわ》の左岸に描かれ、間違った描写になっている。

東川筋主井路はさらに北流し、六俵堰〔第5－2図I〕で丹南井路と松原井路に分流する。丹南井路は、丹南村〔第5－2図ナ〕の権利が強くなる奥ガ池（奥ケ池：50）と丹南村今池（51）に導水されている。松原井路は、丹上《たんじょう》村〔第5－2図k〕と多治井村立会の名称記載なしの池（上葛池：58）・丹上村くつ池（下葛池：59）・丹上村横枕池

(62)に、真福寺《しんぷくじ》村〔第5－2図l〕の真福寺村池（中之池：60）と真福寺村せいぼ池（清意坊池：61）に、さらに大《おお》座間《ざま》池（63）に導水されている。大座間池は東川筋で最大の池敷面積を有する溜池で、岡村〔第5－2図m〕、新堂村〔第5－2図n〕、立部村〔第5－2図o〕の立会池で、さらに新堂村清堂《せいどう》池（64）へ導水されている様子がとらえられている。絵図では新堂村清堂池を、岡村と竹之内街道〔第5－1図T〕より南側のところに描いているが、その北側に所在しており、位置関係を錯誤したものとみられる。新堂村清堂池は「狭山池水下絵図」に描かれた東川筋での北限で、余水は西除川に落とされ「此所ニ而中樋落合」と記される〔第5－2図P〕。

2．絵図作成年代と作成目的

「狭山池水下絵図」に作成年は付記されていない。描写された六五池の溜池は、狭山池の東側の余《よ》げにつながる東除川《ひがしよけ》〔第5－2図Ⓗ〕の遊水池としての役割をもつ、から池（65）を除き、狭山池用水を受水する溜込池を示したものである[23]。併せてこれらの溜込池への導水井路とともに水懸かり村落が描かれる。西村、平尾村、小平尾村、及び野遠村東池と新堂村清堂池の位置など、若干の誤描の部分が指摘される。これは作成者側で間違った先入観から、位置関係を錯誤したまま絵師に描かせたものと考えられる。しかし、狭山池と水下地域の関係が明瞭に描写され、当時の水利体系とその背景が見事に蘇る。

絵図に描かれた水懸かり村落の分布と、第5－1・2表にまとめた水懸かり村落変遷表を対比してみるなら、その水下地域の範囲は、およそ文化三年（一八〇六）の時期と一致していることが読みとれる。村落変遷表との大きな齟齬としては、狭山池水懸かりでない万代村池、狭山池番水の権利を寛政七年（一七九五）に辞退している長曾根村、さらに直接の狭山池水懸かりでない石原村の、描写をあげることができる。

万代村池は、長曾根村・金田村立合あり池（蟻池・13）に隣接して描かれていることから、万代（百舌鳥《もず》）金口

第5－2表　狭山池水下絵図記載村落の水懸かり変遷（東川筋）

網かけ＝絵図記載村落名	慶長一七年 一六一二年	承応二年 一六五三年	延宝四年 一六七六年	元禄九年 一六九六年	享保二年 一七一七年	明和四年 一七六七年	寛政二年 一七九〇年	文化三年 一八〇六年	文化一〇年 一八一三年	文政元年 一八一八年	安政三年 一八五六年	安政六年 一八五九年	明治二年 一八六九年	明治四年 一八七一年	明治三三年 一九〇〇年	昭和四年 一九二九年	昭和四三年 一九六八年	平成一一年 一九九九年
南野田村		●	●	●	●	●	●	●	●	●	●	●	●	●	●	◎	◎	◎
北野田村		●	●	●	●	●	●	●	●	●	●	●	●	●	●	◎	◎	◎
太井村	●	●	●	●	●	●	●	●	●	●	●	●	●	●	●	◎	◎	◎
阿弥村	●	●	●	●	●	●	●	●	●	●	●	●	●	●	●	◎	◎	◎
大保村	●	●	●	●	●	●	●	●		○	○			○		※		
菅生村	●	●	●	●	●	●	●	●	●	●	●	●	●	●	●	◎	◎	◎
平尾村	●	●	●	●	●	●	●	●	●	●	●	●	●	●	●	◎	◎	◎
小平尾村	●	●	●	●	●	●	●	●	●	●	●	●	●	●	●	◎	◎	◎
黒山村	●	●	●	●	●	●	●	●	●	●	●	●	●	●	●	◎	◎	◎
多治井村	●	●	●	●	●	●	●	○	●	●	●	●	●	●	●	◎	◎	◎
真福寺村	●	●	●	●	●	●	●	●	●	●	●	●	●	●	●	◎	◎	◎
丹南村	●	●	●	●	●	●	●	●	●	●	●	●	●	●	●	◎	◎	◎
丹上村	●	●	●	●	●	●	●	●	●	●	●	●	●	●	●	◎	◎	◎
郡戸村	●	●	●	●	●	●	●	○		○	●	●	●	●	●	◎	◎	◎
野村	●	●	●	●	●	●	○	○		○	○	●	○	○		※	※	※
松原村	●																	
（岡村）		●	●	●	●	●	●	●								※	※	
（新堂村）		●	●	●	●	●	●	●								※	※	
（上田村）		●	●	●	●	●	●	●								※	※	
立部村	●	●	●	●	●	●	●	●								※	※	
絵図不記載村落																		
樫山村		●	●	●	○	○	○	○		○	○		○	○		※		
河原城村	●															※	※	※
宮村	●																	
阿保村	●															※		
（東阿保村）		●	●	●														
（西阿保村）		●	●	●														
西大塚村	●	●	●	●												※	※	
東大塚村	●	●	●	●	○	○		○		○	○			○		※		
一津屋村	●	●	●	●														
西川村	●	●	●	●	○	○	○	○		○	○		○	○				
丹下村	●	●	●	●	○	○	○	○		○	○			○				
小川村	●																	
北島泉村	●																	
南島泉村	●																	
若林村	●																	
川辺村	●																	
大堀村	●																	

木本村	●																	
別所村	●	●	●	●	○	○	●	○		○	○			○		※		
三宅村	●	●	●	●												※		
瓜破村	●	●	●	●														
喜連村	●																	
平野村	●																	
池尻(大阪狭山市)																	■	
東池尻																		■
西池尻																		■

注）1.『狭山池―史料編―』狭山池調査事務所、『狭山池改修誌』大阪府、『狭山池土地改良区50年の歩み』狭山池土地改良区、「狭山池土地改良区事業報告書」、掲載の史・資料によって作成。

2.●印は分水を受けた村落、○印は自村水高分を他村へ移譲した村落。文化10年（1813）の「狭山池東西当村水割高附帳」、安政6年（1859）の「山方・池川方・用水方用水留」には移譲村落名記載なし。

3.川辺村は東川筋に位置するが、承応2年（1653）以降分については、分水の権利を西川筋の我堂村へ移譲しているため西川筋に記載される。

4.昭和4年（1929）は、狭山池昭和大改修によって水下地域が再編成され、◎印は旧来からの番水区域、※については新規に組み込まれた水懸かりがある新番水区域を示す。

5.「狭山池水下絵図」記載の村落については記載通りの村落名を用いる。絵図不記載村落については現継続呼称名を基調とし、表記できない場合慶長17年（1612）記載の村落名による。但し、昭和43年（1968）・平成11年（1999）の新規加入地区名については現呼称名とし■印で示す。

村〔第5－2図p〕の信濃池〔第5－2図14〕に比定される。寛政七年（一七九五）の「泉州大鳥郡金口村狭山池掛リ長曾根村番水貰申につき諸向掛ケ合留書」によると、百舌鳥金口村は長曾根村の狭山池水懸かりの権利辞退に乗じて、番水に加入しようとした経緯がある。この時は隣村の百舌鳥東村〔第5－2図q〕とともに、一年切ということで狭山池用水を受水している。[24] それに堺廻り四ケ村が大仙陵池に狭山池用水の導水を企て、明和九年（一七七二）と文化一五年（一八一八）に余水受けの大願が叶っており、その時の受水の経由井路が信濃池への導水井路であった〔第六章第三節〕。こういった経緯があったことから、絵図に万代村池が記載されたものと考えられる。

長曾根村は、「弐千百七拾四石・弐拾壱時」の狭山池番水の権利を文化三年（一八〇六）、文政元年（一八一八）に一二ケ村に譲渡しているものの、[25] 文政五年（一八二二）七月二〇日巳半より七月二一日巳下まで一二時半の番水を受水しており、[26] 狭山池用水との関係を完全に断ち切ることはできていなかったものとみられる。こういった事情から、長曾根村の溜込池・村落名が絵図に記載されたものであろう。

石原村については直接の狭山池水懸かりではないが、小寺村とは元同一村であり[27]、古菩提・新菩提村とも領分が錯綜し、石原村あし池（20）をはじめ、同村の水利権はこれら他村の権利とも絡み合っている[28]。延宝四年（一六七六）の「河州狭山池水下御領私領高書帳」の小寺村の番水高は、千百弐拾弐石で内六百弐拾弐石は今井七郎兵衛様御代官所、五百石は石丸石見守様御地行所となっている[29]。文化三年（一八〇六）の「狭山池西樋筋水割賦帳」では、小寺村・千百弐拾弐石の内訳が付紙され六百廿二石「五時」小寺村、五百石「四時」石原村であった[30]。文化一〇年（一八一三）の「狭山池東西当村水割高附帳」にも、同様の記載をみることができる[31]。石原村の狭山池番水の受水は、小寺村名義によって石原村池（26）に導水していたことがとらえられ、絵図に描かれたものとみられる。

文化三年（一八〇六）の「狭山池東樋筋水割割賦帳」に、東川筋の岡村六時、新堂村一二時半、立部村六時半の狭山池番水を受水し〔第5－2表〕、同時に「文化五年辰より捨水ニ成ニ付水割除」と併記されている[32]。絵図にこの三ケ村が記載されており、前述した万代村池、長曾根村、石原村の水利事情を鑑みて、「狭山池水下絵図」は文化五年（一八〇八）までに作成されたとみるのが妥当ではないだろうか。狭山池関連の絵図を集大成した『絵図に描かれた狭山池』では、長曾根村が狭山池水懸かりの権利を寛政七年（一七九五）に譲渡していることと関連させて、「狭山池水下絵図」の作成年代については、それ以前の一八世紀代・近世中期のものとしている[33]。本稿では描かれた水下地域の水利背景の総合的な見地から判断して、「狭山池水下絵図」の作成を一九世紀初頭とみなしておきたい。

「狭山池水下絵図」には隣国などの主要地へ至る里程が掲載され、今熊川と天野川の集水河川とその背景の山々をも含めて、狭山池を中心に四至を意識して描写されている〔写真5－1、第5－1・2図への記載略〕。そのなかで水懸かり村落との導水事情が詳しくとらえられていることから、狭山池と水下地域の結びつきを強調して描写し、それを高めるため背景となる集水域の大略を含めたものと思われる。狭山池用水の利水をめぐって、元禄七年（一六九四）に池普請の形態が幕府の手による御入用普請から、水下負担の自普請に転じたことによる管理機能の低下、宝永元年（一七〇四）の大和川付け替え、などの事情により水懸かりの多くの村落が離脱している[34]〔第5－1・2表〕。こういった経過のなかで狭山池の全体の関連域を描いておくとともに、減少した一八〇〇年代初頭での水懸かりを明瞭に示しておくことによって、狭山池とのつながりを説く証左として作成したのではないだろうか。

「狭山池水下絵図」と酷似した絵図に「狭山池分水図」がある[35]。これは狭山池と水下地域のみを対象とし、西除川・東除川と各導水井路の描き方は「狭山池水下絵図」と完全に一致する。「狭山池分水図」は、狭山池の由緒の概要と池敷、西樋・中樋の大きさなどの明細が付記されていることから、狭山池の大要を強調するため水下地域を含めて描写されたものであろう。「狭山池水下絵図」で間違って描かれていた野遠東池、平尾村、小平尾村、西村の位置が修正されていることから、「狭山池水下絵図」をもとに訂正して描いたものとみなされる。専門の絵師の手による「狭山池水下絵図」の方が美観で、絵図全体の構成とともに優れ、作成を意図した側の思い入れが強くあらわれている。

第三節　絵図にみる水利空間の展開

「狭山池水下絵図」に描かれた狭山池と水下地域のつながりは、農業水利という機能で結びつけられた空間的広がりとしてとらえられる。水利空間を抽出しそれを類型化することによって、その地域の水利体系の特質が認識される。さらにそれを継時的な視点に立って分析することにより、地域が歩んできた水利構造の形成過程の一端をとらえることが可能となる。

１．水利空間の類型化と特質

溜池には堤体が造られることにより池敷が確保され、掛水路〔集水路〕を通して用水が貯えられ、そこに排水のための余げと送水のための樋が設置される。樋を通して導水井路と有機的に結びつき、灌漑機能が作動し、余剰水が井路の末端より遺棄される水利システムになっている。それらは集水、貯水〔取水〕、灌漑〔送水・配水〕、排水という四つのカテゴリーに区分される。溜池の水利空間はこれらを対象として設定される。こういったカテゴリーが互いに有機的に結合・連動して存立するものの、溜池は用水不足の著しい地域において、稲作農業を可能にするため最小限度の用水を確保し、その有効利用を目的に築造された水利施設である。それだけにこれらのカテゴリーのなかで灌漑の水利空間が溜池研究の機軸に据えられねばならない。「狭山池水下絵図」に描かれた空間は、狭山池用水を番水として利水する灌漑の側面に立った水利空間である。近世後期にかけての狭山池と水下地域との関連が端的に示され、それは第５－４図のように類型化される。

絵図に描かれた水利空間は、狭山池を頂点に二つの幹線井路〔西川筋と東川筋〕によって垂直的に統一化され、それをもとに枝状に分岐されて形成されてきた。絵図のなかでは、村落単位の溜込池へ導水した井路系統がその末端の水利空間で、これを第一次水利空間〔第５－４図Ⅰ〕として設定できる。第一次水利空間はそれぞれが並列的に構成され、狭山池番水を導水するにあたって水利集団が形成されるようになる。(36) 西川筋では準幹線井路〔第５－４図ア・イ〕が分岐して、これより第一次水利空間を枝条させている場合と、幹線水路の末流〔第５－４図②〕から直接に第一次水利空間を枝条させている場合の、二例がみられる。この準幹線井路と、幹線井路の中流以遠〔第５－４図②〕は第二次水利空間〔準幹線井路アの場合、第５－４図Ⅱ〕として、それぞれの第一次水利空間を包括する役割を果たす。これら西川筋の全流域が第三次水利空間〔第５－４図Ⅲ〕としてとらえられる。

東川筋については、第一次水利空間は幹線井路〔第５－４図ウ〕からの直接の枝条と、幹線井路を延長して分岐

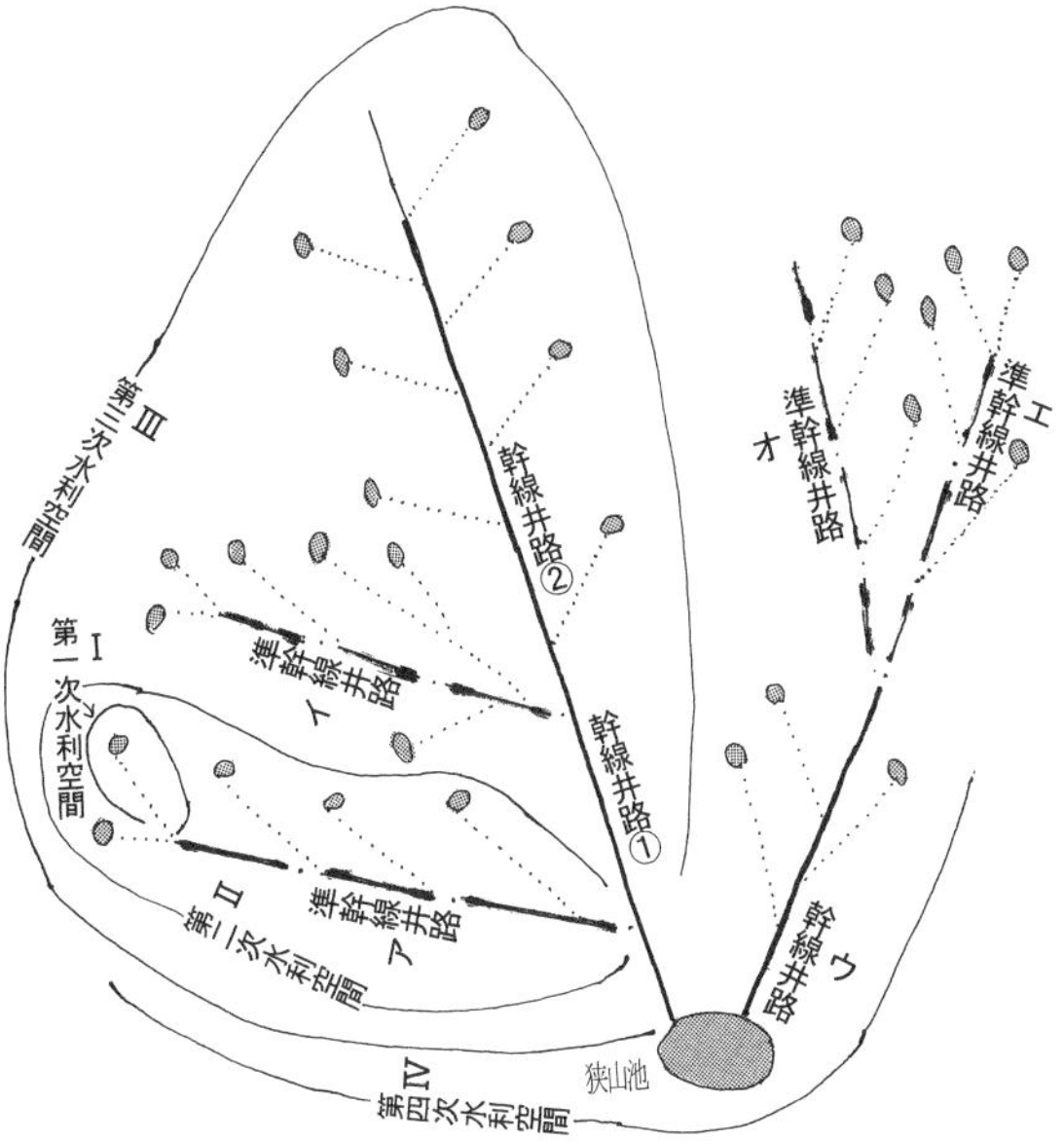

第5－4図　狭山池水下絵図にみる水利空間類型図

資料：狭山池水下地域の導水状況をふまえ筆者作成。
注）各記号については、本文及び注記（37）参照。

した準幹線井路〔第5－4図エ・オ〕からの枝条としてみられる。西川筋では幹線井路からの第一次水利空間の枝条の分岐は主に下流域に展開していたが、東川筋では上流域にみられるなど、分岐の位置関係に微妙な違いが認められる(37)。しかし、西川筋と同様に第一次水利空間を包括しており、準幹線井路の枝条グループとともにこれらは第二次水利空間としてとらえられ、さらに統括する東川筋全流域が第三次水利空間となる。このように西川筋、東川筋とも基本的には同構造の水利空間を持って併立し、これが第四次水利空間〔第5－4図Ⅳ〕として狭山池に統括される構図をもつことになる。

元来、溜池灌漑を主とする地域の水利空間は、村落単位による第一次水利空間の並列的なものが、それぞれ独立した形態をとって存立した。それが第四次水利空間の形成にみられるように、頂点に立つ水利施設が拡充されるとともに、幹線井路が増強され垂直的で強固な統一的水利空間がより拡大される。統一的な水利空間が増強されると、既存の末端の水利空間が淘汰される傾向がみられたものの、狭山池水下地域の場合、狭山池用水のみで賄う余裕はなく、互いに補完しながら併立してきたのである。狭山池用水の機能の強化・逓減に左右されながらも、巨池で親池として機能してきた狭山池を頂点とする、伝統的な垂直的・統一的水利空間がたえず水下地域と調和を図りながら変遷してきた歴史をもつ〔第5－1・2表〕。

2．垂直的・統一的水利空間の変遷

狭山池の垂直的・統一的水利空間の形成は、いつ頃よりみられたのであろうか。近年実施された「狭山池治水ダム化事業」にともない、文化財調査では地質工学をはじめとする自然科学分野からのアプローチが導入され、狭山池の幾多の貴重な新しい発見がみられた(38)。それらのなかで、平成六年（一九九四）の初冬に北堤の東端より伝説の樋とされてきたカナ樋（東樋）が発掘され、上下二本の樋管が確認されている（東樋上層遺構、東樋下層遺構）。年輪年代法測定によって、東樋下層遺構の樋管材は西暦六一六年の春から夏にかけて伐採されたという結果が得られ、これによって狭山池の築造年代は七世紀初頭に比定されている(39)。さらに狭山池堤体断面調査が実施され、各時代の堤体の規模、築造以来一定であった堤体の位置、各時代の築堤技術と古代の堤体の復原、築造期の狭山池の規模、堤体の災害の痕跡から各時代の改修の原因、などのさまざまな新知見が導きだされている(40)。

さらに東川筋にあたる中樋遺構の調査によって、その最下層の一部から建仁二年（一二〇二）の俊乗房重源の狭山池改修碑が発掘された。その碑文に、行基の改修以後年月が経過し、漸次毀破したため「摂津河内和泉三箇国流末五十余郷人民」の誘引があって改修が実施されたという記事内容が記載されている〔第四章第三節〕。大山喬平は、この五十余郷を一〇世紀初頭の『和名類聚鈔』の郷名や、『美原町史第一・三巻』掲載の各史料をもとに、狭山池水下地域に位置したと考えられる郡名・郷名・庄名・里名をとらえ、重源のいう流末余郷は近世の村むらの地域とも重なりがみられ、五十余郷の信憑性は高いとしている(41)。こういった研究から明らかなように、当時形成されていた多くの村むらは、鎌倉初期以前には狭山池水下地域に組み込まれ、すでに狭山池を頂点とする垂直的・統一的水利空間が形成されていたとみなされる。

鎌倉期までに段丘面の開墾も相当に進行したことであろう。しかし、西除川両岸の自然堤防上の未開墾地をはじめとして依然として荒地も広く点在し、まだ近世初期のような完熟された水利体系が構築されていなかったのではないだろうか。慶長一三年（一六〇八）の狭山池慶長期大改修事業とともに水下地域下では、この前後期に水利再編が大きく促進されることとなった[42]。狭山池水下地域は慶長の改修期までに、畑地が多い西除川筋の自然堤防上、及び段丘面の一部の微高地面を残してほとんどが開田され、「狭山池水下絵図」にみられる近世後期、さらに近代に継続される水利空間の形成へとつながるのである。

日本の農業水利において、垂直的・統一的な水利空間が本格的に形成されていった時期は、大正末期よりはじまる近代農業水利の原点となる大規模農業水利改良政策以降のことである[43]。これがさらに現代に入り農業振興地域を中心に、農業構造改善事業の一環として新規農業用水合理化対策事業が導入され、現代的水利改編が実施されることにより、垂直的・統一的水利空間の拡充がより強化され、既存の伝統的水利が淘汰され、新しい水利事業に統括されるようになる。

狭山池水下地域では、すでに古代末期～中世にかけて伝統的な垂直的・統一的水利空間が形成され、狭山池用水の機能変化に左右されながらも、たえずこれに依存してきた歴史がある。いわば当時の最先端の役割を担う核としての水利施設が優先されて築造され、水下地域の水利安定策を模索してきた構図がみられる。頂点としての親池が立地する溜池灌漑地域では、その用水機能が強化されるとともに、伝統的な垂直的・統一的水利空間の形成をみるのが特徴である。狭山池水下地域では、この伝統的な側面の強い垂直的・統一的水利空間の支配が古代にはじまり、近世初期に完熟されたといえる。大正一五年（一九二六）より昭和六年（一九三一）にかけて、当時の大規模農業水利改良政策の一環として実施された狭山池昭和大改修事業においても、近世から継続された水利システムを維持して再編されている[44]。

第５－３表　狭山池水下絵図記載西川筋（西除川筋）井堰の現況

井堰名	状況･形式	取水位置	絵図記載の水懸かり村落	備考　〔 〕内は旧井堰の規模
壱番水取口① 野田堰	ケーソン開閉連動捲上堰止式	左岸	丈六、高松、原寺、北、西、金田、野尻、長曾根、〔万代〕	取水口より導水路へは150m程度逆流、水懸かりが広範囲に及び、多量の堰止め貯水量を必要とするため、西樋筋で最大規模の井堰。 〔堰長15.2m、扉幅3.63m、扉高1.8m、3連〕
弐番水取口② 余部堰	コンクリート堰、自然流下式	左岸	南余部、北余部	〔堰長14.5m×堰高2.15m〕
三番水取口③ 大饗堰	ゴム起伏堰、揚水式	左岸	北余部、東大饗、西大饗、小寺、新菩提、古菩提、石原、中村、金田	西除川･激甚災害対策特別緊急事業にともない、ケーソン開閉連動捲上堰止式の井堰から起伏堰に伏替。 〔堰長14.0m、扉幅3.63m、扉高2.0m、3連〕
四番水取口④ 太井堰	ゴム起伏堰、揚水式	右岸	記載なし。 〔太井〕、〔今井〕、〔丹南〕、〔大保〕	西除川･激甚災害対策特別緊急事業にともない、コンクリート堰より起伏堰に伏替。 〔堰長11.2m×堰高1.1m〕
番水掛かりなし 小寺堰 （薬師堰）	ゴム起伏堰、揚水式	左岸	小寺･出屋敷	西除川･激甚災害対策特別緊急事業にともない、コンクリート堰より起伏堰に伏替。 〔堰長13.2m×堰高0.3m〕
五番水取口⑤ 今井堰	ゴム起伏堰、揚水式	右岸	今井	西除川･激甚災害対策特別緊急事業にともない、河川流路が西に付け替えられ、井堰の位置は左岸から右岸に。コンクリート堰より起伏堰に伏替。 〔堰長8.7m×堰高0.6m〕
六番水取口⑥ 野遠堰	ゴム起伏堰、揚水式	左岸	野遠	西除川･激甚災害対策特別緊急事業にともない、ケーソン開閉連動捲上堰止式の井堰より起伏堰に伏替。井堰の位置は上流に移動。 〔堰長13.6m、扉幅3m、扉高1.35m〕
七番水取口⑦ 河合堰	ゴム起伏堰、揚水式	左岸	北河合、南河合	西除川･激甚災害対策特別緊急事業にともない、コンクリート堰より起伏堰に伏替。 〔堰長10.5m×堰高1.75m〕
八番水取口⑧ 東代堰	なし	右岸	東代	昭和初期に田井城堰が石積み（コンクリート被覆）のものに大改修されたため、その機能は同堰に委ねた。導水井路の一部は農道敷となる。
九番水取口⑨ 田井城堰 〔高見堰〕	ゴム起伏堰、揚水式	右岸	田井城、高見	西除川･激甚災害対策特別緊急事業にともない、コンクリート堰より起伏堰に伏替。 〔堰長13.5m×堰高1.0m〕

番水掛かりなし 高見堰	なし	右岸	高見	高見村は慶長17(1612)年より、番水の権利を有し絵図記載内容と齟齬する。高見村の番水は九番水取口の田井城堰より取水し、絵図記載の堰は番水を除く取水に使用されたものとみられる。
拾番水取口⑩ 更池堰	なし	左岸	更池、清水	西除川が激甚災害対策特別緊急事業によって深く浚渫されたため、残存する導水井路の一部は、西除川に逆流して流下。
拾一番水取口⑪ 向井堰	起伏堰、揚水式	右岸	向井	西除川・激甚災害対策特別緊急事業にともない、コンクリート堰より起伏堰に伏替。〔堰長24.0m×堰高0.9m〕
拾二番水取口⑫ 我堂堰	なし	左岸	東我堂、西我堂	西除川・激甚災害対策特別緊急事業改修工事まで、コンクリート堰が残置。
拾三番水取口⑬ 高木堰	なし	左岸	高木	西除川・激甚災害対策特別緊急事業改修工事まで、コンクリート堰が残置。〔堰長13.5m×堰高1.0m〕
拾四番水取口⑭ 堀堰	なし	右岸	記載なし。〔堀〕、〔池内〕	西除川・激甚災害対策特別緊急事業改修工事まで、コンクリート堰が残置。
拾五番水取口⑮ 芝・油上堰	なし	右岸	芝、油上	絵図の芝・油上堰は、角の池(第5－2図42)に取水した堰が描かれる。下流200mのところに今池(第5－2図43)に導水する堰が設置されていた。今池への導水堰は西除川・激甚災害対策特別緊急事業改修工事まで、コンクリート堰が残置。〔堰長13.0m×堰高1.2m〕
拾六番水取口⑯ 庭井堰	なし	右岸	庭井(庭井新田)	

注）1．1977・1978、1993年実地調査、2005年補正調査により作成。
2．備考欄〔 〕内の旧井堰規模は、『1954（昭和29）年度・大和川水系農業水利実態調査（第2分冊）』農林省農地局の資料による。
3．井堰名の網掛け部分は、現継続井堰を示す。

第四節　絵図記載の水利施設の現況

「狭山池水下絵図」の水利空間の特性とともに、著しい都市化のなかで狭山池水下地域はどのような状況に置かれ変貌しているのか、現況比定のなかで検討を加えておかねばなるまい。狭山池水下地域の変貌については、今までに幾つかの拙論を発表してきた(45)。詳細はそれらに委ねることとして、ここでは現況比定図（第5－3図）によって変貌の概要を追い、地域環境をとらえる素因を抽出することに力点を置きたい。

1. 西川筋の井堰と導水井路

昭和五七年（一九八二）八月の豪雨によって大和川流域に近い松原市北部、堺市北東部一帯が冠水し洪水災害が発生した。これは付け替えられた大和川への西除川・東除川、及びその周辺に張りめぐらされた中小溝渠の排水不良が主因で、西除川・東除川上流部における宅地乱開発や、溜池潰廃によって遊水機能を喪失したことが、その被害をより拡大したとされる(46)。これが契機となり西除川の「河川激甚災害対策特別緊急事業」、及び「狭山池治水ダム化事業」がより促進されることになったのである。

「河川激甚災害対策特別緊急事業」は、河川の拡幅・河床掘下・堤防の強化とともに流路を直線化して（第5－3図太い破線部分）、下流への流下を促進しようとするものである。西除川では上流部の一部を除いて要改修延長一一・三㎞の改修工事に順次着手し、昭和六二年度（一九八七）末で六・四㎞を終え、平成五年度（一九九三）までにほぼ完了している(47)。八番：東代堰、拾五番：芝・油上堰と番水掛かりなしの高見堰は、早い時期より他の井堰に取水機能を委ねたためか昭和五八年（一九八三）の調査の段階では、すでにその井堰を確認することができなかった。

さらに拾・拾二・拾三・拾四・拾六番の井堰は、「河川激甚災害対策特別緊急事業」にともなって順次撤去されている。残置されている三・四・五・六・七・九・拾一番の井堰と番水掛かりなしの小寺堰は、ゴム起伏堰（ファブリダム）[48]に替えられ、井堰によっては位置を大きく移設している。[49]以前からの井堰は、壱番の野田堰（ケーソン開閉連動捲上堰止式）と弐番の余部堰（コンクリート被覆切石積、自然流下式）のみになってしまった〔平成一六年（二〇〇四）現在、第5－3表〕。

残置されている井堰のうち、西除川の流下水を用水として常に取水しているのは壱・三・四・五・六・七番と番水掛かりなしの小寺堰にとどまる。それも水下地域の農地減少とともに、狭山池の用水供給機能が低下し、今では番水の取水は、狭山池用水を直接受水する権利がある直懸かり・准直懸かり地区の丈六、高松、日置荘原寺、日置荘北、日置荘西（村の冠称を略、以下同じ）[50]と新たに加入した日置荘田中〔第5－3図リ〕に限られ、狭山池土地改良区より離脱する地区が増加している[51]〔第5－1表〕。

狭山池水下地域の水懸かり面積は、西川筋で平成四年（一九九二）に市街化区域一一四ha・市街化調整区域一二九ha、平成一一年（一九九九）で市街化区域九六ha・市街化調整区域一二五haであった。昭和四年（一九二九）と比較し、平成四年（一九九二）で一五％、平成一一年（一九九九）で一四％弱にすぎない。[52]なかでも西川筋幹線水路の下流域にあたる松原市、壱番：野田堰導水井路筋周辺の堺市東南部の農地潰廃が大きく進行している。導水井路はコンクリート化され、汚水が流入し下水路化して道路下の暗渠となり、一部は廃止されている。しかし、井堰は廃止され、灌漑井路として不使用ではあっても、今も西川筋での大半の導水井路の経路を確認することができる〔第5－3図〕。

2．東川筋の分水堰と導水井路

狭山池水下地域の東川筋の水懸かり面積は、平成四年（一九九二）で市街化区域六六ha・市街化調整区域二〇一ha、平成一一年（一九九九）で市街化区域五九ha・市街化調整区域一八九haである。昭和四年（一九二九）の水懸かり面積と比較して、平成四年（一九九二）で二四％、平成一一年（一九九九）で二二％余りまで減少している[53]。

当然、こういった農地の減少から余剰水が生じ、狭山池と至近距離にある西・東池尻〔第3図ル・レ〕[54]、南野田、北野田、阿弥の直懸かり・准直懸かり地区が、狭山池用水の利水での権限をより強化させ、遠距離になる地区では、狭山池土地改良区に加入すれども、番水を受水することもなく狭山池用水を導水する機会は漸減し、水利事情は大きく変化している[55]。

しかし、平成一一年（一九九九）の市街化調整区域の水懸かり面積は西川筋の一二五haに対し、東川筋は一八九haでその減少はまだ少なく、堺市南野田、北野田、堺市美原区阿弥、黒山、多治井、真福寺、平尾、菅生、松原市丹南、羽曳野市郡戸などの地区では、比較的まとまった農地が展開している。それだけに、東川筋の導水井路の一部は幹線道路によって遮断され、拡幅された道路下の暗渠になっている部分がみられるものの、ほとんど「狭山池水下絵図」に描かれた同じ状態の経路で、大きく流路を変えることなく今に継続されている〔第5－3図〕。幹線井路から準幹線井路に分岐する分水堰も、戸板から鋼板捲上式のものに替えるなど改良されているが、分岐位置は第5－2図とほとんど変わっていない。開渠のところも多くみられ、今も踏査によって井路経路を容易に辿ることができる。

3．溜込池

「狭山池水下絵図」には西川筋で四四池、東川筋で二一池、計六五池の溜池が描かれる。溜込池は独自の水懸かりを有するものの、いわば狭山池を親池として、その溜込池（子池、うつし池）としての機能を果たし、さらに分流して孫池に導水され、それぞれの水懸かりに配水されるのが狭山池水下地域での各村落に共通した基本の水利システムである。[56] 絵図に描写されていないが、狭山池水下地域に多くの孫池群が点在する。[57] したがって、村落単位での溜込池へ導水した井路系統を「狭山池水下絵図」にみられる第一次水利空間としてとらえたが〔第三節1〕、絵図には描かれていない孫池から延びる井路をネットとした水利空間が、その前提として展開するのである。

第5－4・5表に西川筋、東川筋に分けて溜込池の現況を示した。西川筋での溜池潰廃は四四池のうち三一池、全池にわたって潰廃された溜込池は一八池にのぼる。東川筋では二〇池のうち一三池で、全池にわたって潰廃された溜込池は四池である。

溜池転用の土地利用形態は、学校用地、地区公民館、体育館などの公共施設用地、グラウンド・児童遊園地などの青少年運動場用地、下水処理場・都市計画事業などの公共事業用地、その他公営住宅用地、幹線道路用地などを含めて、公共用地型の転用を特徴とする。松原市において農地の公共用地への転用は二〇・〇％であるのに対して、溜池の公共用地への転用は五四・一％にものぼっている。[58] 二二四池を対象にした狭山池水下地域での用途別延転用件数では、西川筋の総転用件数一九〇件に対し公共用地型の転用は九〇件、東川筋では一二二件に対し三九件であった。[59] 学校用地のように一件あたりの転用面積の規模は大きくなることを鑑みると、当然、公共用地型の転用面積の割合はより高くなっている。

溜池をはじめとする地区共有財産の処分について、市町ごとに条例や要綱が制定され、[60] 公共用地への転用がより促進されることになる。だが、こういった条例の制定も、都市計画全体のなかで溜池の位置づけをとらえたもので

第5－4表　狭山池水下絵図記載溜込池の現況（西川筋）

溜池番号	絵図溜池名	現況比定溜池名	所有旧村落	池敷面積	潰廃面積・現用途 1983年以前	1984年以降	備　考
壱番水取口							
1	剣るぎ池	剣池	日置荘北・原寺	3.16 ha		0.6道、空→倉	近畿自動車道、池南の一部追加埋め立て。
2	今池	今池	日置荘北・原寺・西	4.45		0.2道	近畿自動車道。
3	西村池	アタラシ池	日置荘西	1.63			日置荘西共有池のアタラシ池･坊ケ池･灰原池が隣接して位置するが、導水の関係からアタラシ池を比定対象池とする。
4	西村新池	新池	日置荘西	2.87	2.0 運、園、学		保育園、ゲートボール場、グラウンド。
5	北村池	東池	日置荘北	1.15	0.7　運		地区グラウンド。
6	北村池	西池	日置荘北	1.07	0.5 公、園	0.05駐	地区公民館、釣池廃止。
7	金田村池	羽室池	金田	1.28	1.28　学		日置荘西小学校、金田は現･金岡町、池敷の権利の一部は日置荘西に及び、処分金は野尻を含め三村で分配。
8	野尻村新池	新池	野尻	2.49	2.49 公、運		市体育館、図書館、テニスコート、野球場。
9	野尻村ドウトラ池	下土塔池	野尻	0.7		0.7　駐	出雲大社大阪分祀駐車場。
10	野尻村かご池	加合里池	野尻	1.46		1.46住	1994年以降の潰廃。
11	大津池	大津池	金田	7.84			池敷の権利は、野尻村に及ぶ。
12	金田村長池	長池	金田	10.26	0.8 事、運		下水路用地、地区グラウンド、ゴルフ打ち放し場として利用。
13	あり池	蟻池	長曾根	2.5		2.5　事	長曽根土地区画整理事業として池敷整備、導水の関係から、下流に位置する車田池に比定することも可能、1994年以降の潰廃。
14	万代村池	信濃池	百舌鳥金口	5.5	3.0　商	0.7　商	スーパーダイエー、残池の池上に住宅展示場、百舌鳥金口村は現･中百舌鳥町。
弐番水取口							
15	余部村中池	新池	南余部	0.51			隣接する掛池を含めて新池、北に位置する桝ケ池(廃池)と掛池の中間にあるため中池の呼称も。
16	北余部村こまが池	胡麻ケ池	北余部	0.35	0.35 住、商		
三番水取口							
17	名称記載なし	前ケ池	大饗･菩提	2.25		2.0商	絵図描写の道程の関係から三保池に比定することも可能、導水井路の関係で前ケ池に比定。スーパー(池上立地)＝1994年以降の潰廃。
18	国分池	国分池	大饗･菩提	0.82			
19	石池	高池	大饗･菩提、石原	2.20	0.4 学、事		幼稚園(廃園)、給食センター。
20	石原村あし池	芦池	石原	0.8			
21	中村丈池	丈池	中村	1.50			
22	ドウガ池	堂ケ池	金田	1.34			

23	金田池	松池	金田	0.36	0.36 住、工		
24	金田村寿ガ池	菅池	金田	6.94			オアシス事業として整備。
25	小寺新池	大池	小寺	2.34	1.7公、園		地区公民館(池上立地)、地区グラウンド。
26	石原村池	新池	石原	1.14			下流に位置する吉田池に比定することも可能。
27	中村廻り池	大池	中村	11.0	1.5　道	3.75 商、空→駐	大阪中央環状道、堺市中央卸売市場・ホームセンター(池上立地)、東側付属池＝駐車場。
四番水取口							溜池記載なし。溜込池に太井・今井・丹南・大保共有池の花田池が位置する。
番水掛かりなし							
28	小寺村池	デジボ池	小寺(出屋敷)	0.92			現・堺市東区八下町、田地坊池(デンジボウ池)。
五番水取口							
29	今井村西池	西池	今井	1.09			
六番水取口							
30	野遠村東池	東池	野遠	0.68	0.68 駐、公、園、住		農業実行組合会館。
七番水取口							
31	河合村三ツ池	古池(大池)	河合	3.02		1.0公、園	河合の東池・古池(大池)・尻池（西池）を三池としたものと考えられる。これらの池は、その位置が若干離れていることから、古池を比定対象とする。農業実行組合倉庫。
八番水取口							
32	東代村池	新池	東代	0.89	0.89 公、園、運		地区公民館。
九番水取口							
33	田井城村新池	新池	田井城	1.65	1.65 公、運		市民文化会館、市図書館、グラウンド、今池が西接し同池が直接の溜込池となる。
拾番水取口							
34	更池村池	新池	更池	1.18	1.18 公、運		児童会館、グラウンド。
35	清水村池	蓮池	清水	2.0	2.0 公、運、駐		グラウンド、残池の池上に駐車場。
拾一番水取口							
36	向井村三ツ池	長池	向井	1.71	1.71 住、商		長池・西池・寺池を総じて三ツ池。
37		西池	向井	1.52	1.52 住、商		

38		寺池	向井	1.21		1.21 住、商	マンション。
拾二番 水取口							
39	我堂村新池	新池	我堂	2.3	2.0　住		マンション。
40	我堂村○池	前ケ池	我堂	3.8	3.8 学、事、公、 空		松原第五中学校、地区公民館、市水道事業所。
拾三番 水取口							
41	高木村池	大池	高木	1.2		0.2　空	
拾四番 水取口							溜池記載なし。溜込池に籠池(堀：一部廃池)、弁天池(池内：廃池)が位置する。
拾五番 水取口							
42	油上村芝村立会池	角の池	芝・油上	2.3	2.3 住、公、学		市図書館、幼稚園。
43	油上村芝村立会池	今池	芝・油上	4.60	4.60　事		下水処理場。
拾六番 水取口							
44	庭井村池	長池	庭井新田	0.6	0.1　公	0.5空	現・堺市常盤町、依網池跡。

注）1．1983・84年狭山池水下地域・溜池潰廃状況の調査をもとに、1993年実地調査、2005年補正調査により作成。
2．溜池名は『狭山池改修誌』をもとに、各地区での呼称を基準とする。
3．池敷面積は旧番水地区では『狭山池改修誌』、新番水地区では各市町溜池台帳によったが、不明の場合、都市計画図より概算した面積による。
4．現用途については、学＝学校（幼稚園・保育所を含む）、公＝公共施設、園＝公園（児童遊園地を含む）、事＝公共事業、道＝道路（主要幹線道路）、住＝住宅地、商＝商業地、工＝工場、倉＝倉庫、運＝運動場、駐＝駐車場、空＝空地、を示す。
5．1983年以前に潰廃された溜池において、空地状におかれたまま1984年以降に用途が決まったものもみられる。この場合においても、1983年以前として集約。

第５－５表　狭山池水下絵図記載溜込池の現況（東川筋）

溜池番号	絵図溜池名	現況比定溜池名	所有旧村落	池敷面積	潰廃面積・現用途 1983年以前	潰廃面積・現用途 1984年以降	備　考
45	太満池	太満池	南野田・北野田・阿弥	11.23 ha		4.0 駐	浅野歯車工場駐車場。
46	阿弥村新池	新池	阿弥	2.55			
47	太井村前池	前ケ池	太井	1.1	0.3 駐、園→駐	0.6 住	長らく放置状池、残置した池床部分の一部をコンクリート被覆し遊水池としての機能。
48	菅生村今池	新池（平尾）	平尾	1.55			菅生には新池が位置する。絵図記載の菅生村今池の位置とは異なるため、絵図記載の導水路の位置関係から平尾新池を比定対象とする。
49	船なと池・黒山村池	船渡池	黒山	10.01	1.7 学・園		
50	奥ガ池	奥ケ池	丹南・真福寺	2.85	0.2 道	0.07 公	地区公民館。
51	丹南村今池	今池	丹南	1.76	0.7 住	0.3 公、運、空	地区公民館、地区老人福祉会館、ゲートボール場〔いずれも池上立地〕。
52	西多治井村池	刎池	多治井	4.17	1.5 学、レ		美原中学校、海洋センター。
53		笠田池	多治井	5.88			
54	多治井村新池	新池	多治井	2.67	2.3 公、運、道	0.5 運	町体育館、水利実行組合会館、グラウンド、テニスコート。
55	郡戸村雨ケ池	雨ケ池	郡戸	1.58		1.58 空	南阪奈自動車道建設資材置き場・迂回道として利用・現空地1994年以降の潰廃。
56	郡戸村細池	細池	郡戸	1.51			
57	野村池	新池	野	3.30	0.6 住、公、墓	0.2 運	地区公民館、霊園。
58	名称記載なし	上葛池	多治井・丹上	0.6	0.6 工→住		近畿コカ・コーラボトリング工場から住宅地に転用。
59	丹上村くつ池	下葛池	丹上	1.24	1.24 工→住		近畿コカ・コーラボトリング工場から住宅地に転用。
60	真福寺村池	中之池	真福寺	0.38			
61	真福寺村せいぼ池	清意坊池	真福寺	1.65			
62	丹上村横枕池	横枕池	丹上	1.88	0.3 道		近畿自動車道。
63	大座間池	大座間池	立部・新堂・岡	16.0	0.5 事	3.5 農	日本放送協会へ6.6ha売却、ゴルフ打ち放し場として利用、農地への転用は1994年以降の潰廃。
64	新堂村清堂池	清堂池		1.7			絵図の位置関係から、岡の増池・新池に比定することも可能。
東除川 65	から池	権兵衛池					遊水池

注）１．1983・84年狭山池水下地域・溜池潰廃状況の調査をもとに、1993年実地調査、2005年補正調査により作成。
２．溜池名は『狭山池改修誌』をもとに、各地区での呼称を基準とする。
３．池敷面積は旧番水地区では『狭山池改修誌』、新番水地区では各市町溜池台帳によったが、不明の場合、都市計画図より概算した面積による。
４．現用途については、学＝学校（幼稚園・保育所を含む）、公＝公共施設、園＝公園（児童遊園地を含む）、事＝公共事業、道＝道路（主要幹線道路）、住＝住宅地、商＝商業地、工＝工場、運＝運動場、駐＝駐車場、レ＝私営レジャー施設、墓＝墓地、農＝農地、空＝空地を示す。
５．1983年以前に潰廃された溜池において、空地状におかれたまま1984年以降に用途が決まったものもみられる。この場合においても、1983年以前として集約。

はなく、いわば無計画、かつ無秩序にスプロール的に進行した農地転用による都市化の皺寄せが、池敷の公共的利用として集中的にあらわれたにすぎない。無計画な農地潰廃の結果、地域の公共施設拡充のために、溜池跡地が注視されたのである。

狭山池水下地域は、大阪市大都市圏のほぼ二〇㎞圏内に位置する。こういったところでは農地が部分的に点在して残存するために、溜池潰廃の多くは水懸かりが潰滅的状況下に置かれた時、もしくは水懸かりが残存しても別の溜池に機能を委ねた場合にみられ、農地潰廃の煽りを受けた二次的なものとしてあらわれる。当然、ネットとして結ぶ井路は下水路化して廃水が流入し、農業用水路としての機能は喪失されるものの残存する傾向が強い。「狭山池水下絵図」に描かれた溜込池の場合、西川筋で二六の溜池を確認することができ、そのうち一三池がほぼ完全な形で残されている。東川筋では一六の溜池がみられ、うち九池がほとんど埋め立てられることなく現存されている〔第5－4・5表〕。水懸かりの残存状況や、行政の池敷に対する土地利用の思惑、水利管理者の動向などによって、潰廃のされ方、及びその進行度合いは異なってくる。溜込池は狭山池用水を受水した、いわば地区の核としての水利施設であるため、全体的に孫池と比べ残存される傾向が強い。

近年実施された「狭山池治水ダム化事業」の大改修工事において、従来の貯水容量一八〇万㎥を農業用水として確保し、その上に一〇〇万㎥の洪水調節容量を創出することが大前提となっている[(61)]。都市化による変貌が著しく、農業用水の需要は大きく激減し、これを支えてきた各種水利施設の耐用も劣化し管理も極度に悪くなっている。このように伝統ある水利施設が埋没してその潰廃が進行し、番水をはじめとする水利慣行が形骸化しながらも、伝統的な垂直的・統一的水利空間を維持し、継続されているのが狭山池水下地域の今の姿である。

水利施設の現況をとらえるのみにとどまらず、伝統に育まれた側面から水下地域のあり方を考えていく視点が求められる。ここに地域環境の核に据えられ、狭山池水下地域が共有する歴史ある既存の、埋没しようとしている地域財産を見直し、まちづくりとも連動するこの地域特有の水環境再生施策の素因がみいだせる。

第五節　現況比定の意義と課題（まとめに代えて）

本稿は「狭山池水下絵図」に描写された景観からその水利体系をとらえたもので、水論をはじめとして村むらの当時の水利実態を如実に示し得たものではない。しかし、絵図の誤謬の部分を見極めながら、番水掛かりではない壱番野田堰の井路筋末流に位置する万代村池が描かれている意味合い、さらに番水不取の小寺堰と高見堰の水利態様、大和川付け替えによって大半が新田開発された依網池南池床部分の水利背景などの事象が推察され、一九世紀初頭の狭山池水下地域の水利空間が蘇ったのである。

著しい都市化のなかで農業用水は営農者のみで守り得るものではなく、一般市民・住民や都市形成に関わる機関から支えられて、新しい創造的な水利システムが確立されるのである。そのためには一般市民・住民への啓蒙とともに、残された既存の水利施設を含め農業用水が、地域の共有財産・水資源であるという観点に立たねばならない。ここに現景観のなかに埋没している伝統ある貴重な遺産を、地域の象徴として高め見直す営みから、地域環境に対してアプローチする歴史地理学の役割がみいだせるのである。

それは「狭山池水下絵図」に描かれた状況を現況比定することによって、①この地域が今につながる、地域の形成の基軸になった狭山池を媒体とする歴史観点から、まちづくりの課題を提起することからはじめねばならない。そのなかで、②地域のなかに、今も永続しているにも関わらず、忘却されようとしている水環境の存在をみつめ、その役割とともに地域環境の素因を見直す営みが求められる。③狭山池水下地域には継承し、あるいは幾多の水争いの緊張のなかで築きあげてきた歴史がある。新しい歴史をつくる側面には、地域の風土・文化から過去の歴史を学ぶことによって、これを守り修復していくなかで、地域独自のまちづくりや水環境再生施策の視点が見据えられる。

農業水利としての役割が弛緩した溜池は、今や管理が悪くなり水質汚濁が進行し、池敷の土地資産の価値のみが追求され、何ら調査されず他用途に埋め立てられているのが現実の姿である。④溜池は地域の都市計画を立案する基軸としての有効な土地資源、そして地域の水資源、環境保全資源としての見方に立たねばならない。当然これらの溜池を結びつけるネットとしての井堰・井路の役割をもみいださねばなるまい。⑤溜池の池敷をどう処分すればよいのかという発想ではなく、地域づくり・まちづくりにどう生かしていけるのか、まちづくりの素因としての役割から再生への発想転換が求められる。残存する溜池群をすべて残せという観点ではなく、例えば⑥導水井路周辺を整備することによって緑道・サイクリング道の確保、残置する溜池を総合的な都市計画の観点から、遊水機能や温度調節機能、地下水涵養機能、防火・防災機能、自然との調和などの側面からとらえ、溜池と土地が一体であるという思想に戻らねばならない。⑦そして既存の文化施設、文化遺産としての地域資源（古墳群や古道など）との関連性をもふまえ、たえず総合的な観点からのプラン創りを念頭に置く必要がある。

旧来からの地区共有財産という性格から、溜池をはじめとする水利施設が、潰廃問題・処分金使途問題に端を発し地区紛争につながってきた側面がある。農業の解体的な状況から一般的に脆弱な基盤のうえに存立する地区水利団体での、用水確保を前提とした管理が不行き届きとなり、水利施設の老朽化がより進行している。こういった現実をふまえ、⑧溜池や井路の歴史を生かしたまちづくりの方向性には、水利団体を基軸に据えて、そして一般市民・住民と一体化し行政を含めた協力体制が模索できないものか。地域住民からその重要性が認識されてはじめて、狭山池を頂点とする既存の伝統ある垂直的・統一的水利空間の水環境再生としての、新しい方向性がみいだせるのである。

「狭山池治水ダム化事業」は洪水調節機能としてのダム事業が主目的で、下流域での洪水対策上不可欠の事業であったといえる。同時に周辺環境整備を考慮し、狭山池が地域のシンボルとして保全する「狭山池ダム景観整備基本計画」として進められ、博物館などの狭山池周辺の環境整備に果たした役割は大きい。しかし、残念ながら狭山池水下地域の水環境整備は対象外であり、親池としての狭山池に力点が置かれ、「狭山池治水ダム化事業」に水利空間の歴史を省みる余裕をみることはできなかった。この事業にソフト政策の意識が優先されていたなら、一つの親池としての狭山池だけでなく、新しい視点での水下地域への波及効果が期待できたのではないだろうか。

　地域変貌が著しく、歴史的景観をみることが困難な地域であっても、史資料の探査とともにフィルドワークを怠ってはならない。まして、狭山池水下地域には核としての狭山池をはじめ、幾多の貴重な歴史文化遺産が現在に永続されている。水利空間を復原することにより、歴史的景観を蘇生させるなかでまちづくり・水環境再生施策の方向性がみつめられ、ここに新しい地域を創造していく先取的な方向性をふまえた理論の確立と実践に向けた、歴史地理学が関わっていく指針の一つがみいだせる。

注

（1）『記紀』における狭山池関連の記述として、以下の記事をあげることができる（読み下し文掲載）。

①『日本書紀』崇神天皇六十二年七月条

丙辰に、詔して曰はく、農のなりはいは天下の大いなる本となる也。民の恃を以て生ける所也。今河内の狭山の埴田水少し。是を以て、其国の百姓、農の事に怠れり。其れ多に池溝を開りて、以て民の業を寛めよ。

②『古事記』垂仁天皇条

凡そ此の天皇の御子等、十六王なり。男王は十三、女王は三。（中略）印色入子命は、血沼池を作り、また、狭山池を作り、また日下の高津池を作りたまひき。

（引用は、倉野憲司校注『古事記』岩波書店、一九六三年、黒板勝美・国史大系編集会編『新訂増補国史大

系日本書紀前篇』吉川弘文館、一九八一年による。）
①の「河内の狭山の埴田水少し」の記述は、狭山池の関連を類推することは可能であるが、直接、同池の築造についてふれたものではない。狭山池の具象名は②『古事記』垂仁天皇条のことであり、これより以前のこととして、Ⓐ『古事記』孝元天皇条に劒池、Ⓑ『日本書紀』崇神天皇六十二年十月条に依網池、Ⓒ『日本書紀』崇神天皇条六十二年十一月条に苅坂池、反折池、Ⓓ『古事記』崇神天皇条に依網池、酒折池の造池の記事がみえる。しかし、Ⓐの劒池は奈良県橿原市の劒池嶋上陵の陵池に比定されるが、この記事は池溝開削についての記述ではない。依網池は復原研究がなされ〔第二章、第三章、第四章〕、所在が確定されているが現存せず、大和の苅坂池、酒折池（反折池）についても、現在に比定される溜池が定かでなく、したがって、狭山池が現在に永続される最古の溜池としてとらえられる。

（2）日本の稲作農業は、溜池の築造によって低湿地帯から高燥な段丘面に拡大する。それだけに丘陵地間の狭隘部に狭山池を築造することによって、河内平野低地部の低湿地面から、広範な河内平野南部の低位・中位段丘面の開削に及んだことは、日本の古代の土地開削の新たな展開において重要な位置を占めるといえる。

（3）『狭山池ダム事業誌』大阪府・大阪府富田林土木事務所、二〇〇四年、一一一～一一四頁。

（4）「狭山池ダム」富田林土木事務所狭山池ダム建設工区、一九八三年六月改定パンフレット、他による。

（5）筆者の調査において、大正一五年（一九二六）一一月～昭和六年（一九三一）におこなわれた昭和大改修事業によって、再編された当時の狭山池水下地域を対象とした溜池は二二四池を数える〔後掲（7）②二八二～二八八・三一六頁〕。

（6）『絵図に描かれた狭山池』大阪狭山市教育委員会・狭山池調査事務所、一九九二年におよそ七葉の水下・水懸かり絵図が掲載される。各水利施設の補足説明とともに全体域を最も明瞭に描写しているのが、本稿で考察対象とした「狭山池水下絵図」（同書二五頁）である。

（7）①川内眷三『大阪平野の溜池環境―変貌の歴史と復原―』所収、和泉書院、二〇〇九年、「第二部溜池潰廃の構図と保全への展望」掲載論文。
②川内眷三「近・現代における狭山池水下地域の導水経路の状況と溜池環境の変貌」、『狭山池―論考編―』所収、

狭山池調査事務所、一九九九年、二七九～三三五頁。
（8）①川内眷三「溜池の環境保全とその課題について―大阪府の地域事例をもとに―」水資源・環境研究五、一九九二年、三〇～四二頁。
②川内眷三「都市化における灌漑用溜池の動向と位置づけについて」日本農業気象学会中国・四国支部大会シンポジュウム・耕地気象改善研究会第一二回講演論文集、一九九五年、三四～四八頁。
（9）狭山池用水は西樋（大樋）と中樋の、ふたつの樋を通じて水下地域へ配水される。中樋は西樋に対して東樋とも呼ばれ、「狭山池水下絵図」では東樋の呼称で記載される〔第5－1図・第5－2図〕。近世中期頃まで中樋の東に東樋（カナ樋）がみられ、「狭山池治水ダム化事業」にともなう調査によってその遺構が発掘されている。本稿ではこの東樋と区分するため、絵図記載の東樋を中樋と称する。西樋からの配水は西川筋（大樋筋）、中樋からの配水は東川筋（中樋筋）となる。
（10）狭山池の修築は、『行基年譜』での天平三年（七三一）、『続日本紀』での天平宝字六年（七六二）の記事をはじめとして度々みられる。なかでも慶長一三年（一六〇八）の慶長の大改修事業は、かつてない規模で実施され、これによって「水高五万四千五百七拾六石三斗九升・村数八十ケ村」の規模に拡大している〔第5－1・2表、後掲（26）四九五頁〕。慶長の大改修事業に併せて水下地域でも新たに溜池が築造され、水利再編がおこなわれている〔『松原年代記』松原市史編さん室、一九七五年、二・三頁、他〕。
（11）文政六年（一八二三）に、丈六村、高松村、原寺村、北村、南余部村、北余部村の六ケ村が、植付水不足につき植付水先取番水を受水している〔後掲（15）二〇五頁〕。このような植付水の番水は例外で、半夏生（陽暦七月二日頃）以降に、水下地域の用水不足期に敷かれる通水制度が通常の狭山池番水である。
（12）「狭山池水下絵図」の描写を考慮した字地を除く村数による。狭山池番水を受けた村、大字、地区は時代背景の推移・変遷がみられる。同一の村（藩政村）の経過を厳密に追うことは困難で、本稿での村数、地区数の数え方は、その時々の背景によって流動的な側面を持つ。
（13）大津池の所在は野尻村、あり池の所在は金田村であるが、大津池は金田村、あり池は長曾根村の水利権下に置かれる。
(14)『日本歴史地名大系第二八巻・大阪府の地名Ⅱ』平凡社、一九八六年、一、一一二・一、一一三頁。
(15)『狭山池―史料編―』狭山池調査事務所、一九九六年、一六七頁。
(16)前掲(14)一、一一四頁。
(17)文化三年(一八〇六)の水割賦帳によると、太井村、丹南村、大保村の狭山池番水は東川筋からの受水、今井村は四時の狭山池番水を西川筋より受けている〔第5-1・2表、前掲(15)一九五頁〕。「狭山池水下絵図」に花田池は描かれておらず、今井村の番水は五番の今井堰より取水したものとみなされる。しかし、享和二年(一八〇二)の「今井村明細帳」の「狭山池番水引取之儀」によると、「今井村ハ四時引取来り申候、右引取方ハ、狭山池西樋川筋余部村領太井村涌口ゟ花田池へ移し、分木を定、右番水丈ケ、今井村川東之田地へ引取申候」とあり、花田池へ移したことが知れる〔『美原町史第四巻』美原町、一九九三年、一八二頁〕。明治三三年(一九〇〇)の狭山池配水方法によると、西川筋で丹南村大字今井一六時間(八時)、黒山村大字太井一八時間(九時)の権利が付与されている〔前掲(15)四五八・四五九頁〕。こういったことから花田池への狭山池番水の導水は、取水村落の時々の水利事情によって左右されたものとみられる。
(18)前掲(14)一、一〇五頁。
(19)『松原市史第一巻』松原市、一九八五年、三三四頁。
(20)前掲(19)三三三頁。
(21)前掲(15)一九七頁。
(22)前掲(17)参照。
(23)田井城村の導水井路に近い溜池は、「狭山池水下絵図」に描かれた田井城村新池(33)ではなく、西接する今池である。こういった相違はあるものの、絵図全体での溜池の描写としてすべて溜込池を意識してとらえたものといえる。
(24)前掲(15)二二九〜二三一頁。
(25)前掲(15)一九四〜一九八頁、二〇一〜二〇三頁。

(26)『狭山池改修誌』大阪府、一九三一年、五三九～五四二頁掲載「狭山池両川筋水割賦帳」による。
(27)井上正雄『大阪府全志巻之四』清文堂出版（復刻版）、一九二二（一九七六）年、三五五頁。
(28)『角川日本地名大辞典二七・大阪府』角川書店、一九八三年、一三〇頁。
(29)前掲（15）一七五頁。
(30)前掲（15）一九五頁。
(31)前掲（15）一九八頁。
(32)前掲（15）一九三頁。
(33)前掲（6）五四頁、絵図集解説による。
(34)『狭山町史第一巻』狭山町、一九六七年、四九五～四九七頁。
(35)前掲（6）、一二六頁に所収、末永宣子氏所蔵絵図。
(36)水利集団は灌漑と排水の水利競合のなかで共同運営をもって構成され、複雑多岐に結びつく。丹南村を例にした場合、西川筋では花田池の灌漑をめぐって太井村、今井村、大保村との水利集団、東川筋では真福寺村との水利集団となる。排水をめぐっては岡村と新堂村の水利集団と競合することとなる。
(37)狭山池水下地域の水利空間の類型化のなかで、西川筋と東川筋の第一次水利空間の枝条の分岐位置の違いから、狭山池用水の灌漑域の歴史的経緯を類推することが可能となる。築造当初の水懸かりは、発掘された東樋（カナ樋）を含め、東川筋の狭山池直下の区域にとどまっていたものとみられる。それが中樋の整備とともに東川筋の幹線井路が敷設され〔第5―4図幹線井路ウ〕、それより直接に第一次水利空間の枝条が分岐し、さらに狭山池の貯水機能の増幅とともに準幹線井路が延伸され〔第5―4図準幹線井路エ・オ〕、その枝条を拡大させていった経緯が読みとれる。それに対して、西川筋は幹線井路①から直接に第一次水利空間の枝条の分岐はみられず、上流域に設置された井堰より西への灌漑域の拡大に結びつき〔第5―4図準幹線井路ア・イ〕、これより第一水利空間を枝条させ、幹線井路からの第一次水利空間の枝条の分岐は、幹線井路②の末流においてみられる。東川筋の灌漑系統は正条的であるのに対して、西川筋では不正条でより灌漑域を拡大させようとした作為的要素が強くなっているといえる。これは東川筋の幹線井路ウが最初に敷設され、狭山池の貯水機能の増幅とともに東川筋の準幹線井路エ・オに延伸され、それとともに西川筋が整備され、灌漑域を西方に飛躍的に拡大していった様子が推認できる。水利空間の類型化のなかで、古代から中世にかけての狭山池灌漑域の変遷拡大については、発掘資料の分析とともにさらなる検討が俟たれる。

(38)『狭山池―埋蔵文化財編―』狭山池調査事務所、一九九八年に集約される。

(39)①市川秀之「最古の溜池―大阪狭山池の築造について―」歴史と地理四八四、一九九五年、六三～六八頁。②光谷拓実「狭山池出土木樋の年輪年代」前掲（38）第三章第三節所収、四七〇・四七一頁。

(40)①市川秀之「北堤堤体の調査」前掲（38）第二章第一節所収、一五～六五頁。②市川秀之「発掘成果からみた各時代の狭山池」前掲（38）第三章第六節所収、四九五～五〇四頁、他。

(41)大山喬平「重源狭山池改修碑について」、『狭山池―論考編―』所収、狭山池調査事務所、一九九九年、三三～六四頁。

(42)前掲（10）参照。

(43)志村博康『農業水利と国土』東京大学出版会、一九八七年、四頁。

(44)前掲（26）八三～一〇〇頁掲載「事業の目的及計画説明」、他。

(45)前掲（7）参照。

(46)後掲（58）五四頁。

(47)『狭山池土地改良区五〇年の歩み』狭山池土地改良区、二〇〇一年、三一一～三一五頁。

(48)正式名はファブリダムと呼ばれる。ゴム風船のように空気を膨らませ、水を堰き止める方式である。漏水が少なく短時間に貯留ができ、ある一定の越流で空気が抜けて、洪水時には流水障害にならない利点がある。しかし、完全に堰き止めてしまうため、下流域への流水が著しく減少し下流堰への貯留水に支障がでるなど、問題点が指摘されている。本稿ではゴム起伏堰とした。

(49)西除川の「河川激甚災害対策特別緊急事業」によって流路が付け替えられ、井堰によってはその位置を大きく移設している。なかでも五番の今井堰〔第5－3図⑤〕は、流路の移動とともに西に移設したため、従来左岸に取水していたものが右岸に取水するように変更された。六番の野遠堰〔第５－３図⑥〕も、従来の位置より上流三〇〇ｍのところに移設している。

(50) 本稿では、村落名、地区名の使い方は、その時々の変遷にしたがって、流動的な側面をもたせてとらえることとした〔前掲（12）参照〕。

(51) 昭和四年（一九二九）での狭山池昭和大改修事業での加入地区は、旧番水三三地区、新番水三〇地区であった。経済の高度成長期以降離脱が相次ぎ、平成一一年（一九九九）での加入地区は西川筋で二一地区、東川筋で一七地区である〔旧地区単位での換算〕。以前からの伝統的なつながりのなかで狭山池土地改良区に加入しているものの、狭山池より配水を受けていない地区がかなりにのぼっている。こういったなかで、新たに西川筋で日置荘田中〔第５－３図リ〕、東川筋で西池尻〔第５－３図ル〕・東池尻〔第５－３図レ〕が加入している。日置荘田中は準直懸かり、西池尻・東池尻は直懸かりの扱いを受けている。

(52)(53) 狭山池土地改良区を離脱している地区があるため、昭和四年（一九二九）の水懸かり面積（その後離脱した地区の水懸かり面積を入れての統計）と、平成四年（一九九二）・平成一一年（一九九九）の水懸かり面積（離脱した地区の残存農地を除き、新たに加入した地区の水掛かり面積を加算）では、統計上の瑕疵が生じてくる。しかし、全体の著しい農地潰廃から、水懸かり面積を大きく減少させていることに変わりはない。

昭和四年（一九二九）の水懸かり面積は『狭山池改修誌』〔前掲（26）一〇五～一一〇頁〕掲載数値、平成四年（一九九二）・平成一一年（一九九九）の水懸かり面積は狭山池土地改良区事業報告書掲載数値、をもとに換算。

(54) 西池尻・東池尻の水懸かりは狭山池の北堤直下に展開し、以前は狭山池の漏れ水によって用水が賄われていた経緯がある。狭山池の堅固な築堤とともに漏れ水が減少し、残存農地の水懸かりへの用水補充のため、直懸かりとして新たに加入している〔前掲（51）参照〕。

(55) 前掲（７）②三二五・三二六頁。

(56) 東代村池〔（32）〕のように孫池をもたない事例もみられるが、幾つかの溜池を保有する場合、およそ子池、孫池というパターンが基本である。

(57)「狭山池水下絵図」に描かれた溜込池の場合、およそ一〇〇池近くの孫池が確認される（前掲（7）②での概算による）。

(58) 川内眷三「松原市における灌漑用溜池の潰廃傾向について」人文地理三五―四、一九八三、四〇～五六頁。

(59) 前掲（7）②三一八・三一九頁。

(60) 狭山池水下地域下での各行政の例として、松原市では昭和四一年（一九六六）に施行された「部落有財産の処分に関する条例」、堺市では昭和五〇年（一九七五）に施行の「地区共有財産の管理および処分に関する要綱」、旧美原町（堺市美原区）では昭和四〇年（一九六五）に施行された「共有財産取扱規則」（昭和五二年（一九七七）「共有財産取扱審議会条令」に改正・移行）によって取り図られる。その内容は松原市では地区共有財産の処分について届け出を義務づけ、地区が得た収入金のうち八割を関係地区内の公共事業に、二割は市の公共事業に充当、堺市では各地区所有の溜池について行政サイドの利用を優先させ、地区内収入となる処分金については、公共用地として転用される場合一割、他の用途に転用される場合二割を市に納付、旧美原町では処分金について九割を地区の公共事業に、一割を町の公共事業に充当することを規定している。

(61) 前掲（3）一―一一頁。

第六章　古墳周濠の土地条件と集水機能
――大仙陵池への狭山池用水の導水をめぐって――

第一節　はじめに

古墳の周濠池の用水機能をめぐって、古墳造営期より水を貯え灌漑用水としての利水が意識されていたのか、古墳造営期においては空濠であり、後世において灌漑用水池としての機能を増幅させていったのか、その見解は二つに大別される。

末永雅雄は、古墳造営にともなう労働力確保を背景にした農業生産、土木技術の側面から池と周濠との共通性を指摘し、古墳造営期より周濠池として灌漑機能が付与されていたととらえる[1]。さらに梅沢重昭[2]、上田宏範[3]、伊達宗泰[4]、亀田隆之[5]、古島敏雄ら[6]は、基本的には末永の論を踏襲するような形で、それぞれの見地から古墳造営期周濠灌漑説、もしくはそれを否定せず許容した形で展開している。

一方、堅田直[7]は、立地形態から各古墳の周濠を類型化し、仁徳天皇陵においては造営当時、水源池・貯水池であったことを示唆しているものの、前期古墳において周濠はみられず、前期末・中期古墳にならって付加され、前期古墳での貯水機能は想定されなかったとし、白石太一郎[8]は、周濠の形成過程をふまえ、溜池の存在は五世紀まで遡り得ないという見地から、古墳造営期での周濠の灌漑機能に疑点を投げかけている。さらに中井正弘[9]、茂木雅博[10]、外池昇[11]は、近世・明治期での周濠が果たしていた灌漑機能の文献資料の分析、そして「文久の修陵」による周濠の灌漑機能を増幅させた側面から、陵墓として管理されている畿内の巨大古墳の周濠について、水が豊かに貯えられている淵源は、幕末から明治期にかけて造りだされたことを指摘している。こういった研究から、陵墓比定の動きがある江戸末期・明治初期の周濠の整備のなかで、水を満々と湛えた天皇陵が造られてきた様子が推察され、古墳造営期での周濠の灌漑機能は付与されていなかった、とする見解が主流になってきたといえる。しかし、古墳周濠と溜池の立地や、溜池の本源的機能である水利システムの側面からの検討に乏しく、古墳造営期周濠灌漑説に対し具体的な論拠をもって、否定する提起までに高められていないきらいがみられる。

筆者の最近の研究として、『記紀』記載の狭山池〔第6－1図ア〕と依網池《よさみ》〔第6－1図イ〕の池溝開削に焦点をあて、その復原と水利システムを分析してきた[12]〔第二章、第三章、第五章〕。こうした経緯から、古墳周濠池と溜池の立地、及び集水システムに構造的な違いのあることを知見し、狭山池水下地域と過半が重なって立地する百舌鳥古墳群の大型前方後円墳周濠池を対象に、古墳造営期において、周濠は当初より灌漑用水池として企図されたものではなく、後世において灌漑機能が付加された過程を考察するものである。古墳造営期での周濠の灌漑機能をめぐって、その存否を論及することは、周辺地域の開発の時期・手段を把握するだけでなく、古代史上、重要な位置づけがなされてきた上町台地南辺部から河内平野南部の段丘面に及んだ、土地開発の特質を解明することにつながる。

本稿では、①百舌鳥古墳群と狭山池水下地域周辺の地形環境の復原によって、溜池立地の前提条件となる集水の側面を重視して把握し、周濠と溜池の立地条件の相違点を明らかにする。そして、②集水機能の乏しい大仙陵《だいせんみささぎ》池〔仁徳天皇陵周濠池〕[13]を事例に、狭山池用水の導水を企図した過程をふまえ、「狭山除川並大仙陵掛溝絵図」〔宮内庁所蔵、写真6－2、第6－2図：トレース図〕の現況復原によって、深刻な状態におかれた周濠池の水利事情をとらえる。周濠池の水利特質の歴史的経緯を把握することにより、③現在、灌漑機能を喪失した大仙陵池をはじめとする百舌鳥古墳群主要前方後円墳周濠池の今後の役割として、地域環境の視点からその課題をみつめていきたい。

第二節　古墳周濠の土地条件

古墳の研究分野のなかで、古墳立地の分析が最も遅れていることを指摘し、考古学を中心としたとらえ方に問題点のあることを提起したのが原秀禎(14)である。従来の古墳立地の研究例を体系的に整理し、歴史地理学に立脚した地形学的方法を応用して、その立地特性をとらえる。本稿では、展開の起点として地形環境復原の方法によって、百舌鳥古墳群周辺を中心に狭山池、依網池に及んだ地域の土地条件から、その特質を把握し、この地域が克服していかねばならない水利の前提条件となる課題を抽出する。

1．百舌鳥古墳群と大山古墳の立地

第6－1図は、百舌鳥古墳群周辺から狭山池水懸かり、依網池周辺に及んだ東西八km、南北一五kmにわたる地域の土地条件の分類図を示したものである。これにより百舌鳥古墳群周辺の各地形の概要をとらえ、古墳立地の特徴についてふれる。

第6－1図の南部の位置に高位段丘面が広がる。これは北西の方向に傾斜をなす泉北丘陵（東辺部を陶器山丘陵）の延伸部にあたる。泉北丘陵は古代における須恵器生産の拠点地であり、若松庄、蜂田庄《はちたのしょう》、和田庄《にぎたのしょう》などの中世につながる荘園のあったことが知られていることから(15)、開析谷を中心に古くより土地開発がなされていた。一方、高位段丘面では一六〇〇年代以降に立地した新田集落群がみられ、近世初期以降に開発されていった土地が広く展開する(16)。

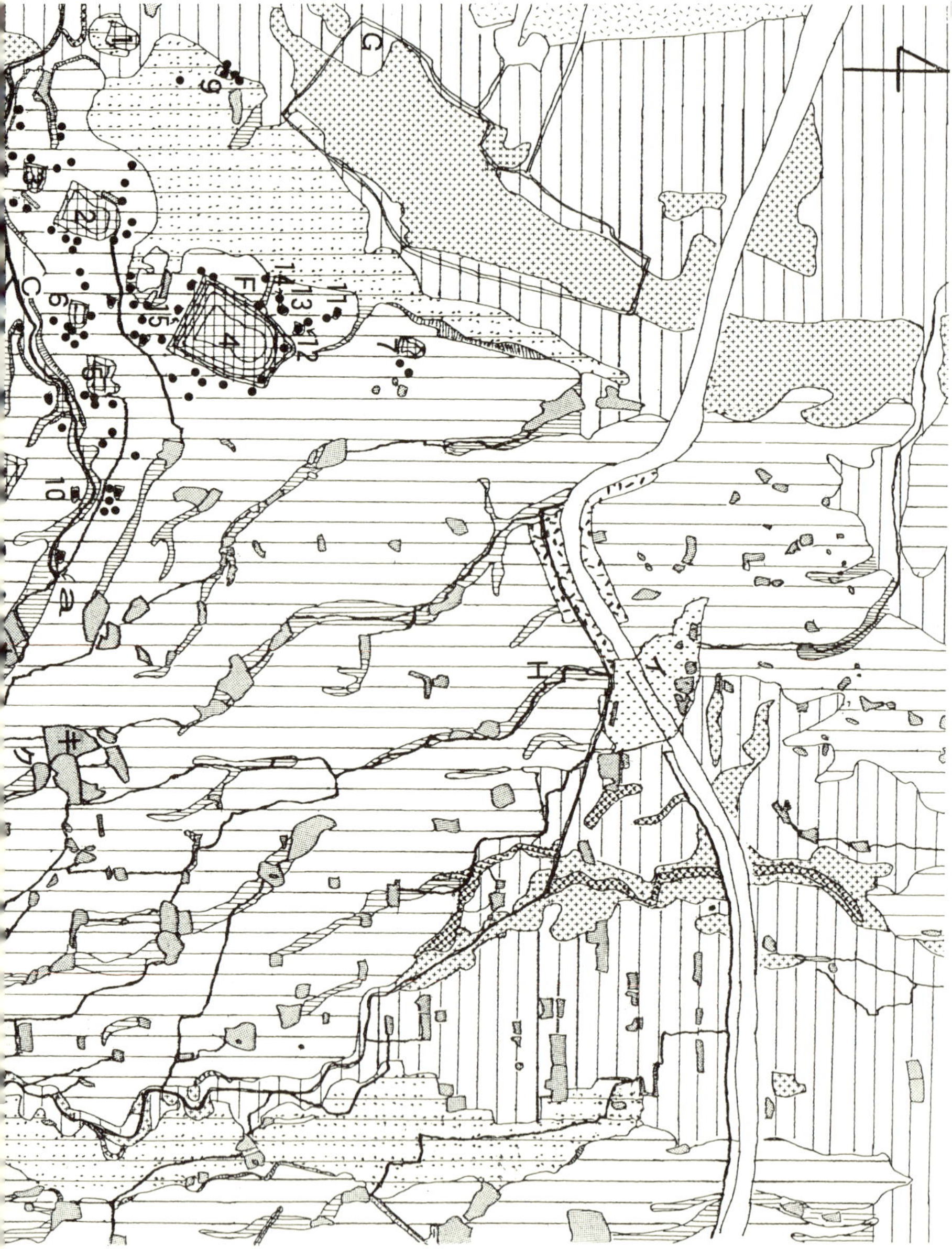

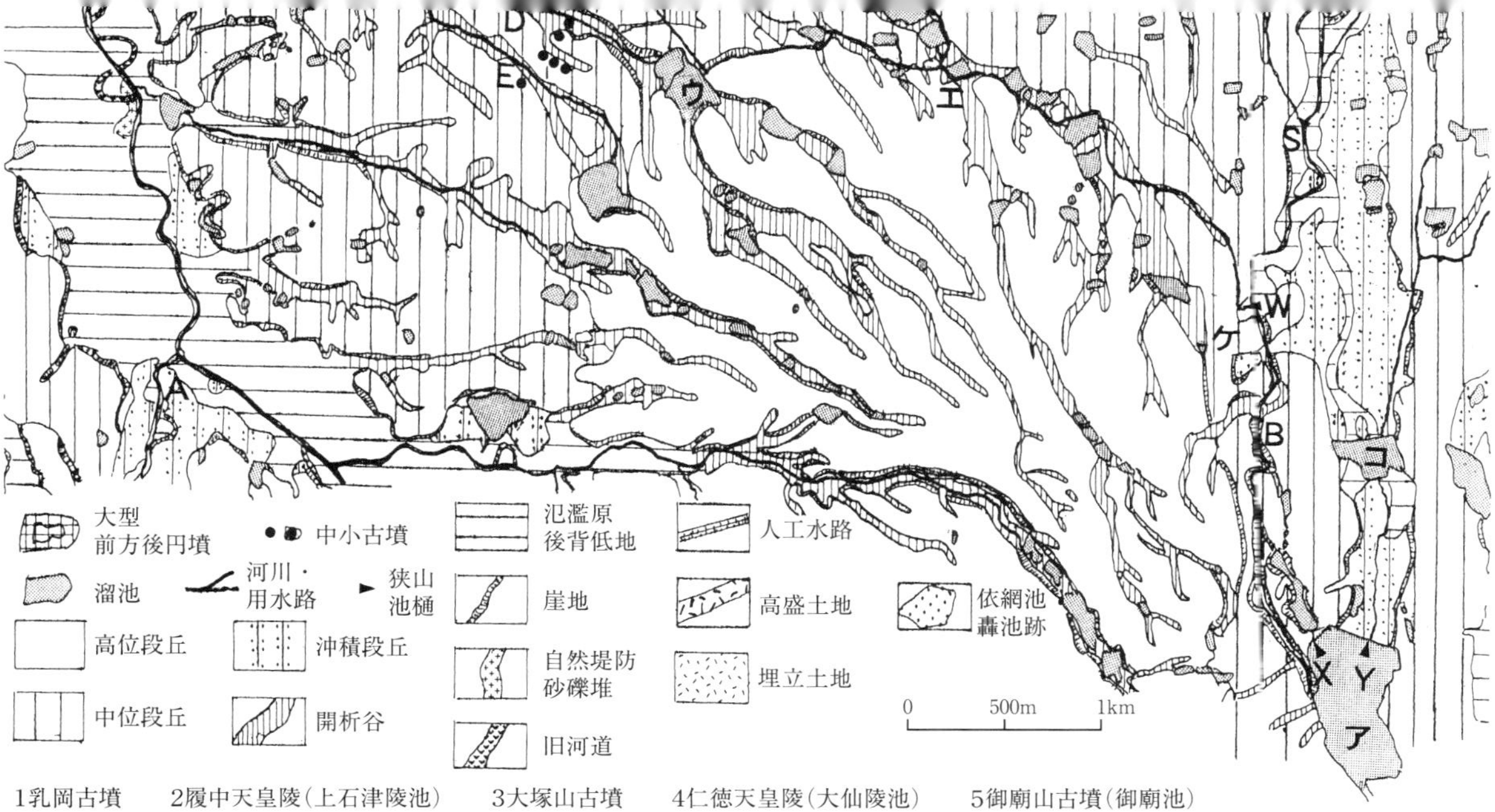

1乳岡古墳　2履中天皇陵（上石津陵池）　3大塚山古墳　4仁徳天皇陵（大仙陵池）　5御廟山古墳（御廟池）
6いたすけ古墳（板鶴池）　7反正天皇陵（田出井池）　8ニサンザイ古墳（仁山田池）　9長塚山古墳
10定の山古墳　11榎古墳　12永山古墳（長山池）　13丸保山古墳　14菰山塚古墳　15孫太夫山古墳
a高田溝　A和田川　B西除川　C百舌鳥川　D美濃川　E盆田川　F樋の谷（大仙水路）　G土居川　H光竜寺川
ア狭山池　イ依網池跡　ウ菰池　エ羽室池　オ宮路池　カ但馬池　キ長池　ク小督池
ケ轟池跡　コ太満池　X狭山池西川筋樋　Y狭山池東川筋樋　W西川筋一ノ関　S西川筋二ノ関

第6－1図　百舌鳥古墳群周辺土地条件図

資料：国土地理院1：25,000大阪東南部土地条件図〔1983年〕、『堺の文化財―百舌鳥古墳群―』堺市教育委員会、1999年、「百舌鳥古墳群分布図」をもとに、実地調査により作成。

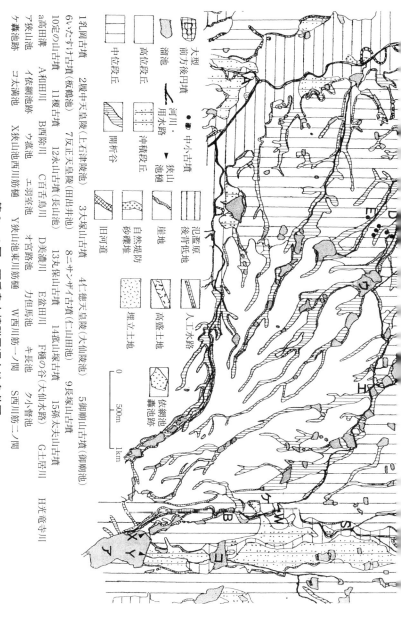

泉北丘陵と南北に延びる羽曳野丘陵との狭隘部の位置に狭山池が立地する。狭山池を起点に西除川〔第6－1図B〕が北流し、自然堤防、氾濫原、さらに右岸域に沖積段丘面が形成される。その周辺では緩傾斜地状をなして中位段丘面が広く展開し、西除川流域を中心に扇形状に広がる狭山池水下地域と重なる。西除川流域では下流域の氾濫原及び沖積段丘にあたる位置に弥生遺跡の分布が顕著で、(17)なかでも上田町遺跡〔松原市上田〕では弥生時代後期の水田・溝・井堰跡が確認されている。狭山池に近い美原町域の中位段丘面では八世紀以降に集落が営まれ、西除川左岸においては鎌倉時代以降の遺跡が飛躍的に増加していることから、(18)下流域での土地開発が早くよりみられたと考えられる。

緩扇状地状をなす中位段丘面と泉北丘陵延伸部の高位段丘面との境部に、比較的広い開析谷がとらえられる。この下流域が百舌鳥川〔第6－1図C〕の氾濫原につながり、その周辺の中位段丘面を中心に百舌鳥古墳群が立地し、東西四km・南北四．五kmの範囲に一〇七基の古墳のあったことが確認され、半壊状のものを含め前方後円墳二一基、円墳二〇基、方墳五基の計四六基が現存する。(19)そのうち墳丘長一五〇m級以上の大型前方後円墳は、乳岡《ちのおか》古墳〔第6－1図1・半壊・墳丘長一五五m〕、ミサンザイ古墳〔履中天皇陵・第6－1図2・墳丘長三六〇m〕、大塚山古墳〔第6－1図3・全壊・墳丘長一六八m〕、大山古墳〔仁徳天皇陵・第6－1図4・墳丘長四八六m〕、御廟山古墳〔第6－1図5・墳丘長一八六m〕、いたすけ古墳〔第6－1図6・墳丘長一四六m〕、田出井山古墳〔反正天皇陵・第6－1図7・墳丘長一四八m〕、ニサンザイ古墳〔第6－1図8・墳丘長二九〇m〕の八基である。(20)このなかで、前方部を南南西に向けてほぼ一列に並んだ田出井山古墳、大山古墳、ミサンザイ古墳の西縁中位段丘崖、及び大山古墳とミサンザイ古墳の周辺部にかけて四〇基余の中小古墳がとらえられる。

百舌鳥川右岸の中位段丘崖上には、大塚山古墳、御廟山古墳、いたすけ古墳が墳丘前方部を西に向けて、ほぼ東西方向に築造されている。さらに百舌鳥川右岸中・上流域中位段丘崖上に連続して、一〇基余の中小古墳が分布する。百舌鳥川左岸に広がる中位段丘面は、泉北丘陵が北西に向かって緩傾斜する高位段丘の延伸部にあたり、ニサンザイ古墳は、百舌鳥川と美濃川〔第6－1図D〕の開析するほぼ中間に、御廟山古墳と同様に墳丘前方部を西に向けて立地する。ニサンザイ古墳を中心に百舌鳥川左岸中位段丘崖上に連続して五基、美濃川右岸域と、さらに美濃川と盆田川〔第6－1図E〕の間の中位段丘崖上にかけて二〇基近い中小古墳がみられる。

百舌鳥古墳群で確認された一〇七基中一〇一基の古墳は中位段丘面に立地するが、中位段丘西縁崖下に広がる沖積段丘に、乳岡古墳と長塚山古墳〔第6－1図9〕の他、四基の古墳が確認されている[21]。長塚山古墳は百舌鳥古墳群の最も西に位置し、氾濫原に接する沖積段丘小崖上に位置する。これらのことから、百舌鳥古墳群の主要古墳の多くが、段丘崖に添って立地し、その位置が微高地の自然地形であったことから、これを利して築造された可能性が高い。乳岡古墳は沖積段丘の位置にあって、周辺の地形の一段と高位のところに築造されていることから、微高地を利用した古墳築造の立地型をみることができるのである。

百舌鳥川流域には、東上野芝遺跡、百舌鳥高田遺跡、百舌鳥陵南遺跡、美濃川と盆田川に挟まれた位置に土師遺跡、大山古墳とミサンザイ古墳の間には大仙中町遺跡と百舌鳥夕雲遺跡、大山古墳の西から北にかけて陵西遺跡と浅香山遺跡などが確認されている。これらの遺跡は、古墳に関連する生産遺跡としての性格を有し、百舌鳥古墳群の造営に深く関わった人々の集落と考えられている[22]。いずれの遺跡も、古墳造営期から完了までの二〇〇年間の一定期間内の継続にとどまり、地域の本格的な開田にともなう土地開発との結びつきは少なかったものとみられる。高位段丘面と中位段丘面の境の位置にあたる開析谷に築造された菰池〔第6－1図ウ〕、羽《は》室《むろ》池〔第6－1図エ〕は、行基の天平一三年（七四一）の事蹟として『行基年譜』に記される大鳥郡深井郷所在の薦江池、土師郷所在の土室池に比定されることが考えられるため[23]、百舌鳥古墳群周辺の中位段丘面の一部の地域では、この期までに開田されていたと想定される。

なお、百舌鳥古墳群での主要古墳のなかでは、乳岡古墳が四世紀末の築造と推定されて最も古く、ミサンザイ古墳と大塚山古墳が五世紀初頭、大山古墳が五世紀中頃、いたすけ古墳、御廟山古墳、田出井山古墳へと続き、ニサンザイ古墳が最も新しい五世紀末の築造であるとみられている(24)。

2．古墳周濠と溜池の土地条件

中位段丘面の微高地に立地した古墳群に対し、溜池の多くが中位・高位段丘面の開析谷に位置していることが明瞭にとらえられる〔第6－1図〕。高位段丘面では、高低差三～八m程度の比較的深い開析谷が、中位段丘面では一～三m程度の浅い開析谷が形成されているが、これらの位置に見事に並列した溜池群が築造されている。溜池には遊水機能の保持とともに、集水を考慮にいれた位置に立地していることがわかる。

依網池は百舌鳥古墳群北端より、北東二・五㎞のところに位置する。『記紀』に依網池築造のことが記され、具象名ではこれが池溝開削記録の初見といえる。その築造の時期は、『日本書紀』仁徳朝の依網屯倉の記述から、狭山池より古い五世紀初頭～中頃とする考えが定説になっている(25)。その時期を依網池の築造期と仮定するなら、四世紀末から六世紀初頭とされる百舌鳥古墳群の多くの古墳造営時期とも重なることになる。依網池は宝永元年（一七〇四）の大和川付け替えにより分断解体され、具体的な全体像は明らかにされていなかった。筆者は、近世初期での依網池の復原研究から、その全体の姿形と水利構造をとらえることができた〔第二章、第三章、第四章〕。依網池は水深が浅く築堤の低い溜池であったが、中位段丘面と氾濫原の間に位置し、自然河川である光竜寺川〔第6－1図H〕が流入する、極めて浅い開析谷を取り込んだ位置に立地していることがわかる。このように同時期に造営されたとみられる古墳周濠の立地形態と、大きく異なるのである。

池と古墳の濠とは技術的に等しく共通性をもっているとする見解(26)がみられる。確かに古墳と溜池の築造は、古代の土木史上画期的な事業で、総括的にはその関連性は認められるものの、古墳造営当初、土を採取し墳丘に積んでできた跡地である周濠と、堤を築き樋と余水吐を設置し、水圧に耐える構造を考慮しなければならない溜池との技術的差異を見極めねば、その共通性を論ずることはできない。

3．古墳周濠池の集水機能

乳岡古墳は、今では後円部墳丘の半面を残すのみであるが、明治八年（一八七五）の「大鳥郡上石津村全図」[27]には、前方部の墳丘がほぼ完全に描かれ、その周濠部が水田化されている。百舌鳥古墳群のなかで、周濠を有した古墳は相当数にのぼったものとみられるが、乳岡古墳のように多くの周濠は早くより開田されていたことがとらえられる[28]。溜池が灌漑用水を供給する機能の優劣は集水に左右され、上流域の水源からいかに多くの用水を集水し、取水することができるかが溜池立地の最大の前提条件となる。集水に恵まれた溜池であるほど、用水の貯留が容易で反復利用に優れ、灌漑用水の不足に陥ることはない。古墳は微高地に立地することから、広い範囲より周濠に集水することは極めて困難で、天水を貯えるにすぎない。

百舌鳥古墳群での周濠を有したとみられる中小規模の古墳では、周濠の貯水量は少なく、貯留しても溜池のように用水の反復利用は期待できず、灌漑用水池としての機能を持つまでに至らなかったものとみられる。古墳周濠が用水池として機能する優劣をみる場合、その背景となる集水事情を克服していった側面からの考察が重要な視点となる。百舌鳥古墳群で周濠に水を貯えた古墳は、ミサンザイ古墳（上石津陵池）、大山古墳（大仙陵池）、御廟山古墳（御廟池）、いたすけ古墳（板鶴池）、田出井山古墳（田出井池）、ニサンザイ古墳（仁山田《にさんだ》池）の大型前方後円墳の他、永山古墳〔第6－1図12・長山池〕の七基にすぎない[29]。

ミサンザイ古墳の周濠池は、上石津陵池と呼称され、上石津村が水元としての権利をもつ。昭和一〇年（一九三

第6－1表　百舌鳥古墳群主要古墳周濠池の規模と集水

周濠池名	周濠池規模	水懸かり面積	水懸かり村落	集水	備考
板鶴池	堤　高＝6尺 平均水深＝6尺 水面面積＝1.3町	10 町歩	高田村 (百舌鳥)	1箇所 ・御廟池より余水の導水	いたすけ古墳
御廟池	堤　高＝7尺 平均水深＝7尺 水面面積＝5.13町	20 町歩	高田村 (百舌鳥)	2箇所 ・上石津陵掛溝(石津溝)より余水の導水 ・東村方向､百舌鳥川上流より導水路を敷設(高田溝)	御廟山古墳 陵墓参考地
仁山田池	堤　高＝7尺 平均水深＝7尺 水面面積＝9.8町	39.4 町歩	梅村 西村 百済村 (百舌鳥)	2箇所 ・宮路池と但馬池方向より二本の導水路 ・狭山池用水導水路を敷設	ニサンザイ古墳 陵墓参考地
上石津陵池	堤　高＝7.5尺 平均水深＝10尺 水面面積＝10町	89.3721 町歩	上石津村 下石津村	1箇所 ・湘ケ池方向より導水路を敷設(上石津陵掛溝：石津溝)により､狭山池用水の導水	ミサンザイ古墳 履中天皇陵
大仙陵池	最水深＝17.3尺 水面面積＝25.5町 一濠＝13.06町 二濠＝4.42町 三濠＝8町	117.3 町歩	舳松村 中筋村 北之庄村 湊村	2箇所 ・上石津陵掛溝(石津溝)より､余水の導水 ・長曾根村方向より､狭山池用水の導水	大山古墳 仁徳天皇陵

資料：1．板鶴池・御廟池・仁山田池・上石津陵池の周濠池規模・水懸かり面積は、『溜池ニ依ル耕地灌漑状況』大阪府経済部、1935年、記載資料による。

2．大仙陵池の周濠池最水深・水懸かり面積は、「老圃歴史（二）」『堺研究10』所収、3頁記載「宝永3年：大仙陵池樋抜日数水減之覚」の史料などによって算出した、喜多村俊夫『日本灌漑水利慣行の史的研究』所収、「泉州堺近郊の灌漑農業」岩波書店、1973年、537頁による。

3．大仙陵池の水面面積は、『復元と構想―歴史から未来へ―』（株）大林組広報室、1986年、37・38頁記載資料での町歩換算による数値。同資料には、三濠目の面積は算出されていないが、大山古墳の全体の敷地面積から、主陵部・一濠目・二濠目・中堤面積を除き、13.1町の値が得られ、そのうち内包される陪塚と外堤を除き、三濠目の水面面積は約8町程度とみられる。三濠目を含む現在の大仙陵池は、約25.5町歩程度と推定される。

五）の『溜池ニ依ル耕地灌漑状況』[30]によると、上石津陵池は堤高七・五尺、平均水深一〇尺、水面面積一〇町、水懸かり面積八九・三七二一町歩に及ぶ〔第6－1表〕。集水は周濠の北より取水し、「狭山除川並大仙陵掛溝絵図」に上石津陵掛溝として描かれ〔第6－2図ア〕、百舌鳥赤畑村[31]の湘ケ池〔第6－2図イ〕方向より導水している。「狭山除川並大仙陵掛溝絵図」を復原するにあたって原図とした明治一七年（一八八四）堺仮製図、明治二〇年（一八八七）金田村仮製図に、上石津陵池の集水路が明瞭に描かれている〔第6－3図サ〕。

上石津村の灌漑用水の多くは上石津陵池にたより、ほぼ二km余りに及んだ長大な集水路管理のため、湘ケ池の近くまで溝浚えを欠かさず、昭和三〇年（一九五五）代まで続いていたことが知れる[32]。幕末から明治初期のミサンザイ古墳の修陵により周濠池が整備され、貯水の増量が見込まれたことから、明治二年（一八六九）一〇月に狭山池用水の導水を企てている。一ノ関七ケ村[33]に条件付きで同意を得たものの、最終的には狭山池水懸かり各村落の反対を受けて、この時は実現していない[34]。明治七年（一八七四）以降、狭山池用水の導水に成功し、明治一六年（一八八三）以降、上石津村へ九日間の分水約定書が手交されている[35]。狭山池用水は、春彼岸に樋門を閉じ秋彼岸に開放するのが習わしであった。開放中の余水を各溜池に送水する慣習を客水と呼ぶ。上石津陵池の狭山池用水の受水は、狭山池水下村落の溜池が満水した後の流失水の導水を企図したものであった。

御廟山古墳周濠池は、御廟池と呼称され高田村の共有池で、その下流にあたる同村共有池の板鶴池（いたすけ古墳周濠池）につながる。御廟池は周濠の一部を東に拡張し、堤高七尺、平均水深七尺、水面面積五・一三町、水懸かり面積二〇町歩、板鶴池は堤高六尺、平均水深六尺、水面面積一・三町、水懸かり面積一〇町歩に及ぶ[36]〔第6－1表〕。御廟池の集水は、百舌鳥川最上流にあたる東村の位置より導水している〔第6－1図a〕。その集水路〔第6－3図コ〕は高田溝（別称、柴田溝）とも呼ばれ、東村、金口村、梅村の支郷梅北村、赤畑村を経てほぼ二km余りに及んで導水している。狭山池は、大正一五年（一九二六）に昭和大改修事業が着工され、昭和四年（一九二九）に

。これ以降、旧区域を旧番水地区、新加入区域を新番水地区と位置づけ、高田村御廟池懸かりが新番水に入っている(37)

ニサンザイ古墳周濠池は、仁山田池と呼称され梅・西・百済村の三村共有池で、堤高七尺、平均水深七尺、水面面積九・八町、支配面積三九・四町歩に及ぶ(38)〔第6－1表〕。仁山田池は東南部と南部からの二つの集水路より取水する。東南部の集水路は、梅村の宮路池〔第6－1図オ〕と、東村の但馬池〔第6－1図カ〕の余水を導水したことが第6－3図よりとらえられる。しかし、この集水だけでは不足するため、高田村と同様に狭山池用水新番水に加わり、昭和二七年（一九五二）の「新水割時間表」によると、仁山田池の配水時間は七時間二〇分、導水時間は二時間となっている(39)。

狭山池用水の懸かりにあたる地域では、春彼岸にまで満水に達しない溜池が多くみられ、その集水を狭山池の客水にたよっている。旧番水地区の金田村長池〔第6－1図キ〕では、満水面の六分までを同池の集水域より取水したが、残りは東南に接する集水に恵まれた小督《こご》池〔第6－1図ク〕の満水後、その余水を受ける仕組みになっていた(40)。それでも年によっては満水に達せず、狭山池水下地域の多くの溜池が同様の条件下に置かれていたのである。古墳周濠池である上石津陵池、御廟池、仁山田池は、これら浅い開析谷に立地する溜池より以上に集水に困難を極め、さまざまな条件を克服して、狭山池用水との関係を維持・模索し続けた背景をみることができる。

第三節　大仙陵池の集水とその導水経路

1．大仙陵池の集水機能

中筋村庄屋、並びに舳松《へのまつ》村の兼帯庄屋を勤めた南家の一一世南孫太夫が、自家に所蔵している文禄元年（一五九二）から文化一四年（一八一七）までの古文書・古記録を「老圃歴史」[41]として編集している。この原本は第二次大戦の戦火を受けて焼失したが、『堺市史』の編纂に際し筆写されていたものが堺市立図書館に架蔵され、それを森杉夫が翻刻し、堺研究の貴重な史料として生かされている。

「老圃歴史」は堺廻り[42]の中筋村を中心として、舳松村・北之庄村の村勢、村政、土地、貢租などの他、水利についで詳細にふれる。喜多村俊夫は、森が翻刻する以前に「老圃歴史」記載の水利資料から大仙陵池の灌漑、廃池された轟《とどろ》池の水利機能、狭山池用水の引水問題を詳述している[43]。

近世での大仙陵池の水懸かり面積は、舳松村六一・七三一九町、中筋村五〇・九二二六町、北之庄村三・六八一九町、湊村〇・九五〇三町、計一一七・三町歩に及ぶ。一七町余りの広大な水面面積（一濠・二濠の集計、第6－1表）を持つが、地高で水溜りが悪く、灌漑石高に比例する幅の分水石を設けて、村ごとの配水に備え、深さ一丈七尺三寸の水を一〇合に分けて、刻々その流出による減量を測り、分水石を経て流れでた水は、七本の灌漑溝に分かれて配水されたことが知れる[44]。

「狭山除川並大仙陵掛溝絵図」〔第三節3(a)〕での大山古墳の濠は二重濠で描かれているが、元禄四年（一六九一）から元禄八年（一六九五）に、当時の幕府の新田開発政策に基づいて三濠目の大部分が開墾されて田畑になったことが明らかにされている[45]。現在の三濠目は明治三二年（一八九九）から明治三五年（一九〇二）にかけて再掘削されたもので、大仙陵池の用水は、三濠目の西側の樋の谷〔第6－1図F〕より配水される。享保一五年（一七三〇）の「舳松領絵図」[46]は二重濠で、三濠目の南側の一部が長池として残され、二堤目のところが南新開として開田されている。西側の一堤目の中央部が三〇間にわたって途切れ、一濠目の用水が二濠目に通水し、二濠目の北端〔第6－2図ウ〕と東南端〔第6－2図エ〕の二つの集水路によって貯水され、第6－2図に描かれた大仙陵池の景観とほぼ類似する。「文久の修陵」工事で、一堤目の堰切が計画されたため、堺廻り四ケ村（舳松村、中筋村、北之庄村、湊村）は死活問題であるとして歎願しているが、聞き入れられず、四ケ村の普請で、一濠目と二濠目の間の一堤目の堤下を暗渠化して通水させている。[47]

大仙陵池の東南端の集水路は上石津陵掛溝の余水を、北端の集水路は舳松村、中筋村、長曾根村、赤畑村、梅村、金口村の錯綜地にあたる東側方向の用水路より余水を取水するにすぎず、百舌鳥古墳群周濠池のなかで最も深刻な用水不足に陥った。それだけに大仙陵池の水懸かり面積が大きい舳松村と中筋村では、灌漑用水の配水をめぐってすさまじい紛擾が絶えなかった。[48]

写真６－１　轟池跡

資料：1997年筆者撮影。
南側より北方向を望む。南海高野線北野田駅南西に轟池跡の窪地がみられる。現在北野田駅前再開発事業によって、高層マンションなどが立地し整備され、轟池跡をみることができない。

2．狭山池からの導水企図と実現

(a) 轟《とどろ》池の築造と導水

狭山池は、慶長一三年（一六〇八）に再興修復がおこなわれている。[49] この慶長大修復によって、水下地域は西川筋で四五ケ村、東川筋で三五ケ村、[50] 配水高は五万四、五七六石余に及んだ。この直後に余水の貯水を目的にして、慶長一七年（一六一二）に西川筋（西除川）一ノ関〔第６－１図Ｗ・第６－３図Ｓ〕の上流左岸の位置に轟池〔第６－１図ケ〕が築造されている。南海高野線北野田駅の南西、西野新田の集落〔第６－３図17、絵図では野田の表記〕に隣接して、大きな窪地がみられたが、これが轟池の跡地にあたる。北野田駅前再開発事業によって周辺一帯は整備されたが、それまでは轟池の跡地を確認することができた〔写真6－1、一九九五年の告示によって、轟池跡地に北接する北野田駅前A地区第一種市街地再開発事業より始め順次整備〕。轟池は狭山池の余水を貯水し、堺政所（堺奉行所）の指揮のもとに管理され、堺廻り四ケ村の他、石津村、万代（百舌鳥《もず》）各村、長曾根村の一万六、八七〇石の水下に導水され、[51]ほぼその水懸かりは百舌鳥古墳群の地域と一致する。

轟池には池守が置かれ堺政所の指揮下にあることから、大仙陵池への導水を第一義に築造されたことが明白であり、狭山池に近い上流域の百舌鳥各村、長曾根村地内の用水路を通水させねばならず、轟池の水懸かりとしてこれらの諸村落と、さらに集水が困難である上石津陵池を加えたものであろう。この時に、狭山池に近い上流域の村々の既設水路を利用して、さらに大仙陵池へ導水される水路が整備されていったものとみられる。四里に近い遠距離にあたるため、導水時には上流村落の妨害に会い、度々の池普請・水路管理の費用の負担増が嵩み、轟池を維持することができず、寛文九年（一六六九）に廃池されている。[52]

轟池からの大仙陵池への導水は、寛文二年（一六六二）に轟池の春水を大仙陵池へ引き取っていることから、狭山池の客水を轟池へ貯水し、満水に達しない大仙陵池への引水に努めたことがとらえられる。[53]さらに、明暦三年（一六五七）に堺奉行所から水道奉行として派遣された二人の下役が、溝筋を見廻り、夜に丈六村の春日宮に休息中の折、原寺村の者が多数でて、石を打ちかけられ、水路の堰を切り破り、盗水される狼籍にあっている。[54]狭山池用水において水番する慣習は、主に番水においてみられたことから、轟池からの大仙陵池への導水は、客水、番水とも敷かれたことが考えられる。大仙陵池の用水確保は、堺奉行所が介入してまで救済しなければならないほど、深刻な問題であった。

(b)近世末～明治初期の導水

狭山池は、元禄七年（一六九四）に池普請の形態が幕府の手による御入用普請から、水下負担の自普請に転じたことによる管理機能の低下、宝永元年（一七〇四）の大和川の付け替え、などの事情により多くの水懸かり村落を減じていく。安政六年（一八五九）には西川筋で二二ケ村、東川筋で一三ケ村までに減少したのである(55)。貯水量の減った狭山池用水にたよることなく、自村共有池の用水によって賄おうとする村落が増加した反面、大仙陵池では轟池廃池後、再度、狭山池用水の導水を企図することになる。

明和五年（一七六八）の前年は大旱で、三月になっても大仙陵池に水が貯まらず、轟池の古溝を利用し、狭山池に溜り余って除け川へ捨てる水を、狭山池懸かりが不用の間に、大仙陵池に導水しようとした。いわゆる客水の余水を貰い受けようとし、狭山池懸かりの支配代官に下知しているが、狭山池懸かり五三ケ村惣代より、狭山池懸かりに不用水は一切なし、として拒否されている。再度の歎願により、金田・長曾根村の余水を差し下すならばとして同意されたが、導水の直前に大雨が降り、苦心の計画も中座することとなった(56)。

明和九年（一七七二）は、明和五年（一七六八）の時と同様にその前年の大旱を受け、早春より導水溝筋の村々へ頼み、上流村共有池の満水を待ち、三月中旬より余水を少しずつ貯留していった。この時は、井路元の大饗《おわい》・丈六村の余水の名義で、買水し導水に成功している。しかし、用水が流下すると溝筋の金口村は、自村の信濃池〔第6-3図オ〕の水不足を理由に、分けるように頼み込み、堺廻り三ケ村〔舳松村、中筋村、北之庄村〕は分水の貯留を承諾している。さらに金口村では、全溝を堰止め、その水を赤畑村の湘ケ池〔第6-3図ウ〕へ売水することを申し越したため、堺廻り三ケ村は金口村の領主田安家の役所に歎願し、その訴えが取り入れられている(57)。

文化一五年（一八一八）には、大饗・菩提・金田・長曾根村の水路を利用して受水しようとしたが、この四ケ村すべての承諾が得られず、堺廻り三ケ村は堺奉行所の添状を得て、四ケ村の秋元領役所からの説諭を願いでて、導水を実現させている。[58]

明治七年（一八七四）に、客水の余水を五年契約・年二五円で買水し、その後続いた旱魃を小被害にとどめている。[59]さらに明治一六年（一八八三）には狭山池水物代と、大仙陵池へ一四日間、上石津陵池へ九日間、高田村御廟池へ三日間、土師村菰池へ七日間、堀上村（八田荘）へ七日間の、狭山池満水後流失の貰水（客水の不必要分）の分水を定めた約定書が交わされている。[60]これ以降、狭山池用水の大仙陵池、上石津陵池への分水が明文化され、買水が事実上認められることになった。

こういった大仙陵池への狭山池からの導水の経緯は、最も劣悪であった水利事情を反映する。大仙陵池を満水にする手段は、不利な条件を克服してまで狭山池用水を導水する必要があった。大きな犠牲を払って導水溝筋の諸村の利害を調整し、莫大な費用と労務をかけねばならなかった。こういった水利の困難な事情は、同じ古墳周濠である上石津陵池、御廟池とも共通する課題であるが、周濠池の規模が大きく、多くの用水を貯えねばならなかった大仙陵池が、最も集水の不利な条件下に置かれていた。

3．狭山池用水の導水経路の復原

(a)「狭山除川並大仙陵掛溝絵図」の作成背景

すでに引用してきたように、大仙陵池へ狭山池用水を導水した経路を図示した「狭山除川並大仙陵掛溝絵図」〔写真6－2、第6－2図〕が現存する。[61]道路は赤色で、周濠池・溜池・水路は薄墨色で、村落は一ノ関八ケ村が黄色で、他の村落は郡ごとに区別して彩色され明瞭に描かれている。明和五年（一七六八）に大仙陵池への引水を企図した時〔第三節2(b)〕の導水経路の略絵図が、中筋村庄屋の南家に残されており、[62]誤描とみられる部分まで一致していることから、「狭山除川並大仙陵掛溝絵図」は、これをもとに清写されたことがうかがえる。

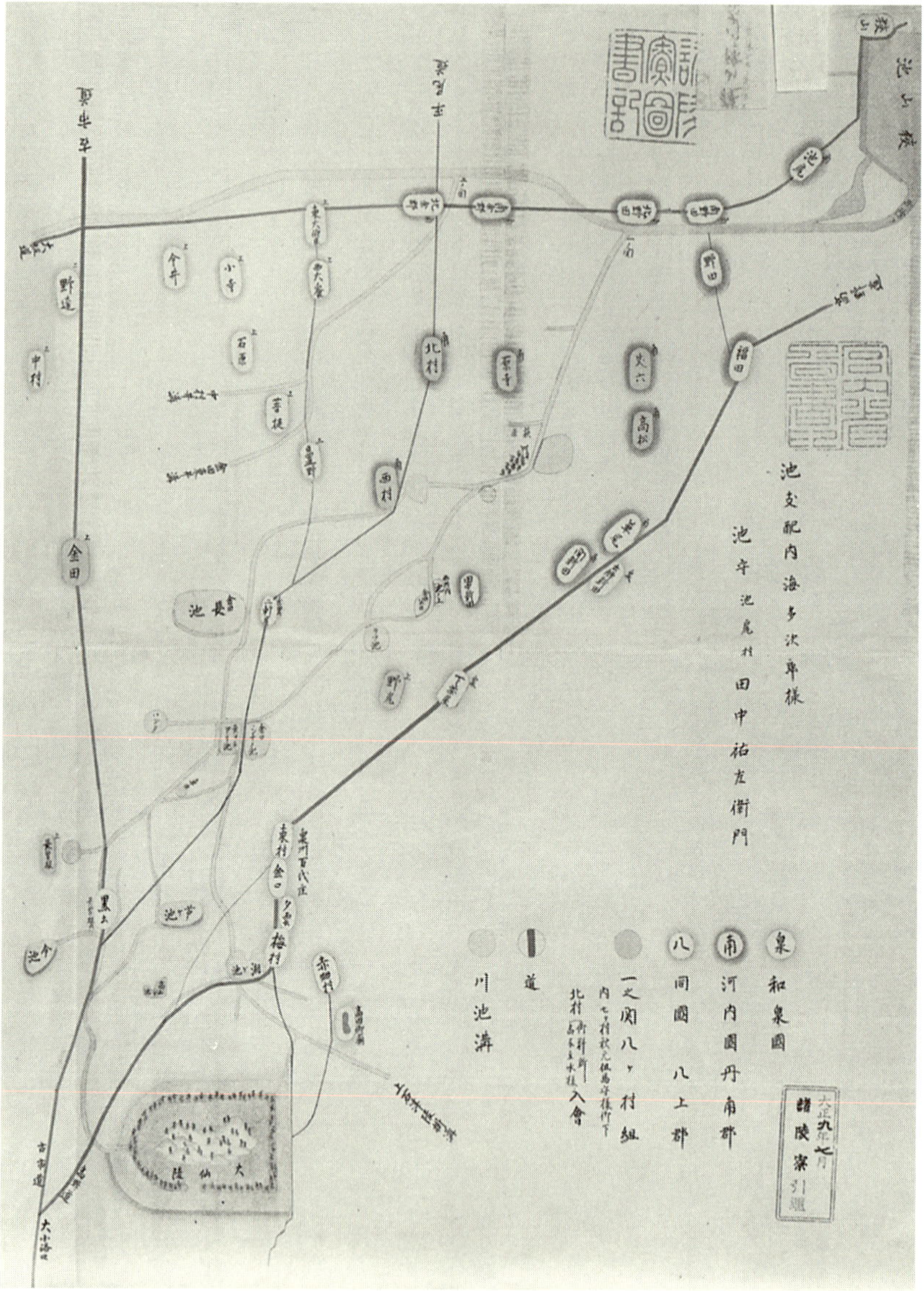

写真６－２　狭山除川並大仙陵掛溝絵図

資料：『絵図に描かれた狭山池』大阪狭山市教育委員会・狭山池調査事務所、1992年、掲載図より引用。宮内庁書陵部所蔵〔嘉永年間（1848～1854）〕。

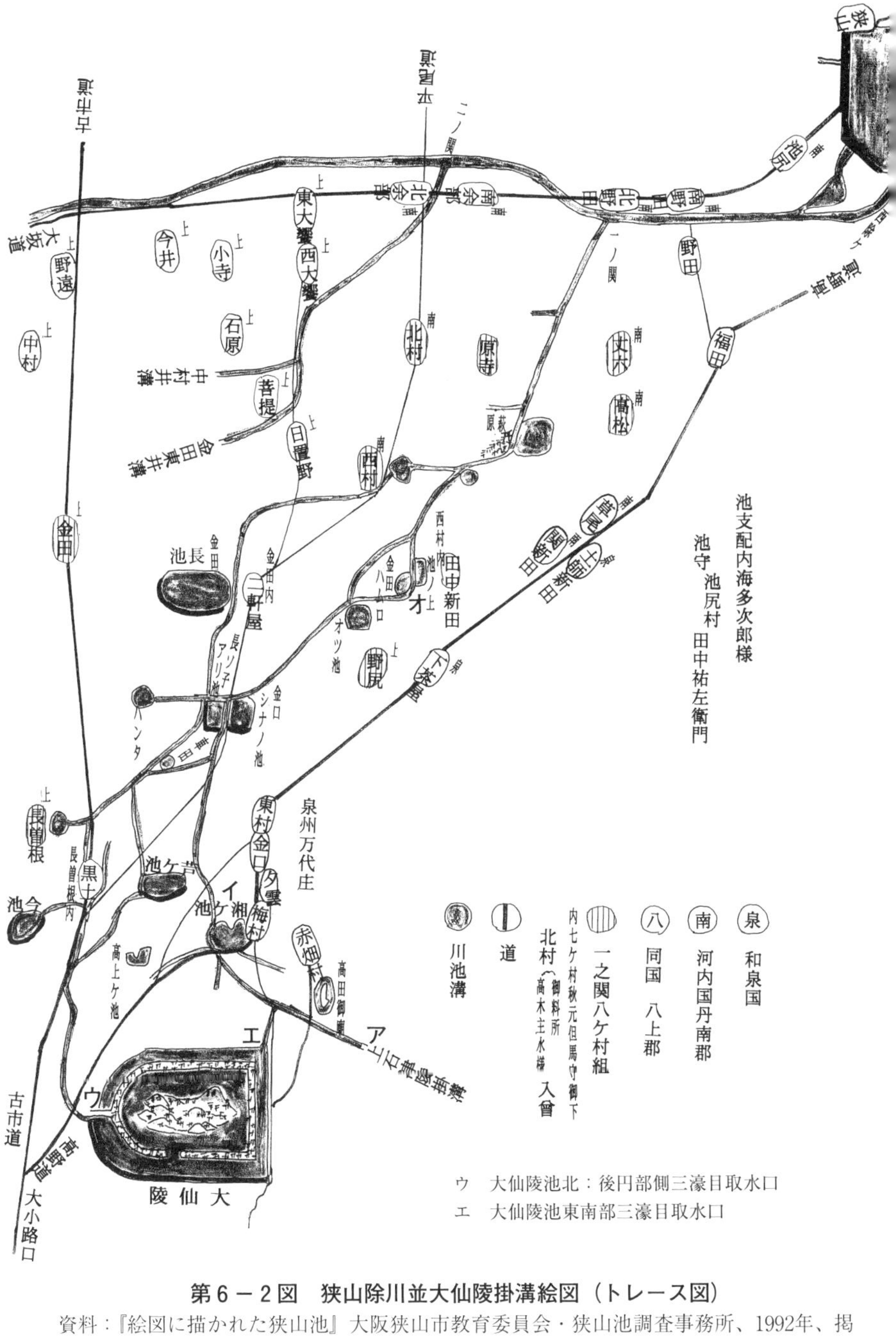

第6－2図　狭山除川並大仙陵掛溝絵図（トレース図）

資料：『絵図に描かれた狭山池』大阪狭山市教育委員会・狭山池調査事務所、1992年、掲載図をもとにトレース。

「狭山除川並大仙陵掛溝絵図」は、狭山池支配代官内海多次郎様に宛てたもので、さらに一ノ関八ケ村組として内七ケ村秋元但馬守様御下と記している。秋元但馬守〔秋元志朝〕は、弘化二年（一八四五）に館林藩に転封されており、文久二年（一八六二）に領地の河内国丹北郡南島泉村の雄略天皇陵を修補し、山陵の修復に努め、維新後、山陵副管に任じられている。[63] 嘉永七年（一八五四）に、中筋・北之庄村との立合である長曾根村の今池〔第6－3図ア〕に、菩提・西村の狭山池番水の不用水を引き取っている文書[64]がみられることから、この時に付した絵図であったとも考えられる。

「狭山除川並大仙陵掛溝絵図」では、郡ごとに村落を区分して描いており、河内国八上郡を「八」として示しながら、絵図にすべて「上」としている筆写上の間違いがみられる〔第6－2図〕。他に大坂道〔下高野街道・第6－3図ク〕が、小寺村〔第6－3図15〕と野遠《のと》村〔第6－3図14〕の東側の西除川左岸沿いに描かれているが、小寺村、野遠村を通って北へ抜けているのが正道で〔第6－3図ラ〕、同様に平尾道〔富田林街道・第6－3図ケ〕が、北村〔第6－3図4〕を抜けているようになっているが、原寺村〔第6－3図3〕の南を通るのを正道とする〔第6－3図リ〕。西村内池ノ上〔第6－2図オ〕として溜池のように着色されているが、池ノ上と類する池の名称はみられず、位置から判断して西村の支郷である池浦の集落を指すものとみられる。村落名の瑕疵として野田〔第6－3図17〕が西野〔西野新田〕、菩提村の支郷である日置野〔第6－3図8〕が引野、金田村の支郷である二軒屋〔第6－3図19〕が二軒茶屋〔金田新田〕としてとらえることができるが、これらについては当時、その名称当て字で通っていたのかも知れない。

南家の略絵図は、明和五年（一七六八）の狭山池用水の導水を願い出た時の、手元に残した絵図であり、これが原図となり後世の導水時において、その経路を示すために必要に応じて照写し、「狭山除川並大仙陵掛溝絵図」を作成したものとみられる。

(b)比定図にみる導水経路と集水事情

明治一七年（一八八四）堺仮製図・明治二〇年（一八八七）金田村仮製図をもとに、「狭山除川並大仙陵掛溝絵図」に描かれた導水経路の比定を試みた〔第6－3図〕。堺仮製図・金田村仮製図には、随所に用水路が描かれている。一部流路が付け替えられ、下水路改修事業によって水路幅が拡張されているものの、狭山池に近い導水路は、今も現地踏査によってほぼ確認することができた。昭和一五年（一九四〇）より、大仙陵池の北東にかけて今池〔第6－3図ア〕から、さらに東側の芦ケ池〔第6－3図イ〕を範囲として、堺市榎土地区画整理事業が発足しその組合誌挿図に事業前の水路敷が描かれ(65)、これらの図を参考に復原することが可能である。

導水経路は、狭山池西川筋樋〔第6－3図⑴〕より、一ノ関〔第6－3図S〕から金田西水路〔第6－3図⑵⑶〕、長曾根水路〔第6－3図⑷〕、金口村信濃池〔第6－3図オ〕と長曾根村蟻池〔第6－3図エ〕の間を経て、芦ケ池〔第6－3図イ〕の北側から大仙陵池北の集水路〔第6－3図⑸〕に至る経路で導水された一ノ関ルートが確認される。狭山池用水を取水する他村の水路を経由しなければならず、なかでも一ノ関より取水する丈六村〔第6－3図1〕・高松村〔第6－3図2〕・原寺村〔第6－3図3〕・北村〔第6－3図4〕・西村〔第6－3図7〕・野尻村〔第6－3図9〕・金田村〔第6－3図10〕・長曾根村〔第6－3図11〕の一ノ関八ケ村の助力が不可欠であり、そのことが「狭山除川並大仙陵掛溝絵図」でも強調されて描かれている。一ノ関八ケ村以外にも、溝筋にあたる金口村〔第6－3図12〕の妨害がみられたように〔第三節2(b)〕、たえずその動向に留意しなければならなかった。明和九年（一七七二）での金口村の妨げ時に、堰止められた溝は金口村領主田安家の役所の命により、芦ケ池・大仙陵池への集水路であることが確認されている(66)。信濃池より以西の導水路は、舳松村・中筋村の権利下にあったが、轟池廃池以降、長らく放置されたままで、溝筋村落が自由に利用していた背景があったものと推察される。

文化一五年（一八一八）に、大饗・菩提〔第6－3図5・6〕・金田・長曾根村の水路を利用して導水することに

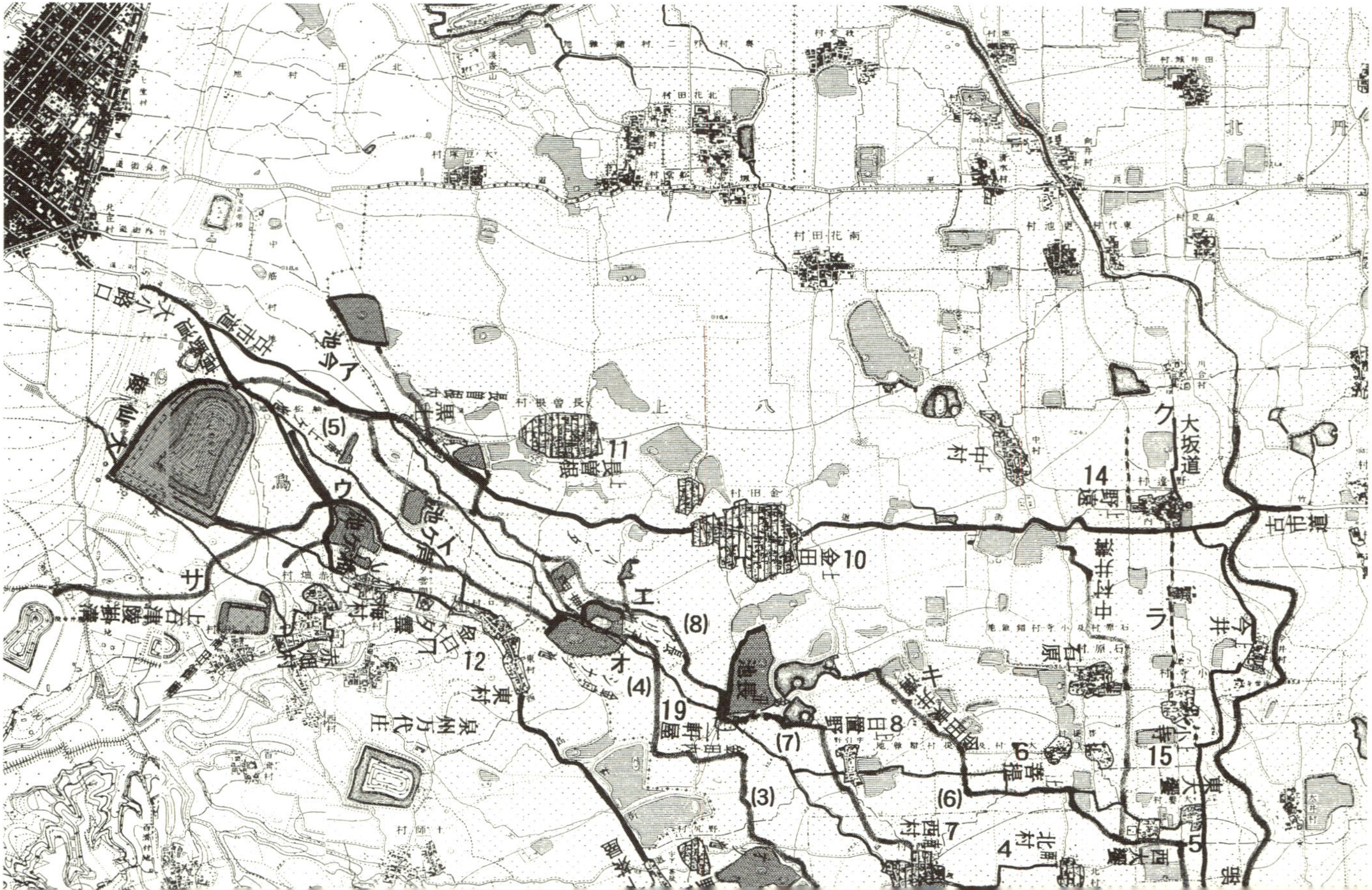

古市道
大坂道
大小路口
10
11
12
14
15
19
(3)
(4)
(5)
(6)
(7)
(8)

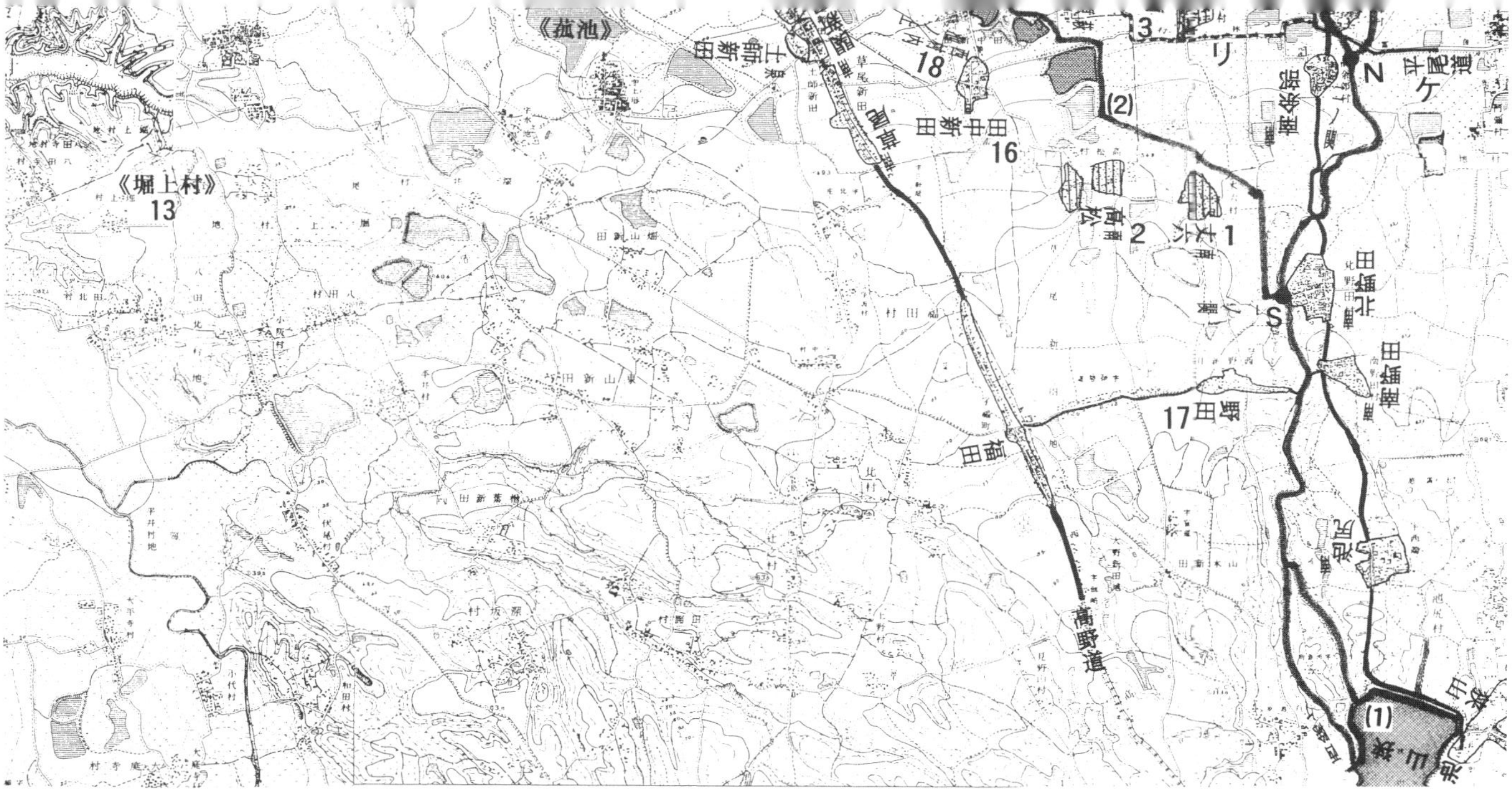

1～19　本文記載村落（村落名は同図に記載）
(1)－(2)－(3)－(4)－(5)＝狭山池用水導水主経路　　(6)－(7)－(8)－(5)＝狭山池用水導水副経路
ア今池　イ芦ケ池　ウ湘ケ池　エ蟻池　オ信濃池　カ菰池　キ金田東井溝
ク大坂道　ケ平尾道　コ高田溝　サ上石津陵掛溝　S西川筋一ノ関　N西川筋二ノ関

0　500m　1km

第６－３図　大仙陵池への狭山池用水導水経路明治期比定図

資料：陸地測量部１：20,000仮製図〔堺図・1884年、金田村図・1887年〕をもとに、実地調査により作成。

成功している〔第三節2(b)〕。この導水ルートは、二ノ関〔第6－3図N〕より取水し、大饗・菩提村を経由する金田東水路〔第6－3図⑥〕を経て、日置野村〔引野、第6－3図8〕の北を通る水路から、金田村長池の南側の水路〔第6－3図⑦〕、長曾根村蟻池の北側の水路〔第6－3図⑧〕を経て、芦ケ池の集水路に導水されたとみられる。この二ノ関ルートの日置野村より西へ至る水路敷は、「狭山除川並大仙陵掛溝絵図」には描かれていない。

大仙陵池の導水経路は、前述した一ノ関を主ルートに、二ノ関ルートがとらえられるが、たえず狭山池用水の導水をめぐって、上流関係村に助力を求めた水利事情の背景から、そのルートもこういった動きに左右されたのであろう。「狭山除川並大仙陵掛溝絵図」に二ノ関ルートの一部が記されていないものの、幾筋もの分かれた導水経路が描かれていることから、困難を極めた事情が読みとれる。

第四節　大仙陵池浄化への期待と課題

1．導水経路周辺の環境変化

大仙陵池周辺はもとより、百舌鳥古墳群周辺、狭山池導水経路周辺地域の都市化による環境変化はあまりにも著しい。平成四年（一九九二）の狭山池水懸かり面積は、西川筋で市街化区域一一四ha・市街化調整区域一二九ha、東川筋で市街化区域六六ha・市街化調整区域二〇一haで、昭和四年（一九二九）と比較し、その面積は西川筋で一五%、東川筋で二四%の割合にすぎない(67)。

狭山池からの導水経路は、一九九〇年代初頭頃までは芦ケ池〔第6－4図イ〕まで辿ることができた。中百舌鳥駅までの地下鉄の延伸にともない操車場の設置や、長曽根土地区画整理事業の進捗により周辺の環境が大きく変化している。長曾根村蟻池〔第6－4図エ〕、金口村信濃池〔第6－4図オ〕へ通じた水路が敷設されていたが、周辺での都市基盤整備公団〔都市再生機構、旧中百舌鳥団地〕の最近の改良事業によって、その水路跡をとらえることは困難になっている。しかし、こういった環境変化が著しい状況のなかにあって、水路は改修され、一部付け替えられているものの金口村信濃池の近傍まで、狭山池からの導水経路を辿ることが可能である。

土地改変が著しくとも、現況踏査から幾つかの導水経路の痕跡をみることができた。JR阪和線は、三国ケ丘駅のところで南海高野線と交差しているが、その下を掘削して開渠で線路を通している。阪和線三国ケ丘駅の上に掛越の橋梁が今も残されており、これが大仙陵池へ導水した水路敷であったことが確認され〔第6－4図A・写真6－3〕、さらに南海高野線の線路敷を、サイフォン式水路を設置してその下を潜らせ、大仙陵池へ導水した二つの水利施設跡をとらえることができた〔第6－4図B、写真6－4〕。それは「堺市榎土地区画整理事業組合誌挿図」の水路敷の位置と一致する。その他、旧村の集落のなかに幾つかの開渠の水路敷が今も残る。

2．大仙陵池水質浄化の施策とその構図

大仙陵池は二ケ所の集水路[68]より灌漑用水を取水し、西側の周濠池の除げ〔樋の谷・第6－1図F〕より配・排水する構造であったため、水が循環し比較的良好な水質が保たれていたとされる。しかし周辺地域の著しい環境変化とともに、農業用水路に生活排水が混入して著しく水質が悪化し、昭和四〇年代末（一九七〇年代初頭）に宮内庁の要望で、集水路からの取水をとりやめ、雨水のみを貯留するようになった。周濠池内の水が澱んで腐敗し、悪臭がひどくなり、周辺住民からの苦情が頻繁に続いた。堺市では、このままではシンボルである大山古墳のイメージが下がり、古墳内の植生にも影響を及ぼしかねないとして、昭和六〇年代〔一九八〇年代末〕に宮内庁と協議し百舌鳥川〔第6－1図C〕からの引水を検討している[69]。

さらに大山古墳の周濠池と堺の環濠都市の面影を残す土居川〔第6－1図G〕をつないで、水を循環させる計画

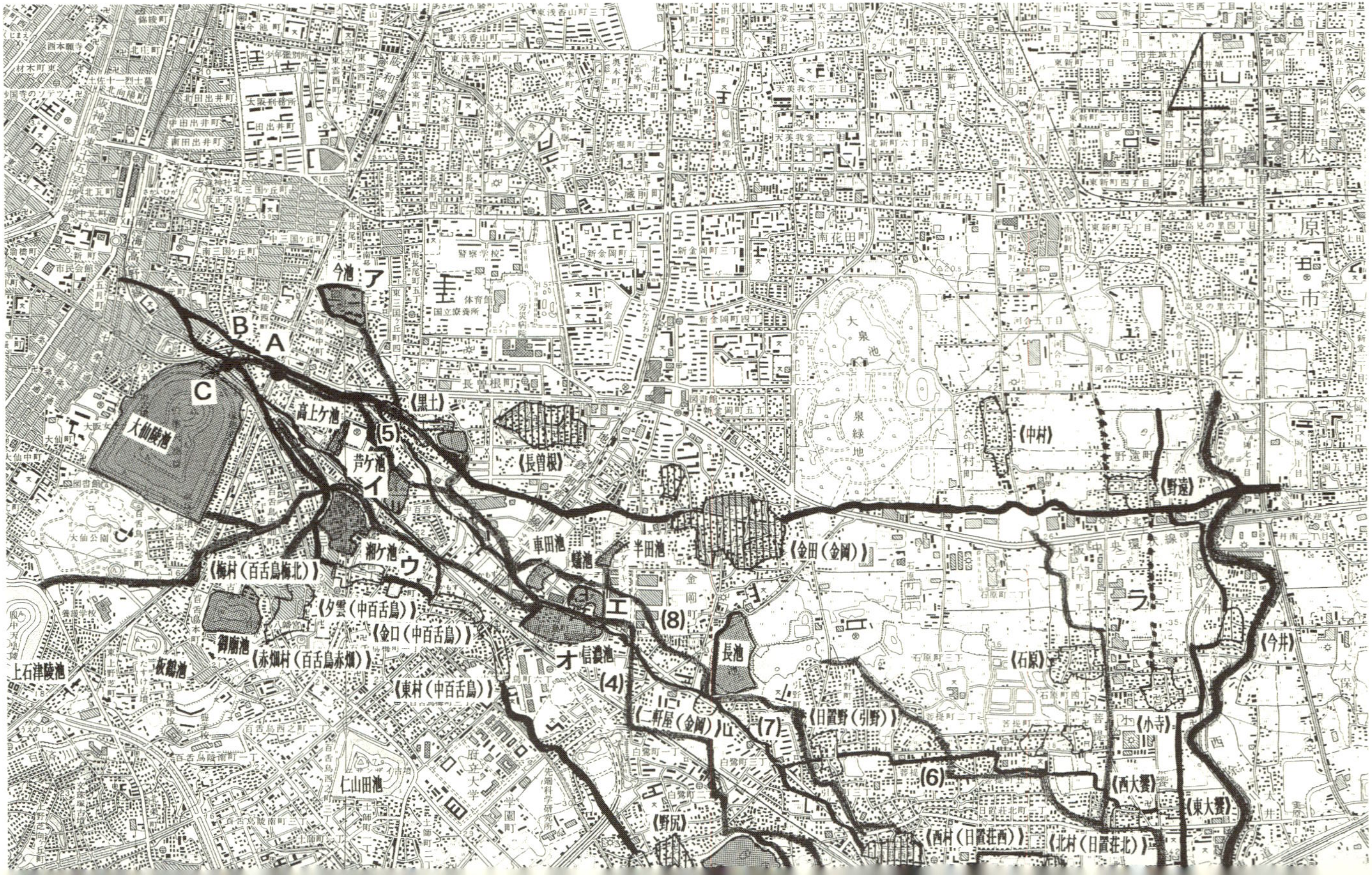

大仙陵池
今池
ア
B
A
C
(黒土)
高上ケ池
(5)
芦ケ池
イ
(長曽根)
(中村)
(野遠)
車田池
鏡池
半田池
(金田(金岡))
湘ケ池
ウ
(梅村(百舌鳥梅北))
(夕雲(中百舌鳥))
(金口(中百舌鳥))
御廟池
(赤畑村(百舌鳥赤畑))
上石津陵池
板鶴池
エ
(8)
オ
信濃池
(4)
長池
(東村(中百舌鳥))
(二軒屋(金岡))
(7)
(日置野(引野))
(石原)
ラ
(今井)
(小寺)
(6)
仁山田池
(西大饗)
(東大饗)
(野尻)
(西村(日置荘西))
(北村(日置荘北))

（1）－（2）－（3）－（4）－（5）＝狭山池用水導水主経路　（6）－（7）－（8）－（5）＝狭山池用水導水副経路
ア今池　イ芦ケ池　ウ湘ケ池　エ蟻池　オ信濃池　S西川筋一ノ関　N西川筋二ノ関
A JR阪和線三国ケ丘駅：跨越掛水路跡　B南海高野線線路敷脇：サイフォン式水路跡　C大仙陵池北：後円部側三濠目取水口跡

第6－4図　大仙陵池への狭山池用水導水経路周辺現況比定図

資料：国土地理院1：25,000図〔古市図2001年修正測図、堺図1999年修正測図〕、及び第6－3図をもとに、実地調査により作成。

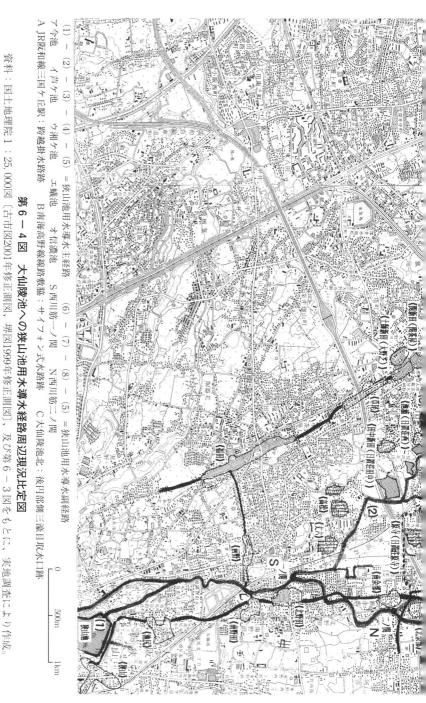

写真6－3　JR阪和線三国ケ丘駅：跨越掛水路跡

阪和線三国ケ丘駅橋上から北（天王寺）方向を望む。写真手前と、その北側に掛水路が残されている。手前の掛水路は内部をコンクリート詰めにされ、北側の掛水路も土砂が埋積し、草が生え放置されている。北側の掛水路が、復原図よりとらえた狭山池より導水した水路跡とみられる〔第6－4図A〕。1998年筆者撮影。

写真6－4　南海高野線線路敷脇：サイフォン式水路跡

南海高野線三国ケ丘駅西（堺東方向）方向の線路敷脇に、二つのサイフォン式水路施設が残されている（中央の施設ではない。右と左電柱の右奥に位置する施設）。「堺市榎土地区画整理組合地区整理前原形図」〔『堺市榎土地区画整理組合誌』所収、堺市榎土地区画整理組合、1969年〕、に描かれた水路跡の位置と一致する。今は塞がれているが、写真6－5の大仙陵池後円部三濠目に通じていた。2003年筆者撮影。

へと進展する。平成九年（一九九七）に堺市では、宮内庁書陵部古市陵墓監区事務所代表、学術研究者、地元自治会代表によって組織する「水環境改善推進委員会」を発足させ、地下水や雨水などを活用することによって、大山古墳周濠池と中世に遡る歴史をもつ土居川の間に、樋の谷より流下する大仙水路〔第6－1図Fから下流部〕を拡幅することによって、汚れている一帯の水質浄化を図り、歴史文化遺産を生かしたまちづくりを目指している[70]。こういったまちづくりは、今の大仙陵池の水質保全の側面からとらえ、急務を要し不可欠のことと思われる。しかし、当面の水質浄化という課題を前提にしたあまりに、大仙陵池が灌漑用水池として機能を増幅させていった歴史の側

写真６－５　大仙陵池北：後円部側三濠目取水口跡付近
「狭山除川並大仙陵掛溝絵図」に描かれた位置と同じ場所〔第６－２図ウ〕の、後円部旧参拝所西寄りの外堤下に取水口が残されている。写真中央が後円部三濠目の東西濠の通水溝で、その左側の外堤下に取水口がみられる。写真６－４のサイフォン式水路跡は、この取水口に通じていた。2003年筆者撮影。

写真６－６　大仙陵池東南集水路：工業用水導水施設
大仙陵池の水質浄化を図る策として、集水路からの流入を遮断し、工業用水2,500㎥／日を導水し、周濠水の浄化に努めている。2003年筆者撮影。

面が欠落しているのである。北側の集水路は完全に閉じられその跡を確認することが難しくなっている〔第６－４図C、写真６－５〕。南東側の集水路は、下水の流入を遮断し、工業用水のパイプ管を水路敷上に敷設し、周濠に導水している〔写真６－６〕。

３．大仙陵池水質浄化への提起と課題

大仙陵池にはふれてきたように、その時々の集水を増幅させるために、狭山池用水の導水を企図し、実現してきた先人の辛苦の歴史がある。環境保全は点としての対象のみを課題にすべきではない。大山古墳・大仙陵池には、点と点が線として有機的に結びついてきた面としての後背地が展開する。著しい都市化のなかで一部では、集水路の痕跡すらとらえるのが困難になっているものの、過去の歴史のなかで、線としての狭山池用水を大仙陵池に導水した、水路敷の過半が今も歴然として存在する。

狭山池は、水下地域での農地の著しい減少から、地域の洪水調節機能を目的にした「狭山池治水ダム化事業」の大改修事業が施工され、一〇年余りの歳月を費やし平成一四年（二〇〇二）に全工事を完工した(71)。この事業は同時に「狭山池ダム景観整備基本計画」として進められ、地域環境のなかに狭山池を位置づけたモデルづくりとして完成している。狭山池を一つの点として、さらに別個の観点から大山古墳・大仙陵池を一つの点として、環境保全の視点からそれぞれの事業計画が進行していった。これら二つの事業には、互いを結びつける線としての水路敷の位置づけが欠落していることがわかる。

「狭山池治水ダム化事業」によって、狭山池は従来の一八〇万㎥に、洪水調節容量として一〇〇万㎥を加え、二八〇万㎥の総貯水容量を貯える構造になっている(72)。水懸かりが著しく減少していることに加え、農業用水に余剰水が生じていることを鑑み、水利転用の見地から導水経路の整備とともに、狭山池と結びつく新しい現代的視点に立った大仙陵池への水質汚濁を改善する導水が期待できた。歴史を反映させた点と点を結び、線がさらに面として広がり、地域の新たな環境資源として生かす営みを追求する、地域環境に立脚した思考につながり、大仙陵池だけでなく上石津陵池など他の周濠池、そして狭山池水下地域の諸溜池の環境保全の課題とも連動し、さらに堺市が唱えている新しい視点に立った土居川へ連なる計画とも有機的に結びつく。水利の環境保全の視点は、いかに地域が変貌しようとも、水利空間の歴史を考慮した側面を前面にださねば、事業計画が空転してしまうことを熟知しておかねばならない。大仙陵池の集水事情の分析、導水経路の復原によって水利空間を抽出するなかで、大仙陵池を核として据えていく、今後の環境保全の幾つかの課題に迫ることができる。

第五節　まとめ

大仙陵池をはじめ百舌鳥古墳群主要前方後円墳周濠池の集水構造をとらえ、周濠池が置かれている現在の課題に迫り地域環境の視点に立って考察をおこなってきた。百舌鳥古墳群周辺で発掘された遺跡の多くは、古墳築造に関連する生産遺跡としての性格を有し、二〇〇年間の一定期間内の継続にとどまっているとみられていることから〔第二節1〕、古墳造営期において水田の本格的な土地開削はみられなかったと断定できるのではないだろうか。広域周辺地域では依網池の築造や弥生遺跡の分布が確認されていることから、これらの地域では早い時期より開田化が進行していたものと考えられる。漸次、面としての土地開削の広がりが展開されるにしたがい、窪地底に天水を貯留した古墳周濠の溜まり水が注視されるようになり、時代の経過とともに用水としての利用が促進・拡大されていったものとみなされる。大仙陵池をはじめとする主要古墳周濠池の集水の困難な事情が、こういった背景を物語っているといえる。

本稿では、古代の古墳造営期における古墳周濠が、灌漑機能を保持し得ていなかった根拠の一つとして、近世大仙陵池の集水機能が極めて困難な状況であったことをもとに、遡及的方法によって結びつけたため、時代経過にあまりにも大きな空白のあることが懸念される。今後の筆者の大仙陵池に対する研究課題は、本稿の分析をもとに、寛文九年（一六六九）に廃池された轟池〔第三節2(a)〕の水懸かりの分析を進めねばならない。轟池の水懸かりは百舌鳥古墳群周辺に及んだことから、水懸かりの水利事情と導水経路をとらえることにより、史料の少ない中世に遡るこの地域一帯での土地開削の一端を把握することに結びつくものと考える。さらに、堺廻り村落の大仙陵池による灌漑状況、及び遺跡分布・条里地割と関連づけた土地開発の検討から、大仙陵池が整備されていった過程を推察することが可能となる。

原は、古市古墳群の仁賢陵、峯ケ塚古墳、清寧陵を事例に、これらの古墳が丘陵地につながる開析谷の末端部に立地し、意図的に周濠水の涵養を意識して築造したのではないかととらえている。(73) このように古墳立地の土地条件は地域によって異なることから、事例調査の比較検討を重ねることによって、それらを体系化するなかで古墳周濠の灌漑機能について、総合的な見地から分析する実証研究の必要性が求められる。

注

(1) 末永雅雄『池の文化（復刻版）』學生社、一九七二年（初版は創元社、一九四七年）、九二～一〇〇頁。
(2) 梅沢重昭「前方後円墳に付設する周堀について」考古学雑誌四五－三、一九五九年、一七一～一八六頁。
(3) 上田宏範『前方後円墳』學生社、一九六九年、一五四～一六八頁。
(4) 伊達宗泰「畿内における古墳立地に対する一考察―古墳周濠と生産の関係―」、藤岡謙二郎編『畿内歴史地理研究』所収、日本科学社、一九五八年、七六～九一頁。
(5) 亀田隆之『日本古代用水史の研究』吉川弘文館、一九七三年、三一～三六頁。
(6) 古島敏雄『土地に刻まれた歴史』岩波書店、一九六七年、五一頁。
(7) 堅田直「前方後円墳の立地と周濠構造」歴史研究通巻七・八（大阪教育大学歴史学研究室）、一九七一年、八五～一一五頁。
(8) 白石太一郎「古墳の周濠」、平安博物館研究部編『角田文衞博士古稀記念古代学叢論』所収、角田文衞先生古稀記念事業会、一九八三年、一二五～一四五頁。
(9) 中井正弘「伝仁徳陵（大山）古墳の幕末〝修陵〟工事をめぐって―」古代学研究九八、一九八二年、一二～二一頁。
(10) 茂木雅博『天皇陵の研究』所収、「陵墓比定と隍水問題」同成社、一九九〇年、一七七～二〇〇頁。
(11) 外池昇「村落と陵墓古墳の周濠―古市古墳群をめぐって―」成城文芸一三一、一九九〇年、六三～八〇頁。

(12) 川内眷三「近・現代における狭山池水下地域の導水経路の状況と溜池環境の変貌」、『狭山池―論考編―』所収、狭山池調査事務所、一九九九年、二七九～三三五頁。

(13) 仁徳天皇陵については、大仙陵、大山陵、百舌鳥耳原中陵、伝仁徳天皇陵、仁徳陵など、周濠の用水池については、仁徳池、御陵池、陵池、大仙池、大仙陵池などと呼称される。本稿では、古墳名については「大山古墳」と「仁徳天皇陵」を、周濠池については他の陵池と区別する意味から、「老圃歴史」〔後掲（41）〕において使われる「大仙陵池」の名称を用いる。履中天皇陵、反正天皇陵についても同様の趣旨から、「ミサンザイ古墳」・『履中天皇陵」と「上石津陵池」、「田出井山古墳」・「反正天皇陵」と「田出井池」とした。

(14) 原秀禎「古墳立地研究の視点」大阪商業大学商業史研究所紀要二、一九九二年、一〇一～一二二頁。

(15) 蜂田庄《はちたのしょう》は八田庄とも書かれ、中位段丘から高位段丘にあたる堺市八田寺町・八田北町・八田西町・東八田・平井辺りに比定される。保元三年（一一五八）の石清水八幡宮の別当極楽寺に与えられた官宣旨（石清水文書）に蜂田庄とみえるのが最初である。若松庄は、泉北丘陵の上神谷《にわだに》にあった荘園で、嘉元四年（一三〇六）の亀山天皇皇女昭慶門院御領目録にみえるのが初見。和田庄《にきたのしょう》は、古代郷では〝にきた〟、中世には〝みきた〟と呼ばれ、石津川の支流和田川〔第6―1図A〕流域に比定される。平安末明に和田氏の祖先の大中臣助正が河内国矢田部（大阪市東住吉区）から和田郷に移り、上条・中条の地を中心に開発をすすめたことに始まる〔『日本歴史地名大系第二八巻・大阪府の地名Ⅱ』平凡社、一九八六年、一、三二一・一、三二六・一、三三一頁〕。

(16) 高位段丘面に土塔新田、畑山新田、東山新田、楢葉向山新田、三木閉山新田、土佐屋新田、土師新田、田中新田、関茶屋新田、草尾新田、西野新田などの新田集落がみられる。いずれも寛文以降（一六六一～）に開発されている〔『日本歴史地名大系第二八巻・大阪府の地名Ⅱ』平凡社、一九八六年、一、三二九～一、三三九、一、三四五～一、三五五頁〕。

(17) 瓜破遺跡、瓜破西遺跡、城連寺遺跡、池内遺跡、天美南遺跡、高見の里遺跡、東新町遺跡、高木遺跡、上田町遺跡、三宅遺跡、三宅西遺跡、阿保遺跡などが確認されている〔『松原市文化財分布図』一九九四年編纂〕。

(18) 鋤柄俊夫「中世丹南における職農民の集落遺跡―鋳造工人を中心に―」国立歴史民俗博物館研究報告四八、一九九三年、一八九～一九五頁。

(19)『堺発掘物語―古墳と遺跡からみた堺の歴史―』堺市博物館、二〇〇一年、九一頁。

(20)『堺の文化財―百舌鳥古墳群―（第五版）』堺市教育委員会、二〇〇五年、四～一九頁。

(21)「百舌鳥古墳群復元鳥瞰図」堺市立博物館発行パンフレットによる。

(22) 前掲（19）九四～九六頁。

(23) 平安時代末に集成された『行基年譜』には、行基の事蹟として狭山池の他、計一五池の池名が記される。大鳥郡の池として、土師郷の土室池、長土池、深井郷の薦江池、和田郷の檜尾池、蜂田郷の茨城池、日下部郷の鶴田池の六池があげられる。鶴田池は堺市草部所在の鶴田池に比定され、薦江池と土室池については所在地や池の名称の類似性から、堺市土師町所在の菰池、堺市日置荘西町所在の羽室池（全池敷潰廃）であるとみられる。『行基年譜』に記載された大鳥郡所在の池の多くの比定地は、高位段丘と中位段丘の境部に位置するため、中位段丘面の開田の役割を担ったことが推察される。

(24) 前掲（20）一九頁。

(25) 依網池の築造について、山崎隆三は四～五世紀の古墳時代前期、亀田隆之は五世紀初頭、服部昌之と上田宏範は五世紀前半、日下雅義は五世紀中葉前後と推考しており、五世紀初頭～中頃が、現段階での定説といえる〔第二章第二節〕。

(26) 前掲（1）九九頁。

(27)「明治八年大鳥郡上石津村全図」、『創立百周年記念誌―神石―』所収、堺市立神石小学校創立百周年記念事業委員会、一九九〇年、九八・九九頁。

(28) 乳岡古墳の他、定の山古墳〔第6－1図10〕は、昭和三九年（一九六四）からの百舌鳥土地区画整理事業によって、墳形を大きく変えているが、事業前の航空写真・配置図では周濠の部分が開田され、その部分が周辺の水田より低くなっていることがわかる〔①『百舌鳥野の黎明―堺市百舌鳥土地区画整理事業の記録―』堺市百舌鳥土地区画整理組合、一九七五年、一二・一三頁〕。その他、「舳松領絵図」に長塚山古墳〔第6－1図9〕、榎古墳〔第6－1図11〕

など、周濠が開田されていた様子が描かれる〔②中井正弘『伝仁徳陵と百舌鳥古墳群』摂河泉文庫、一九八一年、一四・一五・二六頁〕。

(29)「舳松領絵図」に、丸保山古墳〔南高田池・第6－1図13、空濠状態〕と菰山塚古墳〔菰池・第6－1図14、半壊〕の周濠に貯水した様子が描かれ、灌漑機能を有していたことがとらえられる。また、孫太夫山古墳〔第6－1図15〕などのように、現在、景観保全のため浅い濠に水を貯えている古墳をみることができる。近世より継続する水利の側面をとらえ、対象古墳を七基とした。

(30)『溜池ニ依ル耕地灌漑状況』大阪府経済部、一九三五年、四八頁。

(31)百舌鳥の村落には、赤畑村の他、高田村、梅村、西村、百済村、金口村、夕雲村、東村の八ケ村、梅村の支郷として尾羽根、梅北がある。「狭山除川並大仙陵掛溝絵図」に、赤畑村、梅村、夕雲村、金口村、東村が描かれる。この梅村は支郷梅北にあたる。本稿では百舌鳥所在の村落名をふれる場合、百舌鳥の呼称を省略して記載する。

(32)百舌鳥梅町（梅村）在住：楠本勇氏聞き取り調査による。

(33)一ノ関八ケ村は、丈六・高松・原寺（日置荘）・西（日置荘）・北（日置荘）・野尻・金田・長曾根村の八ケ村をさす。一ノ関七ケ村の場合は、寛政七年（一七九五）に長曾根村では番水を離脱しているため　同村を除いた七ケ村となる。

(34)大阪狭山市池尻：田中家所蔵「明治二年九月：百舌鳥耳原履中帝陵江狭山池水取引引合一件」・「明治二年一〇月：履中帝御陵修復請水溜込につき乍恐以書付御願奉申上候」文書〔『狭山池―史料編―』所収、狭山池調査事務所、一九九六年、二五一～二五三頁〕。

(35)朝尾直弘「第三編近世第二章近世村落の成立」、『堺市史続編第一巻』所収、堺市、一九七一年、一二一七頁。原典は、大阪狭山市池尻：田中家所蔵「狭山池余水分水日割」文書〔『狭山町史第一巻本文編』狭山町役場、一九六七年、七一二頁〕。

(36)前掲（30）三三頁。

(37)『狭山池改修誌』大阪府、一九三一年、一〇九頁。

(38) 前掲(30)三三頁。
(39)『昭和二九年度・大和川水系農業実態調査』農林省農地局、一九五六年、九二頁。
(40) 川内眷三「堺市金田(現・金岡町)における溜池灌漑とその変貌」摂河泉文化資料四一、一九九〇年、六〇頁。
(41) 森杉夫翻刻「老圃歴史(上)(二)(三)(四)(五)」、『堺研究九・一〇・一一・一二・一三』所収、堺市立図書館、一九七五・一九七八・一九七九・一九八〇・一九八二年、一～九二・一～六八・一～一〇二・一～八六・一～九三頁。
(42) 堺廻り村落とは、大山古墳の西から北西に位置し、大仙陵池水懸かりにあたる舳松・中筋・北之庄・湊村を示す。本稿での堺廻り四ケ村は、舳松・中筋・北之庄・湊村、堺廻り三ケ村は、舳松・中筋・北之庄村、堺廻り二ケ村は、舳松・中筋村となる。
(43) 喜多村俊夫『日本灌漑水利慣行の史的研究―各論篇―』所収、「泉州堺近郊の灌漑農業」岩波書店、一九七三年、五二八～五八一頁。同稿は東亜人文学報三－二、一九四三年、掲載論文。
(44) 前掲(43)五三七頁。
原典は、前掲(41)「老圃歴史(2)」、『堺研究一〇』所収、三頁、「宝永三年：大仙陵池樋抜日数水減之覚」文書。
(45) 前掲(28)②二七頁。
(46) 前掲(28)②二六頁。
(47) 前掲(28)②三九・四〇頁。
(48) 前掲(43)五五〇～五六六頁。宝永三年(一七〇六)、中筋村と舳松村の苗代水の使用時期に関する争論〔前掲(41)「老圃歴史(二)」、『堺研究一〇』所収、三頁〕をはじめ、宝暦一〇年(一七六〇)、分水石崩しの争論〔前掲(41)「老圃歴史(三)」、『堺研究一一』所収、二一頁〕など、大仙陵池溜り水不足を原因として幾多の紛擾がくりかえされる。それは中筋村と舳松村にとどまらず、堺廻り四ケ村に及ぶ。喜多村の論稿〔前掲(43)〕では、「老圃歴史」記載以外の水利争論の史料をも引用しているが、文献の出典名不記載。
(49)(50) 狭山池用水は西樋〔第6－1図X〕より、西除川に流下させ、設置された各井堰より分水される。これが西川筋にあたり大仙陵池へは、この一番井堰〔一之関：第6－1図W〕を主ルートとした。東川筋は、中樋〔第6－1

図Y」より、太満池〔第6－1図コ〕に貯留し、狭山池水下地域の東寄りの各村落へ分水された。
(51) 前掲（43）五四一頁。
原典は、前掲（41）「老圃歴史（上）」、『堺研究九』所収、二〇・二一頁、「慶長一七年：野田庄轟池、堺御政所御取立」文書。
(52) 前掲（43）五四二頁。
「老圃歴史」に不記載。「泉州大鳥郡中筋村高反別諸色覚書」（文献の出典名不記載）による。
(53) 前掲（41）「老圃歴史（上）」、『堺研究九』所収、四七頁、「寛文二年：大仙陵江轟池春水引取」文書。
(54) 前掲（43）五四二・五四三頁。
「老圃歴史」に不記載。「轟池水引取候節明暦三酉年原寺村一札」（文献の出典名不記載）による。
(55) 福島雅藏「狭山池―管理、修理、分水、水論―」、『狭山町史第一巻本文編』所収、狭山町役場、一九八八、四九五～四九七頁。
前掲（12）二八〇・二八一頁。
(56) 前掲（43）五四三・五四四頁。
原典は、前掲（41）「老圃歴史（三）」、『堺研究一一』所収、四六頁、「明和五年：大仙陵池干水ニ付、河州狭山池不用水引取申度」文書。
(57) 前掲（43）五四五・五四六頁。
原典は、前掲（41）「老圃歴史（三）」、『堺研究一一』所収、五五頁、「明和九年：大饗・金田水引取」・「明和九年：大坂西御番江訴出」文書、他。
(58) 前掲（43）五四六・五四七頁。
「老圃歴史」に不記載。「文化一五年：狭山池不用水引取幷申立一件」（文献の出典名不記載）による。
(59) 大阪狭山市池尻：田中家所蔵「明治七年三月：狭山池余水貰請につき差入申証」文書、『狭山池―史料編―』所収、狭山池調査事務所、一九九六年、四四九・四五〇頁。

(60)　前掲（35）一、二二七頁。
(61)　「狭山除川並大仙陵掛溝絵図」宮内庁所蔵絵図（『絵図に描かれた狭山池』所収、大阪狭山市教育委員会・狭山池調査事務所、一九九二年、二九頁）。
(62)　前掲（33）参照。
(63)　『国史大辞典第一巻』吉川弘文館、一九八六年、九八頁。
(64)　前掲（43）五四七頁。
「嘉永七年七月二八日：此度狭山水今池江引取ニ付三ケ村役人連印申合書壱通」（文献の出典名不記載）による。
(65)　「堺市榎土地区画整理組合地区整理前原形図」、『堺市榎土地区画整理組合誌』所収、堺市榎土地区画整理組合、一九六九年、巻頭挿図。
(66)　前掲（57）、「明和九年：大饗・金田水引取」文書。
(67)　前掲（12）三一六〜三一八、三二五頁。
(68)　大仙陵池の北側には、二つの集水路が確認される。取水口付近で合流しているため、一ケ所の集水路としてとらえ、東南の集水路と併せ二ケ所とした
(69)　「仁徳陵大浄化作戦」毎日新聞記事、一九八九年。
(70)　「仁徳陵の堀・中世灌漑よみがえれ」朝日新聞記事、一九九八年。
(71)　『狭山池ダム事業誌』大阪府・大阪府富田林土木事務所、二〇〇四年、一－一〜一－四頁。
(72)　「狭山池ダムの概要」大阪府、発行年不詳。その他、「狭山池ダム工事」関係パンフレットによる。
(73)　原秀禎「古代の古市大溝に関する地理学的研究」人文地理三一－一、一九七九年、二九頁。
前掲（14）一〇七〜一一〇頁。

原がとらえた、清寧天皇陵（白髪山古墳・白髪池）の周濠池は、近世において一部分が埋没して水田として利用されている。その他、古市古墳群では、主要古墳の周濠の多くが埋没している状況がとらえられ、周濠池として機能している岡ミサンザイ古墳周濠池（仲哀天皇陵）も、池所が高く水溜の悪いことが指摘されている（前掲（11）六七・

六八頁）。仁賢天皇陵（ボケ山古墳・ぼけが池）は墳丘長一二〇ｍ、峯ケ塚古墳は墳丘長一一二ｍで、古市古墳群のなかの前方後円墳では中規模程度で、周濠の貯水量も多くないとみられ、これらの古墳の周濠が灌漑用水を意図して造営されたのか疑問視される。

第七章　大山古墳墳丘部崩形にみる尾張衆黒鍬者の関わりからの検討

――誉田御廟山古墳墳丘部崩形との関連性をふまえて――

第一節　はじめに

最大の前方後円墳である大山古墳〔大仙陵、仁徳天皇陵〕〔第7－1図A〕の墳丘部〔墳丘長＝四八六m、墳丘長の出典は、石部正志『大阪の古墳』松籟社、一九八〇年、一四〇頁掲載資料による、以下同〕は、大きく崩形していることが、大正一五年（一九二六）の旧宮内省帝室林野局作成の「陵墓地形図：二千分之一図・仁徳天皇百舌鳥耳原中陵之図」(1)によって確認される〔第7－2図〕。こういった大山古墳墳丘部の崩形の姿態をとらえ、巨大古墳の墳丘部未完成説、中世の城塞が築かれ、後世に手が加えられ改変された人為説、さらに地震などの外的営力が加わった自然崩壊説が展開されてきた。

1．先行研究

(a)巨大古墳未完成説と城塞築造説

大山古墳墳丘部の崩形について、地形の型状から検討を加えたのが網干善教で、誉田《こんだ》御廟山古墳〔誉田陵、応神天皇陵〕墳丘部〔墳丘長＝四一七m〕の北西端〔「陵墓地形図：二千分之一図・応神天皇恵我藻伏岡陵之図」、第7－3図、注記（1）〕と、大山古墳墳丘部の崩形部分の地形が自然的な形成をなしているという見地から、両古墳とも部分

第七章　大山古墳墳丘部崩形にみる尾張衆黒鍬者の関わりからの検討　　330

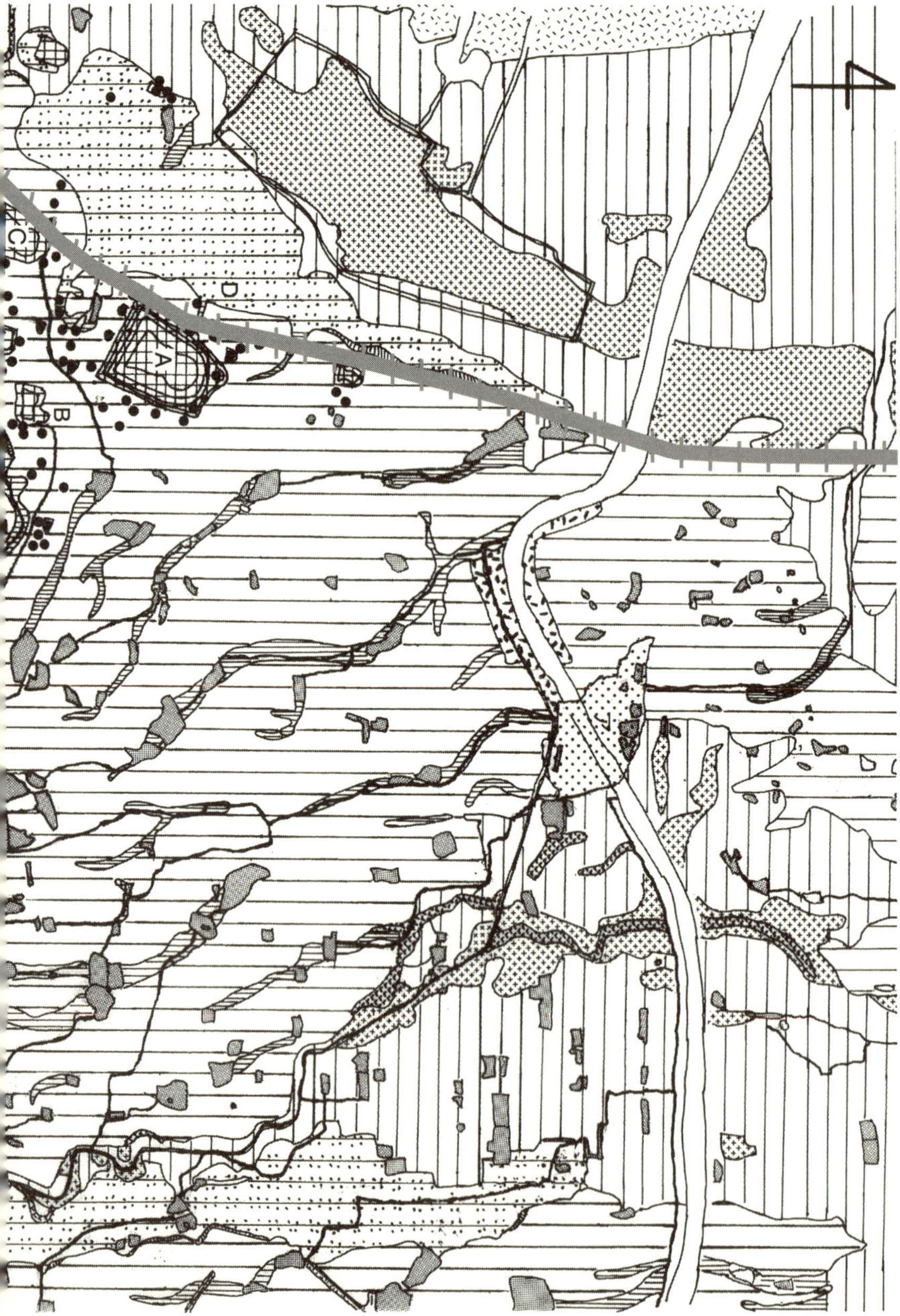

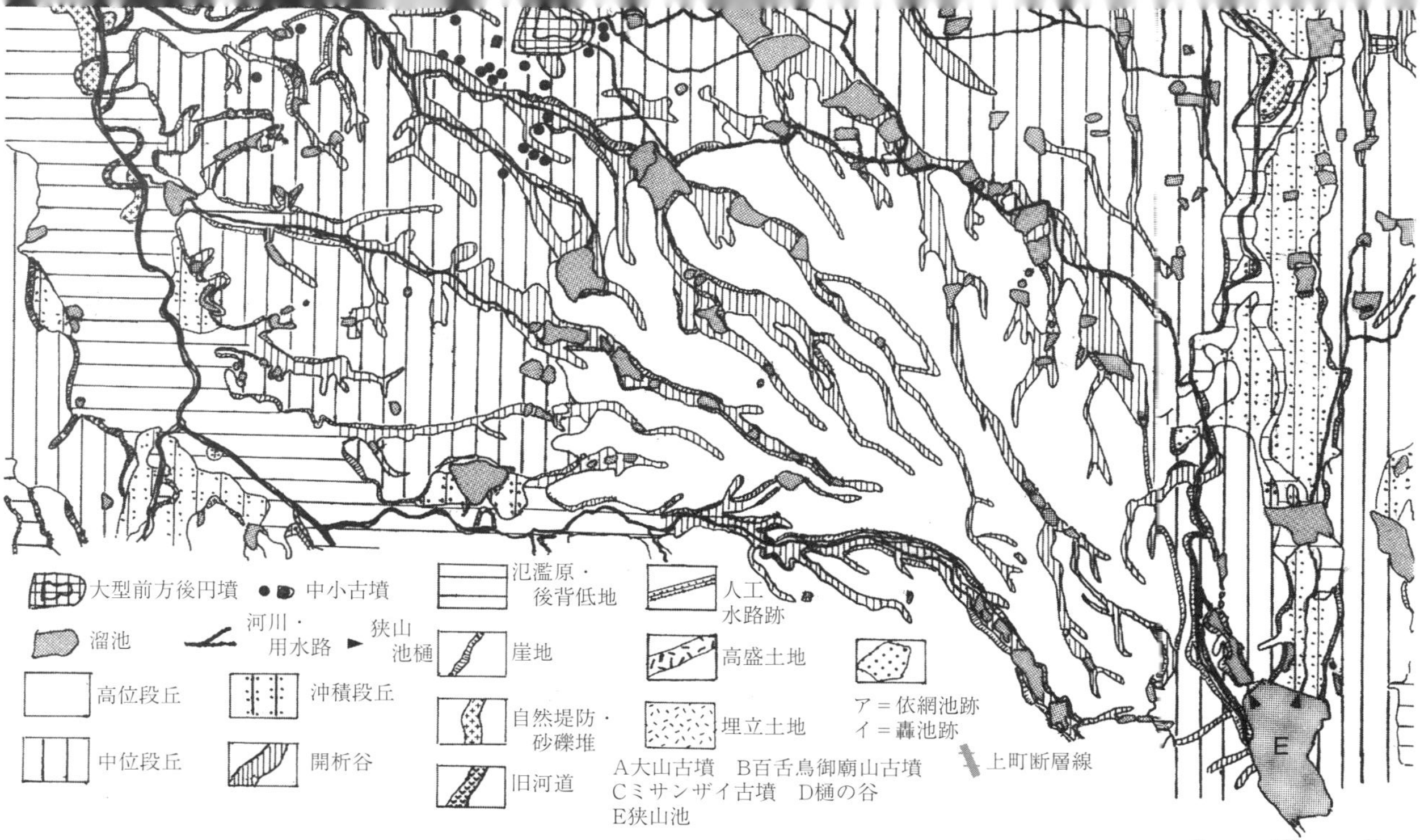

第７－１図　百舌鳥古墳群周辺の土地条件図

資料：国土地理院１：25,000土地条件図大阪東南部・西南部、1983年、国土地理院１：25,000都市圏活断層図大阪西南部、1996年、『堺の文化財―百舌鳥古墳群―』所収、堺市教育委員会、1999年、「百舌鳥古墳群分布図」をもとに作成。

注）各記号については本文参照。

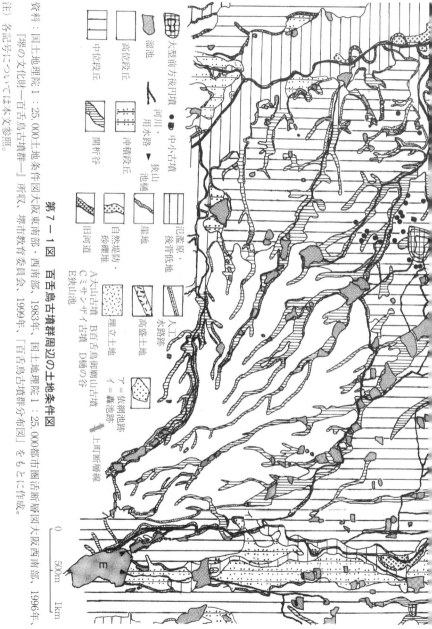

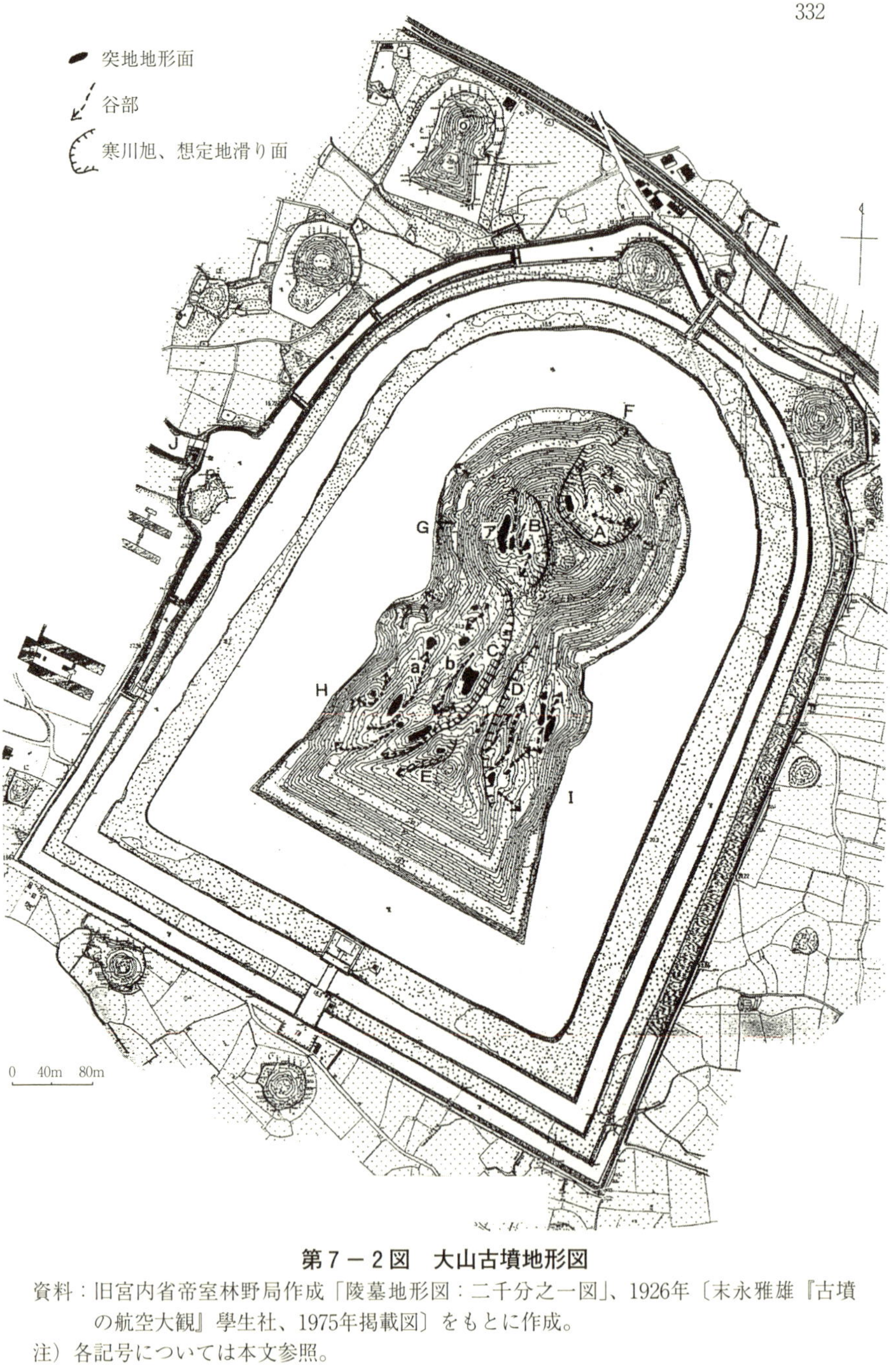

第７－２図　大山古墳地形図

資料：旧宮内省帝室林野局作成「陵墓地形図：二千分之一図」、1926年〔末永雅雄『古墳の航空大観』學生社、1975年掲載図〕をもとに作成。

注）各記号については本文参照。

的に未完成であったと推察できるのではないかととらえる。[2] こういった大山古墳墳丘部未完成説は、貞享元年（一六八四）に出版された衣笠一閑著の『堺鑑』に、「諸国ヨリ来テ此陵ヲ築シニ尾州ヨリ人歩遅来故其築残ハ其儘谷トナレリ今ニ尾張谷ト云リ是俗説未考実否」という記述がみられ、[3] これがその端緒といえる。

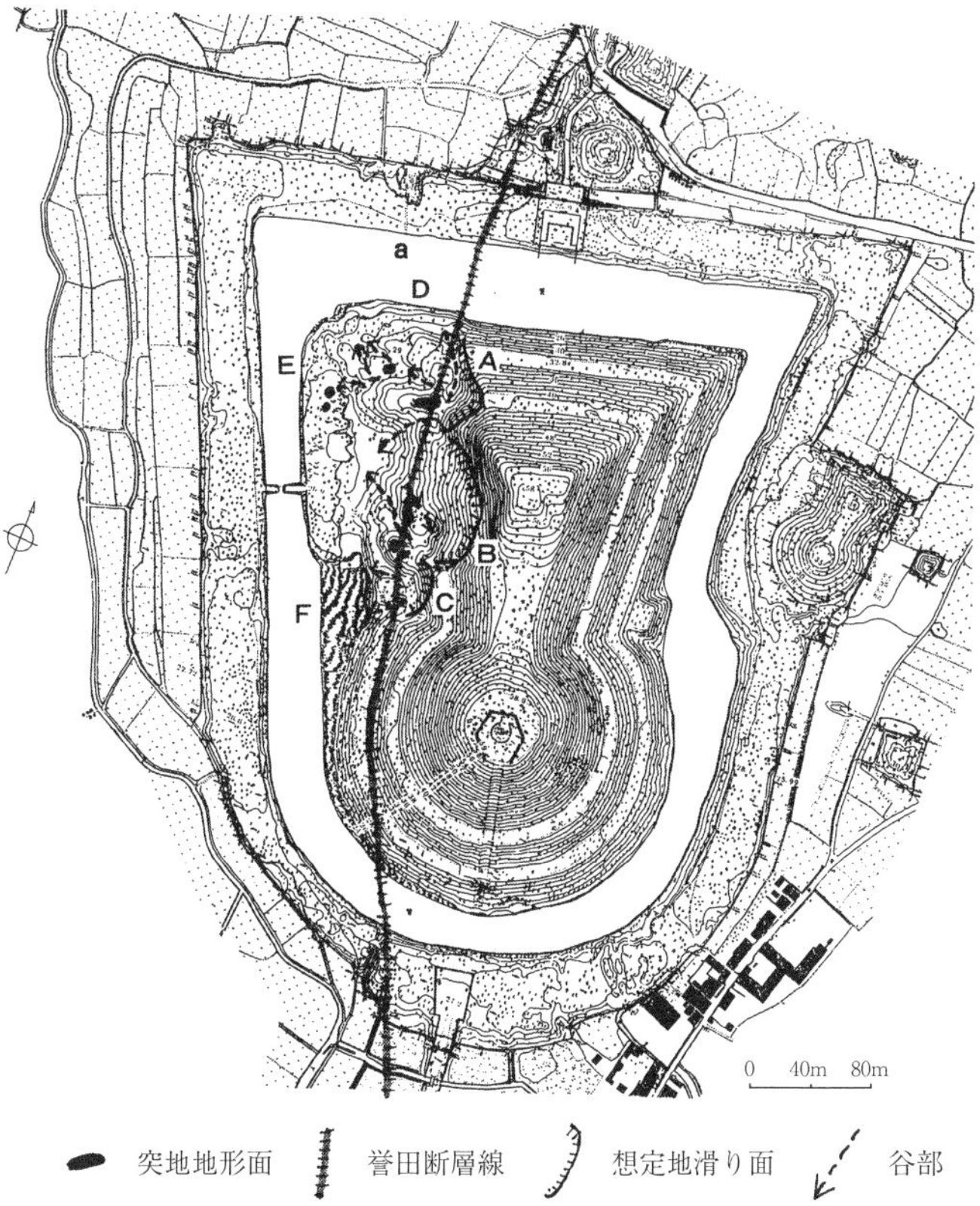

第７－３図　誉田御廟山古墳地形図

資料：旧宮内省帝室林野局作成「陵墓地形図：二千分之一図」、1926年〔末永雅雄『古墳の航空大観』學生社、1975年掲載図〕、国土地理院１：25,000都市圏活断層図大阪西南部、1996年をもとに作成。

注）各記号については本文参照。

城塞築造による人為説では、網干の未完成説より早くに、井上光貞が大山古墳墳丘部の架空探訪記として「墳丘の西側にまわると損傷がひどいのに気づくが、これは戦国時代に城塞として利用されたためであろう」としている(4)。その根拠についてはふれられておらず、井上の大山古墳に対してのそれまでの見聞をもとに、その想いを膨らませて記したものであろう。これらの経緯をふまえて、森浩一は、墳丘の仕上げ工事が未完成であるという見方と、中世に城塞として利用されたことによる部分的破壊とする見方の両論があることを紹介し、巨大古墳築造の幾つかの課題を提起している(5)。

大山古墳の墳丘部の崩形をめぐって、後世の人為的なものと考えられるとしながら、誉田御廟山古墳の崩形の事例とともに、それまでの各説の経緯を詳述したのが上田宏範である(6)。さらに中井正弘が、大山古墳の興味ある各課題を解説しながら、墳丘部崩形の等高線の乱れが自然地形を残しているとしながら、城塞説について疑点を抱きつつ各説の経緯を概述している(7)。堀田啓一は、応永六年（一三九九）の室町幕府と大内義弘が戦った「堺城」が堺に近く、最も城を築くのに適した所は、大山古墳の他に考えられないととらえている。そして、交通の要衝という大山古墳の地理的な位置と、小谷を含む台地西端に築造されるという立地環境や活断層に、その原因が求められるとし、後世の城塞築造による人為説と、自然条件の崩壊説の両説が妥当な考えであろうとしている(8)。堀田の自然崩壊説は、その論拠を示していないものの、後述する日下や寒川の見解に影響を受けたものとみられる〔第一節2(b)、第二節1・2〕。

(b) 外的営力による自然崩壊説

考古学を基調とした概念論がみられるなかで、日下雅義は誉田御廟山古墳が位置する周辺の地形環境を復原し、構造線の活動によって地震が発生し、墳丘の一部が崩落すると同時に中堤の低下をもたらしたものと分析した論文を発表している(9)〔第7－3図、第二節1〕。この誉田御廟山古墳墳丘部北西端の崩形の延長として大山古墳墳丘部の崩形にふれ、崩れというより滑った可能性が強いという地滑り現象を示唆する見方に立っている(10)。しかし、日下の大山古墳墳丘部に対する地滑りによる自然崩壊説は、誉田御廟山古墳墳丘部北西端崩形の緻密な地形環境の分析と比べ、概述した感が強く精査して論証されたものではない。

　こういったなかで、寒川旭が日下の研究を発展させるような形で、誉田御廟山古墳の崩形について、誉田断層及び周辺の地形型の分析をふまえ、活断層の真上で発生した異常現象を実証的に考察する(11)〔第7－3図、第二節1〕。そして、大山古墳墳丘部の崩形については、後円部二ケ所の円弧状、前方部東側に墳丘部中段より上部に認められる二〇〇ｍの滑落崖、さらに前方部西側の墳丘中段より上部の二二〇ｍの滑落崖、他一ケ所、計五ケ所の地滑り跡を検証し〔第7－2図、第二節2〕、こういった大規模な地滑りが生じる原因として、大量の降雨や墳丘への浸透水の作用、地震にともなう激しい震動などが考えられることを指摘している(12)。

2．各説に対する疑念と位置づけ

(a) 未完成説について

　筆者は、これらの大山古墳墳丘部崩形についての諸見解と接するなかで、幾つかの疑念を抱くこととなった。なかでも未完成説については、大山古墳が古墳時代中期とされる大型前方後円墳であり、石室・石棺や埴輪などの埋設が確認されていること(13)と考え合わせ、完成してはじめて墳墓として機能し埋葬されたのではないかという前提に立つなら、未完成はあり得ないのではないだろうか。古墳の造成中に埋葬対象者が薨去したとしても、時の権力象徴としての最大の大型前方後円墳であるだけに、その後に完成させて葬送の儀礼が改めておこなわれたとみるのが妥当で、未完成説は一般論としても考えにくい。それに『堺鏡』に記された尾州分担分の残築なら、その箇所のみの未完成としてみられねばならないが、前方部の整った段築成の部分も、文久の修陵以降、明治期の改修工事によったことが確認されており(14)、崩形の部分は後円部の東・西部面の一部を除いて、ほぼ全面にわたっていたものと考えられる〔第7－2図〕。大山古墳が築造された位置は、土地条件から段丘崖上の最も高所の土地を利用したものとみられることから、これが自然地形の状態であるなら、いくらこの地域一帯の地形が著しく改変されたとしても、大山古墳周辺一帯の地形型と、大山古墳墳丘部での地形型では、あまりにも大きな違和が感じられるのである〔第7－1図〕。

⒝城塞築造説について

城塞築造説については、ふれてきたように大内義弘が応永の乱〔応永六年〈一三九九〉〕で足利幕府と交戦した「堺城」をあてる見方がある(15)。前方後円墳墳丘部の城塞は、羽曳野市と松原市の境界部に位置する河内大塚山古墳の丹下城(16)、藤井寺市の津堂城山古墳での小山城(17)など、この近辺でも多くの事例があげられる。しかし「堺城」については、井上正雄が『大阪府全志巻之五』で、大字中筋に位置する堺中学校〔現大阪府立三国丘高等学校、堺市堺区南三国ケ丘町〕周辺が城山と呼ばれ、城の西・城の東という字地があり、近年〔同書大正一一年〈一九二二〉発行〕まで大内義弘戦死の碑が建てられ、「義弘の築きし城址ならん」との説を記し、さらに山名氏清の「泉府」も同所にあったと推測している(18)。大山古墳墳丘部での中世城塞の築造説は、いずれも想像の範疇にとどまり根拠をもって検討されていないだけに、「堺城」にしても中世自治都市堺に隣接する段丘崖上の、この城山に比定した方がより適った解釈といえよう。

(c) 外的営力による自然崩壊説について

大山古墳墳丘部崩形について最も納得のいく論証は、寒川が展開する地滑り跡の見解である[19]〔第二節2〕。しかし、これにしても大山古墳の「陵墓地形図：二千分之一図」を詳察すれば、地滑り跡のみで説明することのできない、幾つかの地形型を確認することができる。大山古墳墳丘部の基本的な崩形は、いずれも上方斜面の表面が滑った小規模な表層地滑りで、比較的緩やかに下方に移動している。ところが地滑り面の随所に、表層地滑りではできにくい不自然な等高線の高くなった二〇ケ所近くもの突地地形と、それに前方部の東・西側斜面で南から北方向、そして北から南方向に傾斜する開析地をはじめ、三〇ケ所余りの谷地形がみられる〔第7－2図〕。なかでも、墳丘前方部東西面、特に西側斜面のところに明瞭な谷筋がみられることについては、寒川もその地形型に若干の疑念を抱いているものの、その論拠を推考するまでには至っていない。大山古墳墳丘部で形成された地滑り面は、あまりにも複雑な地形型を呈しているといえる。

3．動機と研究方法

以上のような経緯のなかで大山古墳墳丘部の崩形について、実証的にとらえたのは寒川の地滑り跡の見解のみで、それもかなり疑念を呈した結論になっている〔第一節2(c)、第二節2〕。天皇陵であるため発掘関連の考古資料は乏しく、それとともに崩形に対しての史資料がみられないだけに、考古学や文献史学からの分析には限界がみられ、これまでの研究の多くは表面的な想起の範疇にとどまっていた。

筆者は、かねてより大山古墳の周濠池である大仙陵池の水利機能について、若干の研究を重ねてきた〔第六章〕[20]。大山古墳は段丘崖上の微高地に立地するため〔第7－1図〕、集水条件に恵まれず貯留しても用水の反復利用を期待することはできず、灌漑用水池としての機能は開析地に立地する周辺の溜池群と比べ、劣悪な条件下に置かれていた[21]。こういった考証のなかで間接史資料として、大仙陵池の底渫えに関わった「尾張衆黒鍬者」の記事が記載された、「老圃歴史」の文書〔第三節2、第四節2、第7－1表、注記（31）〕を知見することとなった。

さまざまな歴史事象の空間構造は、空間過程によって複合・変化しているため、一つの要素が変化すれば、その変化による作用が他の要素に波及することを前提として成り立っている。こういった視点に立つことにより、文献の乏しい研究対象であっても、地形環境をとらえることにより、最も近い事象や時代の類接する史資料をそれに照写して、空間過程の歴史景観の復原研究を対象とする歴史地理学の手法によって、追考することが可能となる[22]。

本稿では、大山古墳墳丘部の地形の特徴を分析することによって、間接史資料の検索から大山古墳墳丘部の崩形と結びつく共通項を抽出して、推考する方法をとった。その手はじめとして、①「陵墓地形図：二千分之一図」によって、大山古墳墳丘部の崩形について、微地形の抽出とその特徴を把握する。検証方法として、②誉田御廟山古墳墳丘部崩形の原因を、誉田断層の断層活動として分析した研究が確証として位置づけられているため、これと比較して、唯一の実証的研究である寒川の成果を援用し、大山古墳墳丘部の崩形の地滑り面の特徴を分析する。そして、③墳丘部に開析地の地形がみられることから、谷筋に付せられた「尾張谷」の名称とともに灌漑水利との相関関係について検討を試みる。大山古墳墳丘部の崩形を示した「陵墓地形図：二千分之一図」は、地形を詳細に描写する唯一の貴重な資料であり、この分析によって研究の糸口がみいだせる。上記①②③の考察をふまえて、④大仙陵池に関連する記事が散見される「老圃歴史」の文書に記載の「尾張衆黒鍬者」の動向に着目し、大仙陵池に関わった背景を考察する。間接史資料の引用であることから、さまざまな課題が付随してくるため、さらに③との関連のなかで、⑤それらを整理するとともに、周辺地域をはじめ各地での「尾張衆黒鍬者」の動向から、「尾張谷」との整合性とその背景を探る。そしてこれらの推考の前提として、溜池築堤・補修、河川堤防工事、砂防工事、道路工事、新田開発、山を切り崩し畝増しなどの改修工事に関わってきた、尾張国からの出稼ぎの水利土木技術集団という観点から、「尾張衆黒鍬者」と「尾張谷」をキーワードの核として位置づけ、大山古墳墳丘部崩形に対する私見を提起するものである。

第二節　墳丘部地滑り面の検証

1．誉田御廟山古墳墳丘部地滑り面

地滑りは、斜面の一部あるいは全面的にわたって上方の重力が、下方に移動する現象で、その要因として降雨、融雪による地下水の上昇や地震・火山活動による斜面形状の変化、あるいは人為的な改変などをきっかけに、斜面上の物質が不安定化して発生するとされる[23]。誉田御廟山古墳の「陵墓地形図：二千分之一図」によると、北西端が大きく崩形し、周濠へ滑落している状況がとらえられる。その崩落面は、誉田御廟山古墳が位置する国府《こう》台地の段丘崖下の南北を走る、誉田断層線とほぼ一致していることが読みとれる〔第7－3図〕。日下、寒川は、こういった誉田御廟山古墳墳丘部北西端の崩形について、その主な原因は構造運動に求められることをとらえ、誉田御廟山古墳周辺の地形を緻密に検証し、不等沈下説を展開してきた〔第一節1(b)〕。日下は誉田御廟山古墳墳丘部北西端の崩形部分は、構造線の活動によって地震が発生し、墳丘の一部が崩落したことと同時に、『続日本紀』や『扶桑略記』の山陵震動の記事から、奈良時代から平安時代後期に至る数百年間の、何回かの地震によって崩壊したのではないかと考察する[24]。寒川は、『多聞院日記』や『古文書類纂』などに記載されている永正七年（一五一〇）の「摂津河内地震」をあげ、誉田断層を含む生駒活断層系の断層活動によって、誉田御廟山古墳墳丘部の変形をもたらしたと推考している[25]。これらは考古学・文献史学ではなし得なかった、日下の歴史地理学の自然地理的手法による地形環境復原研究、寒川の地震考古学という新しい学問の領域に発展させた活断層研究の成果であるといえる。

誉田断層線が走る東側の前方部の一部を席捲して、北西方向に三ケ所にわたって地滑りした跡が確認できる〔第7－3図A・B・C〕。特に中央のところの第7－3図B面の崩落は、前方部の等高線五六ｍのところから、最下層の等高線二五ｍの位置まで落ち込み、土塊が崩壊した深層地滑りの様相を示す。そしてA面をも含め、その滑落土は周濠池に大きく落ち込んでおり、墳丘部と周濠池と接する部分は直線化されているため〔第7－3図D・E〕、外堤と周濠池の整備に併せて、その後に補修の手が加えられたものと断定できる(26)。西の造りだし部分と接する周濠池のところが埋め立てられ、この部面も直線化されていることから〔第7－3図F〕、周濠池に落ち込んだ土砂を浚渫して、同様に整備された様子が推測される。誉田御廟山古墳墳丘部崩形跡の開析地は、地滑り面が複合する間の狭隘部のところと、そして崩落した直下面の方向にみられることから、雨水などの浸食によって、幾つかの谷筋が形成されていったものと考えられる。しかし、八ケ所程度の不自然な突地地形の部分が確認されることから、幾つかの谷筋に造作の手を加え、開析地がより明瞭に形づくられ、その時の捨土が盛土されたものとも類推される。

2．大山古墳墳丘部地滑り面

大山古墳墳丘部崩形について、ふれてきたように寒川は第7－2図A・B・C・D・Eの五ケ所の地滑りの崩落面をあげている〔第一節1(b)〕。E面は大山古墳墳丘部前方部前面の整った頂部の北西斜面にあたることから、これを除く四ケ所が明確な地滑り面として確認できる。

後円部のところの第7－2図A面は、頂部に近い部面から北北東方向に崩れ、崩落崖の高低差は六～七ｍ程度、等高線四〇ｍの位置まで最大長約六〇ｍにわたって滑り、さらに下層部にまでその重力が及んでいる。B面もA面と同程度の規模であるが、崩落の重圧は下層部までに及ばず、後円部西南側中層部のところでとどまっている。C面は前方部等高線四〇ｍの位置のところで、南北二五〇ｍ近くにわたって北北西方向に、D面は前方部東南東側へ、いずれも滑った様相を呈している。誉田御廟山古墳北西端の崩れは、深層部までに及んでいるが、大山古墳のこれら四ケ所は表層地滑りを起こしたものとみられる。周濠池と接する第7－2図F・G・H・Iのところは、地滑り面が下層部まで重圧がかかって張り出し、周濠池に若干落ち込んだものの、墳丘部周囲の形は全体的に均整がとれている。これについては、大山古墳では周濠に滑落した部分が小規模であったため、前方部前面の整った段築成と同様に、その整形が文久の修陵以降に修復されたという見方が考えられる。

四ケ所の地滑り面のなかで、特に注視しなければならないのはC面である。下層部への重圧がかかった方向とは逆に、南北に走った明瞭な谷筋がみられる。その顕著なものは、流下方向が逆の第7－2図aとbで、C面のなかで第二次、さらに第三次の地滑りが生じ、その時の崩落崖がこういった南北の谷筋として形成されたのであろうか。大山古墳墳丘部の地滑りは、いずれも表層地滑りであり、その規模からみてさらに内部地滑りが何度も生じたとは考えにくい。さらにC面で七ケ所もの突地地形が確認できる。地滑り現象では、上方からの滑り面が止まる下方のところで、盛り上がり面がみられるものの、大山古墳墳丘部の地滑りの規模からみて、それを原因と想定できる堆積は、B面の中層部でとどまった第7－2図アのところの突地地形ぐらいである。こういったことから、C面での七ケ所もの突地地形の形成は、重圧の方向と異なる流下方向が逆である谷筋の存在とともに〔第7－2図a・b〕、明らかに不自然な様相を示しているのである。

第三節　周濠池の水利機能からの提起

1．誉田御廟山古墳周濠池の集水と甲斐谷

誉田御廟山古墳墳丘部北西端の崩形した谷部の一つが、「甲斐谷」と呼称[27]されていたことに注目したい。誉田御

廟山古墳墳丘部北西端の崩形部について、幾つかの明瞭な谷筋がみられること、その一つが「甲斐谷」と呼ばれていること、さらに日下、寒川の構造運動を主因とする自然崩壊説とを相関させるなら、次のような解釈を提起することができるのではないだろうか。それは地震によって地盤の軟弱な盛土の部分の崩壊がみられ、後世においてその崩落した部分を掘削し、その残土を盛り上げたところが突地地形として形成され、開析地がより明瞭となり主要谷筋が「甲斐谷」と呼ばれるようになった。地震で崩れていた墳丘部北西端の土地を掘削することにより、灌漑用水としての役割を果たしていた周濠池（誉田陵池）への、雨水による集水・貯水機能を増幅させることにつながったものと考えられる。誉田陵池の濠水は、旱魃時の灌漑用水として古室村・沢田村・林村（藤井寺市）の権利下にあり、濠の北外堤の西寄りに位置する樋〔第7－3図a〕より大水川《おおずいがわ》へ流下させている。都市化による農地の転用が著しいことから、灌漑用水の需要が減少し、樋抜きされる機会を喪失したが、今も王水樋水利の管理下に置かれている。(28)

誉田御廟山古墳墳丘部の崩形は、段丘面から氾濫原に及んで位置した墳丘部の、活断層が走る北西端の一端のところが崩落したこと、そして水利の面では、誉田陵池と関係する沢田村・古室村・林村の大水川用水が乏しくなった旱魃時に利水されたことから、地震を原因とする地滑り現象によって崩れた部面に、集水を促すために甲斐からの土木技術者によって、谷部をさらに掘削して、その一つが「甲斐谷」と呼ばれるようになったと考えたい。

2．大仙陵池の集水と尾張谷

大山古墳の周濠は、灌漑用水供給の機能をもつ大仙陵池として利用されてきた。堺廻り四ケ村の舳松村・中筋村・北之庄村・湊村（堺市堺区）の一一七町歩余りを灌漑し、その機能については喜多村俊夫の研究に詳述される。(29)

筆者は既にふれてきたように、狭山池〔第7－1図E〕用水を大仙陵池へ導水した経路を復原し、その灌漑機能を考察してきた〔第六章、注記（20）〕。大仙陵池は立地する土地条件から極めて集水に恵まれず、年によっては三月になっても満水に達せず、それだけに幾多の困難な事情を克服して、集水・貯水に努めねばならなかった(30)。中筋村庄屋（舳松村兼帯庄屋）であった南家の「老圃歴史」の文書(31)から、相当の犠牲を払って狭山池用水の導水を企図した状況がうかがえる。狭山池に溜まり余って除け川へ捨てる水を、狭山池懸かりが不用の間に大仙陵池に導水しようとし、導水溝筋の諸村の利害を調整し、莫大な費用と労務をかけねばならなかった。水利の困難な事情は、百舌鳥古墳群の他の周濠池とも共通する課題であったが、多くの水懸かりを抱え規模が大きい大仙陵池が、最も集水の不利な条件下に置かれていた(32)。

こういった水利事情のなかで、水利土木技術集団である「尾張衆黒鍬者」が、灌漑用水池としての機能が著しく低い大仙陵池の浚渫に従事した記録〔第7－1表〕と、さらに『堺鑑』に記された「尾張谷」をはじめ、四八谷があったとされることの(33)、相関の共通項として、大仙陵池の集水・貯水を促すために「尾張衆黒鍬者」が谷筋の掘削を先導することによって、大山古墳墳丘部の崩壊に関わってきたのではないかという仮説を立てることが可能となる〔第四節2、第五節〕。そして、谷部造出にともなう残土を盛り上げたところが、突地地形として形成されたという見方が想定される。墳丘部を掘削し開析地を造出することによって法面が増加し、降雨時の集水を促進し、一時に貯水量を高める効果につながったものとみられる。

以上のような観点に立つなら、大山古墳墳丘部の崩形について、表層地滑りによって崩れた地形に、大仙陵池の集水・貯水の機能増幅を目的に、中筋村・舳松村をはじめとする堺廻りの村落が、「尾張衆黒鍬者」の水利土木技術集団に委託し、その指使のもと墳丘部の谷部の掘削を進行させ、崩形させた人為説が主因であるとみなしたい。寒川が検証した地滑りによる自然崩壊説を前提として、そこに人為による修復の手が大きく加えられなければ、このような地形型にならなかったものと考えられる。「尾張谷」をはじめとする谷筋の、大仙陵池への集水・貯水機

第７－１表 「老圃歴史」にみる大仙陵池関連での尾張衆黒鍬者の動向

年号（西暦）	記　事	備　考
⑴宝暦６年（1756）	山田山ノ東淵四間ニ八間本坪三十坪二分三り内古淵六坪引廿四坪余、代銀百拾五匁尾張黒鍬誂普請、尾張下村より来り此辺始メ	大山古墳北方の段丘部に位置した淵か、尾張誂記載
⑵明和７年（1770）	中池床内八百十九坪、深平均一尺三寸余浚掘代五百五拾弐匁四分弐厘、尾張黒鍬幸右衛門組誂普請九月出来、去年より願上、御手当米八石被下候	大仙陵池内の中池か、尾張誂記載
⑶安永７年（1778）	大仙陵池浚二月廿五日始、北池掛り口十一間、又樋ヨリ四十六間除、北長百四十四間・幅八間極三月七日迠　樋より四十三間除、南長百四十八間折廻東江十一間、尾張誂掘代銀五百弐拾目弐分六り、右同直段、浚場長三百五十三間・幅八間、以下不同有	大仙陵池、尾張誂記載
⑷安永９年（1780）	（十二月）大仙陵北池浚残百二十六間、尾張誂弐百九拾三匁余、丑六月迠ニ済	大仙陵池、尾張誂記載
⑸天明元年（1781）	（六月）城ケ池樋取替　地代幷尾張人足賃共合銀壱貫五百八拾六匁三分八厘	城ケ池樋取替、尾張人足賃払い
⑹天明元年（1781）	（十二月）大仙陵池南掛リ口ヨリ西江五十四間浚、尾張誂弐百拾七匁三分、壱尺掘三分五厘	大仙陵池、尾張誂記載
⑺寛政元年（1789）	（六月）大仙陵除普請―（中略）―除筋堤下迄崩、依之、池中より持込凡五十間余匂倍落芝植、尾張多四郎誂普請廿八日出来立、南新開江笠置堤形三十余間成	大仙陵池、尾張誂記載
⑻寛政元年（1789）	（八月）長山池樋伏替、東より南池浚え、御番所断済、尾張普請	大仙陵池内の南池か、尾張普請記載
⑼寛政６年（1794）	（三月）今池ウテ樋ヨリ東江九十間、堤江刃金土砂入ル、水持よろし	堤刃金土砂入れ技術
⑽寛政６年（1794）	（九月）大仙陵池樋前水尾掘成、但中嶋之間内池口幅四間・樋前幅六間・長廿七間・深三尺余、尾張人足誂掘代銀百八拾目渡、普請中日覆村方より建、山方下役始終出勤、村方より差構ヒ不申事	大仙陵池、尾張誂記載
⑾寛政６年（1794）	（十二月）増々池西堤長三十間余・南堤長四十四間余、幅三尺ニ深三尺余はかね入成ル、尾張人足江誂普請、土砂池中より掘出ス、幷除溝普請共	尾張誂記載
⑿寛政７年（1795）	（五月）石堤内船入場、尾張黒鍬普請浚上土砂取除手伝、町中老若男女共日々砂運ひ夥し	堺港・土居川関連の修築か、尾張普請記載
⒀寛政７年（1795）	（七月）高田村使御廟池浚普請被仰付候間、壱人三尺掘壱坪宛、尤追而御扶持五合ツヽ被下候由、八月二日聞合ニ遣候所、誂掘も致世話候様申来	御廟山古墳周濠池の誂掘の世話、尾張誂か
⒁寛政７年（1795）	（八月）高田村御廟池浚普請被仰付候由、反割申来り、庄屋喜作へ誂普請頼遣ス、人足三拾四人代銀六拾壱匁弐分十五日喜作へ遣ス、請取書帳袋ニ有、但扶持米不渡	上記⒀関連での、人足賃払いか
⒂寛政10年（1798）	（九月）大仙陵懸り溝底掘、尾張黒鍬誂	大仙陵池関連、尾張誂記載
⒃文化３年（1806）	（八月）大仙陵中嶋松枝伐透し、雑木伐取共凡二千駄入札	墳丘部松伐採
⒄文化６年（1809）	（五月）屋敷東溝浚、黒鍬	土居川東溝、尾張誂か
⒅文化11年（1814）	（三月）大仙池懸ケ溝底掘黒土迄五百四十八間、畦鍬藤助間壱匁弐分引請	大仙陵池への黒土迄の集水井路、畦鍬引請

資料：森杉夫翻刻「老圃歴史（上）（二）（三）（四）（五）」、『堺研究九～一三号』所収、堺市立図書館、1975～1982年より関連記事を抜粋。

能を考察することによって、これが大山古墳墳丘部崩形の要因を探る視点として提示され、さらに誉田御廟山古墳崩形部の谷筋である「甲斐谷」との、共通性を推考することができる。

第四節　尾張衆黒鍬者の動向

1．尾張知多郡の黒鍬稼ぎ

「尾張衆黒鍬者」の動向について、若干の考察を加えておきたい。黒鍬者について、「戦国時代に築城・道路などの普請や、戦場の死体収容にあたった軽輩。江戸時代には、江戸城内の城番・作事・防火などに従事。組・組頭の編成をもち作事奉行の支配に属した。身分は低く苗字帯刀を許されなかった」とある。(34) 幕制の下部組織に位置づけられ、警備・運搬、濠の補修など、城内の土木関連の作事に携わった階級の者の総称として、黒鍬と呼ばれていたことがとらえられる。これとは別に、一般の土工に従事する黒鍬者があった。大蔵永常の『農具便利論』「諸国鍬之図」に「尾張国知多郡より諸国へ土普請働に出るもの、此のくわを用る也。此鍬を黒くわと云。また働の人をさして黒くわとよべり。藪をほりうがつにハ、竹の根木の根をきるに豆腐をきるごとく、至てむぞうさ也。池など新たニ掘るにハ他のくわ三挺の働出来る也。鍬の目かたに寄ず、つかひなるれバ、小くわより労すくなきもの也。土普請にハかならず用ゆべし」と記載される。(35)

尾張知多半島は丘陵地の地形型に規制され、いずれの河川とも短流で水量に乏しく、農業用水の供給を溜池に依存し、その築造の工法が工夫されることにより、高い水利土木技術を駆使して、一人の鍬頭が数人～数十人の鍬子を率いて各地へ出稼ぎにでかけ、溜池築堤・補修、河川堤防工事、砂防工事、道路工事、新田開発、山を切り崩し畝増し、などの労務に従事している。(36) 知多半島の近辺では、木曽三川の下流域を中心に広く新田干拓地が展開し、これに従事することによって、水利土木技術の向上により磨きがかかったものとみられる。寛永七年（一六三〇）に尾張藩が、他国に日雇にでることを禁止したが、耕地の少ない知多半島では、届出制で公認の形をとりながらも、半ば黙認されていたようである。(37)

都築敏人は、知多半島の「尾張衆黒鍬者」に関する史資料を集約している。(38)それによると、寛政元年（一七八九）頃と推定される『知多郡の記』に、出稼ぎにでている村は、郡中一四一ケ村のうち、九六ケ村にのぼることが紹介されている。(39)さらに文政五年（一八二二）の『尾張徇行記』(40)に、知多郡内の一〇二ケ村の村況が記され、そのうち黒鍬稼ぎに出かけているのは四八ケ村にのぼる。出稼ぎ地についてはほとんど記述されていないが、大谷村（常滑市）では河内あたりに雇われていることがふれられている。(41)

2．大仙陵池と尾張衆黒鍬者

大山古墳と「尾張衆黒鍬者」の関わりは、大仙陵池を介して「老圃歴史」に記載され、それらの主な内容は、第7－1表のようにまとめられる。これによって「尾張衆黒鍬者」の労務内容をみるなら、大仙陵池にとどまらず、堺港にあたるとみられる石堤内の船入場の補修のために、普請浚上土砂取除手伝に関わり、町中の労働者がこの砂運びに従事していることがわかる〔第7－1表⑫〕。さらに、城ケ池の樋の取替え〔第7－1表⑤〕、今池の堤を九十間、増々池の西堤長三十間余・南堤長四十四間余、幅三尺、深さ三尺余にわたって、刃金土砂入れの工事が施されている〔第7－1表⑨・⑪〕。刃金土砂入れは粘土の注入により漏水を防止し、堤を堅固にするための「尾張衆黒鍬者」が蓄積してきた高度な水利土木技術で、舳松村・中筋村の水利施設整備全般の先導的役割を担っていた様子が読みとれる。隣村の高田村（百舌鳥、堺市北区）の御廟池（百舌鳥御廟山古墳周濠池）〔第7－1図B〕の浚渫作業に、「尾張衆黒鍬者」を斡旋しており〔第7－1表⑬〕、舳松村・中筋村では長年にわたって密接な関わりのあったことが推察される。

大仙陵池への「尾張衆黒鍬者」の水利土木の作業は、明和七年（一七七〇）と寛政元年（一七八九）八月に記述の中池と南池を、大山古墳の墳丘部を取り巻く周濠池の部位をさした池名称とみなして、それを含めて浚渫に携わった記録が八回にのぼる〔第7－1表(2)・(3)・(4)・(6)・(7)・(8)・(10)・(15)〕。近世での大仙陵池の池敷は約一七．四八町歩に及び[42]、その広大な面積に比して、立地する土地条件は段丘崖上に位置するため、灌漑用水の集水・貯水を図るには、より専門的な技術をもって浚渫をおこなう必要があったのであろう。安永七年（一七七八）の大仙陵池の北池掛りの浚えは二度にわたっており、最初の段階では一〇日余りの作業で、尾張誂として掘代銀五百弐拾匁弐分六厘が支払われている〔第7－1表(3)〕。一日の賃代を一人当たり二．八匁として[43]、二〇人前後の尾張下村[44]〔第7－1表(1)〕からの土木技術集団が関わったことになる。大仙陵池での浚渫作業の掘代銀は、百八拾匁〔第7－1表(10)〕から五百五拾弐匁余り〔第7－1表(2)〕であり、比較的短期間のうちに完了していることから、難しい作業を「尾張衆黒鍬者」が請け負い、その指使のもと日常的には舳松村・中筋村をはじめ、堺廻り四ケ村に課せられた労務作業によって、浚渫作業がなされたものとみられる。

一九七二年に実施された宮内庁の事務所改築にともなう発掘調査で、第二堤（中堤）の地表下一．四mのところより円筒埴輪片とともに近世陶磁器が出土し、この期にそこを盛土したことがとらえられている[45]。「尾張衆黒鍬者」が堺廻り四ケ村の農民を動員して、大仙陵池底の浚渫に関わり、その時に出た土砂を盛土している姿が想い浮かんでくるのである。こういった大仙陵池の底渫えとともに、さらなる集水・貯水を促すため、大山古墳の墳丘部の掘削に「尾張衆黒鍬者」を誘引させていったものと考えたい。

大山古墳西側にあたる堺廻り四ケ村の水懸かりへは、主に樋の谷〔第7－1図D、第7－2図J〕をはじめとする、西の周濠池に設置された樋より灌漑されたことから、墳丘部西側の谷地形の形成が顕著であり、灌漑用水の貯水・

集水のために、この部面の墳丘部の掘削を著しく進行させていったものとも推察される〔第7－2図〕。それに近世の大山古墳墳丘部面の姿態は、樹木が比較的疎らな景観であることから、谷部を雨水が一気に流下して貯水されたことが想起できるのである。

『農具便利論』に、泉州堺にて製造の「農具直段附」が掲載されている。そのなかで、「大黒鍬　但し尾州智多郡ニ用　代十五・六匁」・「小黒鍬　同断　代十匁位」とある。これも大仙陵池をはじめとして、出稼ぎにきた「尾張衆黒鍬者」が、注文に関わっていたものとみなされる。(46)(47)

3．周辺地域での尾張衆黒鍬者と土木技術の伝播

「尾張衆黒鍬者」の動向は、大仙陵池のみにみられるものではない。市川秀之は民俗学に立脚して、本稿で課題とした大仙陵池をはじめ、狭山池周辺から河内・和泉を中心に、「尾張衆黒鍬者」の全体の動向をまとめている。(48)このなかで、狭山池周辺での三都村（大阪狭山市）や菅生村（堺市美原区）の地名が表出する「オワレ唄」を紹介している。(49)新家村（泉南市）の土木作業時に唄う「かけや節」は、大阪民謡百選に選ばれ、古老達によって再現、放映されている。(50)これらは「地搗唄」として、広く河内・和泉で堤などの地搗時のかけ声として唄われてきた。

市川は、さらに近世の狭山池をめぐって、数多くの改修に関わった商人と職人の側面から検討を加えている。(51)狭山池の池守を勤めた田中家の文書を精査するなかで、延享五年（一七四八）の狭山池工事につき、「尾張もの」が訪れ工事の費用・手段を見積もったことがとらえられている。この時は工事も実施されず不調に終わっているが、天明七年（一七八七）に尾張清三郎・為右衛門が西樋部分掘削工事を、翌年に尾張弥助・清三郎が堤普請を落札している。(52)狭山池での「尾張衆黒鍬者」が関わった実態については、これまで具体的にまとめられたものはなかっただけに、労務の側面から独創的な興味ある論を展開している。狭山池周辺の事例として、寛政五年（一七九三）に

三宅村（松原市）の馬場池浚えと刃金土砂入れを尾張甚吉が請け負い[53]、寛政一二年（一八〇〇）頃、山田村（南河内郡太子町）で池普請に携わり定住していた尾張彦三郎が、貧困のため知多郡へ帰村したことにふれている[54]。

尾張坂町（大阪市中央区）、長町尾張坂町（大阪市浪速区）の地名から[55]、上町台地に連なる坂道の土木作業に関わった「尾張衆黒鍬者」の存在を髣髴させる。その他、文化七年（一八一〇）に忠岡村（泉北郡忠岡町）での三の坪池の新造に、尾州兵次郎以下三名の黒鍬者が請け負い[56]、久米田池では、日常的に管理・点検に関わっていた黒鍬者の動向を知ることができる[57]。

弘化二年（一八四五）に、海会宮池《かいご》（海営宮池）の補修に市場村・樽井村（泉南市）に住む尾張職の喜代蔵・安蔵の雇用[58]、滝畑村（河内長野市）の開墾で、善正村（和泉市）や日野村（河内長野市）のクロクワシを雇った記録[59]、久米田池周辺の新在家村（岸和田市）や福田村（岸和田市）での、黒鍬者の定住[60]などの事例のように、「尾張衆黒鍬者」のなかには出稼ぎ期限を過ぎても帰村しない者や、土木または日雇労働者として出先に定住する者がみられるようになる。黒鍬者が定住するとともに、これらによってもたらされた水利土木技術が各地に伝播し、広範に展開することとなる。大仙陵池の南東に位置する東村（百舌鳥、堺市北区）には但馬池、金口村（百舌鳥、堺市北区）には信濃池、と呼称される溜池がみられる。これらは但馬、信濃からの出稼ぎの土木技術集団の指使によって、築造されたという見方に結びつけることができる。

「尾張衆黒鍬者」の労務は、溜池の築造・補修だけでなく、石垣を組む新田の畝増しに従事し、各地で重宝されたものの、身分的には厚遇されたものではなかった。それだけに表立って登場することはないが、かなり各地に広範囲にわたって活躍した足跡がみられる。黒鍬の呼称は各地に残され、「埼玉県秩父、長野県、神奈川県、愛知県三河、滋賀県、兵庫県但馬、徳島県那賀郡などの諸地方では土木作業者を、富山市周辺、徳島県麻植郡などでは石垣作業者をクロクワと呼び、佐渡ではクロクワは土方の用いる鍬の名とし、徳島県では、柄が短く角度が鋭くて堅い土を掘起すのに使う鍬を久六鍬と呼ばれている」ことが記されている。[61] これらのように、「尾張衆黒鍬者」に起因する土木技術が、さまざまな形で各地に伝播し、在地系の黒鍬者の台頭とともに、他国からの出稼ぎ黒鍬との確執がみられるようになっている。[62]

第五節　尾張衆黒鍬者と尾張谷の相関の課題

「老圃歴史」記載の大仙陵池底浚史料での「尾張衆黒鍬者」の動向を分析するなかで、『堺鑑』記載の尾張谷との相関を想定し検討してきた。こういった間接史資料から推考することは、展開のうえで幾つかの課題が想起される。その一つとしてまず、「老圃歴史」での「尾張衆黒鍬者」の出典史料の年代と、『堺鑑』での「尾張谷」と呼称された表出年代が乖異していることにふれておかねばなるまい。「老圃歴史」の黒鍬者関連の記事は、宝暦六年（一七五六）が初見で〔第7－1表(1)〕、大仙陵池底浚えの初見は明和七年（一七七〇）〔第7－1表(2)〕である。『堺鑑』の刊行は貞享元年（一六八四）であるため、およそ表出年代に七〇～八〇年の違いがみられる。

河内・和泉を中心とした周辺地域での「尾張衆黒鍬者」の動向の記事についても、一七〇〇・一八〇〇年代のものが中心であった〔第四節3〕。しかし、寛永七年（一六三〇）に尾張藩が農民の他国へ日雇に出る事を禁止し、知多半島の黒鍬者については、届出制で公認の形をとりながらも、黙認の状況であることをはじめとして〔第四節1、注記(37)〕、天和二年（一六八二）に三河田原藩の安原新田の復旧に、尾州知多郡岩滑《やなべ》村の森与次兵衛と同源左衛門が普請に関わっている。[63] 河内・和泉・摂津での黒鍬関連は、明暦元年（一六五五）には尾張坂町といったこと、[64] 長町尾張坂町は元禄六年（一六九三）に長町七丁目と改称していること、[65] 明暦元年（一六五五）の大坂三郷町絵図に「おはり坂町」とあることから、[66] 元和元年（一六一五）の大坂城落城以降、徳川幕府の手による大坂市中復興時には、これらの町名を付していたことが知れる。他に稲葉村の寛文三年（一六六三）文書に、村の娘と尾張衆との結婚のメモがみられる(67)。こういったことから『堺鑑』が刊行された貞享元年（一六八四）より以前に、「尾張衆黒鍬者」の出稼ぎがおこなわれていたことが考えられ、大仙陵池との関わりを「老圃歴史」記載の一七五〇年代以降に限定しなくてもよいのである。

「老圃歴史」は、中筋村庄屋の南孫太夫（生没年：元文五年〈一七四〇〉～文政二年〈一八一九〉）が、自家に所蔵する文禄元年（一五九二）から文化一四年（一八一七）までの古文書・古記録をまとめたものである（第三節2、第四節2、注記(31)）。一七〇〇年代以降の集約が最も多く、それ以前の記事の掲載は少ないため、一六〇〇年代に「尾張衆黒鍬者」の大仙陵池への関わりがあったとしても、記された文書が残されていなかったともみなされるのではないか。慶長一三年（一六〇八）に狭山池が大改修され、この期に狭山池水下地域の各地に新たな溜池が造られ、この辺り一帯の灌漑水利体系が再編・整備されている(68)。狭山池慶長期大改修事業に連動して、慶長一七年（一六一二）に狭山池より下流一・五㎞の西除川左岸の位置に、狭山池用水を大仙陵池へ導水のために、その中継の溜池として轟池の築造がみられる(69)。さらに大山古墳の南東側にあたる夕雲《せきうん》開の新田開発は、寛永六年（一六二九）に完了している(70)。こういったことを鑑みるなら、一六〇〇年代初頭以降よりこの地域で水利再編・新田開発関連の土木工事が頻発し、「尾張衆黒鍬者」もこの頃には何らかの形で、大仙陵池に関わっていたと想定することに差異はないであろう。

『堺鑑』での大山古墳の築造に関しての、「尾州ヨリ人歩遅来故其築残ハ其儘谷トナレリ今ニ尾張谷ト云リ是俗説未考実否」という記述は、実直にそのまま表現することを避け、「尾張衆黒鍬者」が関わった事情を曖昧にし、「尾張谷」の呼称を前面にだして「築残」と転嫁したものとも思える。貞享二年（一六八五）に堺奉行所が後円部の埋葬施設の保存のため、大きく口を開けていた石室を覆い、周りに溝をきざみ、その外周六〇間に杉を植え込み、立ち入りを禁止している。[71] 元禄一一年（一六九八）には、そこに竹垣を巡らせ、享保一七年（一七三二）には、人も牛馬も妄りに立ち入ることを禁じた高札を付近の村庄屋へ下付している。[72] このように大山古墳が大仙陵として敬事され、後円部の東側中腹に勤番所を建て、堺奉行所の管理がなされはじめたのが一七〇〇年前後のことである。[73] これらの状況から、それまでの一六〇〇年代に集水・貯水を目的に「尾張衆黒鍬者」が先導して大山古墳墳丘部の谷部の掘削に関わり、それは一時に実施されたものではなく漸次継続され、『堺鑑』に記載された「尾張谷」がこの時までに造出されていたとみなしたい。それは『堺鑑』が刊行された年代とも符合し、そして、堺奉行所の管理が入った以降に、大仙陵池の底浚えに比重をおいた一七五〇年代からの文書が残されていたとみることも可能である。

幕府（堺奉行所）の管理が一七〇〇年代初頭頃より強化されたといっても、それは後円部頂上の埋葬施設のみに注意が払われたのに過ぎず、近世期での大山古墳は、中筋村・舳松村をはじめとする周辺村落のわらび取り・しば集めの入会地で、前方部の頂部は国見山と呼ばれ、花見遊山の場として自由に出入りができ、相当荒れていた様子が記されている。[74] 『堺鑑』で「尾張谷」のことを前面にだし、「老圃歴史」に大山古墳墳丘部に掘削の手を加えたことが書き記されていなかったのは、相当に荒らされていたといえども、やはり最大の天皇陵の墳丘部を掘削することに、いささか抵抗があり幕府管理の動きにも配慮したのでは、との見方を示しておきたい。

第六節　他、課題（まとめに代えて）

大山古墳墳丘部の崩形について、これまでの先行研究の動向をふまえ、大仙陵池の集水・貯水を増幅させるために「尾張衆黒鍬者」の指使のもと、表層地滑り跡に雨水などによりできた開析のところを人為的に掘削して、その谷部の一つが「尾張谷」と呼ばれ、残土を盛り上げたところが突地地形として形成されたという仮説を立て、「陵墓地形図：二千分之一図」の読図、誉田御廟山古墳崩形の地滑り面との比較、「老圃歴史」記載の大仙陵池底浚史料の分析、さらに大山古墳周辺での黒鍬者関連の文書・伝承などを援用し、私見を検証してきた。

上記第五節で示した出典史料の年代の乖異の他、さらに幾つかの課題が表出され、以下、その見解にふれておきたい。

①大山古墳墳丘部を掘削し、谷部を造出することによって、果たしてどれほどの集水・貯水につながったのか疑問視される。墳丘部を開析しなくとも降った雨水は、すべて大仙陵池に流入するため、全体の貯水量としては大きな変化はなかったものと思える。しかし、旱魃地帯にあたるこの地域において、日常的に井路の管理に努め、雨水をいち早く集水する水利慣行が古くよりみられてきた。[75] 灌漑の最悪の条件下に置かれてきた大仙陵池の乏しい貯水量を一気に増水すべく、集水のために谷部を掘削することは、決して無為なことではなかったといえる。

②南に位置するミサンザイ古墳（上石津陵、履中天皇陵、墳丘長＝三六〇ｍ）〔第７－１図Ｃ〕の墳丘部は整形を保っており、大山古墳と際立った違いをみせる。[76] 両古墳とも後円部を北にして、その中間域にみられる開析地を避けるようにして段丘崖上に立地している〔第７－１図〕。大山古墳が位置する段丘崖上には、樋の谷〔第７－１図Ｄ、第７－２図Ｊ〕に通ずる開析した原地形のあったことが推測され、大山古墳の一部はその上に築造されているため比較的地盤の弱かった部位があったのではないか。それに墳丘部の規模が巨大であることから地震の影響を受けやすく、表層地滑りの原因になり易かったと解したい。

大仙陵池の集水井路は二つあり、一つは大山古墳後円部北辺の三濠目のところへ流入し、あと一つは北東から南西方向に流れミサンザイ古墳の周濠池である上石津陵池へ流入した井路より分岐して、前方部東の三濠目の南端のところに流入していた。[77] それだけに集水をめぐって上石津陵池と密接な関係にあったといえる。大仙陵池の水面面積は一・二濠目のみで約一七・四八町歩、三濠目を含んで約二五・五町歩、石津陵池の水面面積は約一〇町歩である

〔注記（42）〕。両池とも水利に恵まれなかったものの、石津陵池の許容貯水量がはるかに小さく、墳丘部の地滑り面もみられなかったことから、あえてミサンザイ古墳墳丘部にまで手を加えて、集水・貯水を増幅する必要性はなかったのであろう。

その他、③大山古墳の第三濠が新田開発されていた経緯があり〔注記（42）〕、大仙陵池の水利機能の変遷が充分に把握でき得ていたのか。④夕雲開の開発とともに、大山古墳周辺部の段丘崖上は新田開発地が広く展開し〔注記（70）〕、これにともなう開墾経緯との関連考察が必要ではなかったのか。⑤大仙陵池を機軸に、百舌鳥古墳群での周濠池を有する他古墳との水利面からの比較検討が要求される。⑥大山古墳にとどまらず、他の前方後円墳墳丘部崩形の事例との、原因を含めた比較考察も重要な視点である。⑦史資料が限定されているだけに、本稿で引用した既出史資料の補填として、尾張国知多郡をはじめとして、大山古墳周辺での「尾張衆黒鍬者」関連の史資料のさらなる探索と分析が求められる。

例え文献の乏しい研究対象ではあっても、地形環境を想起して、そこに間接史資料を照写することによって、新たな課題の提起とともに、推論に筋道をつけた思考が拡大する〔注記（22）〕。本研究をきっかけに大山古墳墳丘部崩形について、さらなる議論が惹起されることを期待したい(78)。

なお、本稿脱稿後に、百舌鳥・古市古墳群世界文化遺産登録推進本部会議を調査機関として、「百舌鳥・古市古墳群航空レーザ測量図」が世界遺産一覧表登録推薦書に掲載するために作成されている（二〇一二年九月一八日に報道機関発表）。これによって等高線が一〇～二〇㎝間隔で示され、墳丘部の平面形、墳丘部の斜面の傾斜、墳丘部段築平坦面の広狭、造り出し部の形態など、より精微に描出されている。この航空レーザ測量図によって、大山古墳墳丘部の崩形に対する分析が、今後より深まることを併せて付記しておきたい。

注

（1）末永雅雄『古墳の航空大観』學生社、一九七五年、掲載図による。
（2）網干善教「応神・仁徳陵にみる特殊状況」古代学研究九〇、一九七九年、三一～三三頁。
（3）衣笠一閑『堺鑑上巻』、貞享元年（一六八四）（復刻版『堺鑑全』小谷城郷土館、一九七七年、三二・三三頁）。
（4）井上光貞『日本の歴史1―神話から歴史へ―』所収、「最初の統一王朝」、中央公論社、一九七三年、三八五・三八六頁。
他に、城塞築造による人為説については、斎藤忠が「城砦として一部地域が利用されたことが考えられる」とふれているのがみられる（「仁徳天皇・百舌鳥耳原中陵」、『国史大辞典11』所収、吉川弘文館、一九九〇年、二八七・二八八頁）。
（5）森浩一「古墳文化と古代国家の誕生：古墳築造の年代と未完成の問題」、『大阪府史第一巻』所収、大阪府、一九七八年、七四八・七四九頁。
（6）上田宏範「仁徳陵とその築造企画の謎」堺の四季二二（盛夏号）、一九八六年、二～一七頁。第三七回全国植樹祭・仁徳御陵特別参拝区域一般公開記念での講演内容のまとめ。
（7）中井正弘『仁徳陵―この巨大な謎―』創元社、一九九二年、二七～三二頁、八八・八九頁。
（8）堀田啓一『日本古代の陵墓』所収、「百舌鳥古墳群と大山古墳をめぐって：大山古墳の修築について」吉川弘文館、二〇〇一年、二五六・二五九・二六六頁。
（9）日下雅義『歴史時代の地形環境』所収、「石川下流域の地形環境と「応神天皇陵（誉田山古墳）」の築造に伴う地形変化」古今書院、一九八〇年、三二四～三五六頁。初出論文：「「応神天皇陵」近傍の地形環境」考古学研究二一―三、一九七五年、六七～八四頁。
（10）日下雅義『平野は語る』所収、「段丘と古代の開発：古墳の変形と地震」大巧社、一九九八年、八五～八九頁。
（11）①寒川旭「誉田山古墳の断層変位と地震」地震第二輯三九、一九八六年、一五～二四頁。
②寒川旭『地震考古学』所収、「大阪府の古市古墳群」中公新書、一九九二年、八七～九四頁。

(12) 寒川旭「大山古墳の墳丘に生じた地滑り跡」古代学研究一三二、一九九五年、三〇～三二頁。
(13) 前掲（7）六九～七五頁。
後円主体部に巨大石室・石棺の確認、前方部中腹部で明治五年（一八七二）に風水害による崩土から石室・石棺・副葬品の出土がみられる。また、女性頭部埴輪など、仁徳陵及び同陵周濠・周辺とした出土事例の文献のあることがあげられているが、これらは不明確な要素が強いとみられている。確実な出土事例として、墳丘部及び内堤からは円筒埴輪・埴輪列の埋設や出土記録があることにふれる。
(14) 前掲（7）一三一～一三四頁。
前方部の段築成は、宮内省の陵墓監の「陵墓誌―古市部見廻区域内」の記録によって、明治二〇年（一八八七）～二三年（一八九〇）にかけて、約三万四、五二六坪に松・杉・檜・樫など苗木一九万二、六四五本を植林した時期と重なると推察する。
(15) 前掲（8）二五一頁。
(16) 『日本歴史地名大系第二八巻・大阪府の地名Ⅱ』平凡社、一九八六年、一〇八八頁。
(17) 前掲（16）一〇五四頁。
(18) 井上正雄『大阪府全志巻之五』清文堂出版（復刻版）、一九二二（一九七六）年、二九七頁。
(19) 前掲（12）三〇・三一頁。
(20) ①川内眷三「古墳周濠の土地条件と集水機能について―大仙陵池への狭山池用水の導水をめぐって―」四天王寺国際仏教大学紀要三七、二〇〇四年、三五～五六頁。
②川内眷三「大仙陵池と狭山池にみる水環境再生施策の構図と課題―歴史地理学の視点から―」水資源・環境研究一七、二〇〇五年、三五～五二頁。
(21) 前掲（20）①三六～四三頁。
(22) 本稿では、大山古墳を舞台にして墳丘部崩形と結びつく間接史資料の検索から、その共通項を抽出して推論を立てる方法をとる。文献の乏しい推論を前提とした研究対象の場合、地形図や航空写真などをもとに実地調査を重ね、関係する資料の探索とともに、自然・人文の両要素が渾然として織りなす地域の特質を把握・説明する営みが、研究の可能性を拡大させていく。地表に現存する景観の歴史的分析が求められ、大山古墳が置かれてきた歴史的経緯の一端から、人々がその時々の時代背景のなかで密接に関わってきた姿を、より身近に認識することにつながる。さらに現実の大山古墳の姿態を知ることにより、後世にその価値を守り育て、継承していく視点が醸成されていくものと考える。

なお、藤岡謙二郎は、直接の資料がない場合、間接資料を応用して分析することは、歴史地理学の手法の一つとして用いられることを説き、その重要性を示唆している〔藤岡謙二郎「1．歴史地理の課題と研究　2．歴史地理学の研究法」、織田武雄編『歴史地理』所収、朝倉書店、一九五三年、四頁〕。

(23) 防災科学技術研究所発行の資料による。

(24) 前掲（10）八七・八八頁。

(25) 前掲（11）②九二・九三頁。

(26) 二〇一一年二月二四日に実施された誉田御廟山古墳の限定公開に際し、明治二〇年代に周濠に手を入れた記録があり、崩落土を前面及び側面について整形したものではないかと、案内した陵墓調査官より説明を受けている〔岸本直文「誉田御廟山古墳への立ち入り」ヒストリア二二五、二〇一一年、一〇〇・一〇七頁〕。

(27) 前掲（6）一三頁。

(28) 二〇〇八年九月、藤井寺市沢田での聞き取りによる。石川より碓井村（羽曳野市）で取水する王水井路は、誉田村（羽曳野市）・道明寺村・古室村・沢田村・林村・藤井寺村・岡村・小山村（以上藤井寺市）の八ケ村を灌漑し、王水樋組合と呼ばれる水利組合を結成する。王水井路からの分流が大水川で、古室村・沢田村・林村の領分を流下する〔『藤井寺市史第二巻通史編二』藤井寺市、二〇〇二年、七九一頁〕。

(29) 喜多村俊夫『日本灌漑水利慣行の史的研究各論篇』所収、「泉州堺近郊の灌漑農業」岩波書店、一九七三年、五二八〜五八一頁。同稿は、東亜人文学報三―二、一九四三年、掲載論文。

(30) 前掲（20）①四四・四五頁。

（31）森杉夫翻刻「老圃歴史（上）（二）（三）（四）（五）」、『堺研究九～一三』所収、堺市立図書館、一九七五・一九七八・一九七九・一九八〇・一九八二年、一～九二・一～六八・一～一〇二・一～八六・一～九三頁。
中筋村庄屋（舳松村兼帯庄屋）南家の十一世南孫太夫が、自家に所蔵している文禄元年（一五九二）から文化一四年（一八一七）までの古文書・古記録を、庄屋を退役した寛政九年（一七九七）以降に「老圃歴史」として集約している。この原本は第二次世界大戦の戦火を受け焼失したが、『堺市史』の編集に際し筆写されていたものが堺市立図書館に架蔵され、これをもとに翻刻したものである。堺廻りの中筋村を中心として舳松村・北之庄村の村勢・村政・土地・貢租・水利についてふれ、堺研究の貴重な近世史料として活用される。
（32）前掲（20）①四五頁。
（33）前掲（7）二九頁。
初出は、大山古墳の管理を明治期になって委嘱された陵掌（旧陵掌筒井幸四郎氏説）が、「四八谷と称し最大のものは尾張谷」と語っているものをまとめたものによる（『堺市史第七巻別編』堺市、一九三〇年、八二二・八二三頁）。
（34）『角川日本史辞典』角川書店、一九七四年（第二版）、三〇〇頁。
（35）大蔵永常『農具便利論』所収、「諸国鍬之図」文政五年（一八二二）（『日本農書全集第一五巻』農村漁村文化協会、一九七七年、一四三頁）。
（36）都築敏人「黒鍬人足について（一）―江戸時代の土木作業員の動向―」みなみ六七（南知多郷土研究会）、一九九九年、六三頁。
（37）前掲（36）六三頁。
（38）前掲（36）六三～六八頁の他、
都築敏人「黒鍬人足について（二）―三井家文書に見られる黒鍬関係―」みなみ六八、一九九九年、五六～六二頁。

同「黒鍬人足について（三）―盛田家文書に見られる黒鍬関係・その他―」みなみ六九、二〇〇〇年、七二～七七頁。

同「黒鍬人足について（四）―田原藩日記・知多古文化研究―」みなみ七一、二〇〇一年、六一～六四頁。

同「黒鍬人足について（五）―近世における溜池の築造技術集団・尾張衆の活動をめぐって―」みなみ七二、二〇〇一年、六七～七一頁。

都築は、このなかで三井家文書「黒鍬人別書上帳」、盛田家文書「他国江罷出候人数之覚」、杉浦家文書「乙川村他所稼人数書上帳」などの史料を紹介している。

他に、概要を解説した範疇にとどまるが、『有脇の黒鍬』有脇公民館編、一九八四年。杉崎章「尾張・知多の黒鍬稼」知多古文化研究四、一九八八年、四一～四六頁をあげることができる。

(39) 前掲（36）六五・六六頁。

(40) 『名古屋叢書続編八―尾張徇行記（五）―』名古屋市教育委員会、一九七六年（復刻版一九八四年）。

(41) 前掲（40）三六三頁。

(42) 大山古墳が三重濠に再掘削されたのは、明治三二年（一八九九）～三五年（一九〇二）のことである。近世期での三重目の濠は、新田開発がなされ、絵図には二重濠で描かれているものがみられる〔中井正弘『伝仁徳陵と百舌鳥古墳群』摂河泉文庫、一九八一年（第二版）、二五～二八頁〕。したがって、本稿での近世期の大仙陵池の池敷は、中濠と二重目を濠池の面積として算出した値による。三濠目を含めると二五・五町歩となる〔前掲（20）①四二頁〕。

(43) 大工の賃代は、享保一一年（一七二六）～一六年（一七三一）で二匁、延享三年（一七四六）で二・八匁となっている〔山崎隆三『近世物価史研究』所収、「第17表　米価と賃金」塙書房、一九八三年、一〇〇頁〕。久米田池での、文政九年（一八二六）の向堤穴潰しに付尾張五人分で一四匁（一人当り二・八匁）、文政一三年（一八三〇）の市右衛門作料四八人分で八四匁（一人当り二・八匁）である〔後掲（57）所収、「表1　文政年間の久米田池郷から黒鍬者への支払い」九一頁〕。

(44) 『尾張徇行記』〔前掲（40）〕には、尾張下村に該当する村落はみられない。尾張下の村より来たという漠然的な表意であるとみられる。

(45) 今尾文昭「天皇陵古墳解説：大山古墳」、森浩一編『天皇陵古墳』所収、大巧社、一九九一年、三八五～三九〇頁。

(46) W・ゴーランド『日本古墳文化論』（上田宏範校注、稲本忠雄訳）所収、「日本の初期天皇陵とドルメン」創元社、一九八一年、写真20に仁徳天皇陵の写真が掲載される（校注者、明治初年と記す）。それによると植栽は少なく墳丘部の輪郭が鮮明に写されている。

(47) 前掲（35）三〇〇頁。

(48) 市川秀之「オワリ衆の伝承を追って—近世の池溝築造技術者集団—」近畿民俗一二五、一九九一年、一～一六頁。

(49) 前掲（48）二頁。

オワレ唄

ヤレサー　おわれ黒鍬の　コリヤ　肩の皮ほしや
コーリヤ　もろて雪駄の裏にする。
ヤレサー　おわれ黒鍬、コリヤ　つんばくろの鳥よ
コーリヤ　国をへだてゝ土運ぶ。
ヤレサー　三都狭山の　コリヤ　御普請しもて
コーリヤ　菅生の宮山唄で越す。

初出は、伊藤櫟堂「南河内郡民謡雑筆」上方86、上方郷土研究会、一九三八年、九七・九八頁。

(50) 辻川季三郎『和泉、河内、摂津　水利灌漑、築造史考—技術集団の系譜—』大栄出版、一九九四年、二九七・二九八頁。

かけや節

ヤレサー　伊勢は津でもつ、津は伊勢でもつ
コーリヤ　尾張名古屋は城でもつ
ヤレサー　行ったら見てこい尾張の城を
コーリヤ　金のしゃちほこ雨ざらし
ヤレサー　尾張さんとは名はよいけれど
コーリヤ　朝も早よから鍬仕事

ヤレサー　とんとたたくは桶屋か大工
コーリヤ　いのて走るは魚屋か

初出は、『続新家古記の世界』泉南歴史民俗学資料社、一九八七年。

(51) 市川秀之「近世狭山池の改修をめぐる商人と職人」、『狭山池―論考編―』所収、狭山池調査事務所、一九九九年、九七～一二四頁。

(52) 前掲（51）一一九頁。

(53)『松原市史第三巻』所収、「弘化三年以降　ひかえ」松原市、一九七八年、四三九頁。

(54) 前掲（48）一四頁、前掲（51）一二〇頁。

(55)『角川日本地名大辞典二七・大阪府』角川書店、一九八三年、二七八・八七六頁。

(56)『忠岡町史第二巻』所収、「三の坪池築造請負一札」忠岡町、一九九〇年、七四六頁。

(57) 疇野《ようの》萌野「『久米田池水利関係資料』より、久米田池普請における黒鍬者について」橘史学一八、二〇〇三年、七九～九四頁。

(58)『泉南市史通史編』所収、「海会宮池の利用」泉南市、一九八七年、二九三～二九八頁。

(59) 宮本常一編著『河内国瀧畑左近熊太翁旧事談』アチックミューゼアム、一九三八年、一一一頁。

(60) 前掲（57）八二頁。

(61) 民俗学研究会編『改定綜合日本民俗語彙集第二巻』平凡社、一九七〇年、一四一頁。

(62) 前掲（51）一二〇頁。

安政六年（一八五九）、富田林市東板持石田家文書。他国からの出稼ぎ黒鍬に対抗するため、摂津・河内の在地系黒鍬が結集する動きがとらえられている。

(63) 西田真樹「三河・田原藩政に映じた尾張および尾張藩」桜花学園大学紀要二、二〇〇〇年、二五～五一頁。

(64)『日本歴史地名大系第二八巻・大阪府の地名Ⅰ』平凡社、一九八六年、四九六頁。

(65)（66） 前掲（64）六九七頁。

(67) 前掲（50）三〇七頁。
(68) 慶長一三年（一六〇八）の狭山池慶長期大改修事業については、『狭山池改修誌』大阪府、一九三一年、二〇七～二一三頁をはじめ、多くの文献にみることができる。
(69) 前掲（31）「老圃歴史（上）」二〇・二一頁。
(70) 夕雲開は、幕府代官高西夕雲の名に因むもので、ミサンザイ古墳東側から大山古墳の南東側にかけて飛地状に展開し、寛永六年（一六二九）に新田開発を完了している〔前掲（55）六六九頁〕。大山古墳の位置する段丘崖上は、夕雲開だけでなく、畑地主体の新田開発の土地が広がる。堺廻り三ケ村（中筋村・舳松村・中之庄村）の耕地荒廃の状況を考察した牧野信之助の研究があげられる〔牧野信之助『土地及び聚落史上の諸問題』所収、「近世の耕地荒廃と小作問題―堺廻り三ケ村の手余り地に関する研究―」河出書房、一九三八年、三八三～四二七頁〕。
(71)(72) 前掲（7）、九八・九九頁。
(73)(74) 前掲（7）、九九頁。
(75) 集水域の小さい溜池では、たえず掛水路（集水路）の浚渫など、管理に努め、雨水時に自村の領域内にある掛水路に、水役先導のもと共同で集水作業にでる慣わしがあった（筆者、狭山池水下地域などでの聞き取りによる）。
(76) 「陵墓地形図：二千分之一図、履中天皇百舌鳥耳原南陵之図」〔前掲（1）〕では、ミサンザイ古墳の墳丘部は、三段築成で崩れがみられず整形を保っていることがとらえられる。
(77) 前掲（20）①、三九～四三頁。
(78) 大阪歴史学会二〇一一年度大会：考古・個人報告での発表時において、森岡秀人氏より大山古墳墳丘部崩形での谷部の造出は、墳丘部の崩形を防止する治水のためではなかったかという指摘があった。治水が前提となって灌漑に連動するため、両機能は密接に結びつくが、大山古墳墳丘部での表層地滑り面の形質からみて、治水とみる考えは有意な提言であり、付記しておきたい。

第八章　和気清麻呂の河内川導水開削経路の復原とその検証

第一節　はじめに

1．河内川導水の記事

延暦七年（七八八）、摂津大夫の和気清麻呂の河内川導水計画とその開削事業について、『続日本紀』では、以下のように記す(1)〔第8－1表22〕。

『続日本紀』延暦七年三月条

　甲子。中宮大夫従四位上兼民部大輔摂津大夫和気朝臣清麻呂言。河内摂津両国之堺。堀レ川築レ堤。自二荒陵南一。導二河内川一西通二於海一。然則沃壌益広。可二以墾闢一矣。於レ是。便遣二清麻呂一勾二当其事一。応レ須二単功廿三万余人給レ粮従レ事矣。

河内川導水の開削が中座したことを、延暦一八年（七九九）の『日本後紀』では、さらに次のように記す(2)〔第8－1表23〕。

『日本後紀』延暦十八年二月条

　清麻呂潜奏。令下上託二遊猟一相中葛野地上。更遷二上都一。清麻呂為二摂津大夫一。鑿二河内川一直通二西海一。擬レ除二水害一。所レ費巨多。功遂不レ成。私墾田一百町在二備前国一。永為二振（賑）給田一。郷民恵レ之。

第８－１表　八・九世紀の河内国・摂津国関連を中心にした治水関連記事

史料	年　代	記　事　の　概　要	治世天皇
1．続日本紀	養老七年四月条（723年）	頃者、百姓漸く多くして、田地窄く狭し。望み請らくは、天下に勧め課せて、田疇を開闢かしめむことを。其れ新たに溝池を造り、開墾を営む者有らば、多少を限らず、給ひて三世に伝えむ。若し旧の溝池に逐はば、その一世に給はむ。	元正
2．続日本紀	天平四年十二月条（732年）	河内国丹比郡に狭山下池を築く。	聖武
3．続日本紀	天平十三年四月条（741年）	従四位上巨勢朝臣奈氐麻呂、従四位下藤原朝臣仲麻呂、従五位下民寸大楫、外従五位下陽侯史真身等を遣して、河内と摂津と河堤を相争ふ所を撿挍せしむ。	聖武
4．続日本紀	天平二十年七月条（748年）	河内・出雲の二国飢う。之を賑恤す。	聖武
5．続日本紀	天平二十一年二月条（749年）	大僧正行基和尚遷化す。―中略―　また親ら弟子等を率ゐて、諸の要害の処に橋を造り陂を築く。聞見の及ぶ所咸来りて功を加へ、不日にして成る。百姓今に至るまで、其の利を蒙れり。	聖武
6．続日本紀	天平勝宝二年五月条（750年）	京中驟かに雨ふり、水潦汎溢す。又伎人・茨田等の堤、往々決壊す。	孝謙
7．続日本紀	天平宝字六年四月条（762年）	河内国狭山池の隄決す。単功八万三千人を以て修造せしむ。	淳仁
8．続日本紀	天平宝字六年六月条（762年）	河内国の長瀬の隄決す。単功二万二千二百余人を発し修造せしむ。	淳仁
9．続日本紀	天平宝字七年五月条（763年）	河内国飢う。之を賑給す。	淳仁
10．続日本紀	天平神護二年六月条（766年）	河内国飢う。之を賑給す。	称徳
11．続日本紀	神護景雲四年七月条（770年）	志紀・渋川・茨田等の隄を修む。単功三万余人。	称徳
12．続日本紀	宝亀三年八月条（772年）	朔日より雨ふり、加ふるに大風を以てす。河内国茨田の堤六処・渋川堤十一処、志紀郡五処、並びに決す。	光仁
13．続日本紀	宝亀五年五月条（774年）	河内国飢う。之を賑給す。	光仁
14．続日本紀	宝亀五年九月条（774年）	天下の諸国をして、溝・池を修め造らしむ。	光仁
15．続日本紀	宝亀五年九月条（774年）	使を五畿内に遣はして、陂・池を修め造らしむ。並に三位已上を差して検校とす。国ごとに一人なり。	光仁
16．続日本紀	宝亀六年十一月条（775年）	使を五畿内に遣はして、溝・池を修め造らしむ。	光仁
17．続日本紀	延暦三年九月条（784年）	河内国茨田郡の堤、一十五処を決す。単功六万四千余人に粮を給ひてこれを築かしむ。	桓武
18．続日本紀	延暦四年一月条（785年）	使者を遣はし、摂津国の神下、梓江、鯵生野を掘りて、三国川に通ぜしむ。	桓武
19．続日本紀	延暦四年九月条（785年）	河内国言す、洪水汎溢し、百姓漂蕩して、或は船に乗り、或は堤上に寓し、粮食絶乏して、艱苦良に深し、と。是に於て使を遣はし、監巡せしめ、兼て賑給を加ふ。	桓武
20．続日本紀	延暦四年十月条（785年）	河内国、隄防を破壊せること卅処。単功卅万七千余人、粮を給ひてこれを修築せしむ。	桓武
21．続日本紀	延暦五年八月条（786年）	従四位上和気の朝臣清麻呂を、民部大輔と為す。摂津大夫故の如し。	桓武
22．続日本紀	延暦七年三月条（788年）	中宮大夫従四位上兼民部大輔摂津大夫和気朝臣清麻呂言す。河内・摂津両国の堺、川を堀り堤を築き、荒陵の南より、河内川を導き、西の方海に通ぜむ。然らば則ち沃壌益々広く、以って墾闢すべし、と。是に於て、便ち清麻呂を遣はし、其の事を勾当せしめ、須ふべき単功廿三万余人に、粮を給し事に従はしむ。	桓武

23. 日本後紀	延暦十八年二月条（799年）	清麻呂潜奏す。葛野の地に相遊獵し上託令しむ。更に都に遷上す。清麻呂、摂津大夫と為す。河内川を鑿ち、直に西海に通じ、水害を除かんと擬す。費す所巨多にして、功遂に成らず。私墾田一百町備前国に在り、永く賑給田を為す。郷民之に恵む。	桓武
24. 日本後紀	延暦十八年四月条（799年）	河内国飢う。使を遣して賑給せしむ。	桓武
25. 日本後紀	延暦十八年四月条（799年）	勅すらく、澇水日を経て、苗稼腐損し、窮弊の民は、更に播くを得ず。宜しく山城・河内・摂津等の国、貧民を巡検し、正税を以て給すべし、と。	桓武
26. 日本紀略	延暦十九年十月条（800年）	山城・大和・河内・摂津・近江・丹波等諸国の民一万人を発し、以て葛野川の隄を修む。	桓武
27. 日本紀略	大同元年十月条（806年）	河内・摂津両国の堤を定む。※堤は境の誤写か。	平城
28. 日本後紀	弘仁二年四月条（811年）	勅すらく、河内国の税分銭三百貫、便に当国に充て、三箇年を限りて、出挙して利を収め、造堤料と為せ。	嵯峨
29. 日本後紀	弘仁三年七月条（812年）	山城・摂津・河内三国に新銭二百卅貫を賜ひ、出挙して利を取り、隄防の用に充てしむ。	嵯峨
30. 日本後紀	弘仁五年七月条（814年）	大和・河内両国の遠年未納の稲一十三万四千束を免ず。百姓窮乏して、弁進するに堪へざるを以てなり。	嵯峨
31. 日本後紀	弘仁六年六月条（815年）	河内国澇す。乏絶戸に賑貸す。	嵯峨
32. 類聚国史	弘仁十二年十月条（821年）	河内国の境、害を被ること尤も甚し。秋稼之を以て淹傷し、下民其れに由りて昏墊す。朕今、事に即して斯の地を経歴し、日に触れて憂を増す。兆庶何ぞ辜あらんやと云々。其の害を被る諸郡には、復三年を給はむ。尤も貧下なる者の、去年負へる租税の未だ報いざる、及び当年の租税は、亦蠲除せむ。其の山城・摂津両国は、地勢犬牙、此と相接す。此を見て彼を知る。害必ず汎濫せむ。水に浜へる百姓の資産を流出せる者は、今年の租税を出すこと勿れ、と。	嵯峨
33. 日本紀略	天長四年三月条（827年）	河内国の荒閑地五十町を、大学寮に給ふ。	淳和
34. 日本紀略	天長九年八月条（832年）	大いに雨ふり、大いに風ふく。河内・摂津の両国、洪水汎溢し、堤防決壊す。	淳和
35. 続日本後紀	承和二年十月条（835年）	河内国の荒廃田八十五町を、時子内親王に賜ふ。	仁明
36. 続日本後紀	承和三年二月条（836年）	河内の国丹比郡の荒廃田十三町を、皇太后宮後院に充て、古市郡の空閑地四町を、繁子内親王に賜ふ。	仁明
37. 続日本後紀	承和三年十一月条（836年）	山城国綴喜郡、乗陸田二町、河内国の荒廃田卅三町を、時子内親王に賜ふ。	仁明
38. 続日本後紀	承和四年正月条（837年）	河内国の荒廃田卅町を、本康親王に賜ふ。	仁明
39. 続日本後紀	承和十二年九月条（845年）	河内・摂津両国に仰せて、難波の堀川に生ふる所の草木を刈り掃はしむ。石川・竜田両川の洪流を引きて、西海に通ぜしめんが為なり。	仁明
40. 続日本後紀	嘉祥元年八月条（848年）	使を摂津・河内両国に遣し、水災を被る者を巡検し、便近の倉庫を開き、之を賑給せしむ。	仁明
41. 文徳実録	仁寿二年三月条（852年）	使者を遣して、河内・若狭・因幡三国の飢民を賑給す。	文徳
42. 三代実録	貞観四年三月条（862年）	木工頭従五位上兼行左兵衛門権佐紀朝臣春枝・従六位下守右衛門大尉藤原朝臣好行を遣して、河内・摂津の両国の相争ふ仗人堤の事を弁析せしむ。	清和
43. 三代実録	貞観十二年七月条（870年）	従五位上行少納言兼侍従和気朝臣彜範を以て、検河内国水害堤使と為す。判官は一人、主典は二人。	清和

44. 三代実録	貞観十二年七月条（870年）	従五位上守右中弁藤原朝臣良近を築河内国堤使長官と為し、散位従五位下橘朝臣時成・従五位下賀茂朝臣峯雄を、並びに次官と為す。判官は四人、主典は三人。	清和
45. 三代実録	貞観十二年七月条（870年）	大僧都法眼和上位慧達・従儀師伝灯満位僧徳貞・将道師薬師寺別当伝灯大法師位常全・西寺権別当伝灯法師位道隆・元興寺僧伝灯法師位玄宗等を河内国に遣し、堤を築くを労視せしむ。	清和
46. 三代実録	貞観十二年七月条（870年）	朝使を遣して河内国の堤を築かしむ。成功未だ畢らざるに重ねて水害有るを恐るるなり。是に由り、大和国の三歳神・大和神・広瀬神・竜田神に奉幣して、雨滂無きを祈る。河内の水源は大和国を出ずるを以てなり。	清和
47. 三代実録	貞観十七年二月条（875年）	正五位下守右中弁兼行丹波権守橘朝臣三夏を以て、築河内国堤使長官と為すと云々。	清和
48. 類聚三代格	元慶三年七月五日太政官符（879年）	応に神寺王臣諸家の庄并びに閑地を請ふ諸人をして隄防を修理せしむべきの事 右、河内国の解を得るに偁く、「謹みて、太政官去る天長三年五月三日の符を案ずるに偁く、『別当正三位行中納言兼右近衛大将春宮大夫良峯朝臣安世の奏状に偁く、「往年の間、堤防浸決して、邑居漂没す。良田久しく荒れ、農夫業ひを失す。方今堤防漸く修し、水門一定す。地脉新たに分かちて、百姓競て点ず。若し是れ意に任せて其の耕作を聴さば、富強は利を専らにし、貧弱は得ること少し。望み請ふらくは、地を得るの数に随ひ、多少の法を定め、各をして堤防を修理せしむることを。仮令ば一町の地を給へば、一丈の堤を修理す。公労を加えず、堤防を全うせしむの術なり。若し地を得るの後堤防を事とせずんば、随ひて則ち公けに還す」者。中納言従三位兼行左兵衛督清原真人夏野宣す、「勅を奉るに、奏に依れ」』者。国司はすべからく符の旨を遵行すべし。而るに件の符、徒らに出でて格条を載せず。茲に因り国宰怠りて勤めず。頑民棄てて顧ず。堤防の害斯に由らざる無し。望み請ふらくは、新たに符を下され、便ち神寺王臣諸家の庄并びに閑地を請ふの類、当家の人民等彼の分法に随ひ、毎年修理を加へんことを、若し拒捍の輩有らば、天長元年五月五日の符に依りて、溝池を修めざるの農人に准じ、杖八十に決し、修理に勤めしむ。又位蔭に凴り此の制に違ふるの徒、同じく先符に依りて其の田を還収せん。但し禰宜・祝等に至りては、見任を解却せん。謹みて官裁を請ふ」者。右大臣宣す、「請ひに依れ」。	陽成

注）1．黒板勝美・国史大系編集会編『新訂増補国史大系』吉川弘文館などをもとに編集した『美原町史第二巻』美原町、1987年を中心に、関連記事を追記して作成。
2．称徳は孝謙重祚。

2.『摂津志』・『摂津名所図会大成』の記述と初期の見解

これらの記事に依拠した和気清麻呂の河内川の導水をめぐって、近世期より多くの見解が展開されている。享保一九年（一七三四）、並河誠所・関祖衡編『摂津志』に「今住吉郡平野の西に河内川あり、鯽川〔第8－1図ア〕は本名河内川にして天王寺荒陵(3)〔第8－1図カ〕の南より流れ木津難波〔第8－1図イ・ウ〕の間を経て木津川〔第8－1図エ〕に達す」と記されている。(4)さらに安政二年（一八五五）、暁鐘成『摂津名所図会大成』では、河堀社（河《こ》堀稲生《ほれいなり》神社）〔第8－2図A〕の位置、及び河堀《こぼれ》〔第8－2図B〕の地名から、その地跡を四天王寺〔第8－1図オ、第8－2図C〕南東部にあてている。(5)

河内川導水の開削経路の検証については、吉田東伍と井上正雄によってとらえられる。吉田は『大日本地名辞書第二巻（上方）』(6)において、荒陵（茶臼山古墳）(7)〔第8－1図カ〕の東三町より、一条の窪地が南東に連なり、桑津〔第8－1図キ〕と今林〔第8－1図ク〕の間を経て平野郷〔第8－1図ケ〕に至り、桑津以西およそ二十町の人為開削の跡を指摘し、大和川の水を龍華川（平野川）〔第8－1図コ－1〕に通し、平野郷より桑津に、桑津より荒陵の南を穿断し海に導くことを企図したとする。さらに荒陵の西の河道にふれ河内川を鯽川に流下させようとしたととらえる。井上は『大阪府全志巻之二』(8)で、吉田と同様に、茶臼山下の川床池（河底池）〔第8－1図サ、第8－4図A〕より東に向かって大道一丁目〔第8－4図B〕と悲田院町〔第8－4図C〕、北河堀町〔第8－4図D〕と南河堀町〔第8－4図E〕との間に亘せる一線低窪の地のあることをふまえ、「これが荒陵の南より河内川を導きて、単功貳拾參萬餘人を使役して開鑿せしめ給ひし工事の跡」とする。鯽川を河内川の流末とすることについては、「鯽川筋を経て木津川に注ぎしものと断じてのことであるが、該工事は諸費多くして功遂に成らざりしと『日本後紀』にみられることから、『摂津志』の記す所は誤りである」と指摘する。他に郷土史誌類で和氣清麻呂の河内川導水計画についてふれられているが、いずれも『続日本紀』・『日本後紀』に記載された内容の紹介が中心で、開削経路に

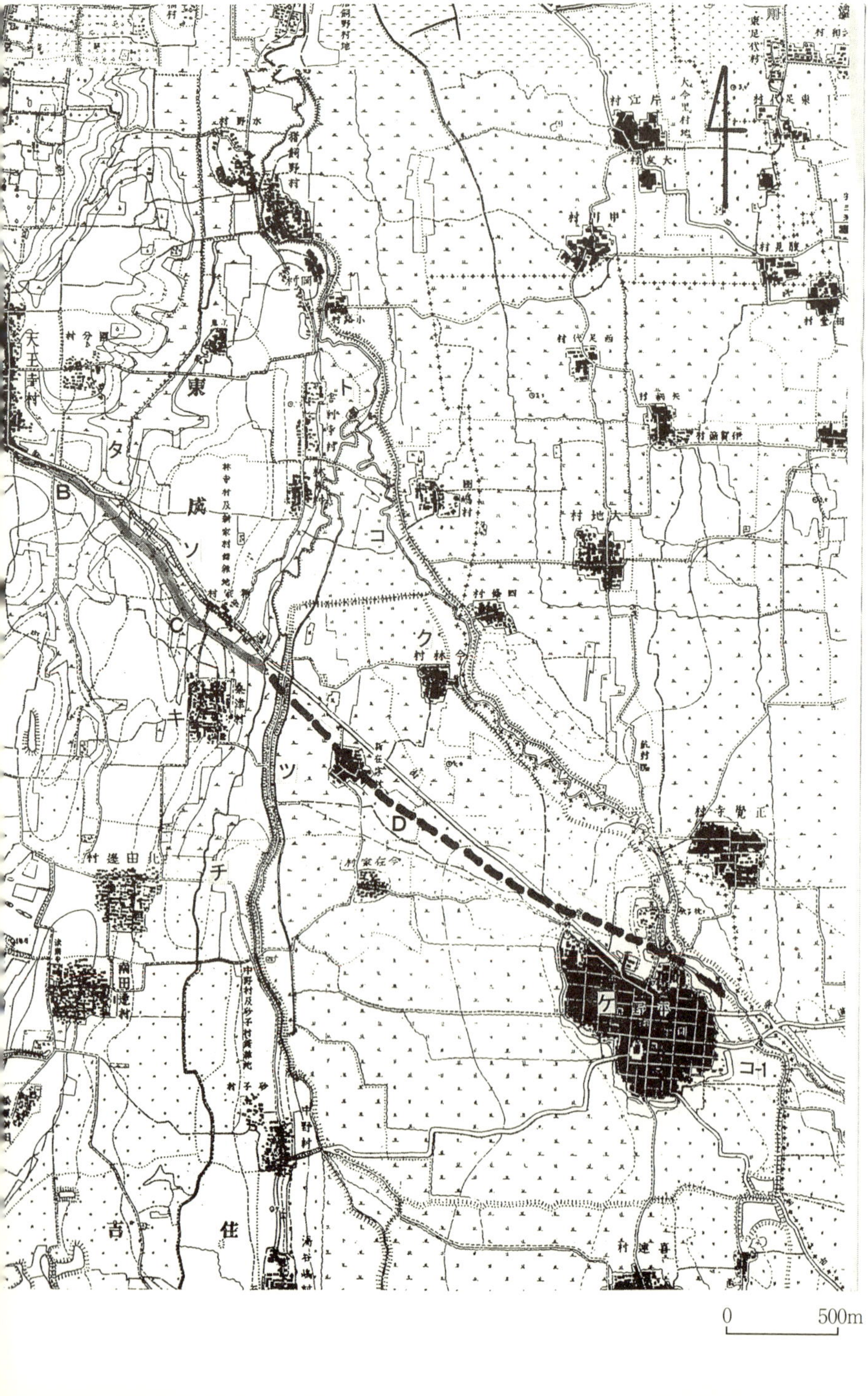
4
天王寺村
東
タ
B
成
ソ
ト
コ
C
ク
キ
ツ
D
チ
ケ
コ-1
吉
住
中野村
0
500m

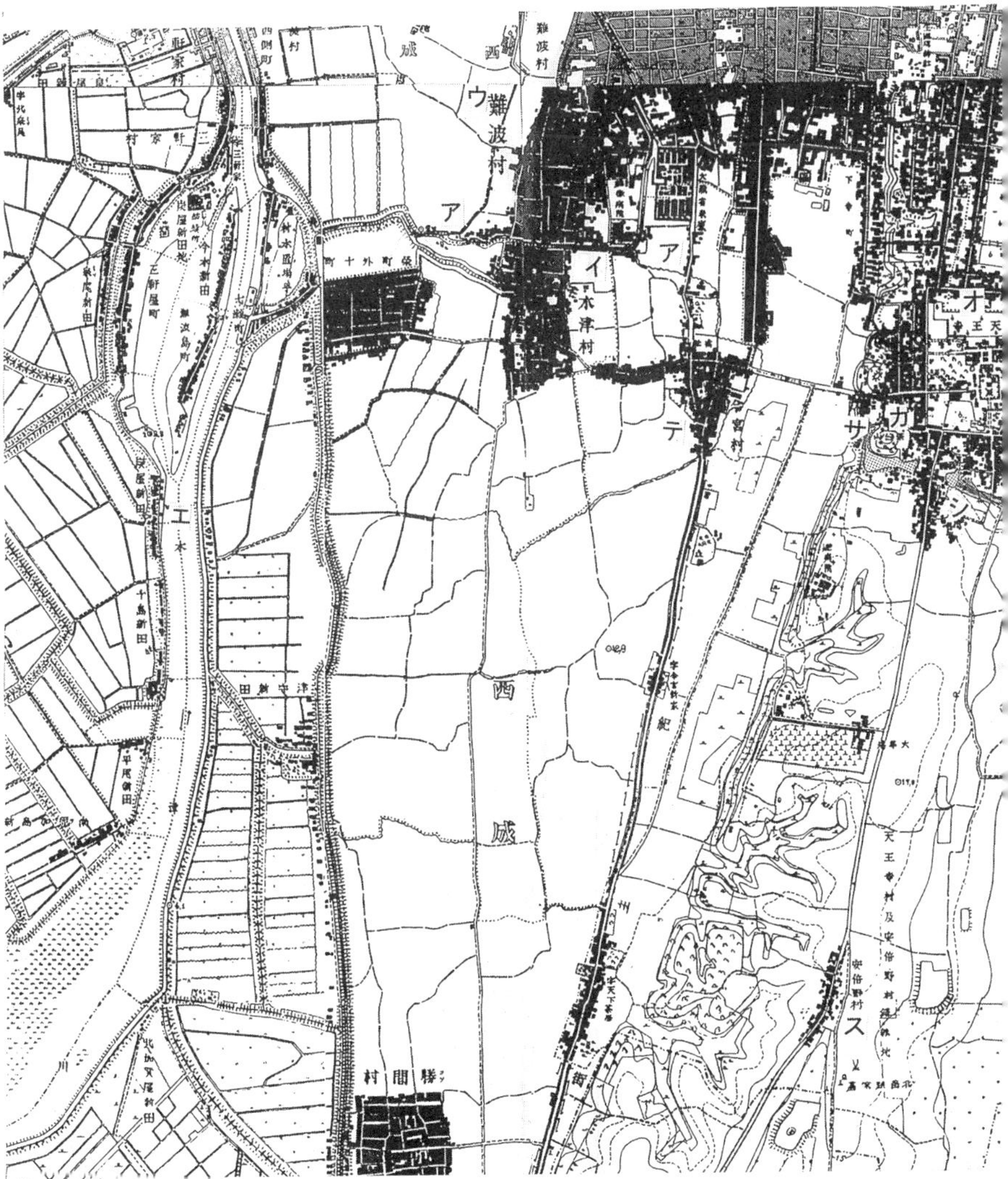

ア＝鼬川　イ＝木津村　ウ＝難波村　エ＝木津川　オ＝四天王寺　カ＝荒陵（茶臼山古墳）
キ＝桑津村　ク＝今林村　ケ＝平野郷　コ＝平野川（龍華川＝コ－1）　サ＝河底池
シ＝庚申池　ス＝阿倍野村　セ＝天王寺村　ソ＝奈良街道　タ＝猫間川　チ＝駒川
ツ＝今川　テ＝今宮村　ト＝舎利寺村
A＝地類区分地（上）　B＝地類区分地（中）　C＝桑津村耕地割状地類区分地
D＝平野川旧河川経路（7～9世紀）

第8－1図　「仮製地形図：天保山・天王寺村」による河内川導水経路比定図

資料：陸地測量部：1：20,000図〔天保山図：明治18年（1885）、天王寺村図：明治
(1886)〕をもとに加筆。

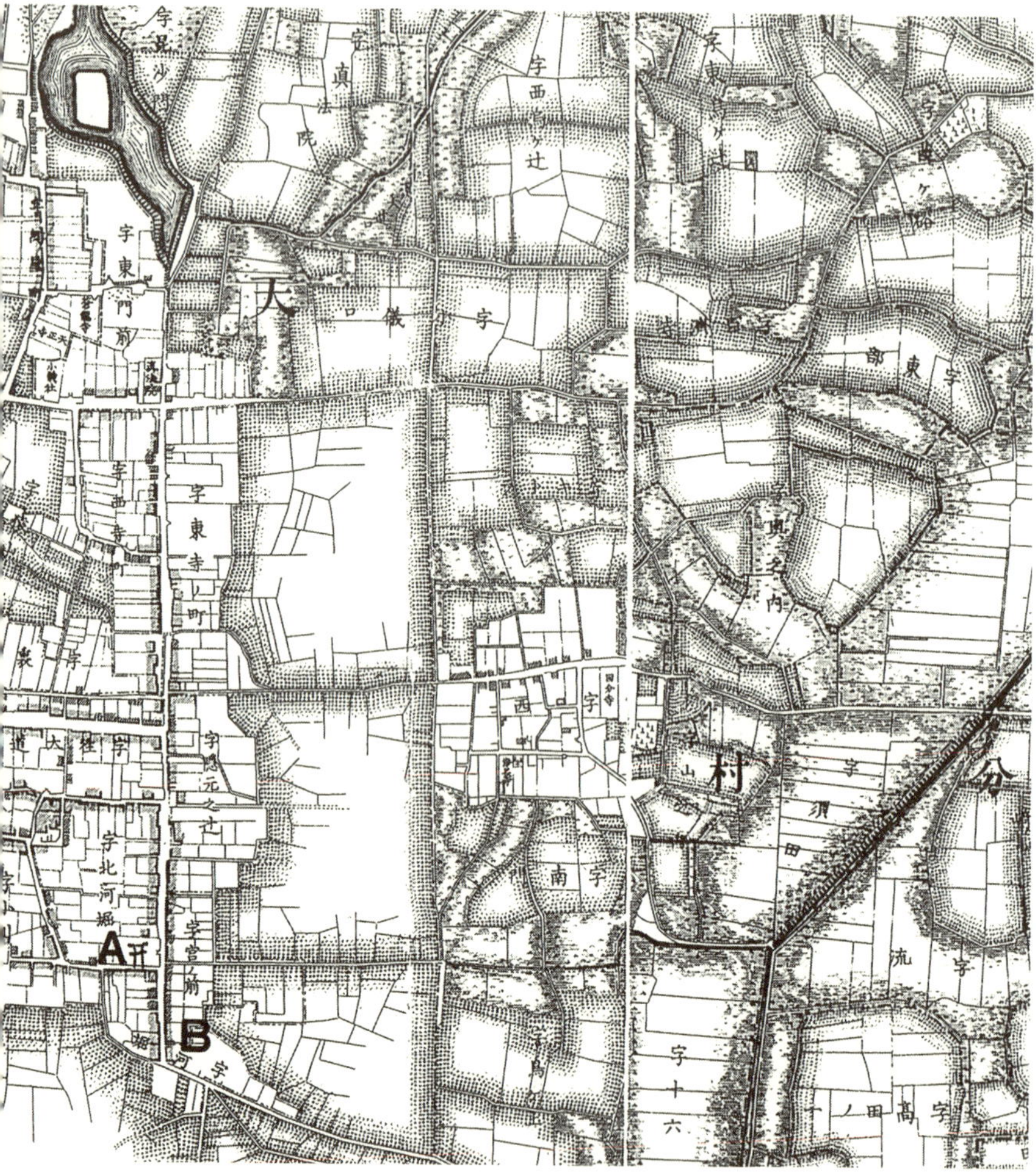

A＝河堀社（河堀稲生神社）　B＝河堀　C＝四天王寺　　0　200m

第8－2図　「大阪実測図」天王寺村周辺図

資料：内務省地理局測量課：1：5,000図〔明治19年（1886）〕をもとに加筆。

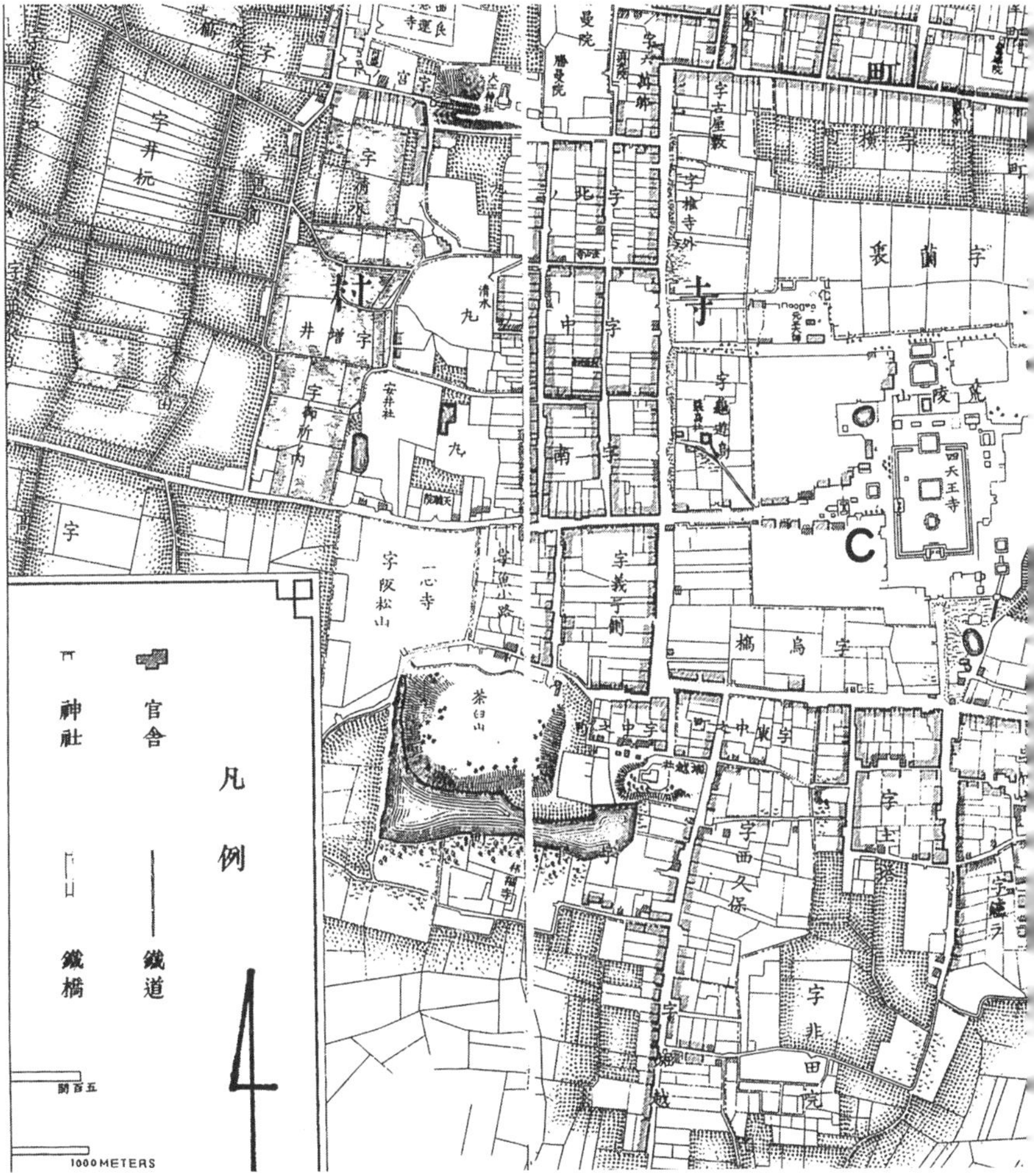
凡例
官舎
神社
鐵道
鐵橋
五百間
1000METERS
四天王寺
C
茶臼山
一心寺
安井社

及んだ展開であっても、その記述は吉田と井上の解釈を踏襲する範疇にとどまっている。[9]

3．主要先行研究

(a) 藤岡謙二郎の見解

こういった経緯のなかで、藤岡謙二郎は『大和川』の著書において、二葉の「難波の古図」に描かれた上町台地を横切る四本の堀江と名付けられた河川についてふれている〔第8－12図〕[10]。そのうち応永二四年（一四一七）に遡って描写（安永期＝一七七〇年代に作成）されたとする応永図で、最も南に描かれた延暦七年堀江と記された横断河川〔第8－12図A〕に着目して、和気清麻呂の河内川導水開削事業との関連を分析し、現地踏査によって海抜高度の調査から工事の進捗度、さらに河底池の人工掘削された状況を推察している。西道頓堀川と鼬川を混同するなど位置関係を錯綜した誤謬がみられるものの、難波古図に描かれている河川経路の疑点を提起し、地形図の判読による上町台地の土地条件をもとに考察した嚆矢といえる。しかし、同書の性格上、大和川流域の全体像のなかで断片的にとらえたものであり、和気清麻呂の河内川導水開削計画の具体的な実証的研究まではたかめられていない。

(b) 服部昌之の見解

和気清麻呂の河内川導水開削計画の論証研究が本格的に展開されたのは、一九八八年に刊行された『新修大阪市史第一巻』[11]以降である。服部昌之は同書において、①明治・大正期に測量された「二万分の一地形図」〔第8－3図〕、「一万分の一地形図」〔第8－4図の原図〕によって凹地面の確認から、東側は人工を加えた形跡がみてとれるとし、天王寺堀越町〔第8－5図A〕→大道三丁目〔第8－5図B〕→JR寺田町駅〔第8－5図C〕から源ケ橋バス停〔第8－5図D〕、さらに駒川〔第8－5図E〕・今川〔第8－5図F〕に至る経路を比定している。②『摂津志』

での鼬川を河内川として木津川に流下したととらえていることについては、これは当時『日本後紀』が散逸していたため、放水路工事が完成したという前提に立っており、茶臼山の北西方から西に流れる鼬川の位置関係からみたものであり、鼬川そのものに人工的な水路らしい形状はみられず、その疑点を提起する。さらに、③中座原因として、上町台地を横切る土木技術上の困難性をあげ、その背景となった事情について、④『続日本紀』の堤防決壊などの事例をとらえ、延暦期での河内国大水害では被災地区・堤防名の記載がないため〔第8－1表20〕、その災害は河内国全域に及び、これが契機となり河内川放水路計画になったものと論述する。[12]

(c) 栄原永遠男の見解

栄原永遠男は『新修大阪市史第一巻』で史的論証を展開する。最初に①『続日本紀』・『日本後紀』の記事の内容紹介をもとに、和気清麻呂の関わりとともに位置の概要をとらえ、その背景となった事情として、②八世紀の中頃から、難波の堀江[13]〔第8－6図ア、第8－7図U〕の土砂堆積、江口付近の砂堆のなかで、淀川〔第8－6図カ〕・大和川〔第8－6図キ〕の排水困難と、『続日本紀』の記事によって、茨田郡、志紀郡、渋川郡などの地域の水利状況の悪化をあげる。さらに、③和気清麻呂の摂津大夫としてのポストの重要性とともに、三国川の開削〔第8－1表18、第8－6図オ〕とともに、清麻呂の働きかけによって律令政府が使者を派遣したことをふまえ、④従来の治水工事は、決壊した堤防を再修築した対症療法的なものであり、この計画は上町台地を掘り開いて、台地東側の滞水を排出しようとする根本原因の除去にあると指摘する。そして、⑤清麻呂の治水事業の思想の継承として、『続日本後紀』承和十二年（八四五）九月条の記事〔第8－1表39〕をもとに、難波堀川〔難波の堀江〕〔第8－6図ア、8－7図U〕の早木清掃は石川〔第8－6図ク〕・竜田川の洪水のためとする内容に着目して、その後の江戸期の大和川付け替え〔第8－6図ケ〕工事の思想に連動していることをとらえる。[14]

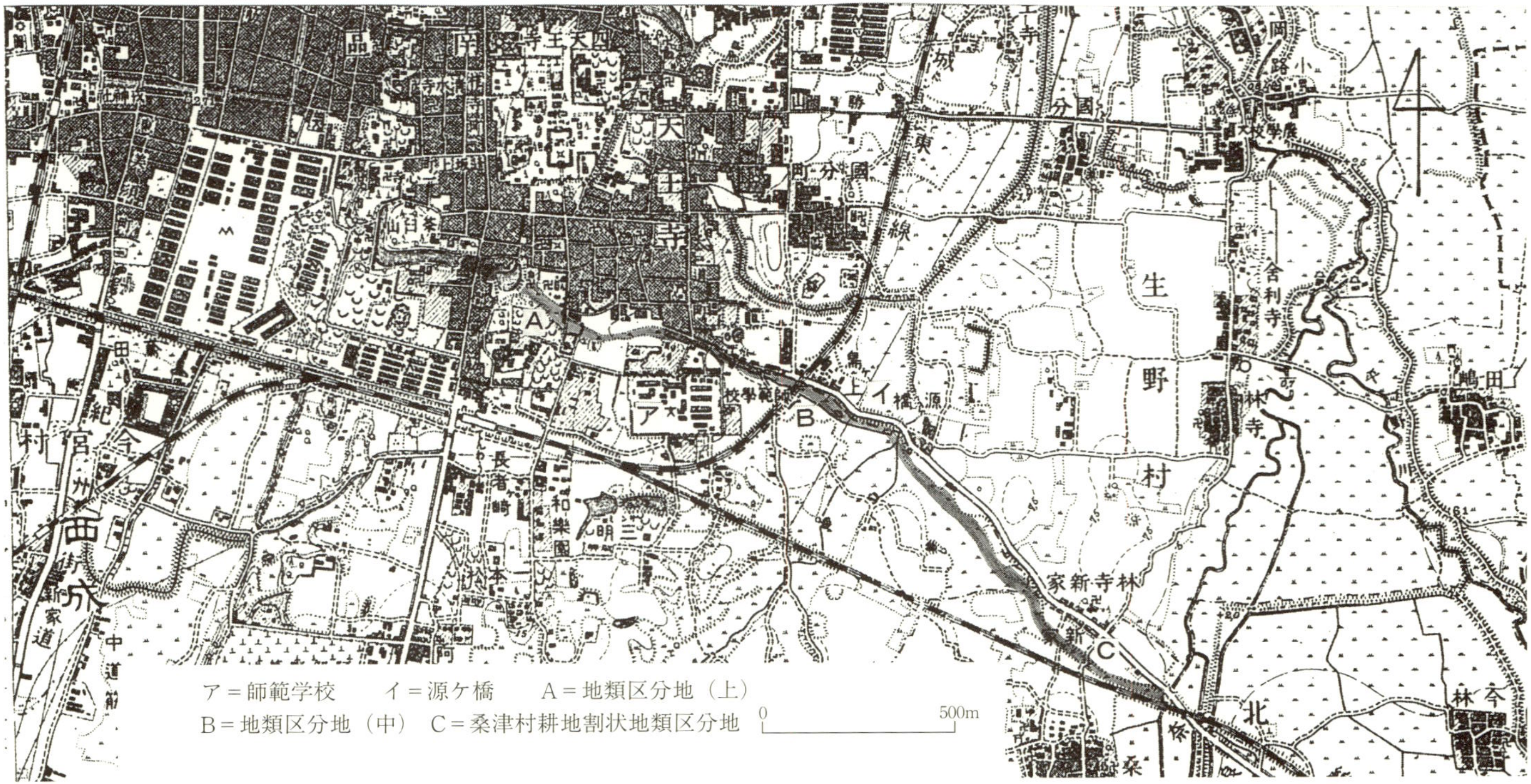

第８－３図　「大日本帝国陸地測量部：大阪東南部」による河内川導水経路比定図

資料：大日本帝国陸地測量部：１：20,000図〔明治41年（1908）〕をもとに加筆。

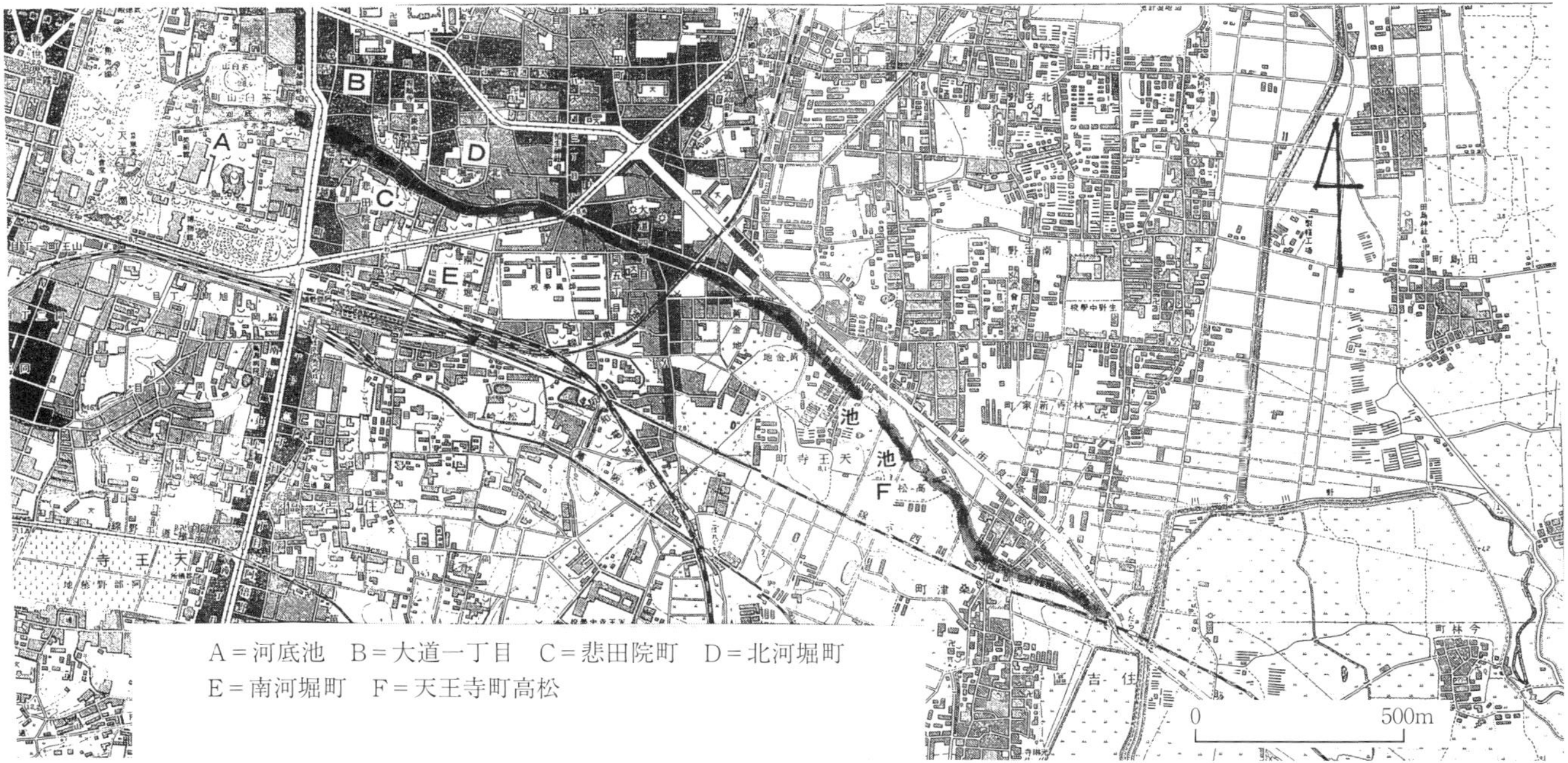

第８－４図　「昭和四年修正測図：大阪東南部」による河内川導水経路比定図

資料：大日本帝国陸地測量部：１：10,000図〔昭和４年（1929）修正測図〕をもとに加筆。

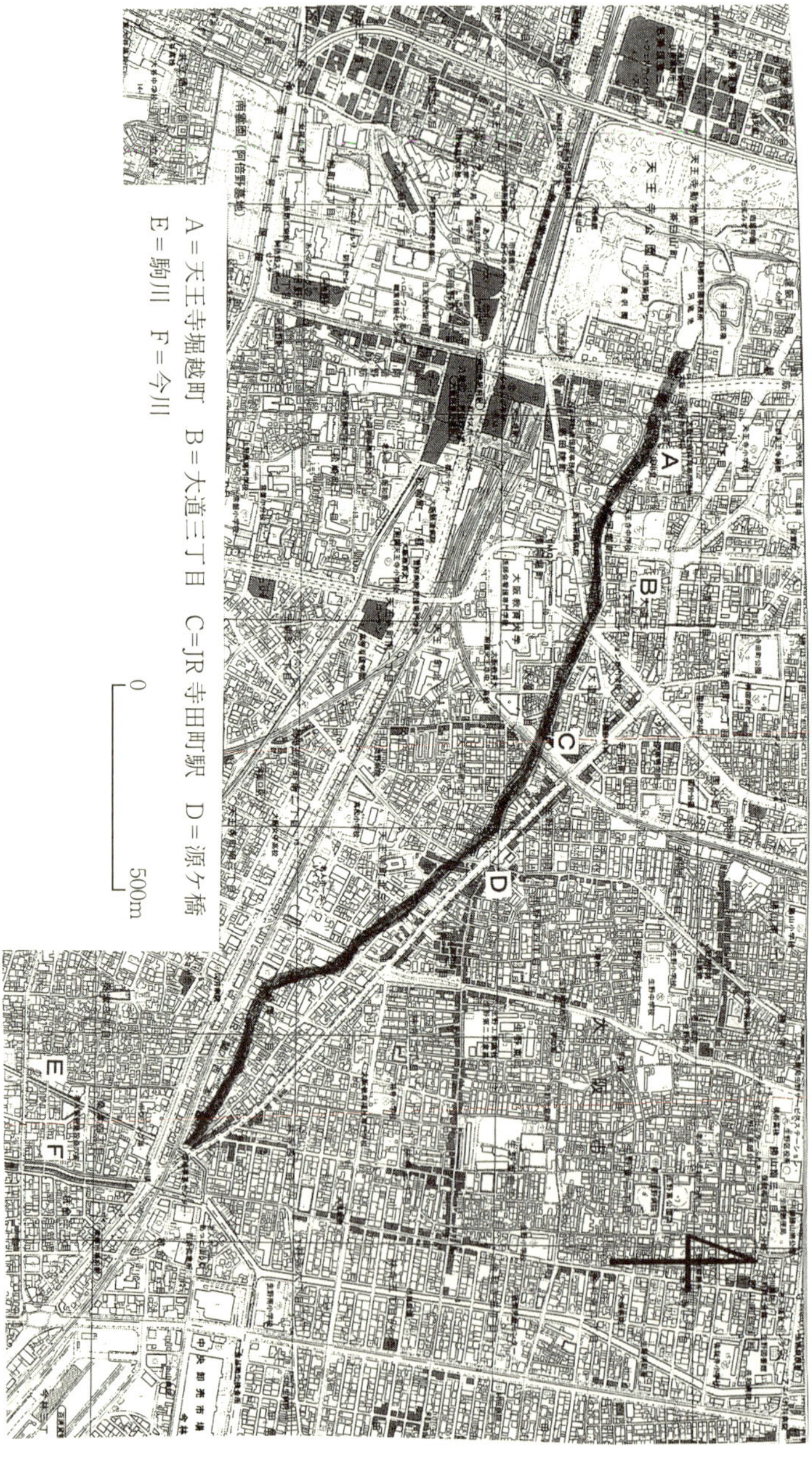

A＝天王寺堀越町　B＝大道三丁目　C=JR 寺田町駅　D＝源ケ橋

E＝駒川　F＝今川

第8－5図「国土地理院：天王寺」による河内川導水経路比定図

資料：国土地理院：1：10,000図〔平成17年（2005）修正〕をもとに加筆。

(d)直木孝次郎の見解

服部、栄原の見解に対して、和気清麻呂の河内川導水開削計画について、ユニークな論を展開したのが直木孝次郎である。『難波宮と難波津の研究』のなかで、①天智系の天皇である桓武天皇をバックに、摂津大夫となった和気清麻呂の役割を重視し、長岡京遷都と難波宮・京〔第8－7図B〕停止に関与した側面から河内川導水を企図したものであろうととらえる。これをもとに、②難波の堀江〔第8－6図ア、第8－7図U〕の流域に位置した難波津（直木は難波津を日下説に比定）[15]〔第8－6図イ、第8－7図F〕は、漸次土砂に埋まって機能が衰えたとされるが、三国川を開削〔第8－1表18、第8－6図オ〕して淀川〔第8－6図カ〕から三国川を経由した、大阪湾へ通ずる水路を造ることによって、難波津の機能を低下させようとしたのではないかという見方を立てる。そして、③難波津にはもう一本、大和川〔第8－6図キ〕からの舟運路が通じている。この流域は、各種産業及び文化の発達した国家形成期の先進地域であり、難波津が位置する難波の堀江に大和川が流れ込む限り、難波津の重要性は存続するであろう。そこで計画されたのが、和気清麻呂の運河計画であるとする。さらに、④この計画が成功すれば、大和川を下って難波津に入った船は、この計画コースをとり、難波津の存在価値は極めて微少となる。難波宮放棄の桓武天皇の意図は完全に達成されるはずであり、河内川導水開削計画の本当の狙いはここにあったと強調する[16]。

(e)亀田隆之の見解

亀田隆之は『日本古代治水史の研究』のなかで、和気清麻呂の河内川導水計画にふれる。亀田の展開は、①淀川〔第8－6図カ〕の南一帯の洪水は、延暦四年（七八五）に三国川開削工事〔第8－1表18、第8－6図オ〕がおこなわれたにもかかわらず、三国川上流の安威川〔第8－6図コ〕の水がかえって淀川に流入し、河内国の破壊した三〇箇所の堤防の修築に、単功三〇万七千余人を動員している〔第8－1表20〕。こうした状況を解消するため、淀川

ア＝難波の堀江　イ＝難波津（日下説）　ウ＝難波津（千田説）
エ＝難波津（森説）　オ＝三国川開削経路　カ＝淀川　キ＝大和川
ク＝石川　ケ＝大和川付け替え（新大和川）　コ＝安威川
サ＝猫間川　シ＝我孫子台地　ス＝田辺台地　セ＝長瀬川
ソ＝二俣新田　タ＝玉串川　チ＝楠根川　ツ＝石川合流地点
テ＝国府台地　ト＝平野川　ナ＝大乗川　ニ＝志紀の堤（推定）
ヌ＝渋河（渋川）の堤（推定）　ネ＝伎人堤（推定）
ノ＝西除川　ハ＝東除川　ヒ＝依網池跡
フ＝茨田堤（推定）　ヘ＝横野堤（推定）
ホ＝河内川導水開削経路　マ＝平野川旧河川水路

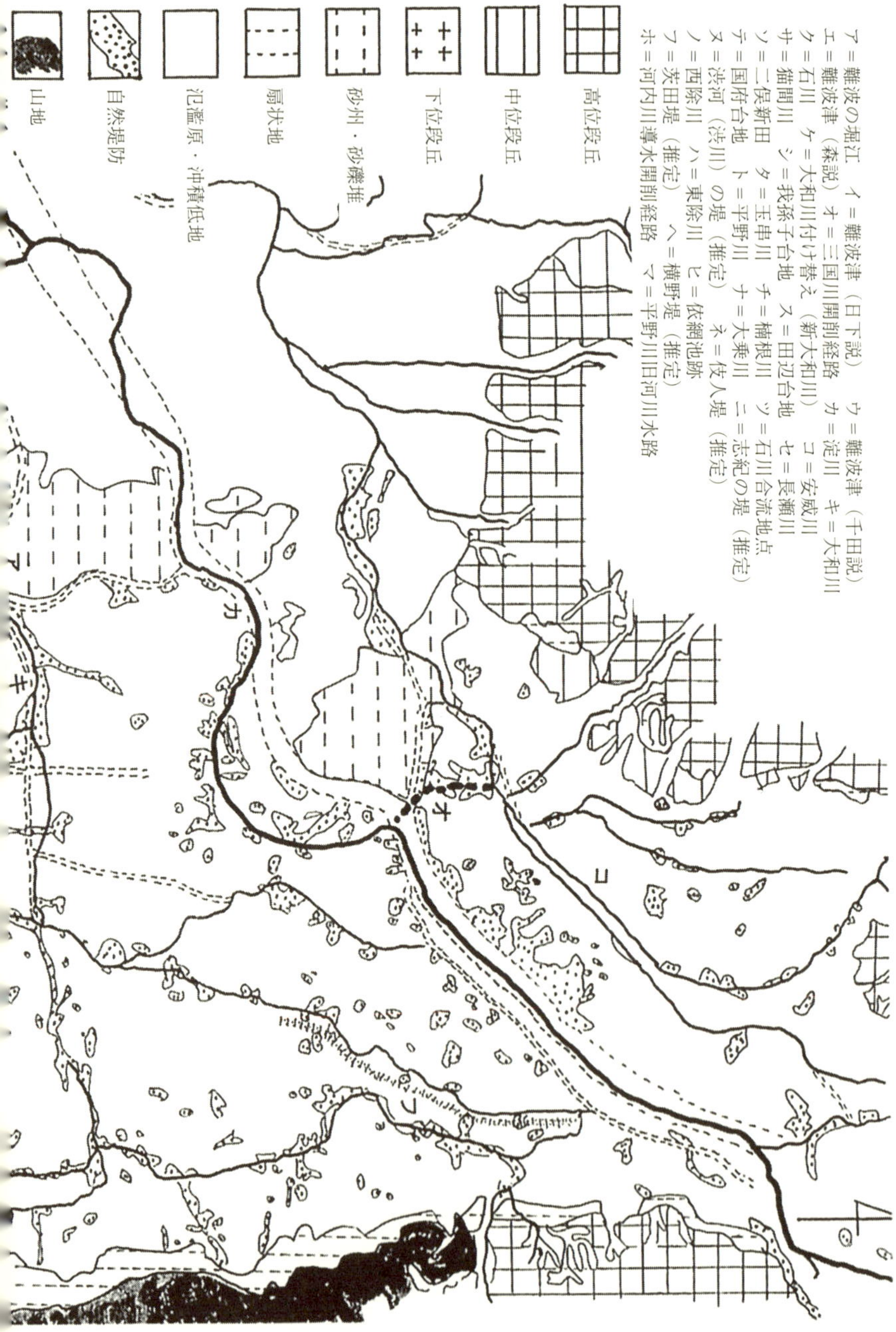

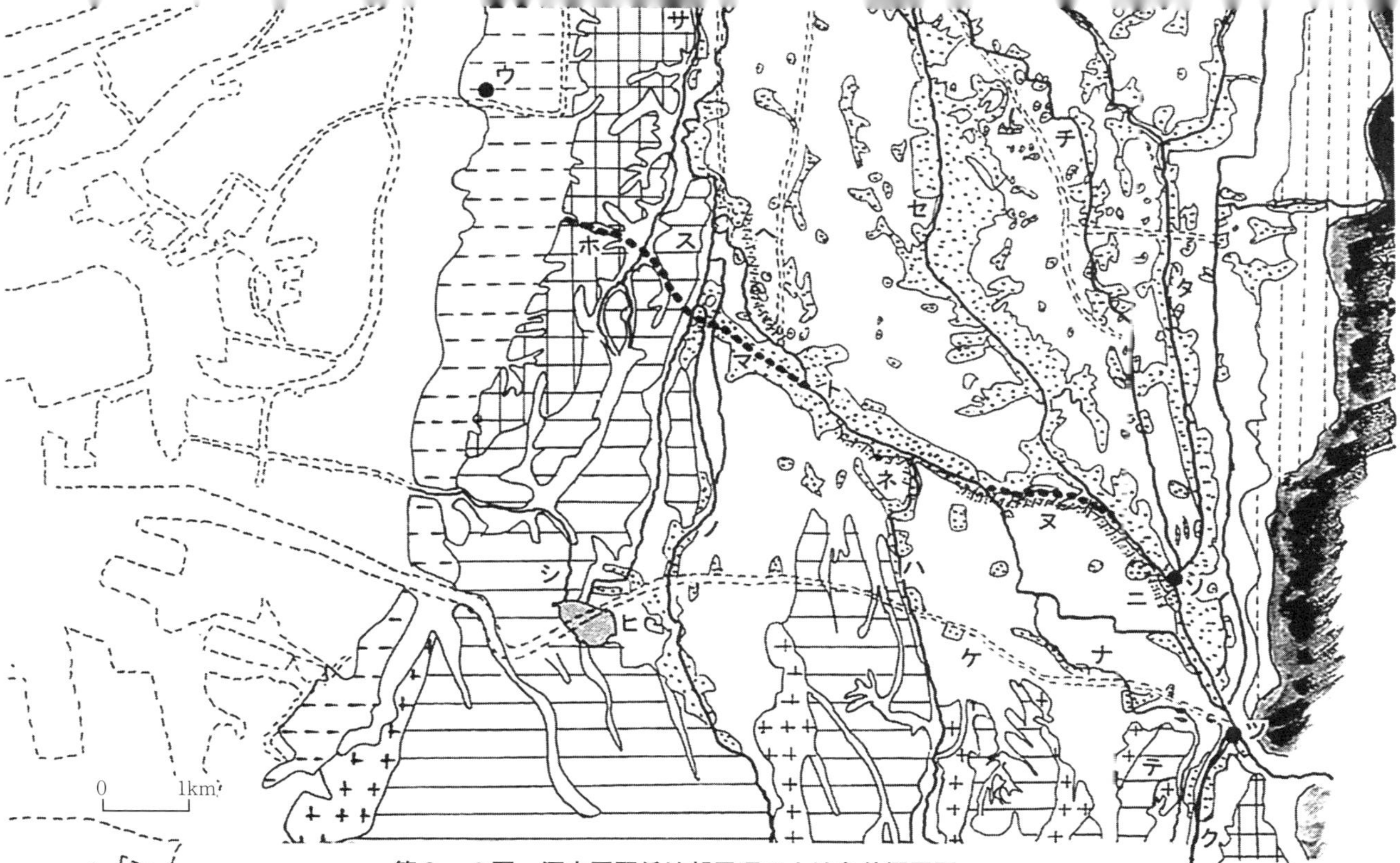

第８－６図　河内平野低地部周辺の土地条件概要図

資料：国土地理院：１：25,000図〔大阪東南部・大阪東北部、大阪西南部、大阪西北部土地条件図〕をもとに修正して作成。

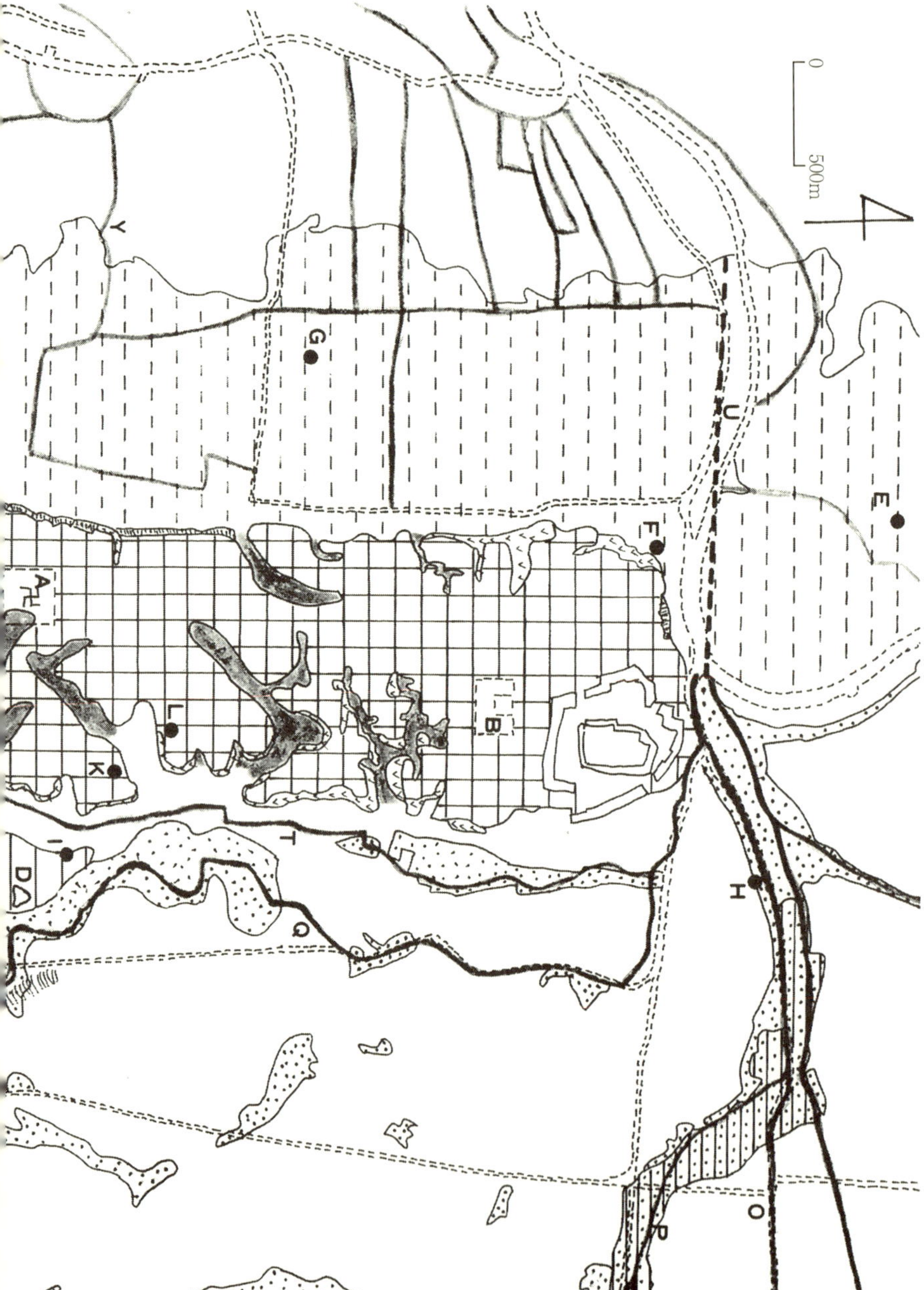
0
500m
Y
G
U
E
F
A
B
L
K
I
D
T
Q
H
O
P

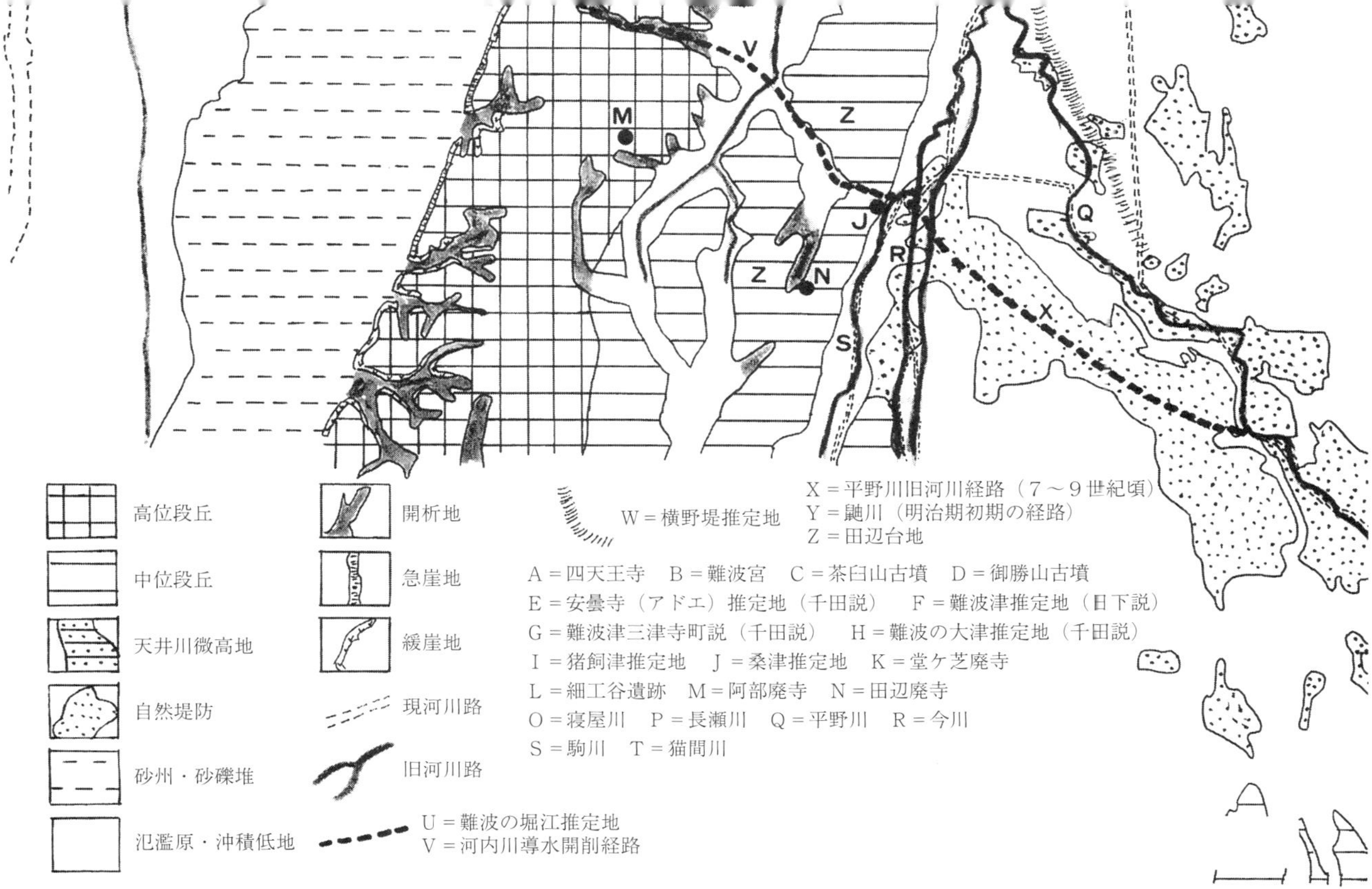

第8－7図　上町台地中・北部周辺の土地条件図（河内川導水開削経路周辺）

資料：国土地理院：1：25,000図〔大阪東南部・大阪東北部、大阪西南部、大阪西北部土地条件図〕をもとに修正して作成。

の南に流入する大和川〔第8－6図キ〕の流れを変える必要があったとみる。さらに、②和気清麻呂は、延暦五年（七八六）八月に摂津大夫のまま、民部大輔を兼任していることに注視し〔第8－1表21〕、民部省の実務に関する権限は、次官の清麻呂に委ねられ、摂津大夫として管轄下の河川工事を申請するとともに、民部大輔としてより高所から判断し、適切な処置をなすべき立場にあったとする。そして、③帝都が長岡京に移り、平城京が放置された時点に至って、副都としての難波京の重要度が薄れ、難波市・難波津を衰退させたのであろう。淀川と三国川の連結工事が、結果として難波津を衰退させるに至ったことは認められるが、機能の低下を意図しての工事とみることはできない。まして、河内川導水開削工事は難波津の機能低下を意図して計画したとはみられない。河内川の工事は、耕地の安定と増加を意図しての事業ではなかろうかととらえる。こういった亀田の見解は直接名指ししていないものの、上述した直木の長岡京遷都と難波宮・京停止に関連して、河内川導水の運河舟運説に対して提起したものとみられる。また、④河川の河道の変更や、新たな川筋の設定による開削工事を通して、河水の制禦をおこなおうとしたもので、河川から水を耕地に導き、灌漑を円滑におこなうための必須の工事であった。班田収授法の維持が当時の重要な問題であり、河水工事が、土地の安定、口分田の増加を期待してのもので、三国川の工事も、長岡京への物資の輸送を可能にしたとはいえ、それは第二義的なものであり、難波津の衰退は、これらの工事とは直接関係がなかったであろうとする[17]。

4．動機と研究方法

以上のような経緯のなかで、和気清麻呂の河内川導水開削計画については、地名の現地比定を含めて、それを取り巻く当時の政治的・社会的背景について、かなり具象的に史的研究がなされ、付け加えるべき余地はないようにも思える。しかし、河内川導水計画を検証する基本に据えねばならない導水経路についてみた場合、その概要ルートは確定されてはいるものの、周辺の地形型との関連をふまえ、全コースを具体的に比定した研究までに高められていない。史的研究がなされた『新修大阪市史第一巻』にしても、経路については概要の範疇にとどまる。こういったことに鑑み、筆者は和気清麻呂の河内川導水開削計画の経路を復原し、その検証を試みるものである。

方法として、明治一八・一九年（一八八五・一八八六）測量「仮製地形図：天保山・天王寺村」〔第8－1図〕（文脈によって「仮製地形図：天保山」、「仮製地形図：天王寺村」と表記）によって、その開削経路を比定する。「仮製地形図」は、近畿地方平野部を二万分の一で測量した準正式地形図で、明治一七年（一八八四）〜二三年（一八九〇）の間に九一面が測量され、「仮製地形図：天保山、天王寺村」はそのうちの各一面・計二面にあたる。明治四〇年代に入って、大日本帝国陸地測量部による正式基本地形図の作成によって廃され、やや精微性に欠けるきらいはあるが、内陸部に及んで当時の近代測量によって測図されていることから、町村制施行以前の状況が観察でき、幕末〜明治初頭の地形景観を推察することが可能となる。和気清麻呂の河内川導水開削計画より一千年もの時が経過しているものの、天王寺周辺のように明治中期頃より都市化が進行している地域では、「仮製地形図：天保山、天王寺村」が最もありのままの姿態で、その周辺の地形環境を表わしているといえる。さらに、明治四一年（一九〇八）測量「大日本帝国陸地測量部：大阪東南部」（二万分の一）〔第8－3図〕、明治四四年（一九一一）発行の「実地踏測：大阪市街全図」〔第8－8図〕、「宝暦期：桑津村絵図」〔第8－9図〕などを援用して、その痕跡を探る。これらによって「比定復原図」（トレース図）〔第8－10－1図〕を作成し、主要部にあたる河内川（平野川）〜上町台地西辺の河底池西端部〜難波砂堆に至った経路について、現地踏査を重ねるなかで、地形・土地条件の特質をふまえ開削の背景を推察する。そして、ふれてきたこれまでの先行研究の論証の成果の分析とともに、河内平野低地部の河川流路の状況や、『続日本紀』・『日本後紀』などに記載された治水の状況から、八・九世紀の社会的背景について検討を加えたい。

第二節　各種地形図による比定

明治一九年（一八八六）測量「仮製地形図：天王寺村」〔第8－1図〕によると、等高線一五ｍのところで西に河底池〔第8－1図サ〕、東に庚申池〔第8－1図シ〕が位置し、丁度、この両池の中間域が上町台地の尾根部にあたる〔第8－10－1図参照〕。阿倍野村（第8－1図では安倍野村、阿倍野区阿倍野元町）〔第8－1図ス〕より以北の上町台地の尾根部ではこの位置が最も低く、西は地溝状に急斜しその位置に河底池が形成され〔写真8－1〕、東は庚申池から開析地状に緩傾斜〔写真8－3〕している様子がとらえられる。庚申池から東への開析地の地類区分〔第8－1図A〕は水田となって東に延び、天王寺村〔第8－1図セ〕のところで北方向に分岐している奈良街道〔第8－1図ソ〕と平行に続いている。こういった状況は、明治四一年（一九〇八）測量「大日本帝国陸地測量部：大阪東南部」においても同じように描写され〔第8－3図A－B〕、服部は、『新修大阪市史第一巻』でこの地形図を引用し、これが河内川導水開削経路の跡としている(18)。

奈良街道に沿った東側の河内川導水計画の経路ついて、明治四四年（一九一一）発行の「実地踏測：大阪市街全図」〔第8－8図〕に、庚申池〔第8－8図ア〕から東流して猫間川〔第8－1図タ、第8－8図イ〕に合流する河堀川(19)〔第8－8図ウ〕が描かれている。河堀川は浅い開析地の最下層を流下しているとみられることから、この位置が河内川導水開削の経路とみなされる。「仮製地形図：天王寺村」には、河堀川の流路とみられる位置に、奈良街道の南辺にかけて水田の地類区分が描かれる〔第8－1図B〕。「大日本帝国陸地測量部：大阪東南部」では、師範学校〔第8－3図ア〕の東より河堀川が奈良街道に架かる源ケ橋（生野区林寺）〔第8－3図イ〕の南付近に至っている。これが庚申池から東の開析地での水田となった地類区分〔第8－3図A〕の延長にあたるため、猫間川までの

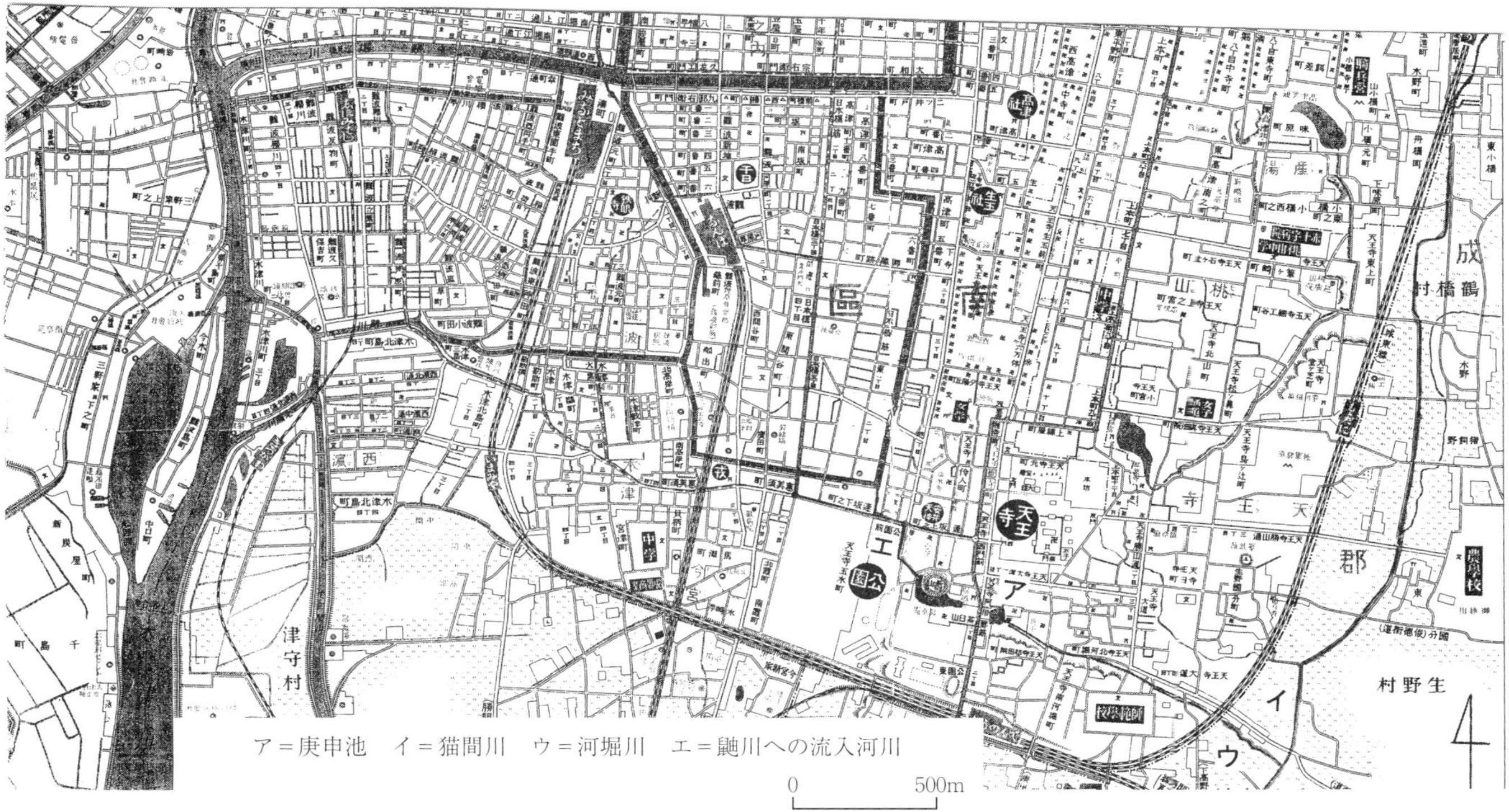

第８－８図　「実地踏測：大阪市街全図」天王寺・木津周辺図

資料：和楽路屋発行：１：17,000図〔明治44年（1911）〕引用加筆。

河内川導水の開削経路の痕跡〔第8－3図B〕としてとらえることができる。

あと、猫間川から今川に至る経路を推測しなければならない。桑津村（東住吉区桑津町）〔第8－1図キ〕に宝暦一二年（一七六二）の「桑津村絵図」が伝存し、『桑津村郷土史（上）』[20]に掲載されている〔第8－9図〕。田畑を一枚ずつ描いた耕地絵図で、検地の際に差し出した検地絵図の写し、もしくはそれに関連して作成した村絵図とみられる。この村絵図の北北東の奈良街道より若干隔てた位置に、北から東に延びる一条の耕地割を鮮明にとらえることができる〔第8－9図A〕。この帯状の耕地割に、田地に付随して機能したとみられる幾つかの小溜池を確認することができる。溜池は周囲からの水の集め易いところに立地する傾向があるため、この一条の耕地割のところは、周辺の耕地より若干低く浅い開析地状をなしていたことが類推される。こういった帯状に延びた耕地割は、「仮製地形図：天王寺村」にもそれと推定される地類区分がみられ〔第8－1図C〕、「大日本帝国陸地測量部：大阪東南部」においても、その痕跡の一部がとらえられる〔第8－3図C〕。この帯状の耕地割は、駒川・今川〔第8－1図チ・ツ〕より西の河内川導水の開削経路跡とみなされる。

「宝歴期：桑津村絵図」では、この一条に連なる耕地割の北西の部分は天王寺村領になるため、猫間川に至る部分は描かれていない。「昭和四年修正測図：大阪東南部」〔第8－4図〕には、土地区画整理事業が進行するなかで、「宝歴期：桑津村絵図」に描かれた帯状の耕地割の北西部分への延長上にあたる天王寺町高松〔第8－4図F〕の位置に、二つの溜池が確認できる。この溜池は、「仮製地形図：天王寺村」と「大日本帝国陸地測量部：大阪東南部」には描かれていない。天王寺町周辺の土地区画整理事業が進捗する時期に合わせて、水利システムの変化をきたしたなかで、残存農地への水利保障のために造池されたものと考えられる。この位置は水の集まり易いところで、この部面が周辺より若干低く、この両溜池を結ぶ位置に、丁度奈良街道の南辺に平行して河内川導水経路の敷設が計画されていたのではないだろうか。

A＝河内川導水経路推定跡耕地割区分地

第８－９図　「宝暦期：桑津村絵図」（トレース図）

資料：桑津郷土史研究会編『桑津村郷土史（上）』〔昭和57年（1982）〕挿入図「宝暦十二年時代の桑津村古地図」引用加筆。

奈良街道は渋河路の後身で、『続日本紀』天平勝宝八年（七五六）二月条に「難波に行幸す（孝謙天皇）。是の日、河内国に至り、智識寺の南の行宮に御す」、さらに、『続日本紀』天平勝宝八年四月条に「車駕渋河の路を取り、還りて智識寺の行宮に至る」と記される。智識寺は生駒山地西麓南端部の柏原市太平寺にあったとされる、聖武天皇の東大寺大仏造顕に由縁した本尊盧舎那大仏を安置して、両塔の聳えた河内六大寺の筆頭寺院で、[21] 孝謙天皇は河内国の渋川の堤防の路を通って同寺近傍の行宮に至ったものとみられる。こういったことから奈良街道の前身である渋河路は、和気清麻呂が河内川導水開削の工事に着手した時は、すでに敷設されていたことがわかる。河内川導水経路は奈良街道と平行して計画されていることから、資材などの運送面を考慮したものと思える。

第三節　比定復原図とその検証

「仮製地形図：天王寺村」を機軸にして、その経路周辺の地形環境を表出したのが「河内川導水開削経路の比定復原図」（以下、「比定復原図」）（第8－10－1図）である。「仮製地形図」は三角測量に基礎を置かず、経緯度の表示がなく、標高を大阪湾の中等潮位から起算しているなど、課題はあるものの、河内川導水開削経路の地形の特徴を分析することが可能となる（第一節4）。「比定復原図」より分類できる地形型としては、それぞれの結節点の位置を勘案して、西辺部の地溝状地のタ～チ、東辺部の浅い開析状地のチ～テとテ～ナの猫間川（第8－10－1図R）まで、さらにナ～ネ、ネ～駒川（第8－10－1図M）までの五区分でとらえるのが適当かと考える。

そのうちタ～チは、上町台地西辺部に延びた地溝部で、東辺部の開析地と比べ急斜で高度差は一〇m余りである。茶臼山古墳（第8－10－1図B）の周濠池となっている河底池（第8－10－1図C）の部分が主体をなし、特にチの西辺部のところ、同池の東岸に接するあたりで急崖を成して落ち込んでいる。周辺の地形型の状況からみて上町台地尾根部より西辺の急崖は不自然で、掘削の手が加えられ、その残土が茶臼山古墳のところに捨てられたのではないか。茶臼山古墳は、前方部の封土の一部は失われているが、後円部は三段築成で東向きの墳丘長約二〇〇mの前方後円墳とみられていた[22]。ところが後円部と推測されていた部分が方台状で、採集された埴輪片が少数且つ小片であることから、古墳説に対して疑問視する見方がでている[23]。昭和六一年（一九八六）の発掘調査によっても、葺石や埴輪などの古墳としての徴証は発見できず、深部の電気検査やボーリング調査によっても確証は得られず、巨大な人工の盛り土の地形であると確認されている[24]。こういったことから、茶臼山古墳は規模の小さい円墳が存在し、その南の位置を大きく掘削したため、その時に生じた土の捨て場としてより盛土されたともとれる。タ～チの位置は、原地形の地溝部に人工の掘削の手が加えられ、より東面・南北面に急崖を成したものと想定される〔第８－10－２図タ～チ・第８－10－３図タ〕。やがて掘削された土地が、西堤で堰き止められ茶臼山古墳の周濠池のように貯水され〔写真８－１〕、西辺の難波砂堆上に位置する今宮村〔第８－１図テ〕の灌漑用水池として機能するようになったとみられる。

上町台地の尾根部にあたるチの位置での、断面図〔第８－10－３図チ〕でとらえられるように窪み面がみられる〔写真８－２〕。この東辺より猫間川〔第８－10－１図R・ナ〕まで河堀川〔第８－10－１図Q〕が流下し、漸次、緩やかに傾斜した開析状地が形成されている〔写真８－３〕。東に傾斜するその開析地の最も高い位置に、四天王寺庚申堂〔第８－10－１図F〕の名称に由来した庚申池〔第８－10－１図D〕が立地する。ふれてきたように「仮製地形図：天王寺村」と「大日本帝国陸地測量部：大阪東南部」に、河内川導水開削経路の痕跡とみられる水田として利用された土地割が明瞭に示されていることから〔第８－１図A、第８－３図A〕、庚申池の用水は河堀川を通して、テ辺りの土地までに灌漑されたことが推察できる。上町台地東辺部の開析地のなかではこの部面が最も高低差があり、チ～テまで七m余りになっている。これより東に傾斜が緩やかになり、テ～トまで高低差一m、猫間川のテ～

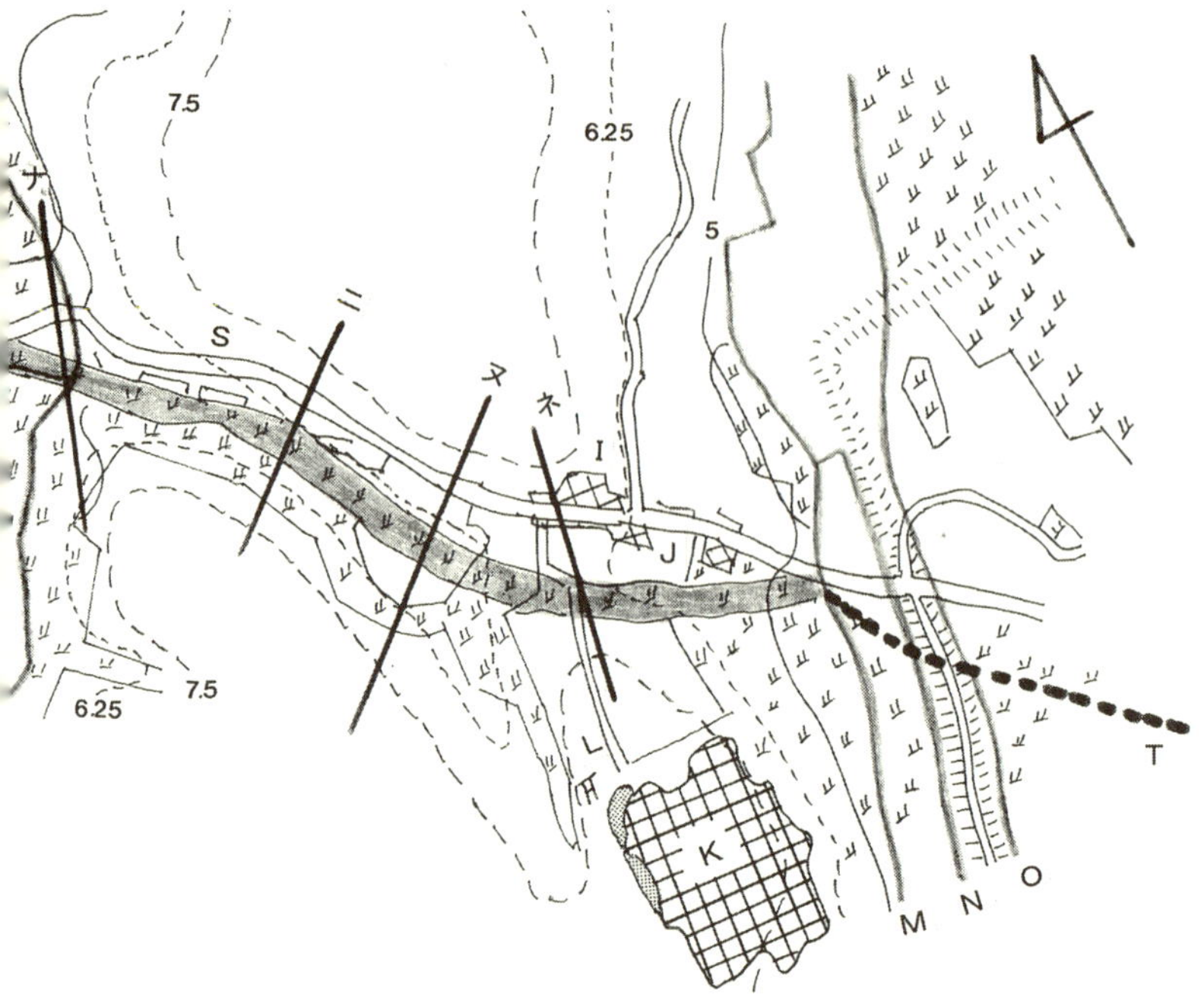

第８－10－１図　河内川導水開削経路の比定復原図

資料：陸地測量部：１：20,000仮製地形図〔天王寺村図：明治19年（1886)〕をもとに筆者作成。等高線の標高は、大阪湾の中等潮位からの起算値。

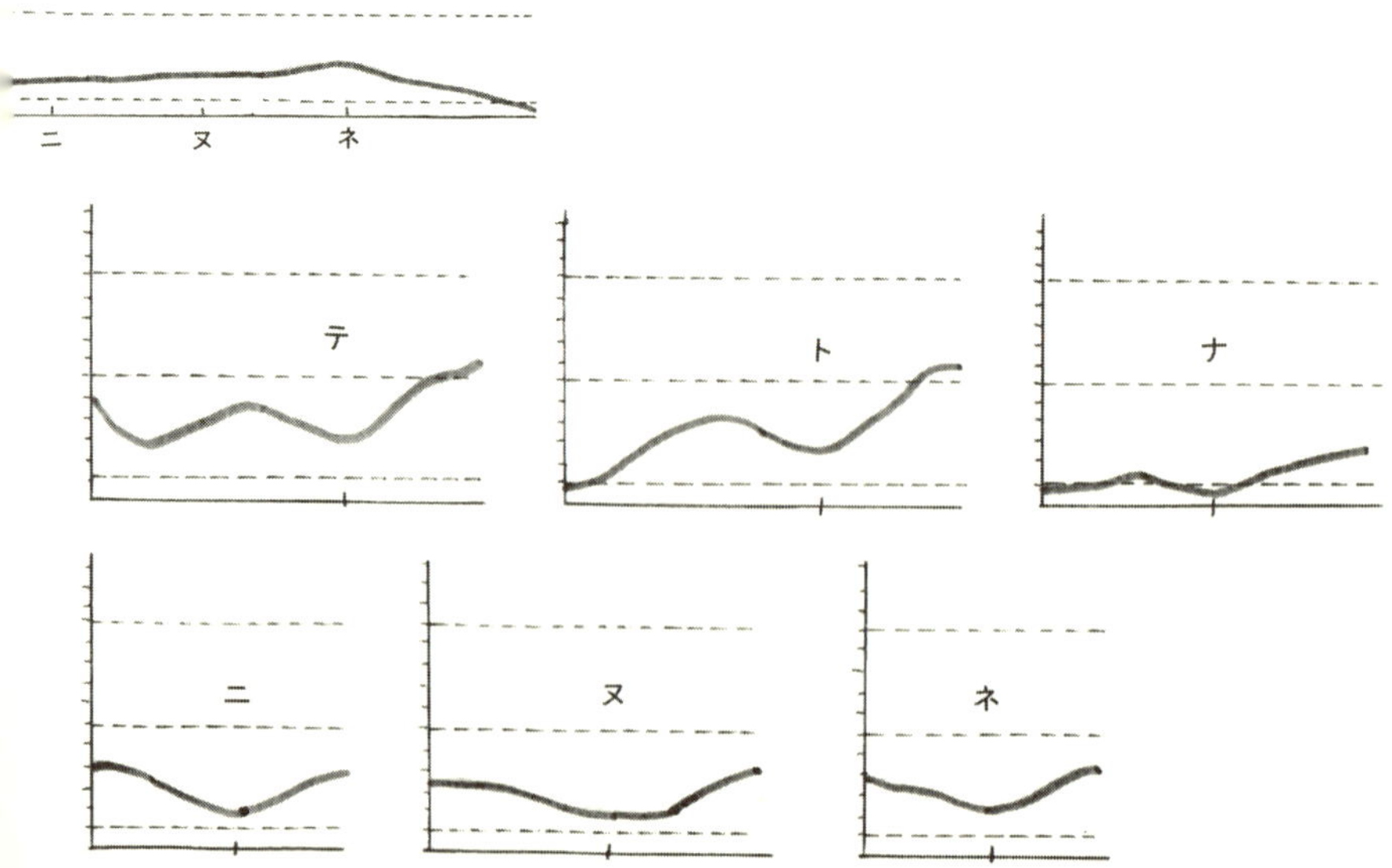

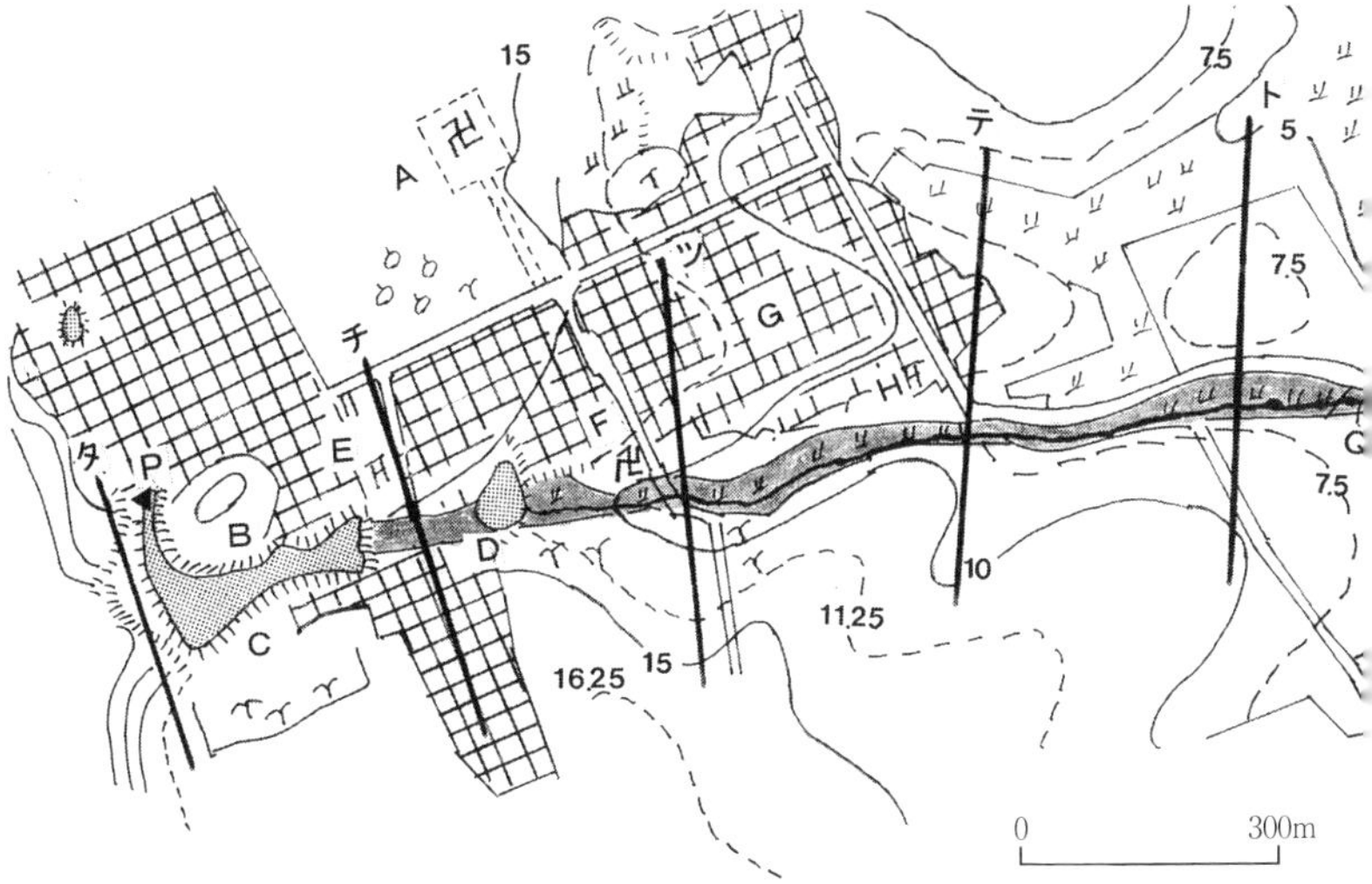

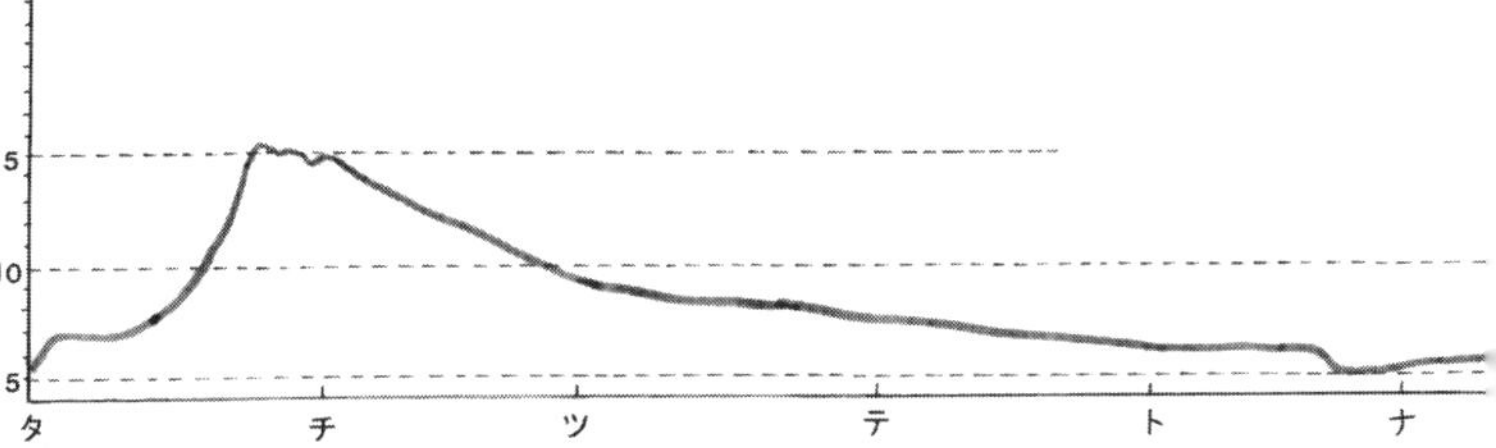

第８－10－２図　河内川導水開削経路勾配図

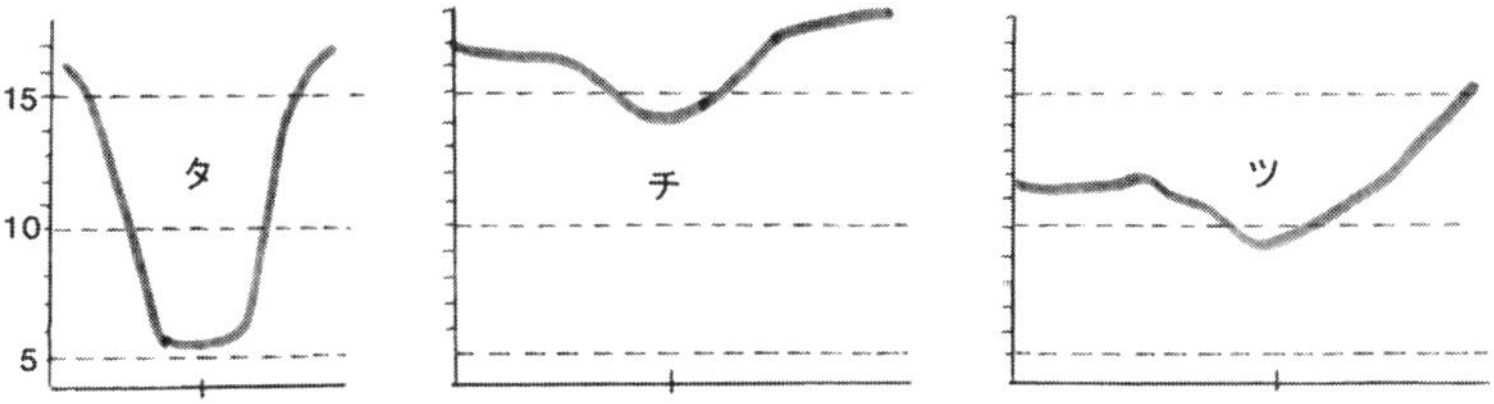

第８－10－３図　河内川導水開削経路の各地点断面図

各地点断面図のグラフ左が北部、右が南部を示す。
第８－10－２・３図は平面距離に比して高さ18倍にて図示。
A＝四天王寺　B＝茶臼山古墳　C＝河底池　D＝庚申池　E＝堀越神社
F＝四天王寺庚申堂　G＝天王寺村　H＝河堀稲生神社　I＝林寺新家村
J＝桑津新家村　K＝桑津村　L＝桑津天神社　M＝駒川　N＝今川
O＝喜連川　P＝鼬川方向流水口　Q＝河堀川　R＝猫間川　S＝奈良街道
T＝平野川旧河川経路（７～９世紀頃）

写真８－１　河底池

資料：2010年筆者撮影。
西堤の位置より東を望む。左：茶臼山古墳。

写真８－２　上町台地尾根部の河内川導水経路跡

資料：2010年筆者撮影。
天王寺方向を望む。緩傾斜し窪地状の低位部のところが河内川導水経路の跡。

ナまで二m程度とみられる〔写真8－4〕。この部面はチ～テの延伸部にあたり、河堀川を通して庚申池と周辺域からの余水を集水して灌漑されたものとみられる。

土地条件図〔第8－6図、第8－7図〕からわかるように、上町台地東辺部は猫間川〔第8－6図サ、第8－7図T〕によって南北に大きく開析されている。猫間川流域の沖積低地のところで、広く水田化されている様子が「仮製地形図：天王寺村」によってとらえられる〔第8－1図タ流域〕。猫間川より東側の土地は、上町台地の南辺に広がる我孫子台地〔第8－6図シ〕の北方向への延伸部にあたり、上町台地の東辺を形成する田辺台地〔第8－6図ス、第8－7図Z〕が展開する。猫間川の源ケ橋の位置より東辺部は、この田辺台地をほぼ西に向けて開析した土地で、第10－1図のネのところが尾根部にあたる〔第8－7図、第8－10－2図ネ〕。したがって地形型はナ～ネと、ネから駒川〔第8－10－1図M〕までに区分できよう。ネから猫間川までの高低差は二m程度で、河内川導水経路の東辺部のなかで、唯一西に傾斜していることから、この部面が最も容易に開削できたものとみなされる。ネから駒川まで東に傾斜し、この部面の高低差は二m程度である。「宝暦期：桑津村絵図」に描かれた帯状の耕地割〔第8－9図A〕を河内川導水開削経路の痕跡とみなし、「仮製地形図：天王寺村」によっても、この部面が水田の土地利

写真8－3　上町台地東面の河内川導水経路跡
資料：2010年筆者撮影。
上町台地尾根部より東に下った位置より、東方向を望む。緩やかに東に傾斜、左の杜は四天王寺庚申堂、道路及び右（南面）のところが河内川導水経路にあたる。

写真8－4　JR寺田町付近の河内川導水経路跡
資料：2010年筆者撮影。
正面がJR寺田町駅、同駅を東へ源ケ橋に至る。道路及び右（南面）のところが河内川導水経路にあたる。

用に分類されていることから〔第8－1図C〕、田辺台地の低い尾根部の位置より、西と東に及ぶ浅い開析地を明瞭におさえることができるのである。

以上の分析のなかで、「比定復原図」に示した経路がとらえられる。それは河底池西端部のタより駒川〔第8－10－1図M〕まで約二・七km程度、当時の難波砂堆西の海岸線より約四・二km程度である。上町台地の尾根部のチの位置が周辺尾根部と比較し、窪地状が鮮明になっていることから開削工事はこの部面よりはじめられ、尾根部に近い東辺の開析状地部に及んでいったと推察される。茶臼山古墳の周濠池のようになった河底池の部分も、同古墳の南部分に沿って掘削したものとみられる。あと、開削工事で何らかの手が加っているとすれば、「比定復原図」ネの田辺台地の尾根部にあたるところであろうか。この部面を掘削することによって、駒川・今川からの流水（平野川からの流水を含めて）を猫間川に分流させることが可能になったのである。最難関の部分は、やはり高低差一〇m以上を掘削しなければならない、上町台地尾根部の周辺域〔第8－10－1図チ〕のところで、地形が改変されているものの上町台地尾根部の窪み面の現様相からみて、河内川導水開削工事の進捗状況は全体の一〇％未満にとどまったものとみられる。八世紀での土木事業では最大級の規模であっても、単功二三万余人〔第8－1表22〕ということから考えて、当時の水利土木技術や労働力確保の事情もあって、一～二年程度で断念したとみるのが妥当な見方であろう。(25)

第四節　鼬川経路の検証

『摂津志』の逸文に記された鼬川を河内川とする解釈をめぐって、井上は、河内川導水工事が未完成に終わったことが『日本後紀』に記されていることから、『続日本紀』の記述によった『摂津志』での河内川を導水した記事は誤りであると指摘している〔第一節2〕。「難波古図」のなかには、例えば宝暦三年（一七五三）の森幸安の「摂津国難波之図」のように、四天王寺の南側を今川（西除狭山川）と駒川（巨麻川）を合流した流れを河内川と記し〔第8－11図A〕、上町台地を貫通して、その西で二川に分流した河川が描かれている〔第8－11図B〕。二川に分流した北の河川は三野、磯城津（敷津、木津）の地に至っており、三野は字三石島〔第8－13図A〕の呼称に通じ、その北を鼬川〔第8－13図B〕が位置していることから、「摂津国難波之図」での河内川の流末はこの鼬川を想定したように描かれている。「摂津国難波之図」にとどまらず、応永二四年（一四一七）年に遡って描写されたとする応永図をもとにとらえた藤岡は、河内川を導水している描写について、『日本後紀』の記事を無視して、『続日本紀』のみによって描いたとする同図の企図背景をとらえる〔第8－12図〕[26]。服部も同様の見地から、「摂津国難波之図」をはじめ、幾つかの「難波古図」を分析するなかで、四天王寺の南側の河川の描写は、延暦一八年（七九九）に成功をみなかった『日本後紀』の記事〔第8－1表23〕によらず、『摂津志』で完成したように記されていることから、それを踏襲して図示したものであろうとしている[27]〔第一節3ⓑ〕。導水計画が未完成に終わったと記述されている『日本後紀』が散逸していたため「難波古図」の作成当時、『摂津志』の記述内容に則して、放水路工事が完成したという前提に立って描かれたとする藤岡や服部の見解は、妥当な見方であるとみなされる。

　これらのように河内川導水路、及びその西への放水路はさまざまな思惑をもって描かれている。導水計画は挫折したものの、延暦七年（七八八）に導水事業の開削工事が遂行された〔第8－1表22〕段階においては、上町台地西辺部の難波砂堆〔第8－6図、第8－7図〕に及ぶ、その放水路は当然のことながら意識されていなければならなかった。

　前田豊邦は、①『続日本紀』の荒陵の南より河内川を西に通すという記述は、河内からの難波の海に面した木津辺りとのルートが既に存在し、運河開削の計画の根底には上町台地を挟んで、左右の水域が接近して、台地の最も

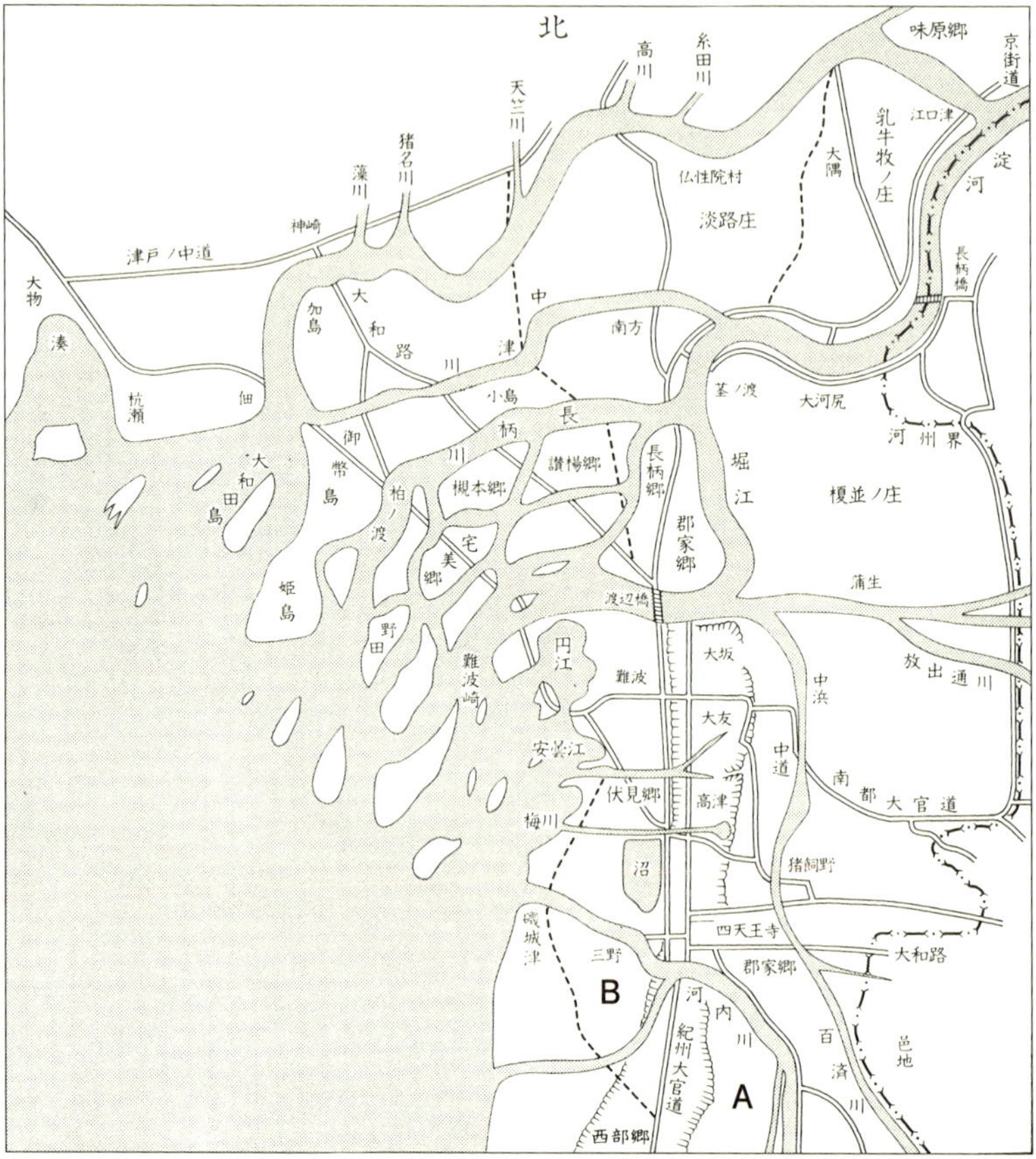

A＝河内川　　　B＝河内川の分流

第8－11図　摂津国難波之図（トレース図）

資料：『新修大阪市史第一巻』大阪市〔昭和63年（1988）〕、123頁掲載図（図36森幸安の摂津国難波之図：宝暦3年・1753）より引用加筆。

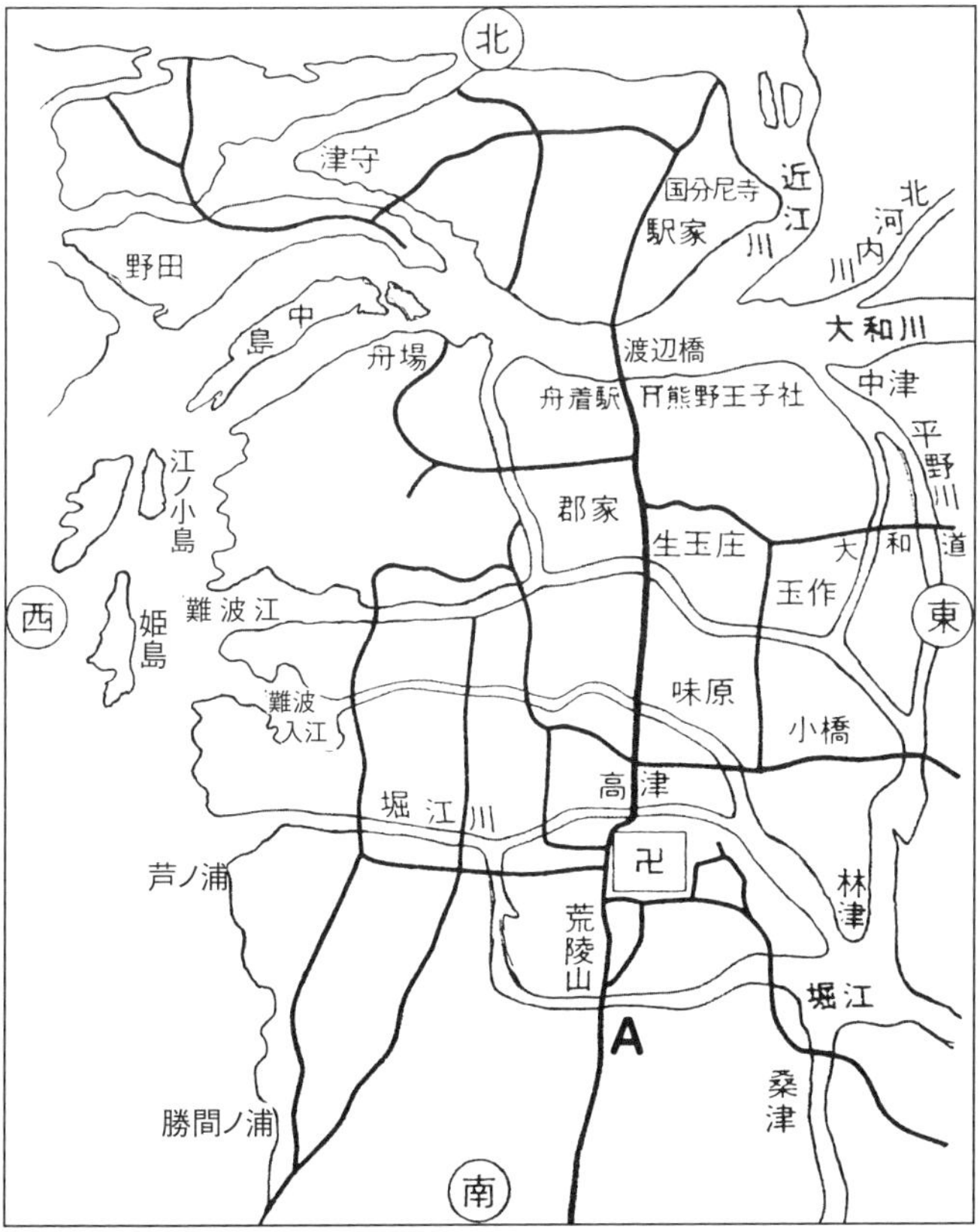

A＝延暦七年堀江と記載の横断河川

第８－12図　難波の古図（トレース図）

資料：藤岡謙二郎『大和川』學生社〔昭和47年（1972)〕、120頁掲載図（第34図難波の古図と主要地名）より引用加筆。

注）製作年代を応永24年（1417)、康生元年（1455）とした両図の描写を抜粋・合成してトレースしたもの。実際の作成は安永期＝1770年代作成とみられる。

低い部分の開削を考慮したものがあったのではないかととらえる。さらに道頓堀川から難波御蔵〔第8－13図C〕へ通じる難波入堀川〔第8－13図D〕の水を鼬川〔第8－13図B〕へ流下させる開削工事において、それにともなう鼬川の拡幅で、明治一六年（一八八三）に刳船が出土した船出遺跡(28)〔第8－13図E〕と、その周辺の遺跡で弥生〜奈良時代の土器・須恵器、タコツボ形土器などが確認されていることから、②陸地に接した海中で、構造物支持層の等深線二〇mラインが西から袋状に入り込み、木津（磯城津）の港があったことを想定する。そして、③この入江に流入する河川が鼬川と称せられるものの前身ではないかとみている。また、④入江に注ぐ川を遡ることによって四天王寺に達し、そこから渋河路を経て河内へのルートも開かれ、港とその後背地との交通路を想定することも可能であるとする。さらに、⑤ある時期に港としての機能を果たしていたことは充分考えられるが、木津の港は水深も浅く、船の通行が困難となり、延暦七年（七八八）の摂河国境の運河開削計画が未完に終わったことを原因の一つとして、寂れてしまったととらえる。前田の見解について、河内川導水計画を運河開削とみていることについては大きな疑点が残るものの、鼬川の前身の流路を河内川導水経路の末流として、各遺跡の出土の状況から実証的にとらえ、興味ある論を展開している(29)。

前述してきたように服部は、「摂津国難波之図」をはじめとする難波古図での河内川の導水経路の描写背景をとらえるとともに、鼬川は人工の水路でないため、人工的に開削した河内川導水経路（放水路）ではないとしている〔第一節3(b)〕。しかし、前田の考察と併せ、ふれてきた「実地踏測：大阪市街全図」に河底池の貯水は鼬川に流入していることが描かれ〔第8－8図エ〕、同池の北西端の余水吐より流下していたことがわかる〔第8－10－1図P〕。上町台地の西に開析した河底池の位置より、難波砂堆を流下して自然に形成されていったとみられる小河川である鼬川の前身に、流す計画であったとした方が適った見方ではないだろうか。河内川導水計画は未完成であったため、鼬川を河内川の末流とみなすことはできないにしても、ふれてきた前田の見解とともに、鼬川と河内川導水開削経

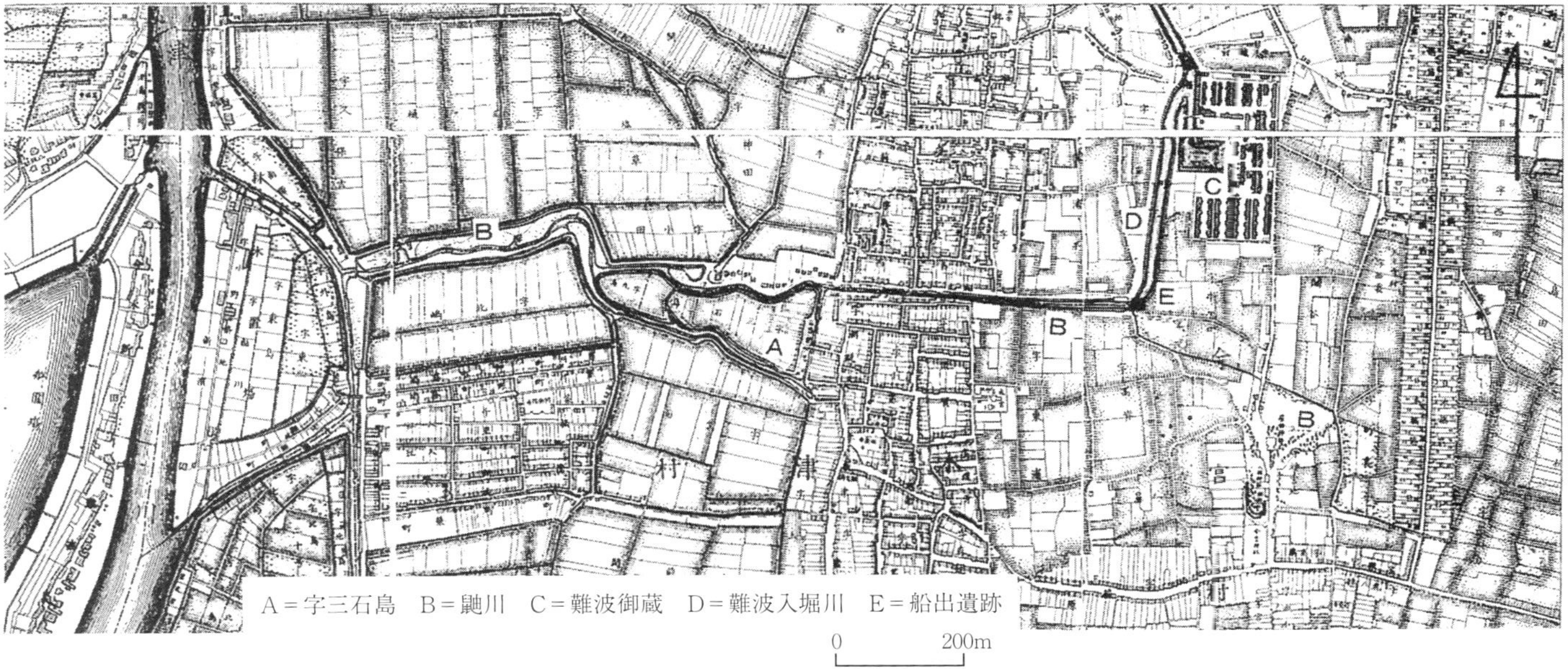

第８－13図　「大阪実測図」鼬川周辺図

資料：内務省地理局測量課：１：5,000図〔明治19年（1886)〕をもとに加筆。

路の関連を類推することができる。むしろ䑓川の前身を河内川導水開削経路の西端の流下水路であったとみなしたい。

第五節　八世紀河内川の流路とその背景

「仮製地形図：天王寺村」では、駒川〔第8－1図チ〕と今川〔第8－1図ツ〕が桑津村〔第8－1図キ〕の北東で合流し、さらにこの流れが舎利寺村〔第8－1図ト〕の東で平野川〔第8－1図コ〕に流下している。旧大和川の本流は長瀬川〔第8－6図セ〕で、二俣新田〔第8－6図ソ〕の位置で玉串川〔第8－6図タ〕と楠根川〔第8－6図チ〕を分流している。平野川は、石川合流地点〔第8－6図ツ〕に近い位置から下流のところでの分流〔舟運・灌漑のため新大和川付け替え後に整備〕と、国府台地〔第8－6図テ〕方向からの大乗川〔第8－6図ナ〕の流れとなっている。しかし、こういった河内平野低地部の河川の流れは、近世以降になって固定化されたもので、氾濫・洪水の繰り返しのなかで、さまざまな河道変遷の様相を示してきた。

河内平野低地部の河川の流れの変遷について、旧河道の復原を試みたのが服部〔第一節3(b)、第四節〕である。「大阪平野低地古代景観の基礎的研究」と題して、各種空中写真、「仮製地形図」をはじめとする明治・大正期測量の地形図、大和川付け替え以前の絵図によって、一七世紀頃の河内平野低地部の地形環境を明確にし、『続日本紀』・『日本後紀』などの史資料を援用して、条里地割の判読とともに淀川・大和川の古代地形環境を解明する。(30) このなかで旧大和川の旧河道については、玉串川と長瀬川に挟まれた位置に、長期的にわたって河道のあったことを想定し、平野川は、八世紀後半における大和川筋の本流、ないし長瀬川に匹敵した河流で、九世紀中頃に大和川本流（長瀬川）と分離したと推定している。

阪田育功は、これまでの旧大和川の流路変遷の研究をふまえ、服部の見解を発展させるような形で、各遺跡の発掘調査によるシルトなどの埋積のデーターから、河内平野低地部の河川流路の変遷についてふれている[31]。長瀬川・玉串川を中心に河道の変遷を詳細にとらえ、それに続けて、弥生時代後期前半以前、弥生時代後期後半から古墳時代前期、古墳時代中期から後期、七世紀から九世紀、一〇世紀から一四世紀、一四世紀から一七〇四年の大和川付け替え、の各六期に分類して河内川の流路変遷の概要図を作成する。阪田はそのなかで七世紀から九世紀にかけて、平野川ルートが本流であることを指摘している〔第8－14図A〕。

大和川本流としての平野川のルートは、所在によって志紀川、渋川、龍華川、平野川、百済川とも呼称され、これらの流れが『続日本紀』延暦七年（七八八）三月条に記載された河内川にあたる〔第8－1表22〕。和気清麻呂が、延暦七年の平野川は、河内川導水の開削工事に着手した時の、延暦七年の平野川は、駒川と今川が合流する南のところ、「比定復原図」〔第8－10－1図〕の桑津村の北東の位置で合流していたとみなされる〔写真8－5〕[32]。この流路は自然堤防の地形で、上町台地中・北部周辺に及んでとらえた土地条件図によっても確認することができる〔第8－6図マ、第8－7図X〕。平野川が今川、駒川と合流する位置から、河内川導水開削経路に結びついていたのである〔写真8－5〕。駒川〔第8－7図S〕、今川〔第8－7図R〕、平野川（河内川）の三川が桑津村の北東で合流していたのが七～九世紀とみられている。驟雨時に平野川の

写真8－5　平野川旧河川経路合流付近
資料：2010年筆者撮影。
正面が今川、右側（西）が駒川、JR 関西線鉄橋付近が平野川旧河川経路合流付近にあたる。この位置より右（西）の方向に河内川導水開削経路が計画された。

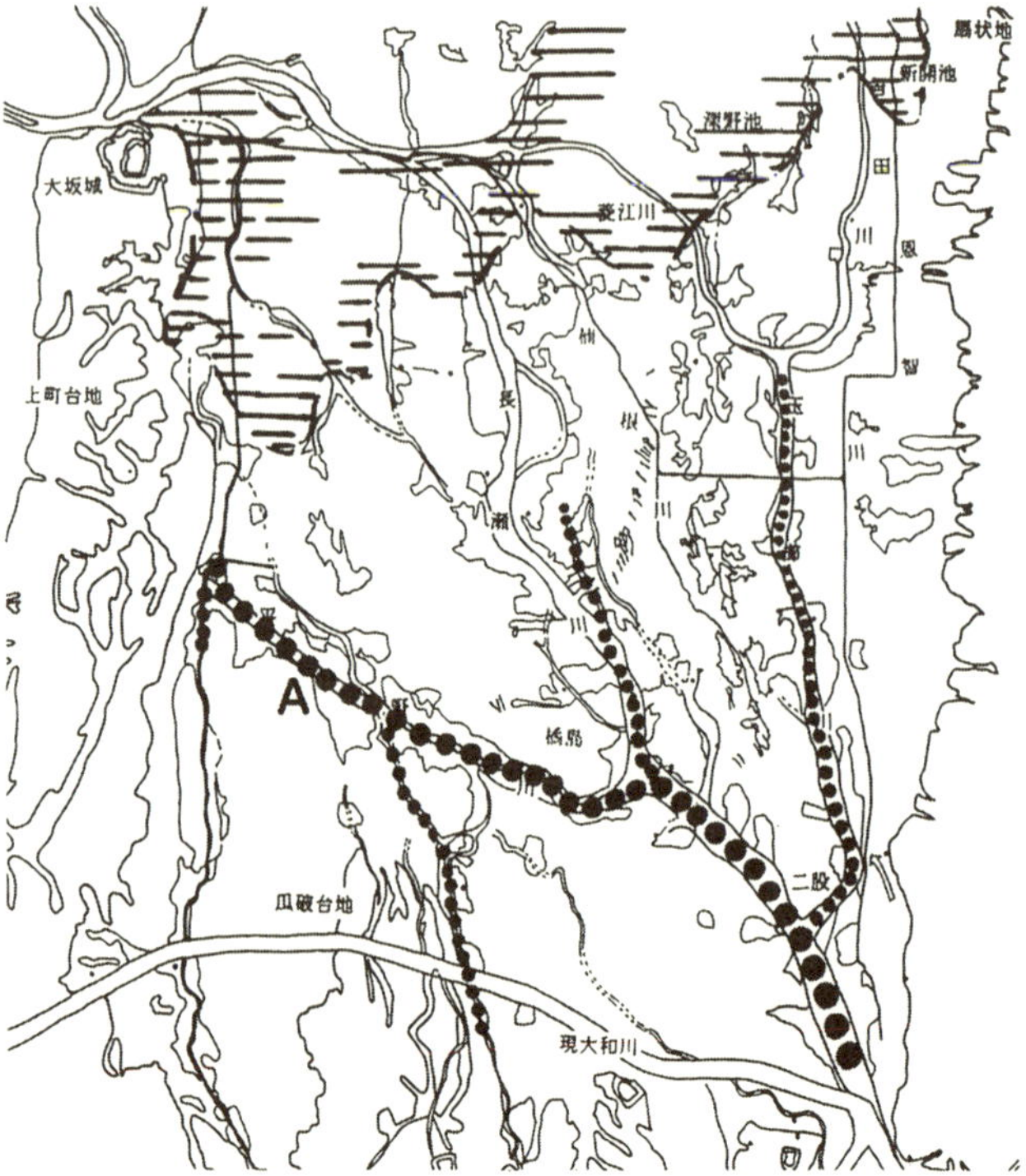

A＝平野川本流部

第8－14図　7世紀から9世紀の大和川流路

資料：阪田育功「河内平野低地部における河川流路の変遷」、柏原市古文化研究会編『河内古文化研究論集』所収、和泉書院、1997年、119頁掲載図（図11　7世紀から9世紀）より引用加筆。

流量が増水することによって、それに合流する駒川と今川の流れは、平野川の流れに押され逆流し溢水したことが想定される。いわゆるバックウォーター現象と呼ばれる逆流水を起こし、これに連鎖して平野川も極度に増水をきたすこととなり、上流・下流に及んで溢水・破堤したものとみられ、天平勝宝二年（七五〇）五月条〔第8－1表6〕、天平宝字六年（七六二）六月条〔第8－1表8〕、神護景雲四年（七七〇）七月条〔第8－1表11〕、宝亀三年

（七七二）八月条〔第8－1表12〕、延暦四年（七八五）十月条〔第8－1表20〕の記事がそれを物語る。なかでも天平勝宝二年五月条の伎人《くれひと》堤、神護景雲四年七月条の志紀と渋川の隄、宝亀三年八月条の渋川の堤一箇所・志紀郡五箇所については、八世紀の平野川本流の堤のことを示したものであろう。志紀・渋川郡の位置から志紀の堤は第8－6図ニとその対岸、渋川の堤は第8－6図ヌとその対岸の位置にあったことが推測できる。伎人堤は、伎人郷が平野川の左岸平野郷の南に位置する喜連《きれ》郷周辺であるとみられていることから(33)、平野郷に近い平野川の第8－6図ネ付近一帯のところと考えられる。こういった渋川堤と伎人堤の位置については、服部も同様の見解を示している(34)。八世紀の時期に、度々溢水・破堤していた大和川の本流としての役割を担っていた平野川、いわゆる河内川を、上町台地の掘削によって西海に導水することが、河内平野低地部の治水にとって重要視されねばならなかったのである。

第六節　八・九世紀の河内平野低地部の治水と水利

河内平野は、洪積段丘の上町台地が南北に延びて、その西から北にかけて湾口部に砂州が発達し、かつての海が閉ざされ、淀川〔第8－6図カ〕と大和川〔第8－6図キ〕によって堆積された肥沃な沖積平野である。それは北の淀川流域周辺のデルタ性氾濫原と、中央部の湖沼低湿地部、南の大和川と石川〔第8－6図ク〕・西除川〔第8－6図ノ〕・東除川〔第8－6図ハ〕によって堆積された土地の、三つの地形型に区分される。南の大和川流域部は上流より漸次堆積された扇状地性デルタ地形を形成し、河川周辺に大きく自然堤防を発達させている〔第8－6図〕。上町台地は瀬戸内海の東端の位置にあたるため、古代より交通の要地として港津が開かれ(35)、客館《むろつみ》が設置され(36)、時には政治の中心地として(37)、古代都市的性格を有し、河内平野低地部は生産の拠点としてその後背地の役割を担ってきた。

河内平野低地部での水田開発をめぐっては、たえず洪水との闘いのなかで、治水を推し進めねばならなかった。上町台地より北へ延びる砂州の発達とともに排水がより困難となり、『古事記』仁徳期に記された難波の堀江〔第8－6図ア、第8－7図U〕が掘られたのも、土地条件からみて淀川系水系の水位上昇によって、大和川系水系の排水がより困難になり、河内平野低地部の溢水による排水機能が主目的であったとみなされる。八世紀になると三世一身の法〔第8－1表1〕の耕地開発促進の施策もあって土地開発とともに、河内平野低地部の湿地帯の水利整備による開墾が進行したにも関わらず、より排水が滞り洪水が頻発し破堤が激増していった〔第8－1表8・12・17・19・20〕。三国川〔第8－6図オ〕を掘削して淀川を安威川〔第8－6図コ〕に分流させた工事も〔第8－1表18〕、難波の堀江と同様に河内平野低地部の溢水を防止することにあった。しかし、亀田が指摘するように、安威川と淀川の流下位置をとらえても、かえって安威川の水流が淀川に流下し、その効果は高くなかったと思える〔第一節3(e)〕。延暦四年（七八五）九月条には、百姓漂蕩して船乗や堤上での生活を余儀なくされ、相当に困窮した状況が記されている〔第8－1表19〕。三国川の開削事業が、ある一定の洪水対策に効果があったとしても、淀川流域周辺のデルタ性氾濫原の一部の対策にとどまり、当然の如く大和川南部まで波及されることはなかった。度々破堤する大和川筋での放水事業の必要性が生じ、本流であった平野川〔第8－6図ト〕の治水対策として、河内川導水事業に至ったのであろう。

河内川導水事業の中断以降、河内国境での水害の様子が記される〔第8－1表25・31・32・34〕。『日本紀略』大同元年（八〇六）十月条に、「河内・摂津両国の堤を定む」〔第8－1表27〕とある。堤は境の誤りであるものとみられるが、平野川の洪水が夥しく不安定で流路が一定せず、それにともない摂津との境もたえず変動したため、堤の修築とともにその国境を定めたとも解釈できる。『三代実録』貞観四年（八六二）三月条に、河内・摂津の両国が仗人堤をめぐって相争い弁析されているが〔第8－1表42〕、この仗人堤もふれてきたように平野川沿いの左岸の堤にあたるとされている。大和川本流の平野川で、度々の洪水と破堤に悩まされてきた背景が、こういった一連の記事から推察できるのである。難波の堀江や三国川の開削事業には、排水とともに運河としての機能が付与されていたとみられているが[38]、河内川導水事業は、より排水を主目的に企図されたことが読みとれるのである。堤の修築とともに、『続日本後紀』承和十二年（八四五）九月条にみられるように、「難波の堀川の草木を刈り掃い、石川・竜田川（大和川上流）の洪流を引きて」といった記事から〔第8－1表39〕、常時繰り返される破堤に対しての日常的な水管理を実施している様子がうかがえる。

九世紀になり依然として河内国での水災による困窮度が激増し〔第8－1表40〕、破堤の修築が進まなかったとみられ、放失された閑地を下賜した記事が度々みられる〔第8－1表33・35・36・37・38〕。河内川導水事業断念後の九世紀初頭頃は、税分銭を造堤料に充てて対応しているが〔第8－1表28・29〕、河内平野低地部の荒地増大とともに、朝吏を派遣するものの修堤は一向に捗らず〔第8－1表46〕、『類聚三代格』元慶三年（八七九）七月五日太政官符の記事〔第8－1表48〕にみられるように、閑地を請う者に一町の地を給うごとに一丈の堤を修復させ、荘園制を背景にした治水事業に変移していることがわかる。

栄原は、和気清麻呂の河内川導水の治水工事について、上町台地の東側の滞水を排出しようとする根本原因の除去にあると指摘している〔第一節3ⓒ〕。亀田は、淀川の南一帯の洪水は、延暦四年（七八五）に三国川開削工事がおこなわれたにもかかわらず、河内国の破堤がより激化し、こうした状況を解消するため、淀川の南からこの川に流入する大和川の流れを変える必要があったとみている。さらに亀田は、河内川導水事業による排水とともに、新たな川筋の設定による開削工事を通して、河水の制禦をおこなうとともに、河川から水を耕地に導く灌漑のための役割に注視している〔第一節3ⓔ〕。水田開発には灌漑用水の確保を念頭に置かねばならず、河内平野低地部のようなところでは、排水と灌漑の調整をたえず図る必要があり、クリークの整備が不可欠であった。河内平野低地部の洪水による破堤に傾注されがちであるが、亀田が指摘するように河内川導水事業についても、灌漑の側面からの検討が求められる。河内川導水事業による排水とともに、クリークが整備され低地部での水利安定化を狙った側面と同時に、河内川導水開削経路をみつめた場合、平野川が駒川と今川の合流する地点から田辺台地を西流させねばならず〔第8－7図、第8－10－1図〕、この台地への灌漑、そして細流の猫間川への補水が可能となり、この周辺の耕地拡大に連動させることができたのではないだろうか。

筆者の河内川導水事業に対する考えは、八・九世紀の河内平野低地部の土地条件とともに、政治的・社会的背景をとらえるなかで排水説を中心に展開してきた。先行研究のなかでは栄原と亀田、特に水利の側面においては亀田との共通性があることを言及しておきたい。確かに直木の、桓武天皇をバックにした摂津大夫の和気清麻呂の役割を重視して、三国川の開削とともに、難波津の存在価値を低下させ、難波宮・京を停止させるために、運河を主目的に河内川導水事業を計画した、という見解〔第一節3(d)〕には興味が惹かれるものの、あまりにも飛躍している感を拭いきることはできない。

第七節　まとめ

以上、延暦七年（七八八）の和気清麻呂の河内川導水開削経路の復原について考察してきた。復原の方法として用いた「仮製地形図：天保山・天王寺村」は、明治一八・一九年（一八八五・八六）の測量図であり、他の資料も「宝暦期：桑津村絵図」を除いて、それ以降のものである。そのため河内川導水開削事業の時期と、一千年余りもの大きな空白のあることが懸念される。しかし、条里地割は近世・近代を通して、現代の圃場整備や著しい都市化が進行するまで、比較的各地域の土地割に広範に残されてきたことを鑑みるなら、「仮製地形図：天王寺村」の土地割跡の信憑性は、極めて高くなるのではないだろうか。それに分析の指針の一つとして位置づけた土地条件図〔地形分類図、第8－6図、第8－7図〕の分析は、この地域での八世紀以前の土地景観を想起させる資料として生かされる。日下雅義も、徳島県勝浦川の下流域平野を事例に、地形分類（土地条件分類）をおこない、過去のおよそ一千年間の地形環境は、土地割形態に反映されていることを実証している。(39)

こういった見地に立って、河内川導水開削経路の検証をすすめてきた結果、今までの先学の研究成果を応用しながら、①各地形図の分析によって、河底池から駒川・今川までのルートを、ほぼ明瞭にその跡地を復原することができた。さらに、②「仮製地形図：天保山・天王寺村」をもとに「比定復原図」を作成し、河底池から今川間の地形型の特徴をとらえるなかで、河内川導水開削工事の進捗度合、並びにその困難な箇所を予測することが可能となった。そして、③河底池より西寄りの導水経路については、鼬川の前身の河川との関連性から、西端の流下経路を検討し、④今川より東経路については、七世紀から九世紀にかけて平野川ルートが大和川の本流で、駒川と今川が合流する位置に流入していたことをふまえ、この位置が河内川導水開削経路の起点で、その付近一帯は溢水・破堤の頻発地であったこと、⑤当時の上町台地から河内平野低地部一帯の土地条件をふまえ、『続日本紀』・『日本後紀』などの記述と照合することにより、当時の置かれていた治水の困難な背景をおさえ、⑥九世紀に至り、摂津国と河内国の境の堤の領有の争いとともに、河内国では修堤が宿命となり破堤し放置されたままの堤がみられ、荒閑地が多くなっている事情をふまえ、⑦河内川導水開削事業の目的は、悪水の排水により力点が置かれていたこと、などの諸点を明らかにしてきた。

和気清麻呂の河内川導水開削経路を復原し、その背景を分析することによって、八・九世紀の河内平野低地部の治水事情をとらえるだけでなく、⑴河内平野低地部での古墳時代から奈良期までの土地開発と治水事情の一連の経緯が把握でき、⑵上町台地から河内平野一帯は、日本の古代史にとって有意なる土地であることから、当時の律令政府の土地開発をめぐる相克の一端をみることができる。そして、(3)この地域周辺での依網池[40]〔第8－6図ヒ〕や狭山池[41]、さらに『行基年譜』[42]に記された次田堀川、大庭堀川などの池溝開削による水利施設との比較から、河内平野低地部での水利事情の構造がみつめられ、さらに(4)難波津、猪飼津〔推定地、第8－7図Ⅰ〕などの港津、難波宮の造営など、古代のさまざまな事象とも密接に結びついてくる〔第8－7図〕。しかし、上記の一連の事象との関連づけについては、必ずしも充分にとらえる力量が備わっておらず、今後、上町台地周辺の治水・水利の側面から古代景観の復原といった総合的な見地に立って、分析を重ねる営みが求められる。

なお、いかに土地改変がなされ社会情勢が多様化し、高度な水利土木技術が進歩したといえども、土地条件の基本は変わっておらず、古代での治水事情の背景が現代の洪水防災の思想と無縁でなく、脈々と今につながっていることを付言しておきたい。

注

(1) 黒板勝美・国史大系編修会編『新訂増補国史大系続日本紀後編』吉川弘文館、一九七二年、五二八頁。
(2) 黒板勝美・国史大系編修会編『新訂増補国史大系日本後紀』吉川弘文館、一九六二、一九頁。
(3) 四天王寺本坊の境内に長持型石棺の蓋が保存され、この石棺が納められた古墳を巡って二説がある。茶臼山古墳のものとする説と、四天王寺東門の付近から円筒埴輪を用いた埋葬施設が出土していることから、古墳があったことが推定されるとして、四天王寺建立以前のこの地にあった古墳にあてる説である。四天王寺は、『日本書紀』推古天皇元年（五九三）条に「始めて四天王寺を難波の荒陵に造る」とあり、荒陵山敬田院と号していることから、推古期記載の荒陵は、この地にあった古墳からきた呼称ではなかったかという解釈が成立する。茶臼山古墳は、昭和六一年（一九八六）に調査されているが、中・近世の瓦が出土し、葺石や埴輪などの古墳としての遺物は発掘されておらず、後円部と考えられてきた茶臼山の本体部分も北部四分の一は平安時代以降の盛り土で、前方部と考えられていた地域には盛り土はなく、一m程地山層が削りとられていることがわかっている〔注記（11）三六五～三六七頁〕。このようなことから『続日本紀』延暦七年（七八八）三月条での「荒陵の南より河内川を導き」の記載についても、四天王寺に由来する呼び名の荒陵にあてたものとも考えられる。また、荒陵は茶臼山古墳を含めてこの一帯にあった幾つかの古墳の総称であったともとれる。しかし、吉田東伍をはじめとして、茶臼山古墳を荒陵にあててとらえているのが一般的解釈になっている。

（4）並河誠所・関祖衡編『摂津志』、正宗敦夫他編纂校訂『日本古典全集五畿内志下』所収、日本古典全集刊行会、一九三〇年。

（5）暁鐘成『摂津名所図会大成巻之六、摂津名所図会大成其之一』柳原書店、一九七六年、四五九頁。

（6）吉田東伍『大日本地名辞書第二巻（上方）』冨山房、一九〇四年、三八七・四〇六頁。

（7）前掲（3）参照。

（8）井上正雄『大阪府全志巻之二』清文堂出版（復刻版）、一九二二（一九七五）年、七五二・七五三頁。

（9）一例として、一九一三年発行の『大阪市史』では、延暦の二大工事として三国川〔第8－1表18、第8－6図オ〕とともに記されるが、その記述は『続日本紀』・『日本後紀』の記事の紹介にとどまっている〔『大阪市史』大阪市、四五頁〕。一九六一年発行の『天王寺区史』では、同様に記事の紹介とともに、遺址の低形部について地形図とともに若干の説明を加えている程度で〔『天王寺区史』天王寺区創立三〇年記念事業委員会、二二・四四・四五頁〕、一九七四年発行の『淀川百年史』も淀川の治水史のなかで、三国川の開削とともに河内川の治水として、開削・中断の記事の内容と経路の概要についてふれられているにとどまる〔『淀川百年史』建設省近畿地方建設局、八三頁〕。

（10）藤岡謙二郎『大和川』學生社、一九七二年、一一七～一二四頁。

（11）新修大阪市史編纂委員会編『新修大阪市史第一巻』大阪市、一九八八年。

（12）服部昌之「第一章　第二節八世紀中ごろ以降における大阪平野の景観　1．放水路計画　河内川」前掲（11）所収、九三～九八頁。

（13）難波の堀江については、『記紀』では次のように記される。

『古事記』仁徳天皇段

此の天皇（仁徳）の御世に、（中略）。また秦人を役ちて、茨田堤及び茨田三宅を作り、また丸邇池・依網池を作り、又難波の堀江を掘りて海に通わし、また小椅江を掘り、また墨江の津を定めたまひき。

『日本書紀』仁徳天皇十一年四月条

郡臣に詔して曰はく。今朕、是の国を視れば、郊沢曠く遠く、而して田圃少く乏し。且河の水横に逝れて、流末駃からず。聊に霖雨に逢へば、海潮逆上りて、巷里船に乗り、道路亦泥あり。故、群臣、共に之を視て、横しまてに源を決りて海に通せて、逆流を塞ぎて田宅を全せよ。

『日本書紀』仁徳天皇十一年十月条

宮の北之郊原を掘て、南の水を引て西の海に入る。因りて其の水を号けて堀江と曰ふ。又將に北の河の澇を防かんとして、茨田の堤を築く。是の時に両処之築かば乃ち壊れて之塞ぎ難し。

『日本書紀』仁徳天皇三十年九月条

皇后（磐之媛尊）、紀の国に遊行いでまして、熊野の岬に到りて、即ち其の処の御綱葉葉、此をば箇始婆と云ふ。を取りて還りませり。是に、天皇、皇后の不在を伺ひて、而して八田皇女を娶して、宮中に納しいれたまふ。時に皇后、難波済に到りて、天皇、八田皇女を合しつと聞しめして、大いに恨みたまふ。則ち其の採る御綱葉を海に投げいれて、着岸りたまはず。故、時人、散らし葉の之海を号けて、葉済と曰ふ也。爰に天皇、皇后の忿り着岸りたまはぬことを知ろしめさず。親ら大津に幸でまして、皇后の船を待ちたまふ。而して歌して曰はく。

難波人、鈴船執らせ、腰悩づみ、その船執らせ、大御船執れ

時に皇后、大津に泊りたまはず、更に引きて泝江りて、山背より廻りて倭に向でます。

（引用は、倉野憲司校注『古事記』岩波書店、一九六三年、黒板勝美・国史大系編集会編『新訂増補国史大系日本書紀前篇』吉川弘文館、一九八一年による。）

これらに記述される難波の堀江について、「難波古図」の誤描によってさまざまな堀江が描かれている（一例として第8－11図・第8－12図のように）。吉田は、『日本書紀』仁徳天皇十一年十月条の記事と、『扶桑略記』仁徳十一

年条に「今、山埼河、海に通ず。是れ其の堀江なり」と記されていることから、河内川の末にあらずとして、山城・河内両水の委口である天満川筋をあてる〔前掲（6）三九八頁〕。その後、『記紀』での仁徳期の記事の信憑性に疑問を呈しながらも、難波の堀江は、上町台地の北の裾を東から西に流れて大阪湾に注ぐ大川（天満川）と推定されるとみる解釈が定説となり、上町台地の北端に延びた天満砂堆を掘削し、漸次拡幅したものとみている〔前掲（11）所収、直木孝次郎「第四章河内政権と難波　第二節『記紀』にみえる難波と水路　1.難波の堀江」五六二～五六四頁〕。土地条件からみて〔第8－6図・第8－7図〕、淀川系水系の水位上昇によって、大和川系水系の排水がより困難になり、河内平野低地部の溢水による排水機能が主目的であったとみなされるとともに、同時に難波津〔後掲（15）〕と連動した運河としての活用も意図されていたと考えられている。

(14)　栄原永遠男「第六章奈良時代の難波　第七節難波宮の終局　2.和気清麻呂の治水事業」前掲（11）所収、九五八～九六四頁。

(15)　『古事記』応神天皇の段をはじめとして、『記紀』に度々記載される難波津（御津、三津を含めて）の位置をめぐって、幾多の見解が展開されている。以下、その主な概要を示すと、一九七〇年に千田稔が淀屋橋周辺の地質断面図や、現在の三津寺の歴史的経緯などの検討から、難波津を三津寺付近（中央区三津寺町）〔第8－6図ウ、第8－7図G〕に比定した論をまとめる〔左記①〕。この見解に対して、森修が海岸線の推定から、御津の開かれた応神・仁徳朝（倭五王の讃・珍とみなし、四二〇～四三〇年として）は、淀屋橋付近は海底にあり、三津寺町付近は、難波の入江も遠く、大和川を遡るのも不便であり、難波の堀江（現大川筋に比定）〔前掲（13）〕〔第8－6図ア、第8－7図U〕の現天満橋と天神橋との間、大江の岸、八軒屋とも呼ばれたところにあったと推論する〔第8－6図エ〕〔左記②〕。これに対して、千田は『江家次第』記載の三津浜の位置の検討により、三津寺付近説を補強した見解を論及する〔左記③〕。一九八五年に日下雅義は、『続日本紀』孝謙天皇天平勝宝五年（七五三）条の三津村の洪水の記事にふれられた廬舎に着目し、ここに港があれば廬舎でなく館《むろつみ》と称するのではないかとして、千田の三津寺町説を否定する。難波の堀江（五世紀中葉～六世紀のはじめに比定して）に付設した人工港の難波津が成立（六世紀初頭か）した推定地として、大倉庫群一六棟が出土した法円坂遺跡に近い、ラグーンの道修谷の開析地にあたる高麗橋付近説〔第8－6

図イ、第8－7図F〕を展開する〔左記④〕。こういった日下説に対して千田は、三津村の盧舎一百十余区、百姓五百六十余人を漂没というのは、相当の規模の集落である。単なる農村集落でなく、水運、漁労、交易などに関与していた集団が居住していた空間であり、館舎の有無を論じること自体不可能であるととらえる。さらに『日本書紀』推古天皇十六年（六〇八）六月条、『日本書紀』舒明天皇四年（六三二）十月条の記事の解釈をめぐって、「唐の使者が難波津に停泊した。したがって大伴連馬養を遣わして江口で客船を迎えさせ」となるため、難波津（三津）↓江口↓堀江↓客館と理解するのが自然であると反論する〔左記⑤〕。

以上のような難波津をめぐる論争が展開されるが、直木は、日下の高麗橋付近説を背景にして論述したものである。

①千田稔『埋もれた港』學生社、一九七四年、二七～三六頁。

初出論文：「古代港津の歴史地理学的考察―瀬戸内における港津址を中心として―」史林五三－一、一九七〇年。

②森修編『日本名所風俗図会10、大阪の巻』角川書店、一九八〇年、四五五～四五七頁。

③千田稔『古代日本の歴史地理学的研究』岩波書店、一九九一年、二七三～二八五頁。

初出論文：「難波津補考」、『高地性集落と倭国大乱』（小野忠凞博士退官記念論集）所収、雄山閣、一九八四年。

④日下雅義『古代景観の復原』中央公論社、一九九一年、二〇八～二一五頁。

初出論文：「摂河泉における古代の港と背後の交通路について」古代学研究第一〇七、一九八五年。

⑤千田稔『古代日本の歴史地理学的研究』岩波書店、一九九一年、二九五～三〇四頁。

初出論文：「難波津の比定地　日下論文を読んで」古代学研究第一〇八、一九八五年。

(16)　直木孝次郎『難波宮と難波津の研究』所収、「Ⅲ三．難波宮の停止と和気清麻呂、5．清麻呂の水利工事と難波」吉川弘文館、一九九四年、一九九～二〇三頁。

初出論文：「難波宮の停止と和気清麻呂」相愛大学研究論集五、一九八九年。

(17)　亀田隆之『日本古代治水史の研究』所収、「第二編奈良・平安時代の造池修堤工事　第三章延暦の治水工事　第二節延暦七年の治水工事」吉川弘文館、二〇〇〇年、一六三～一七一頁。

初出論文：「延暦の治水工事に関する二、三の考察」関西学院大学人文論究四四－一、一九九四年。

(18) 前掲(11)(12)九五頁。
(19)「実地踏測：大阪市街全図」〔第8－8図〕に河川名称は記されていないが、「大阪実測図：天王寺村周辺図」〔第8－2図〕の小字名より河堀川とした。
(20)『桑津村郷土史(上)』桑津郷土史研究会、一九八二年。
(21)『柏原市史第二巻』柏原市役所、一九七三年、一八四～一九一・二一一～二一四頁。
(22) 前掲(3)、前掲(11)三六五・三六六頁。
(23) 前掲(3)、前掲(11)三六六頁。
(24) 前掲(3)、前掲(11)三六六頁。
(25)『続日本紀』によると、延暦四年(七八五)十月条に河内国の堤防が決壊したため、単功三〇万七千余人を投下して修築したのが最大の治水事業である〔第8－1表20〕。上町台地の洪積世の自然地形を一〇m以上も掘削しなければならない河内川導水事業での単功二三万余人はこれと比べても少なく、一日に千人の労働力を費やしても九ケ月～一〇ケ月程度で浪費してしまうことになる。当時の水利土木技術から考えても、平野面での治水事業と比べ無理な計画であったことが想定される。
(26) 前掲(10)一一九頁。
(27) 前掲(11)(12)一二〇頁。
(28) 船出遺跡の鼬川出土の刳船について現物は失われているが、東京国立博物館徳川文庫所蔵の二葉の「大阪府下難波村鼬川発掘古船図」によって、造船技術の側面より分析した以下の研究がみられる。
出口晶子「大阪鼬川出土の刳船の彩色絵図について」大阪の歴史三八、一九九三年、一～一九頁。
(29) 前田豊邦「古代の木津」大阪の歴史三九、一九九三年、二四～三二頁。
(30) 服部昌之『律令国家の歴史地理学的研究』所収、「第二部　条里の分布と構成　5．大阪平野低地　(3)大和川下流」大明堂、一九八三年、一八一～一八六頁。
初出論文：「大阪平野低地古代景観の基礎的研究」、藤岡謙二郎先生退官記念事業会編『歴史地理研究と都市研究

（上）』所収、大明堂、一九七八年、四六～五六頁。
(31) 阪田育功「河内平野低地部における河川流路の変遷」、柏原市古文化研究会編『河内古文化研究論集』所収、和泉書院、一九九七年、九九～一二二頁。
(32) 前掲（30）での、服部論文で掲載された「図12大阪平野低地の旧河道と汀線」には、平野川の旧流路は阪田がとらえたようにはなっておらず〔前掲（31）〕、「仮製地形図：天王寺村」の平野川の流路と同様に北西から北に直進して描かれている。ふれてきたようにこの位置には自然堤防の跡が大きくみられるため、阪田が描いた平野川旧流路の方が適切な見方であると判断される〔第8－7図X、第8－14図A〕。
(33)『日本歴史地名大系第二八巻・大阪府の地名Ⅰ』平凡社、一九八四年、四九頁。
(34) 前掲（30）一八二頁。
(35) 上町台地に位置する古代港津として、『日本書紀』神功皇后摂政元年二月条の大津の渟名倉の長峡、『古事記』応神天皇の段の難波津、『日本書紀』応神天皇二十二年三・四月条の大津、『古事記』仁徳天皇段の墨江の津、『古事記』仁徳天皇の段の御津、『日本書紀』仁徳天皇十四年十一月条の猪甘津、『日本書紀』仁徳天皇三十年九月条の大津、『日本書紀』仁徳天皇六十二年五月条の難波津、『日本書紀』允恭天皇四十二年一月条の難波津、『日本書紀』仁賢天皇六年九月条の御津、『日本書紀』欽明天皇十六年二月条の難波津、『日本書紀』欽明天皇三十一年七月条の難波津、『日本書紀』推古天皇十六年（六〇八）六月条の難波津、『日本書紀』舒明天皇四年（六三二）十月条の難波津、『日本書紀』皇極天皇元年（六四二）二月条の難波津、『日本書紀』孝徳天皇元年（六四五）七月条の津（難波津か）、『日本書紀』斉明天皇五年（六五九）七月条の難波三津之浦、などが記される。
(36) 客館の設置について、『日本書紀』に継体天皇六年十二月条に難波館、敏達天皇十二年十月条に難波館、推古天皇十六年（六〇八）四月条に新館・高麗館、舒明天皇二年（六三〇）十月条に三韓館、皇極天皇二年（六四三）三月条に百済客館、が記される。他に『日本書紀』欽明天皇二十二年条に難波大郡（接待用庁舎か）がみられる。
(37)『日本書紀』には、応神期に大隅宮、仁徳期に皇都としての難波高津宮が置かれたとされている。孝徳天皇元年（六四五）十二月条に、難波長柄豊碕宮（前期難波宮）に遷都する。『続日本紀』には、聖武天皇神亀三年（七二六）

十月条に陪都として、聖武朝難波宮（後期難波宮）の再建に着手している。難波長柄豊碕宮の所在地をめぐって、下町平野説（北区長柄本荘・長柄周辺説と天満説）と上町台地説（大坂城地説と東高津小橋説）が展開されたが、蓮花文・重圏文の軒丸瓦、鴟尾の遺物に着目した山根徳太郎によって、昭和二九年（一九五四）より東区（現中央区）法円坂を中心に、順次発掘調査がなされ、前期難波宮の内裏・朝堂院・倉庫群など、上層部に後期難波宮の内裏・朝堂院などが発掘されている〔山根徳太郎『難波の宮』學生社、一九六四年〕。

難波宮に関しては、多くの研究がなされている。なかでも、中尾芳治『難波宮の研究』（吉川弘文館、一九九四年）の著書が最も適切なものとしてあげられる。

(38) 難波の堀江、三国川の開削、河内川導水事業をめぐって運河説と排水説が展開される。難波の堀江は河内平野低地部の溢水による排水機能が主目的であったとみなされるが、同時に、難波津〔前掲（15）〕と連動した運河としての活用も意図していたと考えられている〔前掲（13）〕。三国川の開削は、帝都が長岡京に移り、さらに平安京に遷都されることにより、瀬戸内海にでる交通の最短コースとしての役割を担ったことが指摘されている。この三国川の開削に比して、河内川導水事業は運河としての企図は弱かったとみなされる〔前掲（17）亀田、他〕。

(39) 日下雅義「地形環境と土地割―勝浦川下流域平野を例に―」、桑原公徳編『歴史地理学と地籍図』所収、ナカバヤシ出版、一九九九年、二〇一～二一〇頁。

(40) 依網池〔第8－6図ヒ〕は、『日本書紀』崇神天皇六十二年十月条に「是の月、依網池を造る」、『古事記』崇神天皇段に「是の御世に、依網池を作り。また軽の酒折池を作る」、『古事記』仁徳天皇段に「丸邇池・依網池を作り、又難波の堀江を掘りて海に通はし、また小椅江を掘り、また墨江の津を定む」、『日本書紀』推古天皇十五年（六〇七）冬条に「是の歳の冬、倭国に、高市池・藤原池・肩岡池・菅原池を作る。山背国に、大溝を栗隈に掘る。且つ河内国に戸苅池・依網池を作る」と記され、日本最古の溜池とされる。その位置は、河内川導水開削経路より南の上町台地南辺の我孫子台地〔第8－6図シ〕と氾濫原の間に築造され、駒川〔第8－7図S〕は依網池より流下している。河内平野低地部から段丘面への土地開発を分析するうえで、狭山池〔後掲（41）〕とともに重要視される。依網池の復原については、筆者の研究があげられる〔第二・三・四章〕。

第8－2表　『行基年譜』天平十三年（741）記にみる、河内平野低地部関連の治水記事

水利施設名	所在地名
〔橋〕	
高瀬大橋	在嶋下郡高瀬里
長柄	
中河	
堀江	並三所、西城郡
	已上四所、在摂津国
〔樋〕	
高瀬堤樋	在茨田郡高瀬里
韓室堤樋	同郡韓室里
茨田堤樋	同郡茨田里
	已上三所、在河内国
〔堀〕	
比売嶋堀川　長六百丈　広八十丈　深六丈五尺	在西城郡津守村
白鷺嶋堀川　長百丈　広六十丈　深九尺	在西城郡津守里
次田堀川　長七百丈　広二十丈　深六尺	在嶋下郡次田里
	已上三所、在摂津国
大庭堀川　長八百丈　広十二丈　深八尺	在河内国、茨田郡大庭里

資料：『大阪狭山市史第五巻―史料編狭山池―』大阪狭山市、2005年をもとに、関連記事を抜粋して作成。

(41)　狭山池は、『日本書紀』崇神天皇六十二年七月条に「農は天下の大本なり。民の恃みて以って生くる所なり。今、河内の狭山の埴田水少なし。是を以って、其の国の百姓、農の事を怠る。其れ多に池溝を開きて、民業を寛かにせよ」と記されているが、直接的には『古事記』垂仁天皇段「狭山池を作り、また日下の高津池を作る」とでてくるのが初出である。大阪狭山市に位置し、現存する日本最古の溜池とされる。河内平野南部の段丘面を広く灌漑し、古代より親池としての役割を担ってきた。狭山池を対象として多くの研究がなされ、日本の池溝研究の原点としての位置づけがなされている。『狭山池論考編』（狭山池調査事務所、一九九九年）には二六編にわたる学術論文が集約されている。

(42)　『行基年譜』は、行基の死後四世紀を経過して泉高父宿禰が編集したもので、行基の業績について記される。天平十三年（七四一）記の河内平野低地部での水利関連の記事をあげると第8－2表のようにまとめられる。『行基年譜』記載の各水利施設の所在地の比定研究を推進することにより、八世紀での河内平野低地部の状況推察が可能となる。

あとがき

前著『大阪平野の溜池環境—変貌の歴史と復原—』を刊行して、七年の歳月が経過する。その継続として小著を上梓することができた。

筆者が池溝の研究に着手したのは三十路を過ぎての頃である。車窓から見える溜池が埋め立てられている光景に接し、大阪府松原市を事例に溜池潰廃の状況を調査したのが、池溝研究の最初であった。思うように調査は捗らず、遅々なれども狭山池水下地域、泉北ニュータウン、泉佐野市樫井川流域、大阪市住吉区、河南台地、生駒山麓高安地区、生駒山麓生駒市、堺市百舌鳥野などの調査へとつながっていくこととなった。勝手きままに四〇年近くにわたって摂津・河内・和泉の地域を中心に渉猟してきたことになる。前半の二〇年は大都市近郊での農業構造との関連から、溜池潰廃が地域にいかなる影響を及ぼしたのか、溜池環境の側面から地域環境問題に立脚して分析していった。池溝の現状を把握するに際し、どうしても池溝開削や土地開発のことが付随し、古墳の周濠池との関連や、近世水利との結びつきの分析が不可欠となり、やがて歴史地理学的考察に傾注していくこととなる。

各地域の図書館などで郷土資料を蒐集してきたため、在野に立脚した思考方法が身に付いていったといえるかも知れない。図書館によっては、在野の人々がまとめた資料をファイルに入れて丁寧に整理保管しているところがある。こういった資料に記された内容は、郷土を愛する余りに往往にして事象を誇張して表現したものもみられるが、なかにはユニークな発想を持ってまとめられたものを知見することができるのである。小著での各論文で提起した仮説の立て方は、地域を歩いて得られた諸事象の持っている意味をそれぞれ吟味するなかで、こういう見方ができないか、こういう立証が可能ではないか、などと模索しながら思考してきたことから、これらの在野の資料に、少なからずとも刺激を受けてきた。摂河泉の在野を踏査してさまざまな事象と接するなかで、河内大塚山古墳、誉田御廟山古墳、大山古墳の墳丘部崩形と周濠池の関連、日本最古の溜池である依網池、現存する最古の溜池の狭山池、和気清麻呂の河内川の開削に焦点をあてることとなり、その復原研究を基調として今の社会に派生する地域環境問題と連動させて、埋もれた歴史事象の価値観増幅の課題を追求していくこととなった。

独自で現地を歩き、手探りのなかで課題を探索してきたため、勝手な独修に近い形で研究を続けてきたことになる。それだけに未完で粗削りの側面は否定できない。史料の分析についても未熟で、考古学にも疎く、これまでにも多くの批判を受けてきた。思いつきで空理空論の内容に終始しているのではないか、間接史料しかなく分析ができていない、各種絵図・地形図のみで千数百年前の事象のことが論じられるのか、などの多くの批判の意見が寄せられることとなった。間接史料の多用や、各種絵図・地形図などから古代に遡及して考察する見方に対して批判されることは、確実な史資料からの分析を重視する文献史学において必定のことであり、筆者も今までに文献史学や考古学に立脚した優れた研究に、多くの教唆を受けてきた。こういったなかでさまざまな文献にあたっていったが、史学・考古学関連の学会誌に掲載された論文のなかに、特に古代を対象とした研究において、あまりにも唐突な思いつきを優先させた幾許かの論稿のあることを知ることになったのである。現地を踏査して、そのなかから各種課題を探索し、微地形に照写して分析してきた筆者にとって、各事象が立地する地形型を無視してまとめられたこれらの論稿に対して、着眼点に大きな違いのあることに気付いたのである。筆者が受けた批判からみて逆説的になるが、その乖異性について失礼ながら随所でその問題点にふれていった。

調査対象とした摂河泉の地域は、古代において政治・文化の発祥の中枢として展開してきた有意なる土地である。河内平野や上町台地の地形環境を背景にして展開された治水・灌漑事業を分析していくことは、『記紀』や『続日本紀』などにふれられた大王陵や依網池、狭山池、河内川などの解明と結びつき、古代の日本の土地開発とも密接に関わってくる。河内平野一帯の土地は、「倭の五王」が活躍した本拠地とみられていることから、五・六世紀の古代王権史につながるといっても過言ではない。小著のタイトルを『古墳と池溝の歴史地理学的研究』とした所以も、研究対象とした河内平野に展開する古墳・池溝は、いずれも古代での日本の特筆すべき事象であることに起因している。

筆者の研究環境は決して恵まれたものではなかった。一度目に就いた職場では、学校経営の構造改革のため中学・高等学校の社会科（地歴科）教員として勤めていくことができず、教職から離れることになってしまったのである。自身の研究にとって最も充実した五〇歳台の時で、思うように調査はできず地理関係の学会での発表の機会は激減することとなった。こういった時に、狭山池治水ダム化工事にともなう文化財調査の責任者として精力的に取り組んでこられた市川秀之先生（滋賀県立大学地域文化学部教授）より声がかかり、日曜日ごとに持たれる南河内の民俗・水利調査の一員として参加し、これと併行に『狭山池論考編』（狭山池調査事務所発行）に、狭山池水下地域の研究について寄稿することができたのである。また、佛教大学歴史学部教授の植村善博先生より研究を継続することの重要性を諭され、同大学通信教育制の大学院日本史学専攻修士課程で学ぶ機会を与えていただいた。この期に史料分析の方法論の糸口を学ぶことができ、自身の歴史地理学的研究に少なからずとも弾みがつき、近世初期における依網池の復原研究をまとめることができた。市川先生、植村先生の導きがなければ、私の研究はこの段階で間違いなく挫折していたことであろう。あらためて感謝申しあげたい。

六〇歳になる少し前に職場での関係各位のご厚情により、地理並びに社会科関連の教職科目の担当教員として、教壇に復帰することができた。これ以降、今まで構想に秘めていた論文を毎年一編のペースで紀要に投稿することとなった。ご芳名をあげて、謝辞を述べることは控えたいが、四天王寺大学でご厚誼いただいた教職員の方々の、ご支援・ご援助を忘恩することはできない。退職までの六年間は、あっという間に過ぎてしまった。中断した期間が長かっただけに、できればもう少し現役を続けて二冊目の出版に結びつけたかったが、立場上再任用にはならず、退職して七年も経過した今の時期の刊行になってしまった。筆者の研究はまだまだ未熟で遣り残したことは山積している。歳だけは取って余裕もないが、依然として遅々なれども地道に継続していくことが、自身の責務であると考えている。

小著をまとめるにあたって、多くの方々のご配慮を受けることとなった。大依羅神社宮司：桜谷吉史氏、苅田村（大阪市住吉区苅田町）庄屋であった寺田家戸主：寺田孝重氏、堺市埋蔵文化財センターに長らく勤務され、大和川・今池遺跡の発掘調査の責任者として取り組まれた森村健一氏、松原市教育委員会事務局生涯学習部参事の芝田和也氏、屯倉神社宮司：妻屋宏氏、狭山池調査事務所、狭山池土地改良区、松原市市史編さん室など関連機関の方々に、各種資料絵図の閲覧並びに分析に際し便宜を図っていただいた。あらためて心よりお礼申しあげたい。

この種の学術書の刊行が極めて困難になっているご時勢に、図表・写真の多い煩雑な本書の出版を、前著に続いてお引き受けいただいた和泉書院社長：廣橋研三氏に、謝意を表する次第である。

二〇一六年一〇月

川内眷三

索　引

⑴　索引は(a)人名、(b)古墳・池溝・井堰・遺跡名、(c)河川・丘陵・地形関連名、(d)地名、(e)他事項名に分類。
⑵　歴史上の人物名については、(e)他事項名に含めて掲載。
⑶　各章の初出頁を基準に、本文・注記での主要頁の箇所を、抽出して掲載。
〈　〉は、連接用語を示す。
（　）は、同一意味旧称、及び別称用語を示す。
《　》は、所在行政区名を基準に、状況によって旧大字名を付記し、郡・郷・庄については旧国郡名を示す。
〔　〕は、補足用語を示す。

(a)　人　名

あ行

暁鐘成 ……367、409
秋里籬嶋……78
秋元志朝（秋元但馬守）……308
朝尾直弘 ……323
浅香勝輔……14
足利健亮 ……4、13、14、229、239
足立俊彦……83
天野幸次郎 ……215、236
天野末喜……82
網干善教 ……329、355
生田百濟 ……234
石橋五郎 ……3
石原道博……81、234、239
石部正志……27、81、82、329
市川秀之……143、182、234、235、238、286、348、360、361
伊藤楪堂 ……360
井上正雄 ……84、150、178、237、285、336、356、367、409
井上光貞 ……334、355
今尾文昭……80、359
W．ゴーランド ……359
上田宏範 ……79、102、145、182、188、232、289、320、322、334、355
内海多次郎 ……308
梅沢重昭 ……289、320
梅原末治……80
大蔵永常 ……345、358
太田資次（太田摂津守）……159
大谷光男 ……234
大谷雄一 ……150
大中臣助正 ……321
大山喬平 ……223、238、266、286
小川琢治 ……3
織田武雄……14、357
小野山節……79
尾張職喜代蔵・安蔵 ……349
尾張甚吉 ……349
尾張清三郎・為右衛門 ……348
尾張彦三郎 ……349
尾張弥助・清三郎 ……348

か行

貝原益軒……78

堅田直 ……………………………289、320
亀田隆之……………………102、145、182、
188、232、289、320、322、377、404、412
川合一郎……………………………………14
川口寅吉 ………………………………149
河内一浩 ……………………………52、84
岸俊男 ……………………………225、239
岸本直文 …………20、28、30、78、80、82、357
楠本勇 ……………………………………323
喜田貞吉 ……………………………2、13、82
喜多村俊夫…………4、13、301、324、342、357
衣笠一閑 …………………………333、355
木下与右衛門 ……………………………159
金田章裕……………………………4、7、13
日下雅義…5、14、90、144、188、229、232、239、
322、334、339、355、407、411、412、415
倉野憲司 ………142、150、177、234、281、410
黒板勝美 ………142、177、234、281、408、410
小牧実繁 ……………………………………3
小山田宏一 ………………………219、237
近藤義郎……………………………27、66、81

さ行

斎藤忠 ……………………………………355
栄原永遠男 ………………………373、405、411
阪田育功 …………………………233、401、414
桜谷吉史……………………………93、185
佐佐木信綱…………………………………78
寒川旭 ………………335、337、339、340、355
三田浄久……………………………………78
芝池勝三郎…………………………………84
芝田和也……………………………………83
嶋田暁 ………………………………37、83
志村博康 ………………………………286
白石太一郎 ……27、70、81、84、234、289、320
末永雅雄 ………………32、80、289、320、355
鋤柄俊夫 ………………146、220、238、321
杉崎章 ……………………………………359
杉村安朗……………………………………84
鈴木景二 …………………………………235
清喜裕二……………………………………77
瀬川芳則 ………………………………233
関祖衡 ……………………………367、409
千田稔 ……………………………237、411、412
十河良和……………………………28、67、82

た行

高橋工 ……………………………………233
伊達宗泰 ……………………………289、320
田中清隆 ……………………………144、150
田中清美 ………………………………233
田中卓 ……………………………………183
田中英夫……………………………………81
田中孫左衛門 ……………………………147
谷岡武雄……………………………5、14、145
谷川士清……………………………………78
趙哲済 ……………………………………233
辻川季三郎 ………………………………360
筒井幸四郎 ………………………………358
都築敏人 ……………………………346、358
出口晶子 ………………………………413
出水睦己 ………………………………143
寺島良安……………………………………78
寺田孝重……………………………93、185
外池昇 ……………………………289、320
伴林光平 ……………………………21、78

な行

直木孝次郎
……145、182、188、232、377、410、412
中井正弘 ………289、320、323、334、355、359
中尾芳治 …………………………………414
永島暉臣慎 ………………………………233
並河誠所……………………………78、367、409
西田孝司……………20、23、57、78、79、80、82
西田真樹 ………………………………361
野上丈助 ……………………………22、79

は行

橋本達也 ……………………………68、84
服部昌之……………………102、145、182、
188、232、322、372、395、400、409、413
土生田純之……………………………………77
林部均 ………………………………………239
原秀禎 …………………………291、321、326
比丘秀雅僧都 ………………………………221
尾州兵次郎 …………………………………349
広瀬和雄………………………………………82
福尾正彦………………………………………79
福島雅藏 ……………………………………325
藤岡謙二郎……3、13、145、357、372、395、409
藤田友治………………………………………82
古島敏雄 ………………………………289、320
堀田啓一…………………………81、334、355

ま行

前田豊邦 ………………………………395、413
牧野信之助 …………………………………362
正宗敦夫……………………………………78、409
松田正男 ……………………………………15、77
丸山竜平 ……………………………………218、237
南孫太夫 ……………………300、351、358
宮本常一 ……………………………………361
茂木雅博 ………………………………289、320
森修 ……………………………………411、412
森浩一 ……………………………………………22、
26、71、79、81、85、90、145、334、355
森杉夫 ……………………………301、324、358
森与次兵衛・源左衛門 ……………………350
森村健一…………90、144、156、183、185、239
三浦圭一 ………………………………224、239
水谷千秋………………………………………82
光谷拓実 ………………143、182、232、286
宮川徏…………………………………………81

や行

山口平四郎……………………………………14
山崎隆三
…87、102、143、182、188、232、322、359
山田幸弘………………………………………85
山根徳太郎 …………………………………414
吉井克信 ……………………………………236
吉田東伍…………1、13、22、78、237、367、409
吉田靖雄 ………………………………215、237
曄野《ようの》萌野 ……………………………………361
米倉二郎 …………………………………………3

わ行

和田清……………………………81、234、239

(b) 古墳・池溝・井堰・遺跡名

あ行

阿湯戸《あいと》池《松原市立部・上田、羽曳野市東
大塚》……………………………………………55
浅香山遺跡《堺市堺区》…………………295
芦ケ池《堺市堺区向陵東町、舳松・中筋》
………………………………………309、312
我孫子城址 …………………………………157
阿保遺跡《松原市》……………145、194、321
阿保親王墓 ………………………………20、32
あまご池（東尼池・西尼池）《大阪市住吉
区杉本》…………………………………137
余部《あまべ》堰（狭山池西川筋弐番水取口）
…………………………………250、268、271
余部村中池（新池）《堺市美原区》……250
天美南遺跡《松原市》…………145、194、321
阿弥村新池《堺市美原区》………………258
あり池（蟻池、長曾根村蟻池）《堺市北区》

…………………250、259、283、309、312

池内遺跡《松原市》……………145、194、321

池尻遺跡《大阪狭山市》…………………220

石池《堺市東区菩提、堺市美原区大饗・菩提》…………………………………250

石原村あし池（芦池）《堺市東区》
………………………………251、262

石原村池（新池）《堺市東区》…………251

いたすけ古墳《堺市北区》…………294、297

板鶴池（いたすけ古墳周濠池）……297、299

一ノ関（狭山池西川筋野田堰）……302、309

今池《松原市西大塚》……………………61

今池《松原市芝・油上》
…90、106、110、115、143、150、227、257

今池《堺市北区長曽根、堺市堺区中筋・北之庄》………………………………308、346

今池《堺市東区日置荘北・原寺・西》…247

今池《大阪市住吉区苅田》………………130

今池遺跡《堺市北区》…………102、146、194

今井堰（狭山池西川筋五番水取口）
……………………251、268、284、286

今井村西池《堺市美原区》………………251

今城塚古墳《高槻市》……………27、69、81

上田町遺跡《松原市》
…………………39、145、194、294、321

うと池《大阪市住吉区杉本》……………137

馬池《大阪市平野区長吉》………………40

瓜生堂遺跡《東大阪市》…………………190

瓜破《うりわり》遺跡《大阪市平野区》…………191、321

瓜破西遺跡《大阪市平野区》……………321

榎古墳《堺市堺区》………………………322

大海池《おおがい》《松原市三宅》…………………180

大座間池《おおざま》《羽曳野市野所在、松原市新堂・立部・岡》………………………………259

太田茶臼山古墳（継体陵、三島藍野陵）《茨木市》…………………………29、81

大津池《堺市北区金田》……………250、283

大塚山古墳（百舌鳥大塚山古墳）………294

大鳥池《大阪狭山市》……………………258

大堀遺跡《松原市》………………………39

岡遺跡《松原市》…………………………39

岡ミサンザイ古墳（仲哀陵、仲哀天皇陵）《藤井寺市》…………………27、66、71、326

御勝山古墳《大阪市生野区》……………77

奥ガ池（奥ケ池）《松原市丹南》………258

遠里小野遺跡《大阪市住吉区》…………194

大饗《おわい》堰（狭山池西川筋三番水取口、二ノ関）………………………………250、268

か行

海会宮《かいご》池（海営宮池）《泉南市》………349

海泉《かいずみ》池《松原市阿保・三宅》…………47、60

掛塚《羽曳野市北宮》……………………57

掛分堰〔狭山池東川筋〕…………………258

かご池（加合里《かごり》池）《堺市東区野尻》…250

我堂《かどう》堰（狭山池西川筋拾二番水取口）
………………………………256、269

我堂村新池《松原市》……………………256

我堂村〇池（前ケ池に比定）《松原市》
……………………………………256

金田《かなた》池（松池）《堺市北区》……………251

金田寿ガ池（萱池）《堺市北区》………251

金田西水路（狭山池金田村西井路）
………………………………250、309

金田東水路（狭山池金田村東井路）
………………………………251、312

金田村池（羽室池、土室池）《堺市北区》
…………………………250、295、322

金田村長池《堺市北区》……………250、300

金辻戸堰〔狭山池金田村東井路〕………250

上石津陵池（ミサンザイ古墳周濠池）
………………297、303、305、318、353

上の池《松原市西大塚》…………………37

上の池《松原市大堀》……………………40

から池（権兵衛池）《大阪狭山市》……259

苅田村依網池（仁右衛門池）《大阪市住吉区》………………………119、130、144、150

軽里大塚古墳（白鳥陵）《羽曳野市》……27

河合遺跡《松原市》…………………145、194

河合堰（狭山池西川筋七番水取口）……………………………………251、268

河合村三池（東池、古池（大池）、尻池）《松原市》…………………………………251

河底池（川床池）《大阪市天王寺区》………………367、384、388、398、407

河内大塚山古墳……………8、15、60、83、336

河内大塚山古墳周濠池（東池・北池・中池）…………………………………11、61、72

川ノ上古墳〈跡〉《松原市》…………32、39

北余部《あまべ》村こまが池（胡麻ケ池）《堺市美原区》…………………………………………250

北花田遺跡《堺市北区》………102、146、194

北村池（東池・西池）《堺市東区日置荘北》…………………………………………250

狐塚《羽曳野市南島泉》…………………58

狐塚（ケネン塚）《羽曳野市丹下》…53、67

行基池《大阪市東住吉区枯木》………96、140、189、202、214、230、235

行基塚《大阪市東住吉区》………………215

経田《きょうでん》堰〔狭山池東川筋〕………………258

くずはら池（葛原池）《大阪市住吉区杉本》………………………………………137

久米田池《岸和田市》………………217、349

黒姫山古墳（河内黒姫山古墳）《堺市美原区》……………………………15、67、83、84

桑津遺跡《大阪市東住吉区》……………190

小池（依網池内小池）《大阪市住吉区我孫子》………………………133、164、166、168

庚申池《大阪市天王寺区》…………384、389

郡戸《こおず》村雨ケ池《羽曳野市》………………258

郡戸村細池《羽曳野市》…………………258

国分池《堺市東区菩提、堺市美原区大饗・菩提》……………………………………250

小督池《こごいけ》《堺市北区金田》…………………300

五条野丸山古墳（見瀬丸山古墳）《橿原市》……………………………………25、79

小寺新池（大池）《堺市美原区》………250

小寺堰〔狭山池番水不取〕……251、268、271

小寺村池（デジボ池）《堺市東区八下町（小寺村出屋敷）》………………………251

御廟池（百舌鳥御廟山古墳周濠池）《堺市北区百舌鳥高田》…………299、305、346

御廟山古墳（百舌鳥御廟山古墳）………294

感玖大溝《こむくのおおうなで》……………………………………204

菰池（薦江池）《堺市中区土師》……………………225、295、305、322

菰山塚古墳（菰池）《堺市堺区》………323

小山城〈跡〉《藤井寺市》………………336

権現山古墳〈跡〉《松原市三宅》…………41

誉田《こんだ》御廟山古墳（応神陵、応神天皇陵）……6、27、73、205、329、339、341、353

誉田陵池（誉田御廟山古墳周濠池）……342

さ行

堺城〈跡〉《堺市堺区》……………334、336

桜塚《羽曳野市西川・東大塚今在家》……………………………………52、67

狭山池…………………………1、61、74、87、112、121、155、188、206、211、220、230、241、290、296、302、342、348、408、416

狭山池西川筋（大樋筋、西除川筋）…103、124、247、270、283、285、309、312、324

狭山池東川筋（中樋筋）……124、257、272、283、285、312、324

狭山下池（太満池）《堺市東区北野田・南野田、堺市美原区阿弥》………………214、217、220、235、257

更池堰（狭山池西川筋拾番水取口）……………………………256、269

更池村池（新池）《松原市》……………256

沢口村池《大阪市住吉区》…………136、181

三の坪池《泉北郡忠岡町》………………349

芝・油上堰（狭山池西川筋拾五番水取口）…………………………257、269、270

清水村池（蓮池）《松原市》……………256

湘ケ池《堺市北区百舌鳥赤畑》……299、304

城ケ池《堺市堺区中筋・舳松》…………346
定《じよう》の山古墳《堺市北区百舌鳥梅》………322
城《じようやま》山古墳〈跡〉《松原市別所》………40、67
城連寺遺跡《松原市》…………145、194、321
白髪山古墳（清寧陵、清寧天皇陵）《羽曳野市》…………………………27、320、326
新池《堺市東区野尻》……………………250
新池埴輪制作遺跡《高槻市》……28、69、81
新堂遺跡《松原市》………………………39
新堂古墳跡《松原市》……………………60
新堂村清堂《せいどう》池《松原市》…………………259
真福寺遺跡《堺市美原区》………………220
真福寺村池（中之池）《堺市美原区》…259
真福寺村せいぼ池（清坊池）《堺市美原区》………………………………………259
菅生《すごう》村今池〔平尾新池に比定〕《堺市美原区》………………………………………258
砂堰〔狭山池東川筋〕……………………258
角《すみ》の池《松原市芝・油上》………………150
崇禅寺遺跡《大阪市東淀川区》…………190

た行

太井遺跡《堺市美原区》……………145、220
田井城堰（狭山池西川筋九番水取口）………………………………256、268
田井城村新池《松原市》……………256、284
太井堰（狭山池西川筋四番水取口）………………………………251、268
太井村前池（前ケ池）《堺市美原区》…258
大将軍塚《堺市東区菩提》………………68
大山古墳（仁徳陵、仁徳天皇陵）……8、73、205、230、289、294、317、321、329、340
大仙水路《堺市堺区》……………………316
大仙中町遺跡《堺市堺区》………………295
大仙陵《だいせんみささぎ》池（仁徳天皇陵周濠池）…8、73、175、261、290、301、303、305、312、317、319、321、337、342、346、348
高木遺跡《松原市》……………145、194、321
高木堰（狭山池西川筋拾三番水取口）………………………………257、269
高木村池（大池）《松原市》……………257
高田溝（柴田溝）《堺市北区百舌鳥高田》……………………………………299
高月《羽曳野市東大塚字今在家》………53
高見堰〔狭山池番水不取〕……256、269、270
高見の里遺跡《松原市》………145、194、321
高鷲丸山古墳（雄略天皇陵、丸山古墳・平塚山古墳）………………………21、57、308
丹治井村新池《堺市美原区》……………258
丹比《たじひ》大溝……………………………15、36、83
丹比古墳群 ………………………………15、76
但馬池《堺市北区百舌鳥東》………300、349
立部《たつべ》遺跡《松原市》 ………………………39
立部古墳群〈跡〉………………………32、37
田出井池(田出井山古墳周濠池)《堺市堺区》………………………………297、321
田出井山古墳（反正陵、反正天皇陵）…………………………294、297、321
丹下城〈跡〉《松原市、羽曳野市》…17、336
丹後堰〔狭山池東川筋〕…………………258
丹上遺跡《堺市美原区》……………145、220
丹上村くつ池《堺市美原区》……………258
丹上村多治井村立会池（上葛池）《堺市美原区》……………………………………258
丹上村横枕池《堺市美原区》……………258
丹南遺跡《松原市》 ………………………39
丹南村今池《松原市》……………………258
段の塚《堺市東区菩提》 …………………68
稚児ケ池《松原市阿保》 …………………47
乳岡《ちのおか》古墳《堺市堺区》…………294、297、322
茶臼山古墳(天王寺荒陵)《大阪市天王寺区》………………………77、367、388、408
ちゃつ池《大阪市住吉区杉本》…………137
津堂城山古墳《藤井寺市》…27、66、71、336
剣《つ》るぎ池(剣池)《堺市東区日置荘原寺・北》……………………………………247
剣池《橿原市》……………………………232
鶴田池《堺市西区》………………………322

帝塚山古墳《大阪市住吉区》……………77
ドウガ池（堂ケ池）《堺市北区金田》…251
ドウトラ池（下土塔池）《堺市東区野尻》……………………………………250
常磐池《堺市北区庭井新田》……………131
轟《とどろ》池〈跡〉《堺市東区南野田・西野所在、堺廻り四ケ村共有》…………180、235、301、302、319、351

な行

長塚山古墳《堺市堺区》……………295、322
中の池《大阪市平野区川辺》……………40
ながぶち池（長淵池）《大阪市住吉区杉本》……………………………………137
長原遺跡《大阪市平野区》………………191
長原古墳群（長原・加美古墳群）……76、77
中村丈池《堺市北区》……………………251
中村廻り池（大池）《堺市北区》………251
長山池（永山古墳周濠池）《堺市堺区》……………………………………297
永山古墳 ……………………………………297
仁《に》池《大阪市住吉区苅田》………………130
ニサンザイ古墳（土師ニサンザイ古墳）《堺市北区》………………………294、297
仁山田《にさんだ》池（ニサンザイ古墳周濠池）…………………………………297、300
西丹治井村池（刎《はな》池、笠田池）《堺市美原区》………………………………………258
西村池（アタラシ池）《堺市東区日置荘西》……………………………………250
西村新池《堺市東区日置荘西》…………250
二ノ関（狭山池西川筋大饗《おわい》堰）…………312
庭井堰（狭山池西川筋拾六番水取口）…………………………………257、269
庭井村池（長池、内沓池）《堺市北区庭井新田》………………………………106、257
庭井村依網池《大阪市住吉区》………………112、119、131、144、150
野田堰（狭山池西川筋壱番水取口、一ノ関）……………247、268、271、279、302、309
野テ塚《羽曳野市南島泉》………………58
野遠堰（狭山池西川筋六番水取口）…………………………251、268、287
野遠村東池《堺市北区》……………251、259
野登ケ池・荒池《羽曳野市丹下》………61
野村池（新池）《羽曳野市》……………258

は行

土師ケ塚〈古墳跡〉（土師墳）《松原市三宅》………………………………42、45、67
箸墓古墳《桜井市》………………………28
反正山《はじやま》古墳〈跡〉（山ノ内古墳）《松原市》…………………………………15、32、67
蓮田池《大阪市住吉区我孫子》……136、181
土師《はぜ》遺跡《堺市中区》……………………295
八反池《大阪市住吉区苅田》……………130
花田池《堺市美原区太井・大保・今井、松原市丹南》……………………………251、284
馬場池《松原市三宅》……………………349
隼人塚古墳（高鷲忠臣山）《羽曳野市島泉》……………………………………………58
針魚大溝《はりおのおおうなで》…………………………………175、183
番上塚古墳《羽曳野市西川》……52、67、84
番上南塚《羽曳野市丹下》………………52
東浅香山遺跡《堺市北区》………………194
東上野芝遺跡《堺市北区》………………295
東新町遺跡《松原市》…………145、194、321
東代《ひがしだい》堰（狭山池西川筋八番水取口）……………………………256、268、270
東代村池（新池）《松原市》………256、287
日置荘西町遺跡〈群〉《堺市東区》…28、67
一津屋遺跡《松原市》……………………39
一津屋古墳〈群跡〉《松原市》…32、37、60、67
一津屋城〈跡〉《松原市》…………………38
樋野ケ池《松原市上田》………………32、68
樋野ケ池遺跡〈樋野ケ池窯跡〉《松原市》……………………………………36、68
平田梅山古墳（欽明陵）《奈良県明日香村》

……………………………………………30
広池《羽曳野市西川・東大塚》…………61
深溝池《松原市三宅》……………………180
ぶ志ゃでん池（仏生田池）《大阪市住吉区杉本》……………………………………137
衾田墓《ふすまだ》（西殿塚古墳）《天理市》…………69
船出遺跡《大阪市浪速区》…………398、413
船なと池・黒山村池（船渡《ふなと》池）《堺市美原区》………………………………………258
古市古墳群……………15、31、70、72、85、320
古市《ふるいちの》高屋《たかやの》丘《おかの》陵《みささぎ》（河内古市高屋丘陵）《羽曳野市》…………………………30、70
別所遺跡《松原市》………………………39
別所城〈跡〉《松原市》……………………39
弁天池《松原市池内》……………………90
法円坂遺跡《大阪市中央区》……………411
ボケ山古墳（仁賢陵、仁賢天皇陵）《羽曳野市》…………………………27、320、327
堀堰（狭山池西川筋拾四番水取口）………………………………257、269

ま行

前ケ池《堺市東区菩提、堺市美原区大饗・菩提》……………………………………250
孫太夫山古墳《堺市堺区》………………323
マス池《大阪市住吉区苅田》……………130
増々池《堺市堺区中筋・舳松》…………346
また池《大阪市住吉区我孫子》……136、181
茨田《まむた》池《寝屋川市・門真市付近》…210、219
丸保山古墳（南高田池）《堺市堺区》…323
みゑも池（杉本村依網池）《大阪市住吉区》……………………………………137
ミサンザイ古墳（百舌鳥ミサンザイ古墳、履中陵、履中天皇陵）………294、321、353
峯ケ塚古墳《羽曳野市》……………320、327
三宅遺跡《松原市》……………145、194、321
三宅古墳〈跡〉《松原市》…………………41
三宅西遺跡《松原市》…………145、194、321
宮路池《堺市北区百舌鳥梅》……………300
向井堰（狭山池西川筋拾一番水取口）………………………………256、269
向井村三ツ池(長池・西池・寺池)《松原市》………………………………………256
身狭《むさの》桃花鳥《つき》坂上陵《さかのうえのみささぎ》《橿原市》………70
百舌鳥古墳群…15、31、70、72、85、230、290、319、343
百舌鳥夕雲《せきうん》遺跡《堺市堺区》……………295
百舌鳥高田遺跡《堺市北区》……………295
万代《もず》村池（信濃池、金口村信濃池）《堺市北区》…250、259、261、279、304、309、313、349
百舌鳥陵南遺跡《堺市北区》……………295
森小路遺跡《大阪市旭区》………………190

や行

屋後遺跡《松原市》…………………………39
矢田部村池《大阪市東住吉区》…………103
大和川・今池遺跡《堺市北区、松原市》…………………90、102、144、194、225
山之内遺跡《大阪市住吉区》…102、146、194
油上村芝村立会池（角の池・今池）《松原市》………………………………………257
横山《松原市西大塚》…………………52、67
依網《よさみ》池（依羅池）………8、87、142、155、185、229、257、290、296、319、322、408、416
〈依網池〉狭山用水取水井路（狭山池用水取樋）……………………121、164、168、203

ら行

陵西遺跡《堺市堺区》……………………295
涼塚《羽曳野市南島泉》…………………58
牢堰〔狭山池東川筋〕……………………257
六俵堰〔狭山池東川筋〕…………………258

わ行

ワキス池《大阪市住吉区苅田》…………152
ヲンバ塚《羽曳野市南島泉》……………58

(c) 河川・丘陵・地形関連名

あ行

安威川 ……377、404
浅香丘陵 ……109、149
我孫子台地……103、126、136、156、159、179、195、211、230、392
天野川 ……262
生駒活断層 ……339
石川 ……373、400、403
石津川 ……321
鼬川 ……367、372、394、407
今川 ……372、386、395、400、407
今熊川 ……262
上町台地……77、96、126、141、155、189、190、195、211、229、388、398、401、404
大水《おおずい》川 ……342、357
尾張谷 ……333、338、343、350、352

か行

開析谷（開析地）……40、47、57、60、173、194、291、296、320、337、384
甲斐谷 ……341
下位段丘〈面〉（低位段丘）……77、282
河岸段丘 ……38、52、61、68
活断層 ……342
河内川 ……9、230、363、394、401
河内潟湖 ……190
河内平野古沖積地（河内平野氾濫原古沖積地）……189、211、219、229
河内平野沖積地（河内平野〈沖積〉低地部・低湿部）…10、61、141、155、189、190、211、219、229、282、383、400、403、407
緩扇状地〈面〉……96、294
木津川 ……367
楠根川 ……190、400
国見山 ……352
高位段丘〈面〉……291、296
洪積段丘 ……403
国府《こう》台地（誉田丘陵）……27、339、400
光竜寺川 …103、114、120、169、195、202、296
古期扇状地 ……211
湖沼低湿部 ……403
河堀《こぼれ》川 ……384、389
駒川（巨麻川）……140、173、180、191、195、230、372、386、388、395、400、407
誉田《こんだ》断層〈線〉……338、339

さ行

砂州 ……403
三角州（デルタ）……114、170、191、202
地滑り〈面・跡〉……335、337、340
　深層地滑り ……340
　表層地滑り ……337、341、352
自然堤防 ……190、267、294、401、403
住吉掘割（細井川、細江川）……133、141、167、189、202、219、230
扇状地性デルタ地形 ……403
泉北丘陵（陶器山丘陵）……211、241、291

た行

大乗川 ……400
高鷲段丘〈面〉……66、71
丹比段丘〈面〉……61、71
竜田川 ……373
田辺台地 ……191、392
玉串川 ……190、400
段丘崖 ……295、336
知多半島 ……345
中位段丘〈面〉…32、40、60、96、195、211、282、294、296
沖積段丘〈面〉……45、60、294
沖積低地 ……392

沖積平野 ……………………………………403
デルタ性氾濫原 ……………………………403
天満砂堆 ……………………………………190
土居川（内川）《堺市堺区》………313、318
道頓堀川 ……………………………………398

な行

長瀬川 ……………………………190、400
長野段丘〈面〉…………………………66、71
難波入堀川 …………………………………398
難波砂堆 …………………………383、389、398
難波の堀江（堀江、難波堀川）
…………204、373、377、404、409、415
西道頓堀川 …………………………………372
西除川《にしよけ》………60、96、106、114、121、179、191、
211、214、223、230、247、270、294、403
息長川《おきなが》 ……………………………………180
天道川 ……………………………168、180
布忍川 ……………………………………180
猫間川 ……………………210、384、388、406
寝屋川 ……………………………………190

は行

羽曳野丘陵…………………66、211、241、294
氾濫原……………………96、173、294、342
東　除川《ひがしよけ》……38、52、60、69、191、258、270、403
樋の谷〔大山古墳周濠池除げ谷〕
……………………301、313、347、353
平野川 ……………………190、400、404、407
百済川 ……………………………………401
志紀川 ……………………………………401
渋川 ………………………………………401
龍華川 ……………………………367、401
古川 ………………………………………190
盆田川 ……………………………………295

ま行

三国川 ……………………373、377、404、415
美濃川 ……………………………………295
百舌鳥川 …………………………294、299、313

や行

大和川………………………………107、191、
270、367、373、377、382、400、403、407
淀川 …………………190、373、377、400、403

ら行

ラミナ ……………………………………190

わ行

和田川 ……………………………………321

（d）地　　名

あ行

赤畑〈村〉（百舌鳥赤畑〈村〉）《堺市北区》
…………………………299、304、323
我孫子〈村〉《大阪市住吉区》…………112、
133、140、151、156、168、202、223、238
阿倍野〈村〉（安倍野〈村〉）《大阪市阿倍
野区》………………………………151、384
阿保《あお》〈村〉《松原市》 …………………21、47
余部《あまべ》〈村〉（南余部〈村〉）《堺市美原区》 …250
阿弥〈村〉《堺市美原区》………67、258、272
伊賀〈村〉《羽曳野市》……………………20
池内〈村〉《松原市》…………205、237、257
石原〈村〉《堺市東区》………250、259、262
市場〈村〉《泉南市》 ……………………349
稲葉〈村〉《岸和田市》 …………………351
今井〈村〉《堺市美原区》……251、284、285
今林〈村〉《大阪市東住吉区》…………367

今宮〈村〉《大阪市西成区》……389
岩室〈村〉《大阪狭山市》……180
上田〈村〉《松原市》……47
梅〈村〉(百舌鳥梅村)《堺市北区》……299、323
　字梅北《堺市北区》……299、323
　字尾羽根《堺市北区》……323
大谷〈村〉《常滑市》……346
大鳥郡《和泉国》……36、218、295
大羅《おおよさみ》郷《摂津国住吉郡》……152、205、223、238
岡〈村〉《松原市》……259、285
奥〈村〉《堺市北区》……124、139、151
大饗《おわい》〈村〉《堺市美原区》……250、304、309
　西大饗〈村〉《堺市美原区》……67、250
　東大饗〈村〉《堺市美原区》……250
尾張坂町《大阪市中央区》……349、350
尾張下村〔尾張下の村〕《尾張国知多郡》……347

か行

我堂〈村〉《松原市》……76、205、256
　西我堂〈村〉《松原市》……256
　東我堂〈村〉《松原市》……256
金田《かなた》〈村〉《堺市北区〔金岡町〕》……250、283、304、309
　字二軒茶屋(金田新田)《堺市北区》……308
金口《かねくち》〈村〉(百舌鳥金口〈村〉)《堺市北区》……259、299、304、309、323、349
上石津〈村〉(石津〈村〉)《堺市堺区》……297、303
苅田〈村〉《大阪市住吉区》…96、112、127、139、151、156、168、202、205、223、238
枯木〈村〉《大阪市東住吉区》……140、151、205、214、223、237
河合〈村〉《松原市》……76、251
　南河合〈村〉《松原市》……256
　北河合〈村〉《松原市》……256
北〈村〉(日置荘北〈村〉)《堺市東区》……247、271、308、309
北余部《あまべ》〈村〉《堺市美原区》……250
北河堀《こぼれ》町《大阪市天王寺区》……367
北田辺〈村〉《大阪市東住吉区》……140
北之庄〈村〉《堺市堺区》……301、342
北野田〈村〉《堺市東区》……258、272
北花田〈村〉《堺市北区》……124、148、151、170
北宮〈村〉《羽曳野市》……57
喜連《きれ》郷《摂津国住吉郡》……402
百済〈村〉(百舌鳥百済〈村〉)《堺市北区》……300、323
伎人《くれ》郷《摂津国住吉郡》……403
黒山〈村〉《堺市美原区》……258、272
黒山郷《河内国丹比郡》……225
桑津〈村〉《大阪市東住吉区》……367、386、400
郡戸《こおず》〈村〉《羽曳野市》……258、272
小寺〈村〉《堺市美原区》…67、250、262、308
　字出屋敷《堺市東区〔八下町〕》……251
小平尾〈村〉《堺市美原区》……258
河堀《こぼれ》《大阪市天王寺区》……367
古室〈村〉《藤井寺市》……342
小山〈村〉《藤井寺市》……71

さ行

堺廻り三ケ村……304、324
堺廻り四ケ村…261、301、303、324、342、347
狭山郷《河内国丹比郡》……225
更池〈村〉《松原市》……256
沢田〈村〉《藤井寺市》……342
三都〈村〉《大阪狭山市》……348
志紀郡《河内国》……21、36、71、373、403
磯城津《しきつ》(敷津、木津)《大阪市浪速区》……395
芝・油上〈村〉《松原市》……106、150
　芝〈村〉《松原市》……205、237、257
　油上〈村〉《松原市》……205、237、257

　砂村《松原市》〔芝・油上村旧称〕…257
渋川郡《河内国》……………………373、403
島泉〈村〉《羽曳野市》………………17、58
清水〈村〉《松原市》……………………256
舎利寺〈村〉《大阪市生野区》…………400
城連寺〈村〉《松原市》……………205、237
丈六〈村〉《堺市東区》
………………247、271、303、304、309
新家〈村〉《泉南市》……………………348
新在家〈村〉《岸和田市》………………349
新堂〈村〉《松原市》………………259、285
真福寺《しんぷくじ》〈村〉《堺市美原区》…259、272、285
杉本〈村〉《大阪市住吉区》
…124、136、140、151、156、168、202、205
杉本新田〈村〉《大阪市住吉区》………205
菅生《すごう》〈村〉《堺市美原区》……258、272、348
菅生郷《河内国丹比郡》…………………225
住道《すんじ》〈村〉《大阪市東住吉区》
…………………………217、223、238
住道郷《摂津国住吉郡》………217、223、238
夕雲《せきうん》〈村〉（百舌鳥夕雲開）《堺市北区》
…………………………323、351、362
善正〈村〉《和泉市》……………………349
船堂《せんどう》〈村〉《堺市北区》…………………148

た行

太井《たい》〈村〉《堺市美原区》
……………………251、258、284、285
田井城《たいじょう》〈村〉《松原市》……………256、284
大道《大阪市天王寺区》………225、367、372
大保《だいほ》〈村〉《堺市美原区》……251、284、285
鷹合〈村〉《大阪市東住吉区》
…………………………204、223、238
鷹合郷《摂津国住吉郡》………205、223、238
高木〈村〉《松原市》………………151、257
高田〈村〉（百舌鳥高田〈村〉）《堺市北区》
……………………299、305、323、346
高松〈村〉《堺市東区》………247、271、309
高見〈村〉《松原市》……………………256
滝畑〈村〉《河内長野市》………………349
丹治井〈村〉（西丹治井〈村〉）《堺市美原区》…………………………………258、272
丹比《たじひ》郡《河内国》………………16、36、71、79
忠岡〈村〉《泉北郡忠岡町》……………349
立部〈村〉《松原市》……………37、69、259
田中〈村〉（日置荘田中〈村〉）《堺市東区》
…………………………………271、287
田邑郷《河内国丹比郡》…………………225
樽井〈村〉《泉南市》……………………349
丹下〈村〉《羽曳野市》………………17、52
丹下郷《河内国丹比郡》…………………225
丹上〈村〉《堺市美原区》………………258
丹上郷《河内国丹比郡》…………………225
丹南〈村〉《松原市》
………………251、258、272、284、285
丹南郡《河内国》………………………16、79
丹北郡《河内国》………………………16、79
寺岡〈村〉《大阪市住吉区》………159、205
天王寺〈村〉《大阪市天王寺区》…151、384
天王寺高松《大阪市天王寺区》…………386
富田新田〈村〉《大阪市東住吉区》
…………………………………205、237

な行

中筋〈村〉《堺市堺区》………300、342、346
長曾根〈村〉《堺市北区》
…………250、259、283、303、304、309
長野郷《河内国志紀郡》……………………66
長町尾張坂町《大阪市浪速区》……349、350
中村《堺市北区》…………………………251
和田庄《にぎたのしょう》《和泉国大鳥郡》…………291、321
西〈村〉（日置荘西〈村〉）《堺市東区》
…………………………247、271、309
　字池浦《堺市東区》………………250、308
西〈村〉（百舌鳥西〈村〉）《堺市北区》
…………………………………300、323
西池尻〈村〉《大阪狭山市》………272、287
西大塚〈村〉《松原市》……………16、47、79

西川〈村〉《羽曳野市》………………17、52
西野新田〈村〉《堺市東区》………302、308
庭井〈村〉《大阪市住吉区》
……96、109、115、130、139、148、151、
156、159、168、202、205、223、238、257
庭井新田〈村〉《堺市北区》
……………………107、131、148、257
野《村》《羽曳野市》…………………53、258
野尻〈村〉《堺市東区》………250、283、309
野遠〈村〉《堺市北区》……………251、308
野中郷《河内国丹比郡》…………………71

は行

土師《はじ》郷《河内国志紀郡》…………………36
土師《はじ》郷《河内国丹比郡》…………36、69、225
土師《はぜ》郷《和泉国大鳥郡》………36、218、295
土師《はぜ》〈村〉《堺市中区》…………………305
蜂田庄《はちたのしょう》《和泉国大鳥郡》…………291、321
花田新田 ……………………………107、149
林〈村〉《藤井寺市》…………………21、342
原寺〈村〉(日置荘原寺〈村〉)《堺市東区》
………………247、271、303、308、309
東〈村〉(百舌鳥東〈村〉)《堺市北区》
……………………261、299、323、349
東大塚〈村〉《羽曳野市》……16、31、53、79
字今在家《羽曳野市》…………………53
字西向野《羽曳野市》…………………55
東池尻〈村〉《大阪狭山市》………272、287
東代〈村〉《松原市》……………………256
悲田院町《大阪市天王寺区》……………367
一津屋〈村〉《松原市》………………17、37
日根荘《和泉国日根郡》……………224、238
日野〈村〉《河内長野市》………………349
平尾〈村〉《堺市美原区》…………258、272
平野郷《摂津国住吉郡》……………367、402
深井郷《和泉国大鳥郡》…………………295
福田〈村〉《岸和田市》…………………349
二俣新田〈村〉《八尾市》………………400
別所〈村〉《松原市》…………………39、47
舳松《へのまつ》〈村〉《堺市堺区》………300、342、346
菩提〈村〉《堺市北区・美原区》
…………………………250、304、309
古菩提〈村〉(西菩提村)《堺市北区》
………………………………250、262
新菩提〈村〉(東菩提村)《堺市美原区》
………………………………250、262
字引野(日置野)《堺市東区》…308、312
堀〈村〉《大阪市住吉区》
…………126、132、168、202、205、238
堀〈村〉《松原市》…………………205、257
堀上〈村〉《堺市中区》…………………305
堀越町《大阪市天王寺区》………………372

ま行

前堀〈村〉《大阪市住吉区》
103、132、139、151、156、168、202、205
茨田《まつた》郡《河内国》……………………210、373
茨田郷《河内国茨田郡》…………………210
大豆塚《まめつか》〈村〉《堺市北区》………………139
三野(字三石島)《大阪市浪速区》……395
湊〈村〉《堺市堺区》………………301、342
南島泉〈村〉《羽曳野市》………21、57、308
南河堀《こほれ》町《大阪市天王寺区》……………367
南田辺〈村〉《大阪市市東住吉区》……140
南野田〈村〉《堺市東区》…………258、272
南花田〈村〉《堺市北区》…………………76
三宅〈村〉《松原市》……………41、42、349
三宅郷《河内国丹比郡》……………205、225
向井〈村〉《松原市》……………………256

や行

八上《やがみ》郡《河内国》……………………16、308
八下《やしも》郷《河内国丹比郡》……………………225
矢田部〈村〉《大阪市東住吉区》
…………140、205、215、223、237、321
字北山《大阪市東住吉区》………215、236
岩滑《やなべ》〈村〉《半田市》……………………350
山田〈村〉《南河内郡太子町》…………349

山之内〈村〉（山ノ内）《大阪市住吉区》……159、205
湯屋島〈村〉《大阪市東住吉区》………223
依羅郷《よさみ》《河内国丹比郡》…126、152、205、224
依羅村……87、155、185、205
万屋新田……109、149

わ行

若松庄《和泉国大鳥郡》……291、321

(e)　他事項名

あ行

アースダム〈形式〉……102、173、197
阿弭古《あびこ》……102、188、204、230
我孫子神社……157
「我孫子村絵図」（後：我孫子村絵図）……133、134、157、166、178
「我孫子村絵図」（依網池描写我孫子村絵図）…9、142、156、157、158、160、166、178、185
阿保親王……20
『阿保親王御廟詮議』〔毛利家文庫〕……23
『阿保親王事取集』〔毛利家文庫〕……23、79
阿麻美許曾神社……215、229、237
安閑天皇（広国押武金日尊《ひろくにおしたけかなひのみこと》）………29、69
安康天皇……205
猪飼津（猪甘津）……230、408、414
池浚慣行〔坪掘り、坪割り〕……170
「和泉国日根野村絵図」……224、239
泉高父……211、416
厳島神社《松原市》……37
允恭天皇……205
駅前再開発事業……36、302
『絵図に描かれた狭山池』……151、242、262、282、326
榎津《えなつ》……230
『延喜式〈諸陵寮〉』……29、69、115
延宝検地……39、110
応神天皇（応神期）……29、194、204
大内義弘……336
「大阪実測図」……370、399
『大阪府史蹟名所天然記念物』………42、84
『大阪府全志』…42、52、84、336、356、367、409
大津神社《羽曳野市》……78
大津道（長尾街道）……71、225、230
「大鳥郡上石津村全図」……297、322
大野寺《堺市中区》……215、225、231
大依羅神社《おおよさみ》《大阪市住吉区》…90、103、115、118、141、150、157、175、185、204、230
小野妹子……227
小墾田宮《おはりだのみや》……227
尾張衆黒鍬者……8、338、343、345、348、350
『尾張徇行記』……346、359
尾張連草香……29
オワレ唄……348、360
温度調節機能……280

か行

かけや節……348、360
「河州丹北郡天神山陵図」〔毛利家文庫〕……23
春日山田皇女……30、69、84
「仮製地形図」（「陸地測量部製版：二万分の一図」）……10、93、105、172、195、299、309、383、384、388、400、406
河川激甚災害対策特別緊急事業…270、286
片桐且元……124、147、168、180
金岡神社《堺市北区》……225
髪長媛……204
「苅田・前堀村用水出入曖絵図」……127、128、132

「河内大塚山古墳書陵部実測図」……17、18
『河内大塚山古墳、東・西大塚村口上書』……21
河内大塚山古墳未完成説（安閑未完陵説）……30、69、82
河内大塚山古墳雄略陵説（雄略天皇陵説）……22、79
『河内鑑名所記』……20、78
「河内川導水経路の比定復原図」（「比定復原図」）……388、390、401、407
「河内国陵墓図」……21
『河内志』（『五畿内志』「河内志」）……20、78、90
『河内名所図会』……20、78
環境復原（景観復原）……93、291
環境保全〈資源〉……280、317
環濠集落……157、178
桓武天皇……377、406
北花田村川越八ケ所田地……106、114、170
『旧辞』……203
行基〈菩薩〉……211、215、236、295、322
行基集団……10、189、203、216、230
行基伝承・信仰……215、230
『行基年譜』……211、217、234、283、295、322、407、416
「行基菩薩安住之地」石碑……215、216、237
「行基菩薩之墓」石碑……215、216
京都学派〔京都大学地理学教室〕……3
欽明天皇（天国排開広庭尊《あめくにおしはらきひろにわのみこと》）……29、69
樟葉の宮……29
宮内庁書陵部……23、316
熊野道……230
来目皇子……20
クリーク……405
呉坂院……217、237
伎人《くれひと》堤……403
桑津……230
「桑津村絵図」（「宝暦期：桑津村絵図」）……383、386、387、393、406
継体天皇……28、69
剣菱型前方部……27
『元禄郷帳』……159
「元禄度御改古絵図之写」……17
孝謙天皇……388
洪水調節機能……87、241、280、318
孝徳天皇……227
『古事記』……9、36、102、142、176、185、203、281、404
ごぼ石（河内大塚山古墳後円部露出石、磨戸石）……22、80
河《こ》堀《ほれ》稲生《いなり》神社（河堀社）《大阪市天王寺区》……367
ゴム起伏堰（ファブリダム）……271、286

さ行

サイフォン式水路……313、316
『堺鑑』……333、343、350、355
堺政所（堺奉行所）……303、351
酒屋神社（酒屋権現）《松原市》……41
『狭山池改修誌』……148、234、285、323
狭山池客水……124、180、247、299、303
狭山池旧番水地区……287、300
狭山池慶長期大改修事業（狭山池慶長大修復）…168、180、223、247、267、283、302、351
狭山池昭和大改修事業……114、155、178、267、287、299
狭山池新番水地区……287、300
「狭山池水路図」……121、151、207、214、223
狭山池ダム景観整備基本計画…241、281、318
狭山池治水ダム化事業……87、126、143、173、188、241、266、270、278、318
狭山池土地改良区……271、272、287
狭山池番水……124、139、168、180、247、261、264、283、284、303
狭山池東樋下層遺構…87、143、188、220、266
「狭山池分水図」……263
「狭山池水下絵図」……8、242、243、244、247、259、263

狭山池水下地域……………114、126、145、172、220、241、270、285、290、294、351
狭山池院・尼院 ……………………214、217
「狭山除川並大仙陵掛溝絵図」……290、299、301、305、306、307、326
三世一身の法 ……………………………404
『三代実録』………………………………404
三昧院彌明《やみよう》寺……………………215、236
志紀の堤 …………………………………402
地搗唄 ……………………………………348
「実地踏測：大阪市街全図」……………………383、385、398、413
四天王寺（荒陵山敬田院）……367、398、408
四天王寺庚申堂 …………………………389
柴籬神社《松原市上田》…………24、36、78
磯歯津道《しはつみち》 ……………………………228、230
渋川の堤 …………………………………403
渋河道・路（奈良街道）…228、230、384、398
下高野街道 ………………………………308
聖武天皇 …………………………………388
条里地割（条里制）…………4、175、319、400
「昭和四年：修正測図」……………375、386
『続日本紀』…9、217、283、363、373、394、407
『続日本後紀』……………………373、405
辛亥の変（継体・欽明朝の内乱）………………………………30、69、82
新規環境保全機能 ………………………246
推古天皇（推古期）…102、155、203、206、226
『隋書倭国伝』…………………227、231、239
垂直的・統一的水利空間 ……265、266、278
垂仁天皇（垂仁期）………………………203
水利慣行（水利秩序） ………121、278、353
水利空間〈認識〉…11、74、156、171、241、267、285、318
水利集団 ……………………………264、285
水利転用 …………………………………318
水利土木技術集団 ……………218、338、343
「杉本村絵図」……………136、138、140、152
崇神天皇（崇神期） ………87、102、155、203
沙田院《すなだ》 ……………………………217、231、237
住吉《すみのえ》津《つ》（墨江の津）……………11、141、189、228、230、414
住吉大社 ………133、167、189、217、228、230
『住吉大社神代記』…………………175、183
世界文化遺産〈登録〉……15、31、71、73、85
『摂津志』（『五畿内志』「摂津志」）………………………………367、394
『摂津名所図会大成』……………………367
宣化天皇（武小広国押盾尊《たけおひろくにおしたてのみこと》）………29、69
泉府 ………………………………………336
前方後円墳（大型・巨大前方後円墳）…9、15、32、67、71、290、319、335、389
『宋書巻九七夷蛮伝・倭国』（『宋書倭国伝』）……………………………26、81、205
遡及的分析（遡及的方法）…………………10、93、141、189、319

た行

太閤検地 ……………………………110、159
田座《たい》神社《松原市田井城》…………205、234
大聖観音寺（我孫子観音、吾彦観音）………………………………115、157
『大日本地名辞書』………1、22、78、367、409
「大日本帝国陸地測量部：正式基本地形図」…………………………374、383、384
鷹甘部《たかかいべ》・鷹甘邑《たかかいむら》《摂津国住吉郡》…204、223
建豊波豆羅和気王《たけとよはずらわけおう》 …………………115、204
丹比《たじひ》道（竹之内街道）……71、225、230、251
丹比邑《河内国丹比郡》……………225、229
手白香皇女《たしらかのひめみこ》（継体天皇皇后）……29、69、84
橘仲媛（宣化天皇皇后）………………70、84
ため池整備基本構想―オアシス構想―……………………………………241
『溜池ニ依ル耕地灌漑状況』………299、323
丹南鋳物師集団 …………………………225
地域学………………………………………71
地域環境〈保全問題〉………1、9、14、241、270、279、291、318

地域空間（地表空間）〈組織・認識〉
…………………2、4、75、176、190、229
地下水涵養機能 …………………………280
地形環境〈復原〉
…4、9、76、290、334、354、383、400、407
智識寺〈跡〉《柏原市》…………………388
『知多郡の記』……………………………346
重源（俊乗坊重源）……………126、221、266
「重源狭山池改修碑文」（「狭山池改修碑〈文〉」）…………………126、221、222、266
重源集団………………………10、189、224
海石榴市《つばいち》 ……………………………227
『帝紀』……………………………………203
天満宮遥拝所〔河内大塚山古墳後円部旧社地遥拝所〕……………………………24
伝馬屋敷 …………………………………159
土地区画整理事業 ………242、309、313、386
土地条件〈図〉（地形型、地形分類図）
……………4、16、63、93、96、101、156、174、185、193、195、199、291、293、331、336、372、379、381、383、393、401、406
富田林街道 ………………………………308

な行

長岡京 ……………………………377、382
『中河内郡誌』……………………215、235
「難波古図」………………………395、410
「摂津国難波之図」………………395、396
「難波の古図」……………………372、397
難波大道…………11、175、189、210、225、230
難波津…11、210、228、230、377、408、411、414
難波の大郡 ………………………210、414
難波宮 …………189、225、230、377、408、415
難波高津宮 ………………206、225、414
難波長柄豊碕宮（前期難波宮）…227、414
聖武朝難波宮（後期難波宮）……229、415
難波屯倉 …………………………………210
『南無阿弥陀仏作善集』…………………221
「南無行基大菩薩」石碑……………215、216
難波御蔵《なんばおくら》 ………………………………398
『南遊紀行』………………………………20
『日本紀略』 ……………………………404
『日本後紀』 ……………363、373、394、407
『日本書紀』…………………9、29、36、69、87、96、142、176、185、203、206、281、296
『日本書紀通證』 ………………………20、78
「庭井村・北花田村・船堂村・奥村争論曖絵図」………………106、107、132、170、181
仁賢天皇……………………………………29
仁徳天皇（仁徳期）………102、194、203、204
年輪年代法…………………87、143、188、266
農業構造改善事業 ………………242、267
農業用水合理化対策事業 ………………267
『農具便利論』〈「諸国鍬之図」〉
…………………………345、348、358
野見宿禰……………………………………42
「野山のなげき」……………………………21

は行

裴世清 …………………………210、227、231
刃金〈土砂〉入れ …………………346、349
土師集団 …………………………………218
「反正山《はじやま》古墳跡復原図」……………………34
バックウォーター現象（逆流水）………402
埴生坂（波邇賦坂） …………………20、226
反正天皇 …………………………………205
班田収授法 ………………………………382
藤原京 ……………………………………226
文久修陵（文久・元治の修陵）
……………………22、26、57、301、341
平城京 ……………………………229、382
「別所村領内絵図」 ……………………39、40
「舳松領絵図」 ………………301、322、323
防火・防災機能 …………………………280

ま行

まこも（真菰）苅〔「真菰苅取権文書」〕
……………………………………112、150

まちづくり（地域づくり）……246、279、316
「松原市都市計画基本図」…………………32
「松原市文化財分布図」……………32、39、83
「松原における大字及小字図」………42、85
茨田《まむた》の堤（茨田堤）………204、210、211、219
茨田屯倉 ……………………………210、219
水環境再生施策 …………………………280
屯倉神社《松原市》………………41、42、205
「三宅村絵図」………………………………41
客館《むろつみ》 ……………………………………403、414
目子媛 ……………………………………29、69
物部依網連抱 ……………………………210

や行

矢田部連 ……………………………215、230
柳沢吉保（柳沢出羽守） ………………159
「大和川池中貫通見取図」〔寺田家所蔵〕
…………………90、91、109、143、181
「大和川池中貫通見取図」〔大依羅神社所蔵〕……………………90、91、109、143、181
大和川付け替え ……………………87、103、142、165、214、257、263、296、373、400
山名氏清 …………………………………336
遊水機能 ……………………………280、296
雄略天皇（大泊瀬幼武命《おおはつせわかたけのみこと》、雄略期）
……………………………26、80、205
「依網池往古之図」…………………………9、93、97、99、103、115、147、155、179、185
「依羅池古図」………………………9、90、92、94、103、110、115、147、155、179、185
「依網池床分割文書」…………130、152、181
「〈依網池〉除所出入曖済手形之事」
…………………………………124、151
依羅宿祢 ………………………205、210、230
依網屯倉………………………………11、87、102、175、188、204、210、217、230、296
余水吐（除げ、余げ）
……119、183、197、220、264、297、398

ら行

履中天皇 ……………………………205、226
陵墓参考地 ………………………………17、78
「陵墓地形図」………………………329、338
「大山古墳地形図」……………………332
「誉田御廟山古墳地形図」……………333
『類聚三代格』……………………………405
歴史文化遺産（歴史遺産）……11、281、316
「老圃歴史」
……180、301、324、338、343、350、358

わ行

『和漢三才図会』………………………20、78
和気清麻呂 ………9、230、363、382、401、407
倭の五王〔讃、珍、済、興、武〕
……………………………26、73、205
『和名類聚鈔』
………36、152、205、210、217、223、266

図表・写真一覧

第１－１図　河内大塚山古墳書陵部実測図……………………………………………………18
写真１－１　河内大塚山古墳……………………………………………………………………19
写真１－２　河内大塚山古墳「ごぼ石」………………………………………………………23
第１－１表　河内大塚山古墳周辺域に位置する現存・確定古墳一覧………………33
第１－２図　反正山古墳跡復原図……………………………………………………34・35
写真１－３　一津屋古墳跡………………………………………………………………………38
第１－３－１図　別所村領内絵図にみる城山古墳跡………………………………………40
第１－３－２図　別所村領内絵図にみる城山古墳跡（トレース図）………………40
第１－４図　三宅村絵図にみる権現山古墳跡……………………………………………41
第１－５図　河内大塚山古墳周辺域の大字図………………………………………………43
第１－２表　松原市：河内大塚山古墳周辺域の小字地名にみる古墳推定地………44
第１－３表　羽曳野市北西部：河内大塚山古墳周辺域の小字地名にみる古墳推定地
……………………………………………………………………………………44
写真１－４　「土師ケ塚」付近の現地形（三宅）………………………………………45
写真１－５　石碑「土師墳」（屯倉神社）…………………………………………………45
第１－６図　松原市大字三宅の小字地名図………………………………………46・47
第１－７図　松原市大字別所、一津屋周辺の小字地名図…………………48・49
第１－８図　松原市大字上田、西大塚周辺の小字地名図…………………50・51
写真１－６　西川付近の河岸段丘面……………………………………………………………53
第１－９図　羽曳野市大字西川、丹下周辺の小字地名図…………………54・55
第１－10図　羽曳野市大字東大塚周辺の小字地名図…………………………56・57
第１－11図　羽曳野市大字島泉、南島泉周辺の小字地名図………………58・59
写真１－７　高鷲丸山古墳（雄略陵）………………………………………………………60
第１－12図　河内大塚山古墳周辺の土地条件図と古墳跡の分布……………62・63
第１－13図　河内大塚山古墳周辺の航空写真図（1948年米極東空軍撮影）…64・65
写真１－８　樋野ケ池………………………………………………………………………………70
第２－１図　依網池周辺図……………………………………………………………88・89
第２－２図　寺田家：大和川池中貫通見取図（トレース図）………………………91
第２－３図　大依羅神社：大和川池中貫通見取図（トレース図）…………………91
写真２－１　依羅池古図……………………………………………………………………………92
第２－４図　依羅池古図（トレース図）…………………………………………94・95
写真２－２　依網池往古之図………………………………………………………………………97
第２－５図　依網池往古之図（トレース図）……………………………………98・99
第２－６図　依網池・狭山池水下地域周辺土地条件図…………………100・101

第２－７図　依網池池岸線・堤線確定図……………………………………104・105
第２－８図　庭井村・北花田村・船堂村・奥村争論曖絵図（トレース図）……107
第２－９図　依網池南池岸線確定図………………………………………108・109
第２－１表　狭山池水下地域の主要溜池機能比較……………………………113
第２－10図　依網池周辺現況図…………………………………………………116
写真２－３　芝・油上立合池：今池………………………………………………117
写真２－４　今池西堤体部…………………………………………………………117
写真２－５　大和川右岸堤防下より庭井村集落へ通ずる農道跡………………117
写真２－６　大依羅神社旧表参道…………………………………………………118
写真２－７　庭井村依網池跡………………………………………………………118
写真２－８　苅田村依網池跡………………………………………………………118
第２－11図　依網池集水地域概要図………………………………………122・123
第２－２表　依網池周辺村落の狭山池用水・番水水割高推移…………………125
第２－12図　苅田・前堀村用水出入曖絵図（トレース図）……………………128
第２－13図　我孫子村絵図（トレース図）………………………………134・135
第２－14図　杉本村絵図（トレース図）………………………………………138
写真３－１　依網池描写我孫子村絵図……………………………………………158
第３－１図　我孫子村絵図（依網池描写、トレース図）………………160・161
第３－２図　我孫子村絵図（依網池描写）明治期比定図………………162・163
第３－３図　依網池周辺土地条件図………………………………………………174
第４－１表　『記紀』にみる依網池周辺での主要記事（水利・治水を中心に）
　　　　　　………………………………………………………………………186・187
第４－１図　河内平野周辺の土地条件概要図……………………………192・193
第４－２図　近世初期依網池池岸線・堤線確定図………………………196・197
第４－３図　依網池周辺土地条件図………………………………………198・199
第４－４図　依網池周辺図（池敷・灌漑域の変遷を中心に）…………200・201
第４－５図　狭山池水路図（関連部分のみ抜粋、トレース図）………………207
第４－６図　６－７世紀頃の上町台地・河内平野の景観図……………208・209
第４－２表　８・９世紀における上町台地周辺での水利関連主要記事……212・213
写真４－１　「南無行基大菩薩」石碑（右）……………………………………216
写真４－２　「行基菩薩之墓」石碑と地蔵像……………………………………216
写真４－３　「行基菩薩安住之地」石碑…………………………………………216
写真４－４　「重源狭山池改修碑」建仁２年（1202）…………………………222
写真４－５　大和川・今池遺跡　難波大道跡……………………………………226
写真５－１　狭山池水下絵図………………………………………………………243
第５－１図　狭山池水下絵図（トレース図）……………………………244・245
第５－２図　狭山池水下絵図　明治末期比定図…………………………248・249

第５－３図　狭山池水下絵図　現況比定図……………………………………252・253
第５－１表　狭山池水下絵図記載村落の水懸かり変遷（西川筋）…………254・255
第５－２表　狭山池水下絵図記載村落の水懸かり変遷（東川筋）…………260・261
第５－４図　狭山池水下絵図にみる水利空間類型図 ……………………………265
第５－３表　狭山池水下絵図記載西川筋（西除川筋）井堰の現況…………268・269
第５－４表　狭山池水下絵図記載溜込池の現況（西川筋）………………274～276
第５－５表　狭山池水下絵図記載溜込池の現況（東川筋）　………………………277
第６－１図　百舌鳥古墳群周辺土地条件図……………………………………292・293
第６－１表　百舌鳥古墳群主要古墳周濠池の規模と集水 …………………………298
写真６－１　轟池跡 …………………………………………………………………302
写真６－２　狭山除川並大仙陵掛溝絵図 ……………………………………………306
第６－２図　狭山除川並大仙陵掛溝絵図（トレース図） …………………………307
第６－３図　大仙陵池への狭山池用水導水経路明治期比定図……………310・311
第６－４図　大仙陵池への狭山池用水導水経路周辺現況比定図…………314・315
写真６－３　JR 阪和線三国ケ丘駅：跨越掛水路跡…………………………………316
写真６－４　南海高野線線路敷脇：サイフォン式水路跡 …………………………316
写真６－５　大仙陵池北：後円部側三濠目取水口跡付近 …………………………317
写真６－６　大仙陵池東南集水路：工業用水導水施設 ……………………………317
第７－１図　百舌鳥古墳群周辺の土地条件図…………………………………330・331
第７－２図　大山古墳地形図 …………………………………………………………332
第７－３図　誉田御廟山古墳地形図 …………………………………………………333
第７－１表　「老圃歴史」にみる大仙陵池関連での尾張衆黒鍬者の動向…………344
第８－１表　八・九世紀の河内国・摂津国関連を中心にした治水関連記事
　　　　　　………………………………………………………………………364～366
第８－１図　「仮製地形図：天保山・天王寺村」による河内川導水経路比定図
　　　　　　……………………………………………………………………368・369
第８－２図　「大阪実測図」天王寺村周辺図 ………………………………370・371
第８－３図　「大日本帝国陸地測量部：大阪東南部」による河内川導水経路比定図
　　　　　　……………………………………………………………………………374
第８－４図　「昭和四年修正測図：大阪東南部」による河内川導水経路比定図…375
第８－５図　「国土地理院：天王寺」による河内川導水経路比定図………………376
第８－６図　河内平野低地部周辺の土地条件概要図…………………………378・379
第８－７図　上町台地中・北部周辺の土地条件図（河内川導水開削経路周辺）
　　　　　　……………………………………………………………………380・381
第８－８図　「実地踏測：大阪市街全図」天王寺・木津周辺図……………………385
第８－９図　「宝暦期：桑津村絵図」（トレース図） ……………………………387
第８－10－１図　河内川導水開削経路の比定復原図…………………………390・391

第８－10－２図　河内川導水開削経路勾配図……………………………390・391
第８－10－３図　河内川導水開削経路の各地点断面図………………………390・391
写真８－１　河底池 …………………………………………………………………392
写真８－２　上町台地尾根部の河内川導水経路跡 …………………………………392
写真８－３　上町台地東面の河内川導水経路跡 ……………………………………393
写真８－４　JR寺田町付近の河内川導水経路跡……………………………………393
第８－11図　摂津国難波之図（トレース図） ………………………………………396
第８－12図　難波の古図（トレース図） ……………………………………………397
第８－13図　「大阪実測図」鼬川周辺図………………………………………………399
写真８－５　平野川旧河川経路合流付近 ……………………………………………401
第８－14図　７世紀から９世紀の大和川流路 ………………………………………402

■著者紹介

川内眷三（かわうち　けんぞう）

一九四四年　堺市生まれ。

法政大学文学部地理学科卒業、佛教大学大学院文学研究科日本史学専攻修士課程修了。

文学博士（論文　佛教大学）。

住吉学園高等学校（現・清明学院高等学校）などで社会科（地歴科）教諭、四天王寺大学人文社会学部准教授を経て退職後、同大学などで非常勤講師。

主な著書に『大阪平野の溜池環境―変貌の歴史と復原―』（単著、和泉書院、二〇〇九年）、『狭山池論考編』（共著、狭山池調査事務所、一九九九年）など。

日本史研究叢刊 33

古墳と池溝の歴史地理学的研究

二〇一七年一二月一五日初版第一刷発行

（検印省略）

著者　川内眷三

発行者　廣橋研三

印刷所　亜細亜印刷

製本所　渋谷文泉閣

発行所　有限会社和泉書院

大阪市天王寺区上之宮町七―六

〒五四三―〇〇三七

電話　〇六―六七七一―一四六七

振替　〇〇九七〇―八―一五〇四三

ISBN978-4-7576-0853-5　C3321

日本史研究叢刊

11 日本中世の説話と仏教　追塩千尋著　九〇〇〇円
12 戦国・織豊期城郭論　丹波国八上城遺跡群に関する総合研究　八上城研究会編　九五〇〇円
13 中世音楽史論叢　福島和夫編　品切
14 近世畿内政治支配の諸相　福島雅藏著　八〇〇〇円
15 寺内町の歴史地理学的研究　金井年著　七〇〇〇円
16 戦国期畿内の政治社会構造　小山靖憲編　八〇〇〇円
17 継体王朝成立論序説　住野勉一著　七〇〇〇円
18 「花」の成立と展開　小林善帆著　六〇〇〇円
19 大塩平八郎と陽明学　森田康夫著　八〇〇〇円
20 中世集落景観と生活文化　阿波からのまなざし　石尾和仁著　八五〇〇円

（価格は本体価格）

日本史研究叢刊